エネルギー・熱量の単位換算

kJ	kcal	kgf·m	kW·h	Btu
1	0.2388459	101.972	1/3600	0.9478170
4.1868	1	426.936	1.16300×10^{-3}	3.968320
9.80665×10^{-3}	2.34228×10^{-3}	1	2.72407×10^{-6}	9.29489×10^{-3}
3600	859.8452	3.670978×10^{5}	1	3412.141
1.055056	0.2519958	1.07586×10^{2}	2.930711×10^{-4}	1

$1\,J = 1\,N\cdot m = 1\,W\cdot s = 10^7$ erg

伝熱量・仕事量・動力の単位換算

W	kgf·m/s	PS	ft·lbf/s
1	0.1019716	1.359622×10^{3}	0.7375621
9.80665	1	1/75	7.233014
735.4988	75	1	542.4760
1.355818	0.1382550	1.843399×10^{-3}	1

$1\,W = 1\,J/s = 1\,N\cdot m/s$　　PS ：メートル馬力

温度の換算

$t\,(°C) = T(K) - 273.15$

$t_F\,(°F) = 1.8\,t\,(°C) + 32$

$t_F\,(°F) = T_F\,(°R) - 459.67$

$T_F\,(°R) = 1.8\,T\,(K)$

長さの単位換算

m	mm	ft	in
1	1000	3.280840	39.37008
10^{-3}	1	3.280840×10^{-3}	3.937008×10^{-2}
0.3048	304.8	1	12
0.0254	25.4	1/12	1

面積の単位換算

m^2	cm^2	ft^2	in^2
1	10^4	10.76391	1550.003
10^{-4}	1	1.076391×10^{-3}	0.1550003
9.290304×10^{-2}	929.0304	1	144
6.4516×10^{-4}	6.4516	1/144	1

体積の単位換算

m^3	cm^3	ft^3	in^3	リットルL	備　考
1	10^6	35.31467	6.102374×10^{4}	1000	英ガロン：
10^{-6}	1	3.531467×10^{-5}	6.102374×10^{-2}	10^{-3}	$1\,m^3$ = 219.9692 gal(UK)
2.831685×10^{-2}	2.831685×10^{4}	1	1728	28.31685	米ガロン：
1.638706×10^{-5}	16.38706	1/1728	1	1.638706×10^{-2}	$1\,m^3$ = 264.1720 gal(US)
10^{-3}	10^3	3.531467×10^{-2}	61.02374	1	

圧力の単位換算

Pa ($N\cdot m^{-2}$)	bar	atm	Torr (mmHg)	$kgf\cdot cm^{-2}$	psi ($Ib\cdot in^{-2}$)
1	10^{-5}	9.86923×10^{-6}	7.50062×10^{-3}	1.01972×10^{-5}	1.45038×10^{-4}
10^5	1	0.986923	750.062	1.01972	14.5038
1.01325×10^{5}	1.01325	1	760	1.03323	14.6960
133.322	1.33322×10^{-3}	1.31579×10^{-3}	1	1.35951×10^{-3}	1.93368×10^{-2}
9.80665×10^{4}	0.980665	0.967841	735.559	1	14.2234
6.89475×10^{3}	6.89475×10^{-2}	6.80459×10^{-2}	51.7149	7.03069×10^{-2}	1

JSMEテキストシリーズ

伝熱工学

Heat Transfer

日本機械学会

序

「JSME テキストシリーズ」は，大学学部学生のための機械工学への入門から必須科目の修得までに焦点を当て，機械工学の標準的内容をもち，かつ技術者認定制度に対応する教科書の発行を目的に企画されました．

日本機械学会が直接編集する直営出版の形での教科書の発行は，1988 年の出版事業部会の規程改正により出版が可能になってからも，機械工学の各分野を横断した体系的なものとしての出版には至りませんでした．これは多数の類書が存在することや，本会発行のものとしては機械工学便覧，機械実用便覧などが機械系学科において教科書・副読本として代用されていることが原因であったと思われます．しかし，社会のグローバル化にともなう技術者認証システムの重要性が指摘され，そのための国際標準への対応，あるいは大学学部生への専門教育への動機付けの必要性など，学部教育を取り巻く環境の急速な変化に対応して各大学における教育内容の改革が実施され，そのための教科書が求められるようになってきました．

そのような背景の下に，本シリーズは以下の事項を考慮して企画されました．

① 日本機械学会として大学における機械工学教育の標準を示すための教科書とする．

② 機械工学教育のための導入部から機械工学における必須科目まで連続的に学べるように配慮し，大学学部学生の基礎学力の向上に資する．

③ 国際標準の技術者教育認定制度〔日本技術者教育認定機構(JABEE)〕，技術者認証制度〔米国の工学基礎能力検定試験(FE)，技術士一次試験など〕への対応を考慮するとともに，技術英語を各テキストに導入する．

さらに，編集・執筆にあたっては，

① 比較的多くの執筆者の合議制による企画・執筆の採用，

② 各分野の総力を結集した，可能な限り良質で低価格の出版，

③ ページの片側への図・表の配置および 2 色刷りの採用による見やすさの向上，

④ アメリカの FE 試験（工学基礎能力検定試験(Fundamentals of Engineering Examination)）問題集を参考に英語による問題を採用，

⑤ 分野別のテキストとともに内容理解を深めるための演習書の出版，

により，上記事項を実現するようにしました．

本出版分科会として特に注意したことは，編集・校正には万全を尽くし，学会ならではの良質の出版物になるように心がけたことです．具体的には，各分野別出版分科会および執筆者グループを全て集団体制とし，複数人による合議・チェックを実施し，さらにその分野における経験豊富な総合校閲者による最終チェックを行っています．

本シリーズの発行は，関係者一同の献身的な努力によって実現されました． 出版を検討いただいた出版

事業部会・編修理事の方々，出版分科会を構成されました委員の方々，分野別の出版の企画・進行および最終版下作成にあたられた分野別出版分科会委員の方々，とりわけ教科書としての性格上短時間で詳細な形式に合わせた原稿の作成までご協力をお願いいただきました執筆者の方々に改めて深甚なる謝意を表します．また，熱心に出版業務を担当された本会出版グループの関係者各位にお礼申し上げます．

本シリーズが機械系学生の基礎学力向上に役立ち，また多くの大学での講義に採用され技術者教育に貢献できれば，関係者一同の喜びとするところであります．

2002 年 6 月

日本機械学会

JSME ﾃｷｽﾄｼﾘｰｽﾞ 出版分科会

主 査 宇 高 義 郎

「伝熱工学」　刊行にあたって

伝熱工学は，熱の移動形態と熱移動速度を論ずるもので，機械工学を学ぶ学生にとって必須です．また伝熱工学は，機器の設計だけでなく身の回りの現象の理解にも役立つ実用的な学問でもあります．

本書を執筆するにあたり，下記の方針を立てました．

・　機械工学を学ぶ学部学生を主な対象にする．
・　分かりやすい図表や機械の模式図などを多用し，工学を学ぶ学生に親しみやすいものとする．
・　伝熱と物質移動の基本的な事項は全て網羅し，伝熱工学テキストの規範となるよう努める．
・　ハンドブック的な情報の羅列ではなく，伝熱の基礎的現象の理解を深めることができるものとする．
・　実際の機器を設計する技術者や大学院学生の参考書としても使用できる内容とする．

本書には、学部学生にとって若干高度な内容も含まれていますが，全てを理解する必要はありません．学部の講義に使う場合の使用法は，1･2 節に述べてあります．

今まで，伝熱工学ではあまり触れられなかった，伝熱の微視的理解や熱力学との関連，実用機器に即した記述，英語の演習問題など，新たな試みを取り入れました．また，日本の学生や技術者が得意でなかった，伝熱現象のモデル化と実用機器設計の応用例を 8 章に述べてあります．さらに，出版後に判明した誤植等を http://www.jsme.or.jp/txt-errata.htm　に掲載し，読者へのサービス向上にも努めております．本書の内容でお気づきの点がありましたら textseries@jsme.or.jp にご一報ください．

執筆には，著者間で頻繁に議論して内容の調整を行いました．執筆原稿は，総合校閲者に内容のチェックをお願いしたほかに，多くの著名な熱工学の研究者に原稿を配布しコメントを頂いた結果を反映しております．執筆者の方々には，多忙なスケジュールを縫って膨大な労力と時間を執筆ならびに度々開催された著者会議に費やしていただきました．執筆者の研究室をはじめ，本書の作成や校正に携わってくださった方々に深く感謝の意を表します．

2005 年 1 月

JSME テキストシリーズ出版分科会

伝熱工学テキスト

主査　円山重直

伝熱工学　執筆者・出版分科会委員

執筆者	青木和夫	(長岡技術科学大学)	第 2 章
執筆者	石塚　勝	(富山県立大学)	第 7 章，第 8 章
執筆者	佐藤　勲	(東京工業大学)	第 7 章，第 8 章
執筆者	高田保之	(九州大学)	第 5 章，第 8 章
執筆者	高松　洋	(九州大学)	第 6 章
執筆者	中山　顕	(静岡大学)	第 3 章
執筆者・委員	花村克悟	(東京工業大学)	第 4 章，索引
執筆者・委員	円山重直	(東北大学)	第 1 章，第 2 章，第 8 章
執筆者	山田雅彦	(北海道大学)	第 5 章
総合校閲者	庄司正弘	(産業技術総合研究所)	

目 次

第 1 章 概　論 Introduction

1・1　伝熱工学の意義 (significance of heat transfer)

伝熱工学(heat transfer, engineering heat transfer)は，熱をどのように扱うかという学理を追求するものである．したがって，伝熱は熱と関連した科学技術や産業の発展に不可欠なものとして，機械工学(mechanical engineering)の重要な部分を担ってきた．我々の生活に密接なエネルギー機器の開発に伝熱工学は特に重要である．

1820 年代のフーリエによる熱伝導(heat conduction)の研究に代表されるように，伝熱研究の歴史は古いが，種々の伝熱現象を体系的に整理して，現在の伝熱工学としてまとめられたのは，1930 年代に入ってからである．伝熱工学や熱力学(thermodynamics)などの熱を扱う工学を広く熱工学(thermal engineering)と呼ぶ．日本の熱工学の発展については文献[(1)]で述べられている．伝熱工学は機械の設計には不可欠なので，産業の発展とともに進展してきた．特に，アポロ計画に代表される宇宙開発やエネルギー危機による省エネルギー機器の開発などによって，伝熱工学発展の契機となった．今後，地球温暖化をはじめとする，エネルギー環境問題を解決するためにも，伝熱工学は大きな役割を担っている．

図 1.1 は，LNG(liquefied natural gas)（液化天然ガス）を燃料としてガスタービン(gas turbine)でつくられた高温の排熱で蒸気タービン(steam turbine)を駆動する複合サイクルの発電所である．このようなシステムは，現在，火力発電としてもっとも高い発電効率が得られる機械装置であるが，その主要機器であるボイラや復水器は

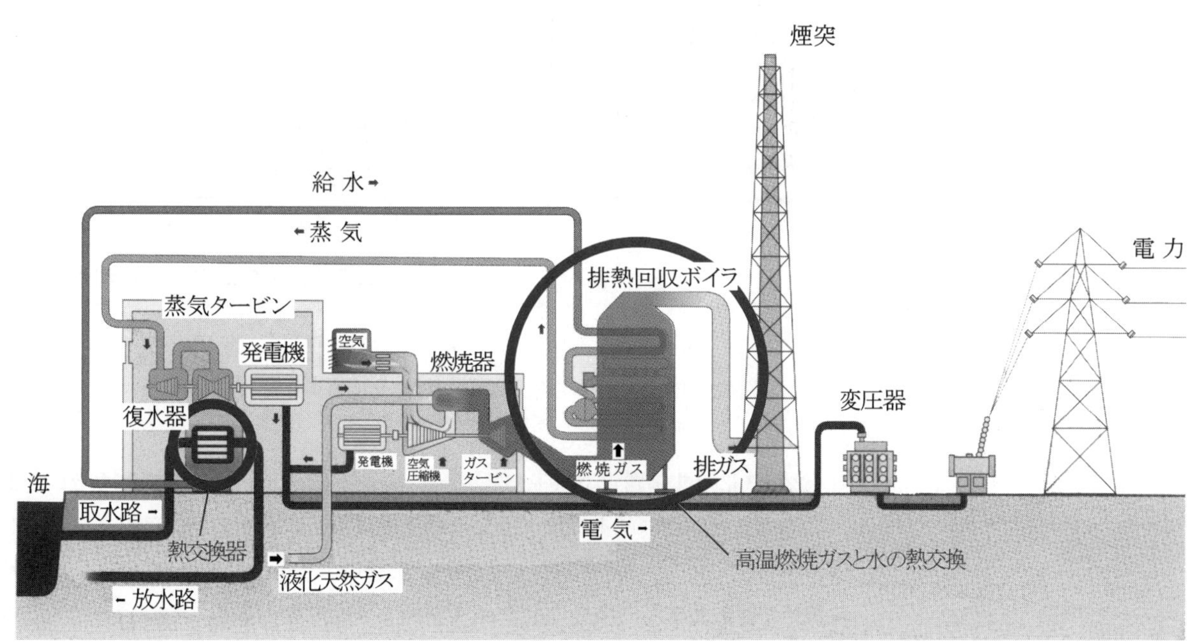

図 1.1　複合サイクルの熱交換（資料提供　東北電力㈱）

熱交換器(heat exchanger)である．伝熱の設計が十分でないと熱交換器であるボイラ隔壁が高温になり破損する．また，これら熱交換器の性能は発電所(power plant)の熱効率に直接影響する．

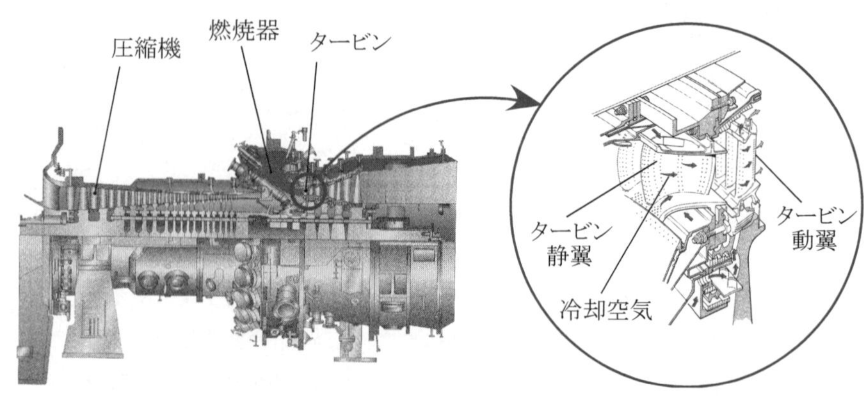

図 1.2　ガスタービンの冷却と伝熱

図 1.2 は，複合サイクル(combined cycle)で使用されるガスタービンの構造図である．ガスタービンはタービン入口の燃焼ガス温度が高いほど高性能になる．高温の燃焼ガスにさらされるタービンブレードを冷却するために空気を吹き出す方法が用いられている．このような冷却にも伝熱現象の理解が重要である．

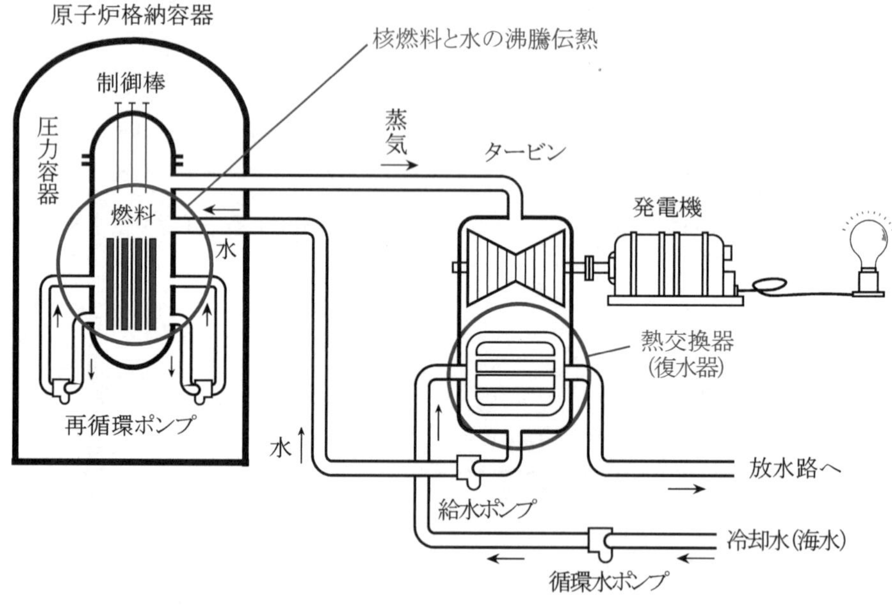

図 1.3　原子力発電と伝熱

図 1.3 に示す沸騰水型原子力発電所(nuclear power plant)は，燃料がウラニウムであることを除けば基本的に火力発電所と同じ形式の水を用いたランキンサイクルである．ウラニウムの燃料棒と水の間は沸騰によって伝熱を行う．もし，沸騰熱伝達率が設計値よりも小さくなると，燃料棒が高温になり破損する場合も考えられる．このように，伝熱工学はわれわれの生活と安全に密接に結びついている．

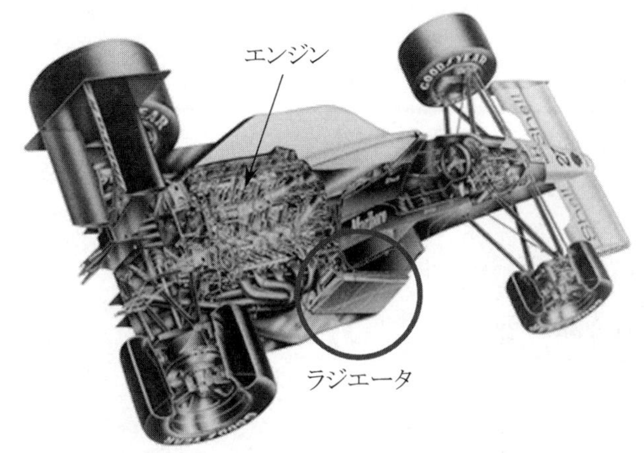

図 1.4　レーシングカーエンジンを冷却するためのラジエータ（資料提供　本田技研工業株式会社）

図 1.5　モーターバイクのラジエータとオイルクーラ（資料提供　川崎重工業㈱）

図 1.4 と図 1.5 に示すように，自動車やモーターバイクのエンジンから発生する熱を排出するラジエータ(radiator)はエンジンの重要な構成要素であり，これをいかに小型高性能化するかが自動車等の性能を決定する要素でもある．

二酸化炭素排出を抑制するために，暖房や冷房に必要なエネルギーを少なくすることが重要である．われわれの生活を快適にし，エネルギー消費をおさえるために，高気密・高断熱住宅の需要が急増している．図 1.6 で示すような家屋の断熱(thermal insulation)性能の向上が重要であるが，そのためには，伝熱工学は不可欠な要素である．

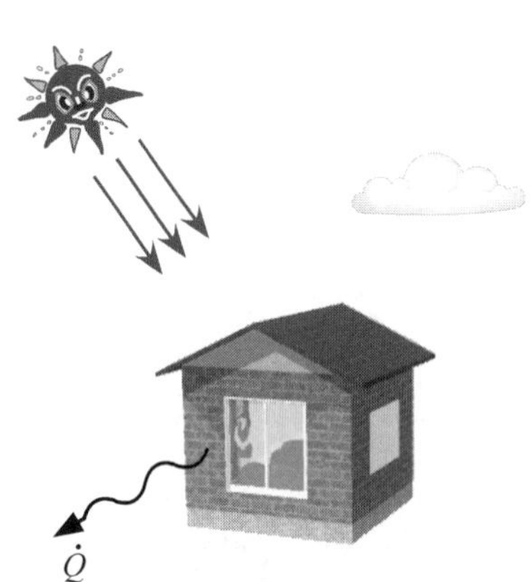

図 1.6　家の住居環境と伝熱

熱力学でも学ぶように，冷凍機やクーラとして使われる図 1.7 のヒートポンプ(heat pump)は，投入電力の数倍もの熱を移動させて冷房や暖房を行うことが可能である．実際の機器の性能は熱力学で計算される理想的な性能よりも低い．しかし，熱交換器(heat exchanger)の性能向上によって，投入電力の 6 倍程度の冷房・暖房性能を示すものも作られている．このような性能を達成するためには，伝熱工学が重要な役割を担っている．衣服などの保温にも伝熱は基本的な知識を与える．食品を細かく切って煮炊きする場合のように，料理でも伝熱の知識を経験的に用いている．伝熱は一般生活にも身近なものである．

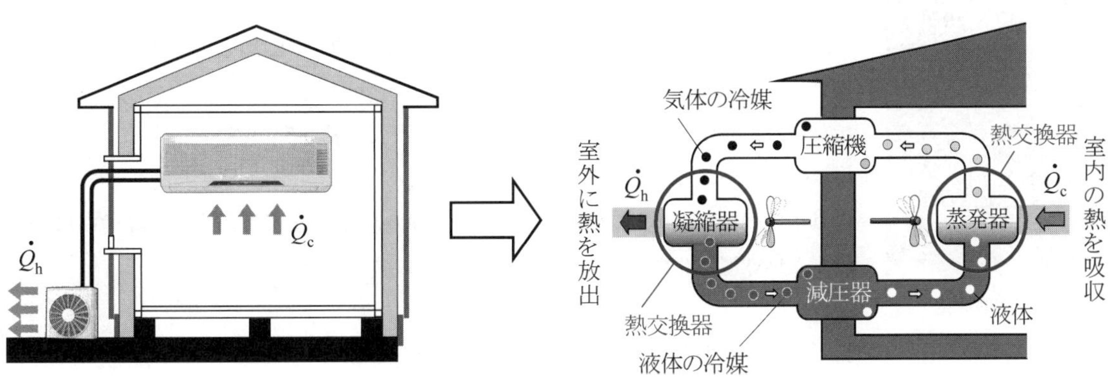

図 1.7　クーラの作動原理と熱交換器

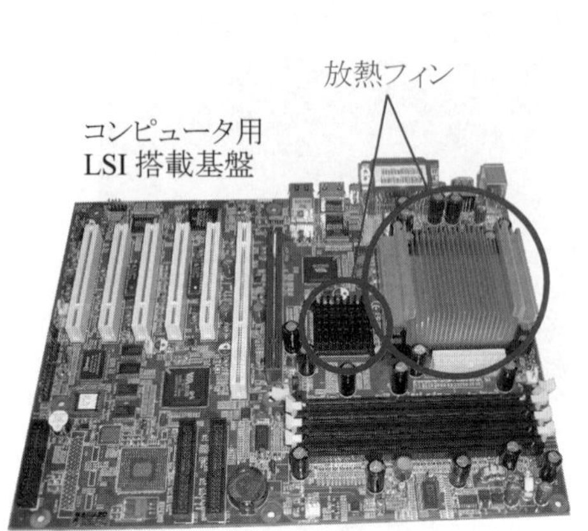

図1.8 コンピュータチップの冷却

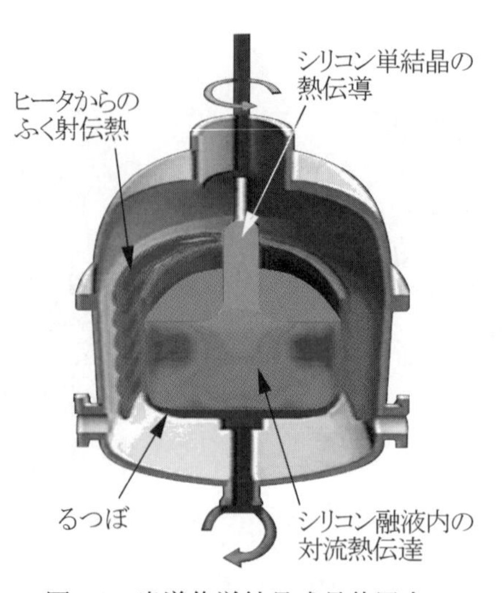

図1.9　半導体単結晶成長装置内の伝熱現象

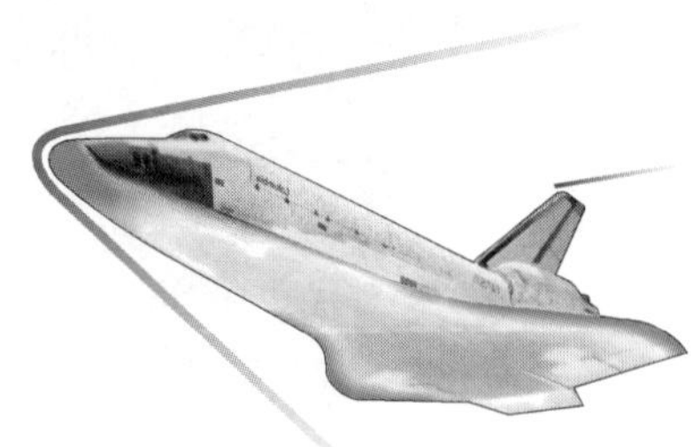
図1.10　スペースシャトル再突入時の熱防御

図1.11 ハッブル宇宙望遠鏡の伝熱制御

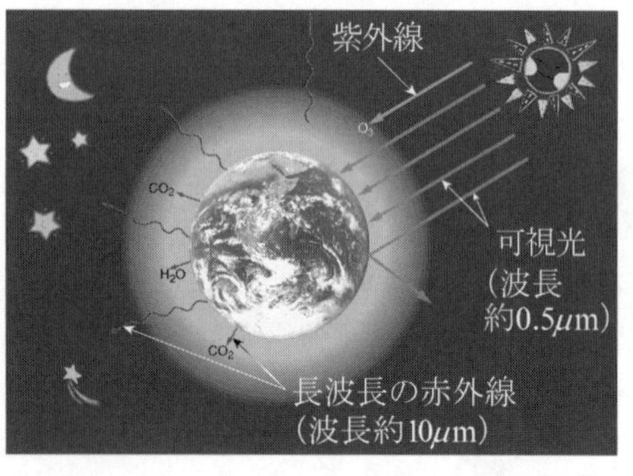

図1.12　地球温暖化と熱ふく射のエネルギー収支

現在，われわれの生活にコンピュータは欠くことのできないものとなっている．コンピュータの性能は，3年に10倍の速度で向上しているが，コンピュータの心臓部であるCPU(central processing unit，中央演算素子)の冷却技術がコンピュータ性能を決める重要な要素となっている．さらに，CPUの主要部であるシリコンなどの半導体(semiconductor)は，図1.9に示す単結晶成長装置で作られている．結晶格子に欠陥のない均質な単結晶材料を作ることが半導体産業の基盤となっている．そのためには，1700 Kの高温における熱と流れの精密制御が高品質半導体を製造するために不可欠となる．金属材料製造で溶けた高温の金属の冷却，金属を圧延加工する加熱・冷却方法が品質の保持に欠かせない技術である．このような材料プロセスにおいて，伝熱は重要な役割を担う．

宇宙機器においても伝熱は重要である．図1.10は，スペースシャトルが大気圏に再突入する場合であるが，そのときの極超音速流れにより機体の表面は1000 ℃以上になる．アルミニウム合金でできた機体構造や乗員を守るための熱遮断技術は不可欠である．そのため，多孔質断熱材の非定常伝熱特性を利用して熱遮断をしている．人工衛星の軌道上では太陽光の当たっているところと日陰では大きな温度差が生じる．図1.11の宇宙望遠鏡のような精密機器において大きな温度差が生じると，主鏡に歪みが生じ測定が阻害される．真空中では対流が生じないために熱伝導とふく射伝熱が主な伝熱形態である．場合によってはヒートパイプ(heat pipe)を用いた温度制御が行われる．

地球は，太陽からのエネルギーを吸収しながら約2.7 Kの宇宙へ熱を放射している．このエネルギー収支で温度が定まる．これは，ふく射伝熱のバランスである．ただし，太陽から照射されるエネルギーは波長が約0.5 μmの光であるが，地球から放射されるエネルギーは波長が約10 μmの赤外線である．図1.12に示すように大気中の二酸化炭素は波長10 μm近傍の赤外線を吸収するので，地球の温度が上昇する地球温暖化がおこる(2)．これも伝熱の重要なテーマである．

1・2　本書の使用法 (how to use this book)

本書は，機械工学を学ぶ学生や技術者を対象にしている．伝熱と物質移動の基本的な事項をすべて網羅するように，全8章で構成されている．まず本章で伝熱の概要を学んだ後で，必要な伝熱形態を各章で学ぶ形式を取っている．すべての章を通読する必要は必ずしもない．各章の初めには，伝熱の基礎的な現象の理解を助けるための説明がなされているので，その部分を読んで物理現象を理解してほしい．

個別の諸条件における伝熱量を推定する実験式の詳細な解説や，実用機器の設計に必要なデータは，必要最小限にとどめている．実用書として本書を使う場合は，伝熱の基礎現象と物理を本書で理解した上で，伝熱のハンドブック等(3),(4),(5)から詳細な実験式や設計データを探すことを勧める．第 8 章では実際の伝熱現象のモデル化と計算例を示して，新しい熱機器を設計するために必要な知識と能力が得られるように工夫してある．

学部学生にとって若干難解な事項で，初学者が読み飛ばしても良い項に＊（アスタリスク）をつけている．また，演習問題で＊記号が付いているものは，多少難しい問題となっているがチャレンジしてほしい．

本書をテキストとして使用する場合，講義の中ですべてを採り上げて学習させる必要はない．まず、第 1 章で伝熱の概略を理解した後、必要に応じて各伝熱形態を講義するのが適当である．各章に＊（アスタリクス）がついている項は、学部の初学生には難しい内容も含まれているので、興味のある学生に自習させてもよい．第 8 章は，学生が実社会で必要となる伝熱のモデル化や伝熱現象の根幹について論じているが、初学者には幾つかの例題のみを解説するだけでもよいであろう．

表 1.1 に 1 セメスターで学ぶ場合の学習項目の一例を示している．表中の点線は時間ごとの区切りを示しているが，必ずしもこの例にとらわれることはない．表 1.1 に記載されていない項目で重要な課題も多いので，時間がある場合や，1 年間で学ぶ場合には，その他の項目を取り上げることを勧める．目次に＊（アスタリスク）がついていて，学部の初学者には若干むずかしい項目は大学院で学ぶこともできる．学習や講義項目の参考にしてほしい．

我が国でも JABEE（日本技術者認定機構, Japan Accreditation Board for Engineering Education)が発足し，技術者教育プログラムの認定審査が進められているが，その中で要求されているキーワードなども本書では考慮されている．

1・3　伝熱とは (what is heat transfer?)

熱(heat)は温度の高い系から温度の低い系に移動するエネルギー(energy)の形態として定義される．つまり，熱は伝熱(heat transfer)によって移動する熱エネルギー(thermal energy)である．熱は温度差によるエネルギーの移動であるが，熱力学(thermodynamics)では，はじめの状態からある過程を経て，熱が移動した後に，熱移動がなくなった最終状態，つまり，平衡状態における系(system)を議論する(6)．伝熱工学では，熱がどのように移動するか，また，熱移動の速さを論じる．

エンジンや発電所などの機械を作る場合のように，実際的な工学の問題では，熱がどのくらいの速さで移動するか，または，ある量のエネルギーを熱として移動させる場合に，どのくらいの大きさの機器が必要になるかが重要な問題である．日常生活でも，どうしたら早く加熱・冷却できるか．また，熱を通さないように断熱するにはどうするかが重要な問題となる．

このように，熱がどのように伝わるか，また，熱移動の速さはどのくらいかを明らかにするのが伝熱工学 (heat transfer)である，

伝熱の形態としては，大きく分けて図 1.13 に示すように，伝導伝熱(conductive

表 1.1　1 セメスターで学ぶ項目の 1 例

項目
第 1 章　概論
1・3　伝熱とは
1・4　熱輸送とその様式
1・4・1　熱輸送様式
1・4・2　伝導伝熱
1・4・3　対流熱伝達
1・4・4　ふく射伝熱
- - - - - - - -
1・7　熱力学と伝熱との関係
1・7・1　閉じた系
1・7・3　境界面におけるエネルギー収支
第 2 章　伝導伝熱
2・1　熱伝導の基礎
2・1・1　フーリエの法則
2・1・3　熱伝導方程式
2・1・4　境界条件
- - - - - - - -
2・2　定常熱伝導
2・2・1　平板の定常熱伝導　a　b　c
2・2・2　円筒の定常熱伝導　a
2・2・3　拡大伝熱面　a　b
- - - - - - - -
2・3　非定常熱伝導
2・3・1　過渡熱伝導
2・3・2　集中熱容量モデル
2・3・3　半無限固体　a
2・3・4　平板　a
- - - - - - - -
第 3 章　対流熱伝達
3・1　対流熱伝達の概要
3・1・1　身近な対流熱伝達
3・1・2　層流と乱流
3・2　対流熱伝達の基礎方程式
3・2・4　非圧縮性流体の基礎方程式　b　c
3・2・5　境界層近似と無次元数
- - - - - - - -
3・3　管内流の層流強制対流
3・3・2　十分に発達した温度場
3・3・3　等熱流束加熱下の温度場　a
3・4　物体まわりの層流強制対流
3・4・1　水平平板からの層流強制対流熱伝達
- - - - - - - -
3・5　乱流熱伝達の概略
3・5・1　乱流の特徴
3・6　乱流強制対流熱伝達
3・6・1　円管内乱流強制対流
3・7　自然対流熱伝達
3・7・1　ブシネ近似と基礎方程式
- - - - - - - -
第 4 章　ふく射伝熱
4・1　ふく射伝熱の基礎過程
4・1・1　伝導・対流・ふく射の伝熱 3 形態
4・1・2　ふく射とは
4・1・5　ふく射の反射，吸収，透過
4・2　黒体放射
4・2・1　プランクの法則
4・2・3　ウイーンの変位則
4・2・4　ステファン・ボルツマンの法則
4・3　実在面のふく射特性
4・3・1　放射率とキルヒホッフの法則
4・3・2　黒体と灰色体および非灰色体
- - - - - - - -
4・4　ふく射熱交換の基礎
4・4・1　平衡平面間のふく射伝熱
4・4・2　ふく射強度
4・4・3　黒体平面間の形態係数
第 5 章　相変化を伴う伝熱
5・1　相変化と伝熱
5・2　相変化の熱力学
5・2・2　過熱度と過冷度
- - - - - - - -
5・3　沸騰伝熱の特徴
5・3・1　沸騰の分類
5・3・2　沸騰曲線
5・4　核沸騰
5・4・3　核沸騰伝熱の整理式
5・8　凝縮を伴う伝熱
5・8・1　凝縮の分類とメカニズム
5・8・2　層流膜状凝縮理論
- - - - - - - -
5・8・3　ヌセルトの解析
5・8・6　不凝縮気体と凝縮気体が混在する場合の凝縮
第 6 章物質伝達
6・1　混合物と物質伝達
6・1・3　濃度の定義
6・1・4　速度と流束の定義
6・2　物質拡散
6・2・1　フィックの拡散法則
- - - - - - - -
第 7 章　伝熱の応用と伝熱機器
7・1　熱交換の基礎
7・1・1　熱通過率
7・1・2　熱通過に伴う流体の温度変化
7・1・3　対数平均温度差
- - - - - - - -
7・6　温度と熱の計測
7・6・1　温度計測
7・6・2　熱量と熱流束計測
第 8 章　伝熱問題のモデル化と設計
8・3　問題 1 つ

heat transfer)，対流熱伝達(convective heat transfer)，ふく射伝熱(radiative heat transfer)に分類される．伝熱は系が熱平衡(thermal equilibrium)でない状態の熱移動を扱うので，熱力学では説明できない現象も明らかにすることができる．

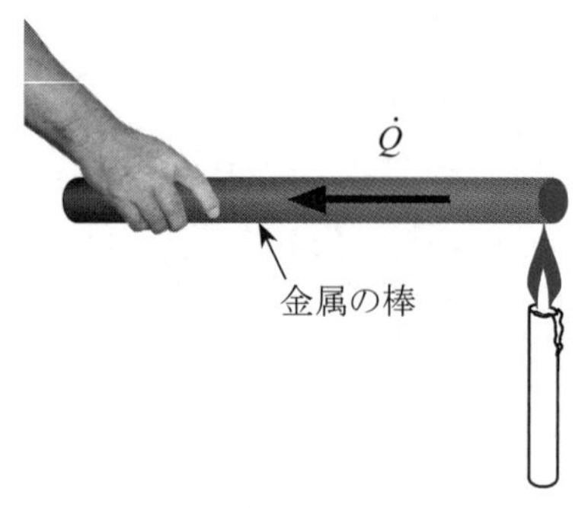

(a)　伝導伝熱による固体内の熱移動

(b)　空気の対流熱伝達による冷却

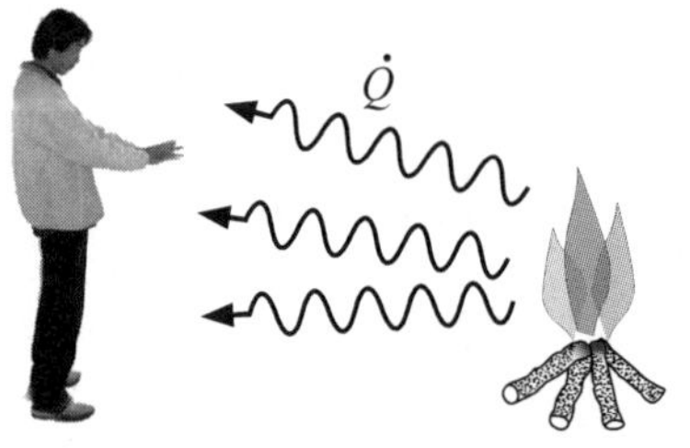

(c)　たき火からのふく射伝熱による加熱

図 1.13　伝熱の 3 形態

【伝熱の問題例】　＊＊＊＊＊＊＊＊＊＊＊＊＊＊＊＊＊＊＊＊＊＊＊

(a)　卵を熱湯でゆでてから，冷水で表面が冷たくなるまで冷却する．空気中に置いてしばらくすると，ゆで卵が再び暖かくなるのはなぜだろうか．

(b)　100℃ のお湯に手を入れると大やけどを負うが，100℃ のサウナに入ってもやけどをしないのはなぜだろうか．

(c)　天気の良い日中，長時間停車している自動車の中に入ると車内が外気温度より高温となるのはなぜだろう．

(d)　10℃ の牛乳 100 リットルを低温殺菌するために 70℃ 以上に加熱したい．90℃ で 100 リットルのお湯を使ってこの加熱が可能だろうか．

【解答】

(a)　内部まで均一温度になったゆで卵は，第 3 章で示す冷水による対流熱伝達によって表面を高速に冷やされるが，内部は高温になったままである．これを，熱伝達の小さい空気中に放置すると，第 2 章で述べる非定常熱伝導によって内部の熱が伝わり表面温度が再び上昇する．

(b)　空気と人体では熱伝導率と比熱が違うため，サウナでは二つが接したときの接触面の温度は人体温度に近い値になる．一方，水の熱伝導率と比熱は人体と類似なため，熱湯中では接触面の温度が人体と熱湯の平均温度程度になり，やけどを負う．詳しくは，第 2 章の非定常熱伝導の項参照．

(c)　太陽のふく射を受けて車内は高温になる．しかし，外気の対流熱伝達による冷却が十分でないため車内が高温になる．窓ガラスを通して太陽光が入射する場合は，ふく射の温室効果が働き，特に高温になる．同様な現象が地球温暖化でもおこる．詳しくは，第 4 章参照．

(d)　低温殺菌が可能である．第 7 章で述べる向流型熱交換器を使用すると，牛乳の温度を 90℃ 近傍まで加熱し，お湯を 10℃ 近傍まで冷却することが可能である．

1・4　熱輸送とその様式 (thermal energy transport and its modes)

1・4・1　熱輸送様式 (modes of thermal energy transport)

熱輸送の様式は，図 1.14 に示すように，熱伝導(heat conduction)，対流(convection)，熱ふく射 (thermal radiation)に分類される．

熱伝導は，物体内の温度が不均一で温度こう配(temperature gradient)が存在するときに，熱が移動する様式である．図 1.14 (a) では，炎で高温に加熱されたフライパン下面と肉が接している上面との間に温度こう配が生じ，熱が移動する．図 1.14 で，単位時間（1 秒）に移動する熱量 Q (J) を伝熱量(heat transfer rate) $\dot{Q}$（J/s または W）という．熱伝導は，分子や電子の運動など，物質を構成する粒子の相互作用によって物体の高温領域から低温領域へエネルギーが移動するものである．熱伝導は，固体内だけでなく気体や液体などの流体でも起こる．

対流熱伝達は，高温物体面で加熱された流体が低温物体面に移動する伝熱形態である．物体表面における流体は静止しているから，物体表面と流体間の熱移動は熱伝導で行われる．つまり，対流熱伝達は，熱伝導と流体の流れである対流(convection)に基づいた熱移動である．また，対流熱伝達(convective heat transfer)を単に熱伝達という場合もある．ただし，一般の伝熱(heat transfer)の用語に対して熱伝達という用語を用いる場合もあるので注意する必要がある．図 1.14 (b) に示すように，高温の鍋で加熱された部分の水は，密度が小さくなるので軽くなり上方に移動する．加熱された水が低温の肉に接触し熱を伝える．低温になった水は，密度が大きくなり下降し，再び高温の鍋に接触する．

内部エネルギーの一部が物体表面から可視光や赤外線などの電磁波(electromagnetic wave)に変換され放射されている．この電磁波が熱ふく射(thermal radiation)である．この電磁波は空間を伝ぱし再び物体に到達し内部エネルギーに変換される．この放射エネルギーは高温物体ほど大きいので，電磁波を介して高温物体から低温物体に熱が移動する．これがふく射伝熱(radiative heat transfer)である．物体が内部エネルギーの一部を電磁波として放出することを放射(emission)といい，物体からの放射電磁波や物体で反射された電磁波のエネルギーをふく射（輻射）(radiation)または熱ふく射という．表 1.3 に示すように，後者の radiation に対して「放射」という用語を使うとき，前者の emission は「射出」ということに注意する．図 1.14 (c) では，高温の炭から放射されたふく射が低温の肉に到達し内部エネルギーに変換されて肉が高温になる伝熱形態を示している．他の伝熱形態では熱を伝える媒体が必要であるが，ふく射による伝熱は真空中でも起こる．

次項では，それぞれの伝熱形態について定量的な議論を行う．

(a) 熱伝導 (heat conduction)

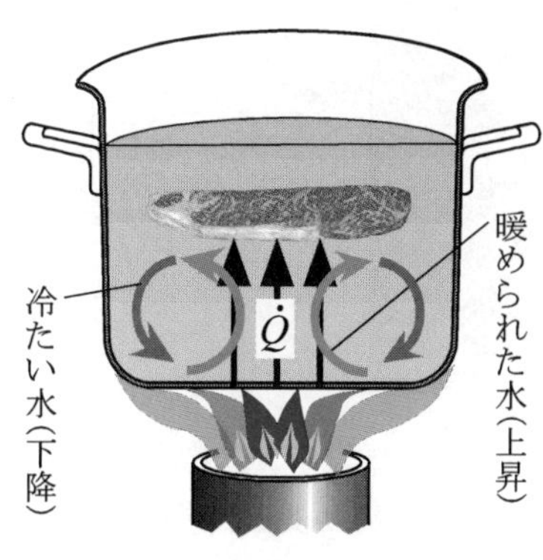

(b) 対流 (convection)

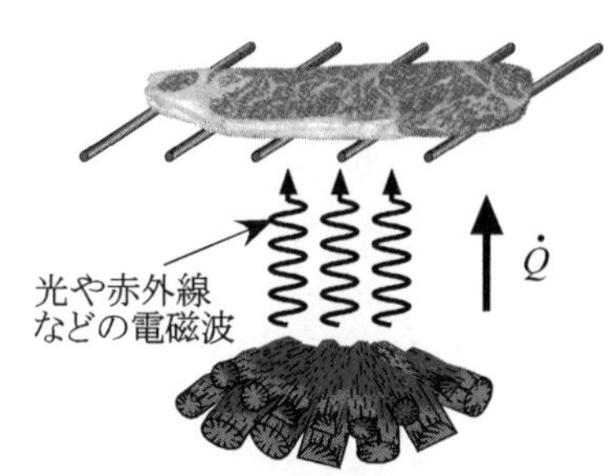

(c) 熱ふく射 (thermal radiation)

図 1.14　肉を加熱するときの熱輸送様式

1・4・2　伝導伝熱 (conductive heat transfer)

図 1.15 に示す面積 $A\,(\mathrm{m}^2)$ 厚さ L (m) の平板を考える．板の両面の温度をそれぞれ T_1，T_2 (K) とする．熱伝導で通過する伝熱量は次式で表される．

$$\dot{Q} = Ak\frac{T_1 - T_2}{L} \tag{1.1}$$

ここで，k (W/(m・K)) は熱伝導率(thermal conductivity)である．単位面積当たりの伝熱量である熱流束(heat flux)を $q = \dot{Q}/A\,(\mathrm{W/m^2})$ で定義する．板内部の温度こう配は

$$\frac{\mathrm{d}T}{\mathrm{d}x} = \frac{T_2 - T_1}{L} \tag{1.2}$$

となるから，熱伝導による熱流束は

$$q = -k\frac{\mathrm{d}T}{\mathrm{d}x} \tag{1.3}$$

と表される．この式(1.3)は熱伝導に関するフーリエの法則(Fourier's law)の 1 次元の場合となっている（第 2 章参照）．熱伝導率 k は，物質の温度・成分など，物質の状態によって定まる物性値(property)または熱物性値(thermophysical property)である．図 1.16 には，常温（室温）における各種物質の熱伝導率を示している．同じ温度こう配では，熱伝導率が大きい物質ほど熱伝導による伝熱量が大きくなる．物質によって，熱伝導率にはおおむね 5 桁の差があることがわかる．

表 1.2　伝熱の形態

伝熱(heat transfer)	
伝導伝熱 conductive heat transfer	物体内の温度こう配による熱移動
対流熱伝達 convective heat transfer	流体の移動による熱移動
ふく射伝熱 radiative heat transfer	電磁波による熱移動

表 1.3　ふく射の用語

radiation	emission
ふく射 ⟷	放射
放射 ⟷	射出

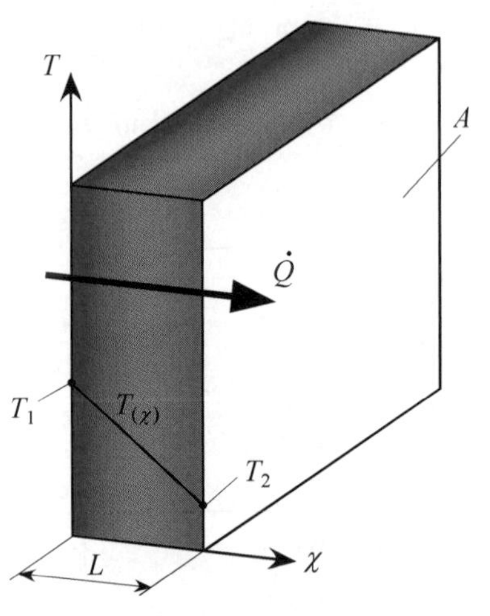

図 1.15　熱伝導による熱移動

1・4・3　対流熱伝達 (convective heat transfer)

図 1.17 に示すように，温度 T_1，表面積 A の物体周りに温度 T_2 の流体が流れている場合を考える．温度の異なる物体表面と流体との間には対流熱伝達が生じる．物体表面上における流体は表面に接触しており，物体表面温度と同じになる．また，物

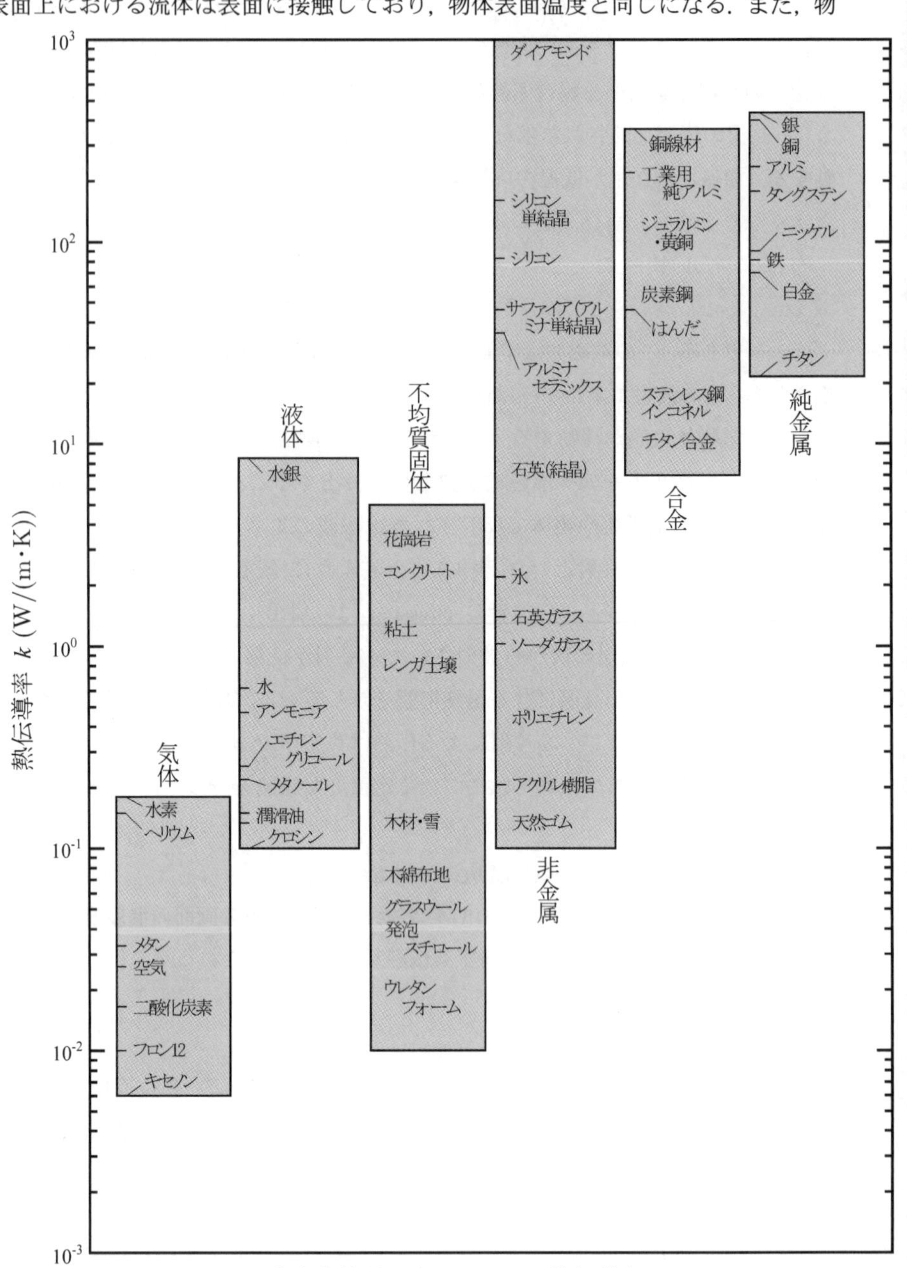

図 1.16　代表的物質の常温における熱伝導率

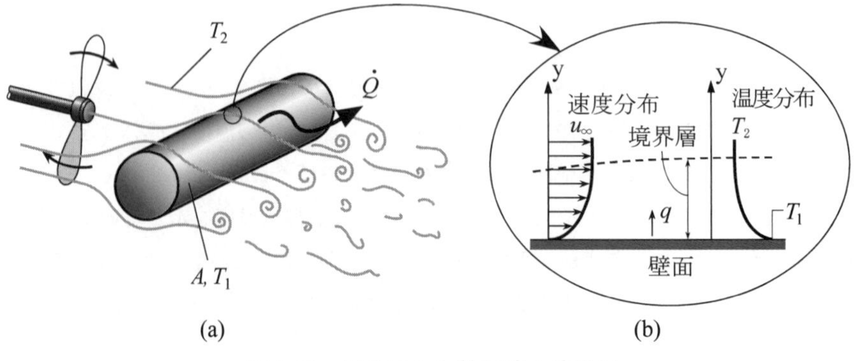

(a)　(b)

図 1.17　対流による熱伝達と境界層

体から十分離れた位置における流体の温度は T_2 である．物体近傍に温度や流速が変化する**境界層**(boundary layer)が存在する．このとき，伝熱量と温度差の関係は次式で表される．

$$\dot{Q} = Ah(T_1 - T_2) \tag{1.4}$$

ここで，h (W/(m^2・K)) は，**熱伝達率**(heat transfer coefficient)である．熱伝達率は，熱伝導率のような物質固有の値ではなく，流体の流れの状態によって変化する．厳密には流れの状態は物体の各表面で異なるので，熱伝達率も局所的に異なった値となる．微小面の面積を dA (m^2) とし，その伝熱量を d$\dot{Q}$ (W) とすると，**局所熱流束**(local heat flux) $q = \mathrm{d}\dot{Q} / \mathrm{d}A$ と温度差との関係が次式で表される．

$$q = h(T_1 - T_2) \tag{1.5}$$

上式は，**ニュートンの冷却法則**(Newton's law of cooling)として知られている．

図 1.18 に代表的な対流熱伝達の例を示す．流体は高温になると一般に密度が小さくなるため，浮力による対流が生じる．このように流体の密度差自身で生じる流れを**自然対流**(natural convection)または**自由対流**（free convection）という．一方，送風機やポンプで強制的に流体を移動させて生じる流れを**強制対流**(forced convection)という．

水が水蒸気に変化するように，多くの物質は温度によって固体・液体・気体と相(phase)が変化する．このような相の変化を伴った熱伝達様式の代表的なものが，**沸騰**(boiling)と**凝縮**(condensation)である．沸騰では，物体面が加熱されるとその表面にある液体が気体となるために蒸発潜熱として大量の熱を移動させることができる．この熱は，蒸気となって輸送される．凝縮ではその逆で，物体周りの蒸気が低温の物体表面に接触し液体となることによって熱が輸送される．物体表面で凝縮した液体は重力の作用などで物体表面を落下，移動する．

一般的な対流熱伝達率の概略値を，種々の伝熱様式でまとめたものが図 1.19 である．図 1.19 は，物体面が数 cm から数 m 程度の大きさで，流速があまり大き

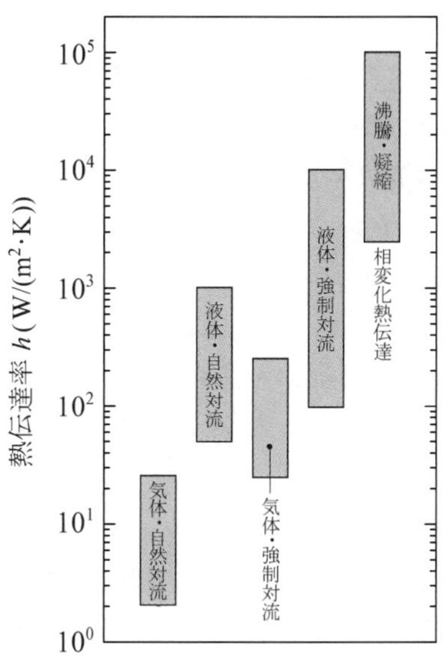

図 1.19　熱伝達率のおおよその大きさ

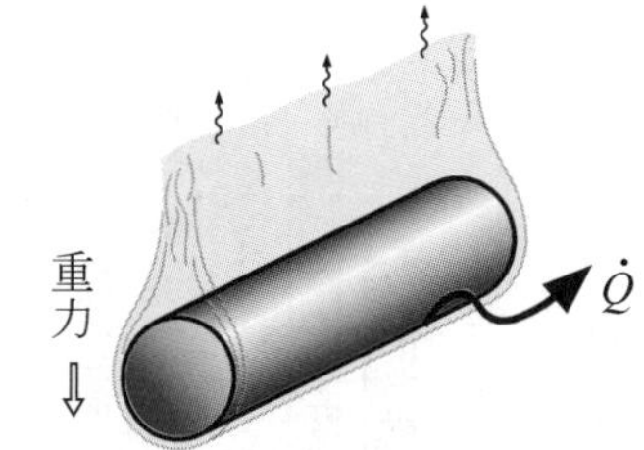

自然対流 (natural convection)

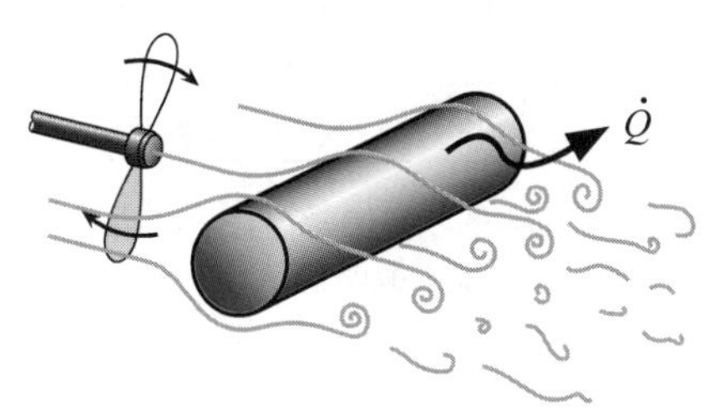

強制対流 (forced convection)

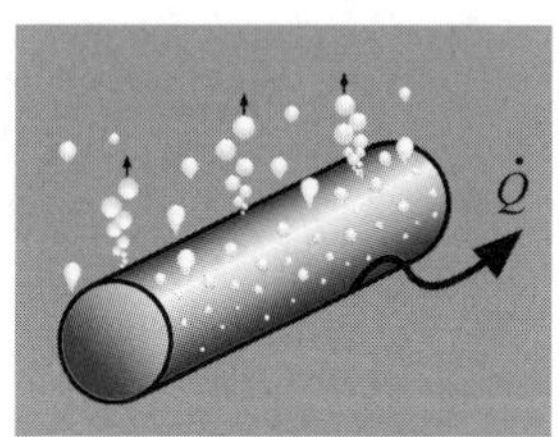

沸騰 (boiling)

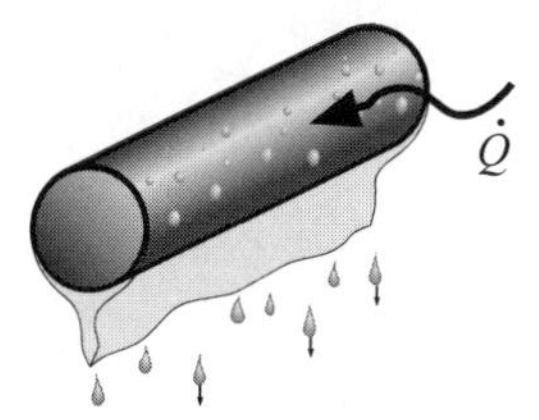

凝縮 (condensation)

図 1.18　代表的な対流伝熱の例

くない常温域の液体と気体の対流熱伝達率を示している．一般に，液体が気体に比べて熱伝達率が大きく，自然対流に比べて強制対流の方が大きい熱伝達率を示す．沸騰や凝縮など，相変化を伴う熱伝達率は，相変化を伴わない場合の熱伝達率に比べて著しく大きくなる（第5章参照）．

1・4・4　ふく射伝熱 (radiative heat transfer)

物体は温度によって**熱ふく射**(thermal radiation)を放射している．温度T (K) の物体は単位面積当たり最大で次式の熱ふく射を放射する．

$$E_b = \sigma T^4 \tag{1.6}$$

ここで，σ (W/(m$^2 \cdot$K^4)) は**ステファン・ボルツマン定数**(Stefan-Boltzmann constant)であり，$\sigma = 5.67 \times 10^{-8}$ W/(m$^2 \cdot$K^4) である．E_b (W/m^2) を**黒体放射能**(blackbody emissive power)といい，黒体放射の熱流束である．また，物体の温度は絶対温度 (K) であることに注意する．式(1.6)に従い，最大の熱ふく射を放射する物体を**黒体**(black body)という．実在の物体では，黒体より少ない熱ふく射を放射する．その時の**放射能**(emissive power) E は

$$E = \varepsilon E_b \tag{1.7}$$

となる．ここで，ε は**放射率**(emissivity)といい，物体の温度や表面状態によって定まる定数である．

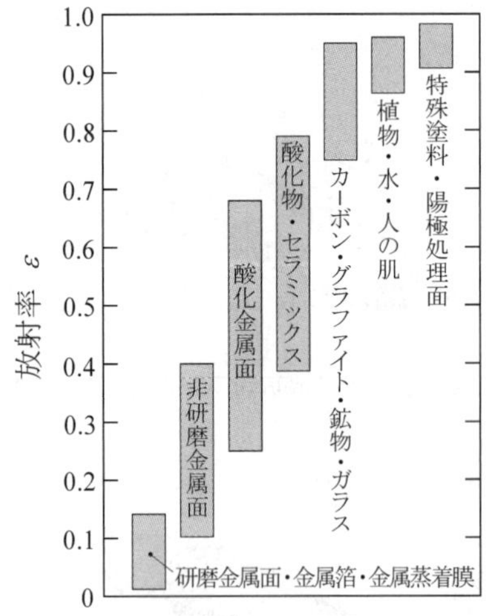

図 1.20　代表的物質の常温における放射率の概略値

図 1.20 は，代表的な物体表面の常温における放射率の概略値を示したものである．金属蒸着面のように清浄な金属面の放射率は小さい．酸化物など，電気伝導の小さい**誘電体**(dielectric)は，放射率が大きい．特に，生体物質など水を多く含む物体は，物体の色によらず1に近い放射率を示す．

面積と温度が A_1，T_1 の物体1と，A_2，T_2 の物体2を考える．図 1.21 に示すように，$A_1 << A_2$ の場合，物体1から2への伝熱量は

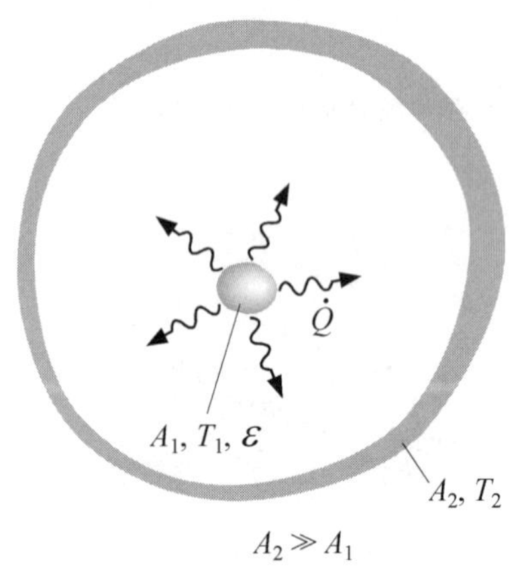

$A_2 \gg A_1$

図 1.21　大きな空間中にある物体からのふく射伝熱

$$\dot{Q} = A_1 \varepsilon \sigma (T_1^4 - T_2^4) \tag{1.8}$$

となる．熱流束で表すと，

$$q = \varepsilon \sigma (T_1^4 - T_2^4) \tag{1.9}$$

となる．物体1と2の温度差が小さく $|T_1 - T_2| << T_1$ で，その平均温度を T_m とすると，式(1.9)は，次式で近似できる．

$$\begin{aligned} q &= \varepsilon\sigma(T_1^4 - T_2^4) = \varepsilon\sigma(T_1^3 + T_1^2 T_2 + T_1 T_2^2 + T_2^3)(T_1 - T_2) \\ &\fallingdotseq 4\varepsilon\sigma T_m^3 (T_1 - T_2) = h_r (T_1 - T_2) \end{aligned} \tag{1.10}$$

ここで，

$$h_r = 4\varepsilon\sigma T_m^3 \quad (\mathrm{W/(m^2 \cdot K)}) \tag{1.11}$$

であり，**有効ふく射熱伝達率**(effective radiation heat transfer coefficient)という．ふく射伝熱の詳細は第4章を参照されたい．

表 1.4　各伝熱形態の熱流束のまとめ

伝導伝熱：$q = -k\dfrac{\mathrm{d}T}{\mathrm{d}x}$

対流熱伝達：$q = h(T_1 - T_2)$

ふく射伝熱：$q = \varepsilon\sigma(T_1^4 - T_2^4)$

【例題　1・1】　＊＊＊＊＊＊＊＊＊＊＊＊＊＊＊＊＊＊＊＊＊＊＊

人体を高さ1.7 m，表面積1.8 m^2，温度310 K の鉛直平板として近似したとき，290 K の周囲環境への自然対流熱伝達率と有効ふく射熱伝達率とを比較してみよう．

【解答】人体の放射率を 0.9 とすると，$T_m = 300$ K のとき，式(1.11)より h_r は

5.5 W/(m^2・K) となる．この大きさは図 1.19 に示す気体の自然対流の熱伝達率とほぼ同じ大きさである．高さ1.7 m の鉛直平板の自然対流による平均熱伝達率は，第 3 章の式(3.202a)を用いて計算すると3.8 W/(m^2・K) となり，ふく射有効熱伝達よりも小さくなる．常温域でも，ふく射伝熱は無視できないことがわかる．

＊＊＊＊＊＊＊＊＊＊＊＊＊＊＊＊＊＊＊＊＊＊

1・5　単位と単位系 (unit and system of units)

1・5・1　SI (The International System of Units)

国際単位系(SI, The International System of Units)は 1960 年の国際度量衡総会において採択されたメートル系の標準的単位系である．SI は表 1.5 に示す基本単位と，補助単位，組立単位からなる．これらの単位に SI 接頭語をつけて10 の整数乗倍で表記する．表 1.6 に示すように，ヨーロッパ系の接頭語は，10^3 が基準となっている．1cm（センチメートル）のように，1 近傍では10 や100 を基準とした接頭語も使用する．

表 1.5　SI 基本単位

量	名称	記号
長さ iength	メートル meter	m
質量 mass	キログラム kilogram	kg
時間 time	秒 second	s
電流 electric current	アンペア ampere	A
熱力学温度 thermodynamic temperature	ケルビン kelvin	K
物質量 amount of substance	モル mole	mol
光度 luminous intensity	カンデラ candela	cd

表 1.6　SI 接頭語

倍数	接頭語	記号
10^{18}	エクサ	E
10^{15}	ペ タ	P
10^{12}	テ ラ	T
10^{9}	ギ ガ	G
10^{6}	メ ガ	M
10^{3}	キ ロ	k
10^{2}	ヘクト	h
10^{1}	デ カ	da
10^{-1}	デ シ	d
10^{-2}	センチ	c
10^{-3}	ミ リ	m
10^{-6}	マイクロ	μ
10^{-9}	ナ ノ	n
10^{-12}	ピ コ	p
10^{-15}	フェムト	f
10^{-18}	ア ト	a

表 1.7　SI 組立単位

量	名 称	記 号	定 義
力 force	ニュートン newton	N	kg・m/s^2
圧力・応力 pressure, stress	パスカル pascal	Pa	N/m^2
エネルギー・仕事・熱量 energy, work, heat	ジュール joule	J	N・m
仕事率（工率） power	ワット watt	W	J/s
セルシウス温度 celsius temperature scale	セルシウス度 celsius degree	℃	T(℃)=T(K)+273.15

表 1.8　伝熱の物理量と単位

物理量	単位
体積	m^3
密度	kg/m^3
速度・流速	m/s
熱容量	J/K
比熱	J/(kg・K)
伝熱量	W
熱流束	W/m^2
熱伝導率	W/(m・K)
熱伝達率	W/(m^2・K)
熱拡散率	m^2/s
粘度	Pa・s
動粘度	m^2/s
表面張力	N/m
質量濃度	kg/m^3
物質伝達率	kg/(m^2・s)
物質拡散係数	m^2/s

これら以外の量は基本単位と補助単位を物理法則にしたがって組み合わせることにより誘導した組立単位によって表される． 組立単位の中から伝熱工学に関連が深いものを表 1.7 に示している．この基本単位と組み立て単位を用いて，速度や体積などの物理量(physical qantity)を表す．伝熱に関連のある代表的な物理量や物性値(property)の単位を表 1.8 に示す．

1・5・2　SI 以外の単位系と単位の話 (other system of units)

SI は長さ，質量，時間を基本とした絶対単位系の 1 つである．SI は合理的な単位系で一貫性があり，SI を使った学問体系への移行が，世界的に進展している．伝熱工学を学ぶ学生も，SI を使用することが強く求められている．本書では原則的に SI を使った記述を行う．

一方，古来から種々の単位が各国で使用されてきた．国際度量衡総会では，これら従来単位の多くを推奨していない．しかし，従来の単位系は歴史的な意義があるだけでなく，用途に応じて実感しやすい基準を用いているため，いまだに産業界や実生活で使用されていることも事実である．本項では，伝熱に関連する物理量の単位系と SI との関係を述べる．

SI は長さ・質量・時間を基本とした単位系であるが，質量の概念はニュートン力学以後のものであり，それ以前では力としての「重さ」が基準単位として用いられていた．このような，長さ，力，時間を基本量として組み立てた単位系を工学単位系と呼ぶ．この単位系では，単位質量の物体に作用する重力を力の単位とすることから重力単位系とも呼ばれている．工学単位系の基準として，長さや時間に身近なものを用いた種々の単位がある．伝熱に関連する主な物理量の単位の定義を以下に示す．

(a) 温度(temperature)

一般に，気体は低圧，高温においてボイルーシャルルの法則に従うことが実験的に明らかにされている．この様な性質を示す**理想気体**(ideal gas)を，体積一定の条件の下で温度を変化させて，そのときの圧力を測定すると，ある温度で圧力がゼロとなる．この温度を原点として，水の**三重点**(triple point)を 273.16 K とする温度目盛りを理想気体温度目盛りという．

表 1.9　温度の換算

$$t\,(^\circ\mathrm{C}) = T\,(\mathrm{K}) - 273.15$$
$$t_F\,(^\circ\mathrm{F}) = 1.8\,t\,(^\circ\mathrm{C}) + 32$$
$$t_F\,(^\circ\mathrm{F}) = T_F\,(^\circ\mathrm{R}) - 459.67$$
$$T_F\,(^\circ\mathrm{R}) = 1.8T\,(\mathrm{K})$$

一方，どのような物質にも依存しない温度を理論的に導出することが可能であり，これを**熱力学的温度**(thermodynamic temperature)と呼ぶ．理想気体温度目盛りの温度原点が理論上の最低温度（絶対零度）であることから，これを原点として測った温度を絶対温度 (absolute temperature)という．絶対温度 T の単位としてはケルビン(Kelvin) (K)が用いられる．1 気圧下における水の氷点温度と沸騰温度をそれぞれ 0 ℃と 100 ℃で定義した温度が**摂氏温度**(Celcius) t(℃) である．絶対温度と摂氏温度とは次式の関係がある．

$$t\,(℃) = T\,(\mathrm{K}) - 273.15 \tag{1.12}$$

またアメリカでは**華氏温度**(Fahrenheit) t_F (°F) が用いられることが多い．華氏温度目盛りを用いた絶対温度 T_F にはランキン (Rankine) (°R) という単位が用いられる．これらの間には，表 1.9 に示す関係がある．

表 1.10　力の換算表

単位の名称	記号	SI の値(N)
ダイン	dyne	10^{-5}
キログラム重	kgf	9.807
ポンド重	lbf	4.448

(b) 力(force)

1 N (ニュートン)は，質量1 kg の物体を1 m/s^2 加速する力(force)を表す．わが国で使われてきたメートル工学単位系では，力には重力キログラムまたはキログラム重(kgf, kgw)を用いる．アメリカで現在も用いられている USCS(the United States Customary System)単位系では，長さにフィート (1 ft = 0.3048 m) を使用し，力に重量ポンド (1 lbf = 0.4536 kgf) を用いる．なお，「100kg の力で引っ張る」と一般にいうように，キログラム重 (kgf,kgw) を単にキログラム (kg) と表記することもあり，重量（重さ）と質量を混同しないよう注意が必要である．重量は力なので，宇宙空間などで地球の重力加速度が働かないときには「重さ」は働かないが，物質の質量は存在する．

(c) 圧力・応力(pressure, stress)

1 Pa は，1 m^2 あたり 1 N の法線方向の力が作用する**圧力**(pressure)である．**応力**(stress)も同じ単位である．気象の分野では，接頭語をつけた hPa（ヘクトパスカル）が使用される．従来単位として，標準重力場における標準密度の水銀柱 760 mm の底面に及ぼす圧力として定義される気圧(atm)や水銀柱 1 mm を表すトール(Torr(= mmHg)) という単位も用いられてきた．熱流体機器の圧力計測では，しばしば圧力と等価な水柱の高さ(mmH_2O)であるヘッド(head)も使用されてきた．SI ではそれらの使用を避けて SI 単位に置き換えることを推奨している．一般に，圧力計は大気圧に対する差圧を示すことが多く，これを**ゲージ圧力**(gauge pressure)とよび，単位の末尾に g をつける場合がある．また，絶対真空を基準とした場合の圧力を**絶対圧力**(absolute pressure)とよぶ．絶対圧力を特に明示する場合には a をつけることがある．USCS 単位系では 1 平方インチ (in^2) に働く力として psi を用いることがある．

表 1.11　圧力・応力換算表

単位の名称	記号	SI の値(Pa)
バール	bar	10^5
気圧（標準大気）	atm	101325
トール (mmHg)	Torr	133.322
水柱ミリメートル	mmH_2O	9.807
psi (lbf/in^2)	psi	6894.76

(d) エネルギー・熱量(energy, amount of heat)

1 N の力を加えてその向きに 1m 動かしたときの**仕事**(work)をエネルギーの単位とし，これを 1 ジュール (J)(= (N·m)) と呼ぶ．熱と仕事は等価であるから，仕事も**熱量**(amount of heat)もジュール (J) で表す．従来は熱量の単位として 1 g の水を 1℃ 上昇させる熱量である**カロリー**(calorie)を用いてきた．カロリーは定義によってそれぞれわずかに値が異なる．栄養学や食品関係では 1 kcal を 1 Cal として表すこともある．電力換算のエネルギー表示には，1 kW を 1 時間使用したエネルギーとして，キロワット時 (kWh) も使用される．USCS では，1 lb の水を 1°F 上昇させる熱量として BTU（British Thermal Unit）が用いられてきた．エネルギー関連では，石油を燃焼させたときに生じるエネルギー換算の単位が使用されることがある．

表 1.12　エネルギー・熱量換算表

単位の名称	記号	SI の値(J)
エルグ	erg	10^{-7}
キロカロリー	kcal, Cal	4186
キロワット時	kWh	3.6×10^6
BTU	Btu	1055.06
石油換算キロリットル	——	3.8728×10^{10}
石油換算トン	TOE	4.1868×10^{10}

表 1.13 伝熱量・仕事率換算表

単位の名称	記号	SI の値(W)
キロカロリー毎時	kcal/h	1.163
（日本）冷凍トン	JRt	3860
メートル馬力	PS	735.5
英国馬力	HP	746

(a)　並進運動エネルギー

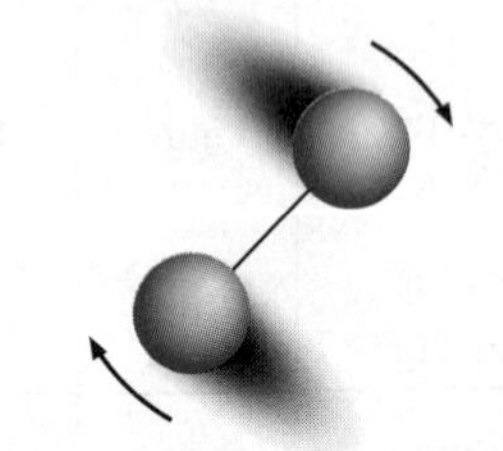

(b)　回転運動エネルギー

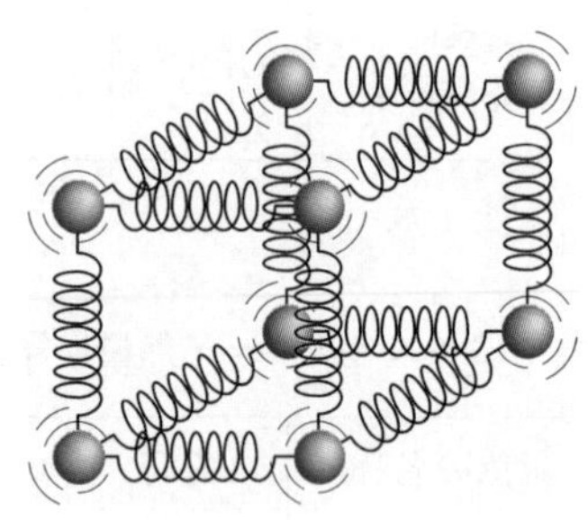

(c)　振動の運動エネルギーとポテンシャルエネルギー

図1.22　分子の微視的エネルギー

(e) 仕事率・伝熱量(power, heat transfer rate)

単位時間あたりにする仕事を仕事率(power)と呼ぶ．仕事率は工率，パワー，動力ともいわれる．SIでは，単位は（J/s または W）であるがこれをワット(watt)と呼ぶ．単位時間当たりに移動する熱量である**伝熱量**(heat transfer rate)も同じ単位である．伝熱の分野では1時間に移動する熱量(kcal)であるキロカロリー毎時(kcal/h)が使用されてきた．動力の分野では馬力(horse power)という単位が使用されてきた．本来は馬一頭が出す仕事率だったが，1秒間に75 kgf･m の割合でおこなわれる仕事率を表すメートル馬力 (1 PS=0.7355 kW) と 1 秒間に 550 ft･lbf の割合でおこなわれる仕事率を表す英国馬力 (1 HP=0.746 kW) がある．英国馬力を表す場合 HP を使用し，メートル馬力を表す場合には PS を使用する．0℃の水1トン(1000 kg)を24時間で凍らせる伝熱量を1冷凍トン(ton of refrigeration)といい，空調や冷凍機の分野で使用されることがある．

1・6　伝熱の微視的理解 (microscopic understanding of heat transfer) ＊

1・6・1　内部エネルギー (internal energy) ＊

多数の分子などの粒子で構成される系では，粒子は相互作用を及ぼし合いながら運動をしている．系全体での運動はしていないが，粒子が相互作用を及ぼし合いながら微視的な運動をしたり粒子間のポテンシャルとして蓄えている微視的なエネルギーが系の**内部エネルギー**(internal energy)である．微視的なエネルギーには種々の形態がある．図1.22(a), (b)に示すように，ガス分子の並進運動エネルギーや回転運動エネルギー，図 1.22(c)に示す固体分子の振動エネルギーなどである．金属固体の場合は，原子の振動エネルギーと自由電子の運動エネルギーが相互作用を及ぼし合いながら共存している．これらの内部エネルギーが増大すると，系の温度も上昇するので，このような微視的な力学エネルギーを**顕熱**(sensible heat)という．

液体が蒸発する時には，束縛状態の分子を自由運動させるためのエネルギーが必要である．図 1.23 に示すように，分子の相互作用が固体・液体・気体で異なるために，温度が同じでも固体・液体・気体では内部エネルギーが異なる．このように，温度が変化しなくても固体・液体・気体などの**相**(phase)の変化に伴う内部エネルギーの変化が存在する．このように等温等圧下で相が変化するときの内部エネルギーの変化を**潜熱**(latent heat)と言う．一般に，潜熱は顕熱に比べて著しく大きい．従って，沸騰・凝縮における伝熱は小さな温度差で多くの熱量を移動することができる．

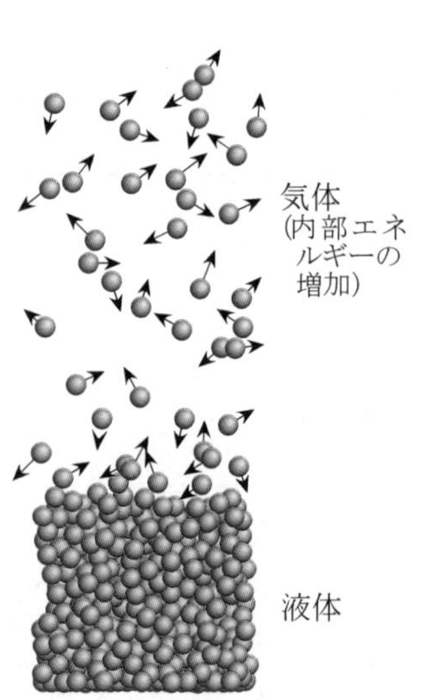

図1.23　温度が等しい飽和状態の液体と気体の分子運動

顕熱と潜熱は，熱に関係する内部エネルギーである．この内部エネルギーを機械工学の分野では**熱エネルギー**(thermal energy)と呼ぶ場合がある．その他の内部エネルギーとしては，原子の結合に関する化学エネルギーや原子核の結合・分裂にかかわる核エネルギーなどがある．詳しくは，本テキストシリーズ「熱力学」[3]を参照されたい．

1・6・2　微視的エネルギーの伝ぱ (transfer of microscopic energy) ＊

図 1.24(a)に示すような結晶格子を形成する固体を考える．この固体は，図 1.22(c)に示す分子振動が大きい場合に温度が高くなる．固体中に温度の不均一が生じると，

分子の振動の大きさも場所によって異なるが, 分子間の相互作用のためにその振動は音波（弾性波）として伝わる. 巨視的に見るとその振動エネルギーは, 温度の高い方から低い方により多く伝わるので, 結果的に熱が高温部から低温部へと伝わることになる. これが, 伝導伝熱による熱移動の一形態である. この格子振動による弾性波をエネルギー粒子である**フォノン**(phonon)として考えると, 導電性のない固体の熱伝導は, フォノンが拡散して均一化する現象として扱うことができる.

金属は, 固体中に自由電子が存在し固体中を自由に動くことができる. この電子は固体中の原子と相互作用するために, 温度の高い金属では原子の振動エネルギーと共に電子の運動エネルギーも大きい. 金属では, この自由電子が熱の伝導に寄与するために, 熱伝導率が大きくなる場合が一般的である.

気体は, 図 1.22(a), (b)に示す分子の回転や並進運動エネルギーが大きいほど温度が高い. 分子群の中に温度の不均一があると, 分子同士の衝突によってエネルギー交換を行い, 分子のエネルギーが伝ぱする. これを巨視的に見た場合, 高温気体から低温の気体にエネルギーが移動する. これが, 気体の熱伝導である.

近年のコンピュータの発達により, 多数の分子運動を追跡し, そのエネルギー輸送や相変化現象を明らかにすることが可能となってきた. このように, コンピュータ上で分子の挙動をシミュレーションする分子動力学が発達してきた.

図 1.24(b)に示すように, 高温と低温の固体壁間に流体が存在する場合, 高温の固体壁に接している流体が熱伝導で高温になる. この高温の流体塊は, 対流によって低温壁に運ばれて熱伝導によって熱を移動させる. この作用が巨視的なスケールの対流熱伝達である.

流体分子の間隔に比べて物体面が十分大きいとき, 壁面に接する液体は, 壁面に付着していると考えることができて, 壁面における流体の温度は壁面と同一である. しかし, 希薄気体や非常に小さな隙間の流れでは, この仮定は満足されない. このとき, 壁面上の流速が 0 とならない. また流体の温度も壁面とは異なる場合がある.

物体は, 常に電磁波を放射している. この電磁波はプランクの定数 h (J・s) と振動数 ν $(1/s)$ の積で表される $h\nu$ (J) のエネルギーを持つ**光子**(photon)として放射される. 放射された光子は, 物体面に到達すると吸収または反射される. 吸収された光子エネルギーは物体の内部エネルギーとなる. この電磁波のエネルギーは, 高温の物体ほど多く放射されるので, 結果的に高温物体から低温物体に熱が移動する.

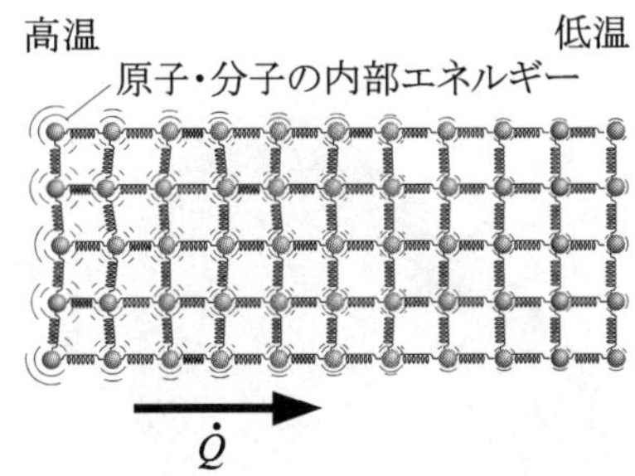

(a) 熱伝導 (heat conduction)

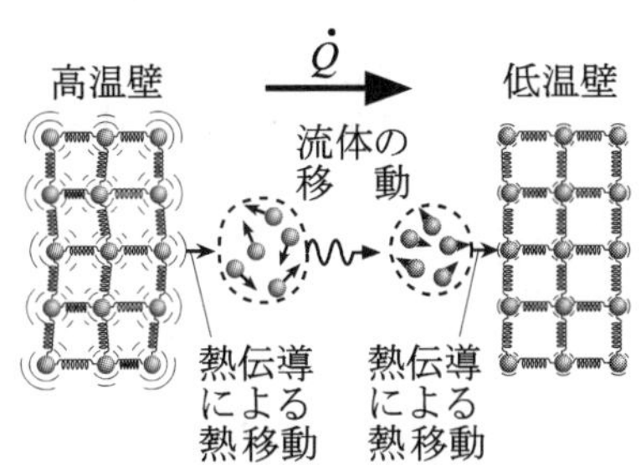

(b) 対流 (convection)

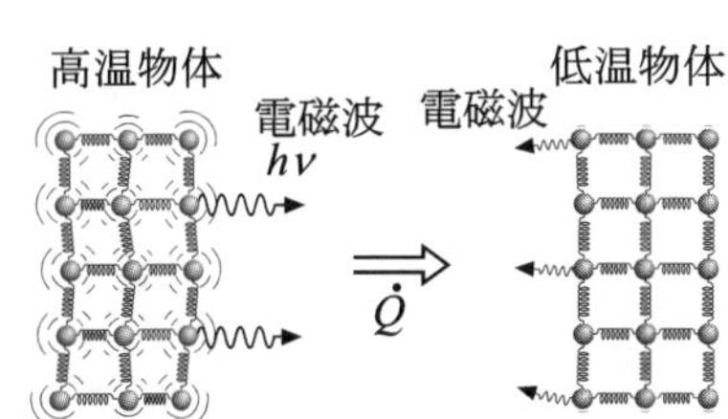

(c) 熱ふく射 (thermal radiation)

図 1.24　伝熱の微視的理解

1・7　熱力学と伝熱との関係 (relation between thermodynamics and heat transfer)

1・7・1　閉じた系 (closed system)

1･3 節にも述べたように, 伝熱と熱力学には密接な関係がある. 特に熱力学第 1 法則は, 伝熱問題を定式化するために有用である. **熱力学第 1 法則**(the first law of thermodynamics)はエネルギー保存の法則であり, 次式で表される.

$$\Delta E_t = Q - L \tag{1.13}$$

ここで, ΔE_t (J) は内部エネルギー・ポテンシャルエネルギー・運動エネルギーを合わせた, 系が保有する全エネルギーの変化[6]であり, Q (J) は系に入る熱量, L (J) は系が外部に対してする仕事量である.

系との境界を通して物質が移動しない**閉じた系**(closed system)を考える. 伝熱で

扱う多くの場合，系の形状は変化せず系が外部に対してする仕事は無視できる場合が多い．さらに，系の運動が無視できるとき，ポテンシャルエネルギーと運動エネルギーも無視できる．したがって，系の保有する内部エネルギー E (J) の変化は，

$$\Delta E = Q \tag{1.14}$$

となる．金属に電気を流し加熱するように，系が外部から仕事をされて発熱したり，燃焼などの化学反応により発熱することを考える．この熱は系内で生成されるからその熱量を Q_v とする．さらに，境界から流入する熱と流出する熱を Q_{in}， Q_{out} とすると，閉じた系のエネルギー保存の法則は，次式で表すことができる．

$$\Delta E = Q_{in} - Q_{out} + Q_v \tag{1.15}$$

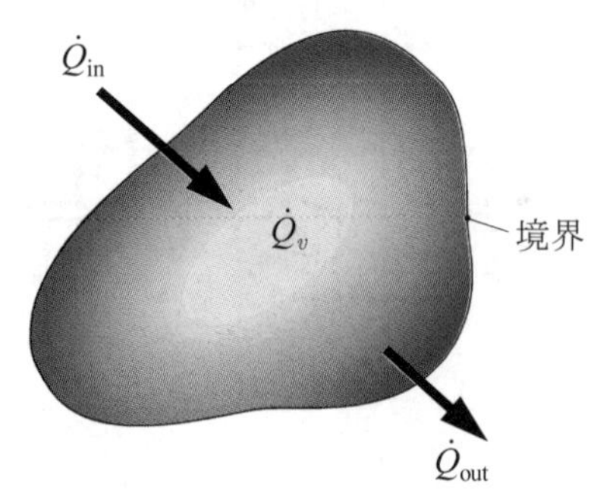

図 1.25　閉じた系における エネルギー保存則

伝熱では，単位時間の熱の移動量つまり伝熱量 $\dot{Q}$ (W) を議論するので，図 1.25 に示すように，系の内部エネルギーの変化 $\mathrm{d}E/\mathrm{d}t$ (W) は，

$$\frac{\mathrm{d}E}{\mathrm{d}t} = \dot{Q}_{in} - \dot{Q}_{out} + \dot{Q}_v \tag{1.16}$$

となる．系が体積 V の均質物質で構成されるとき，式(1.16)は

$$c\rho V \frac{\mathrm{d}T}{\mathrm{d}t} = \dot{Q}_{in} - \dot{Q}_{out} + V\dot{q}_v \tag{1.17}$$

となる．ここで， c, ρ, V は，それぞれ系の比熱 (J/(kg·K))，密度 (kg/m^3)，体積 (m^3) であり， $\dot{q}_v$ (W/m^3) は単位体積当たりの発熱量である．系の体積が変わらないと仮定しているので，定圧比熱と定積比熱は等しく c で表している．

式(1.17)にフーリエの法則式(1.3)を用いることにより，熱伝導方程式の定式化が可能である．それについては，第 2 章で述べる．

【例題　1・2】 

長さ $\ell = 1$ m，直径 $D = 1$ mm のニクロム線を温度 $T_0 = 295$ K の周囲環境中に置き，電流 $I = 5$ A を流したときの表面温度 T_w を計算せよ．ただし，ニクロム線の電気抵抗 $R = 1.4\ \Omega$，放射率 $\varepsilon = 0.7$ として，ふく射伝熱のみを考え，対流伝熱は無視できるものとする．

【解答】ニクロム線の発熱量は， $\dot{Q}_v = RI^2$ であり，定常状態の温度を考えるので，式(1.16)から

$$\dot{Q}_v = \dot{Q}_{out} \tag{ex1.1}$$

であり，式(1.8)から，放熱量は以下のように記述できる．

$$\dot{Q}_{out} = \varepsilon\sigma A(T_w^4 - T_0^4) \tag{ex1.2}$$

表面積は $A = \pi\ell D$ だから，上式を式(ex1.1)に代入すると，壁面温度は

$$T_w = \left\{ \frac{RI^2}{\pi D\ell\varepsilon\sigma} + T_0^4 \right\}^{1/4} = 733\ \mathrm{K} \tag{ex1.3}$$

＊＊＊＊＊＊＊＊＊＊＊＊＊＊＊＊＊＊＊＊＊＊＊

1・7・2　開いた系 (open system)

系の境界を通して物質の流入・流出が可能な系を**開いた系**(open system)という．開いた系のなかで，検査体積の大きさが変化せず，流入物質量と流出物質量が等しい系を**定常流動系**(steady flow system)という．

図 1.26 に示すような 1 次元定常流動系を考える．単位時間あたり $\dot{m}$ (kg/s) の流体が定常流動系に流入・流出する場合を考えると，熱力学第 1 法則は

$$\dot{m}\left(e_2+\frac{p_2}{\rho_2}+\frac{\mathrm{v}_2{}^2}{2}+gz_2\right)-\dot{m}\left(e_1+\frac{p_1}{\rho_1}+\frac{\mathrm{v}_1{}^2}{2}+gz_1\right) = \dot{Q}_{in}-\dot{Q}_{out}+\dot{Q}_v-\dot{L}\quad(\mathrm{W}) \tag{1.18}$$

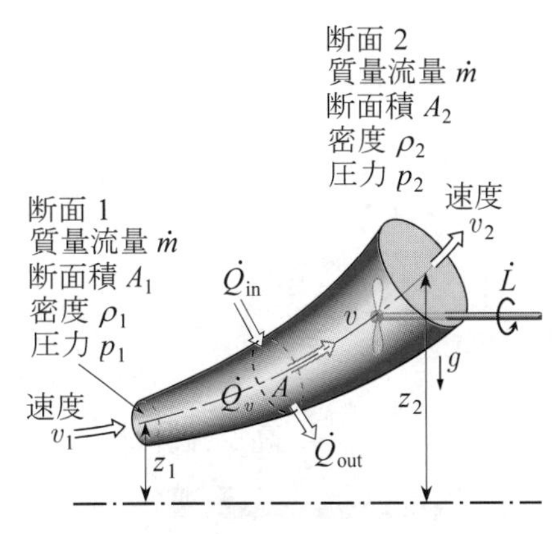

図 1.26　定常流動系における
エネルギー保存則

となる．ここで，$e, p, \rho, \mathrm{v}, z$ は，それぞれ管路の位置における流体単位質量あたりの**内部エネルギー**(internal energy) (J / kg)，圧力 (Pa)，密度 (kg / m^3)，流体の速度 (m / s)，基準面からの高さ (m) を表す． g(m / s^2) は重力加速度，$\dot{L}$(W) は系が周囲に対してする仕事率である．

流体の単位質量あたりの**エンタルピー**(enthalpy) (J / kg) は

$$h=e+\frac{p}{\rho} \tag{1.19}$$

で定義される. 系が周囲に対してする仕事と系内部での発熱を無視すると, 式(1.18) は

$$\dot{m}\left\{\left(h_2+\frac{\mathrm{v}_2{}^2}{2}+gz_2\right)-\left(h_1+\frac{\mathrm{v}_1{}^2}{2}+gz_1\right)\right\}=\dot{Q} \tag{1.20}$$

となる．ただし，$\dot{Q}=\dot{Q}_{in}-\dot{Q}_{out}$ とした．

流体が比熱一定の理想気体のとき，**定積比熱**(specific heat at constant volume)と**定圧比熱**(specific heat at constant pressure)をそれぞれ c_v, c_p (J/(kg · K)) とすると，内部エネルギーとエンタルピーの変化は次式となる．

$$e_2-e_1=c_v(T_2-T_1),\quad h_2-h_1=c_p(T_2-T_1) \tag{1.21}$$

液体などのように，流体の密度変化が無視できる場合， $c_v=c_p=c$ となり，エンタルピーの変化は次式で計算できる．

$$h_2-h_1=\int_1^2 c\,\mathrm{d}T+\frac{p_2-p_1}{\rho} \tag{1.22}$$

図 1.27 に示すように**管路**(pipe)や**ダクト**(duct)による流体輸送は，多くの機械要素に用いられている．この定常流れでは，流体輸送中にダクトは周囲に仕事をしない．管路は長いので作動流体は加熱・冷却される場合がある．流体が管路を流れるとき，管路の高さが変化することが多い．特に，液体輸送の場合は流体の位置エネルギーが無視できない．つまり，エネルギーの保存式は，式(1.20)となる．

管路内を流体が流れると，管壁と流体との間に摩擦や，曲がり管や弁に流体抵抗が生じる．これらの抵抗によって流体の運動エネルギー $\mathrm{v}^2/2$ や位置エネルギー gz，流動仕事 p/ρ が失われ，熱に変換される．この損失は，次式で表される．

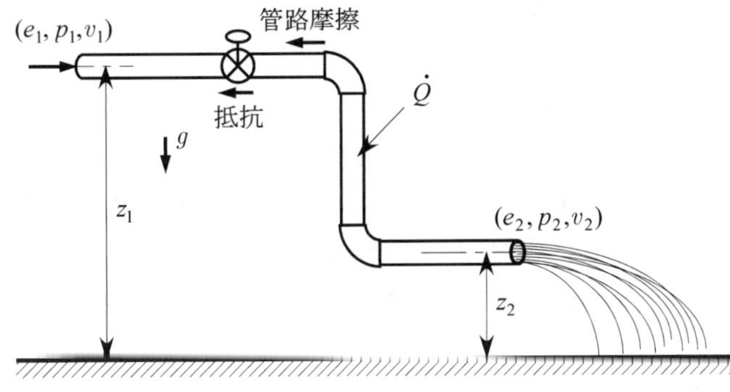

図 1.27　管路

$$\dot{m}\left\{\left(\frac{p_1}{\rho_1}+\frac{\mathrm{v}_1^{\,2}}{2}+gz_1\right)-\left(\frac{p_2}{\rho_2}+\frac{\mathrm{v}_2^{\,2}}{2}+gz_2\right)\right\}=\dot{Q}_{loss} \tag{1.23}$$

式(1.19)，式(1.20)，式(1.23)から，流体の内部エネルギーの変化は，

$$\dot{m}(e_2-e_1)=\dot{Q}+\dot{Q}_{loss} \tag{1.24}$$

となる．流路が断熱で抵抗がない場合，式(1.23)から，各流路において次式が成り立つ．

$$\frac{p}{\rho}+\frac{\mathrm{v}^2}{2}+gz=一定 \tag{1.25}$$

これを**ベルヌーイの式**(Bernoulli's equation)という．

熱交換器(heat exchanger)は，高温流体と低温流体間の熱授受を，固体壁などの境界を介して行う装置である．目的により**加熱器**(heater)，**冷却器**(cooler)，**蒸発器**(evaporator)，**凝縮器**(condenser)などがある．熱交換器は仕事の相互作用を含まず，一般に流体の位置エネルギーと運動エネルギーの変化は無視できる．熱交換器の内部では2つの流体が熱交換できるようになっており，周囲と熱交換器は断熱されていることが多い．この場合，高温流体が失うエネルギーと低温流体が受け取るエネルギーは等しい．

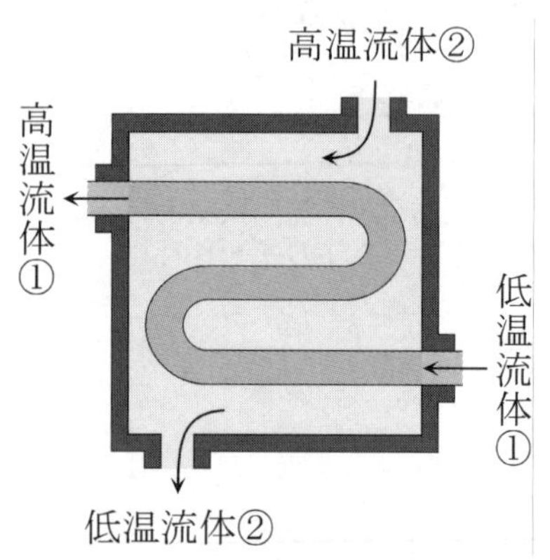

図1.28　熱交換器の模式図

図1.28の熱交換器で，どちらか一つの作動流体に着目して交換熱量を$\dot{Q}$とする．運動エネルギーと位置エネルギーの変化が無視できると，式(1.20)から，内部エネルギーの変化は，

$$e_2-e_1=\frac{\dot{Q}}{\dot{m}}+\left(\frac{p_1}{\rho_1}-\frac{p_2}{\rho_2}\right) \tag{1.26}$$

となる．流体の体積変化が無視できて比熱が一定のとき，上式は

$$c\left(T_2-T_1\right)=\frac{\dot{Q}}{\dot{m}}+\frac{p_1-p_2}{\rho} \tag{1.27}$$

となる．一般の熱交換器では，上式右辺第2項は無視できる場合が多い．

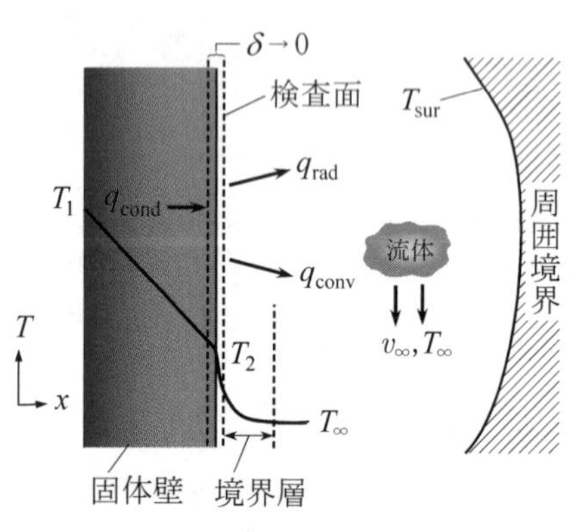

図1.29 境界面における
エネルギー収支

1・7・3　境界面におけるエネルギー収支 (energy balance at the boundary surface)

種々の伝熱問題を解くときに**境界**(boundary)における熱収支を考える必要がある．この場合は，図1.29に示すように，厚さがなく内部の質量も存在しない仮想の**検査体積**(control volume)，つまり**検査面**(control surface)を考える．これは，質量がない閉じた系と考えることができる．熱力学第一法則より，境界における検査面の熱収支は，式(1.16)から，

$$\dot{Q}_{in}-\dot{Q}_{out}=0 \tag{1.28}$$

と表される．検査面には体積がないので，式(1.28)の関係は，非定常状態における過渡伝熱現象の場合も物体内部に発熱を伴う場合にも適用されることに注意する．

図1.29の場合に検査面の熱流束について式(1.28)を適用してみる．固体の熱伝導による熱流束q_{cond}と対流によって流体に移動する熱流束q_{conv}，ふく射によって周囲と熱交換する熱流束q_{rad}を考えると，式(1.28)は，次式で表される．

$$q_{cond}-q_{conv}-q_{rad}=0 \tag{1.29}$$

それぞれの熱流束は，与えられた条件によって計算することができる．この検査面

の熱収支は，複数の伝熱形態が関係する複合伝熱問題において有用である．

1・7・4 伝熱と熱力学第 2 法則との関係＊ (relation between the second law of thermodynamics and heat transfer)

熱力学第 1 法則より、エネルギーの総量は不変である．発電所などのエネルギー変換機器を使う場合, 限られたエネルギー資源から多くの有効なエネルギーを取り出すことが伝熱工学の役割の 1 つである．

いま図 1.30(a)に示す温度 T_H の高温熱源と温度 T_C の低温熱源で動作するカルノーサイクル(Carnot cycle)を考える．カルノーサイクルの効率から，高温熱源からの伝熱量 $\dot{Q}_H$ から取り出すことのできる仕事率 $\dot{L}_{max}$ は,

$$\dot{L}_{max} = \dot{Q}_H\left(1-\frac{T_C}{T_H}\right) \tag{1.30}$$

となる．

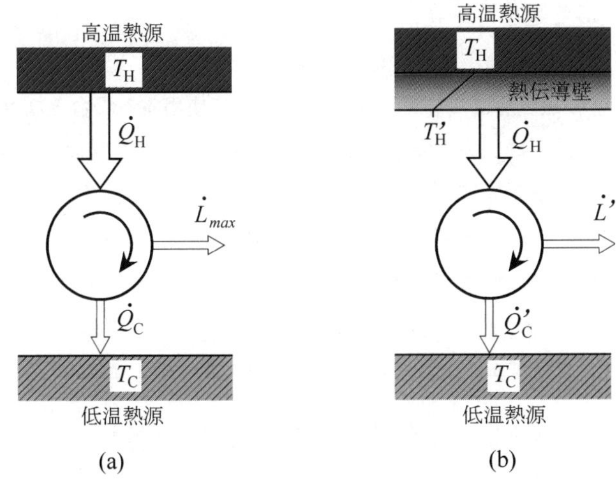

図 1.30 カルノーサイクルと伝熱の関係

カルノーサイクルは, 熱源からの熱移動の際に準静的に熱移動を行う場合であって, 実際の熱交換では必ず熱交換時に温度低下を生じる．図 1.30(b)のように，高温熱源とカルノーサイクルの間に熱伝導壁を設ける．その壁のために，熱源温度が T'_H に低下する．このときの仕事率 $\dot{L}'$ は式(1.30)と同様に計算できるから，熱伝導壁による仕事の減小量, つまり, 有効仕事の損失またはエクセルギー(exergy)の損失 $\dot{L}_{loss}$ は次式で表される．

$$\dot{L}_{loss} = \dot{L}_{\max} - \dot{L}' = \dot{Q}_H\left(\frac{T_C}{T'_H}-\frac{T_C}{T_H}\right) = T_C\dot{Q}_H\,\frac{T_H-T'_H}{T'_H T_H} \tag{1.31}$$

つまり，伝熱による温度降下によって $\dot{L}_{loss}$ だけ利用できる仕事が減ったことになる．

一方，閉じた系が状態 1 から状態 2 に変化するとき，エントロピー生成 S_{gen} は次式で表される．

$$S_{gen} = S_2 - S_1 - \int_1^2 \frac{\delta Q}{T} \tag{1.32}$$

ここで，S (J/K) は各状態で定義される系のエントロピー，δQ (J) は状態変化するときに系に流入する熱量である．

図 1.26 の定常流動系で，流路の質量流量が $\dot{m}$ (kg/s) のとき，作動流体のエント

ロピー生成率(entropy generation rate) $\dot{S}_{gen}$ (J/(K · s)) は次式で表される.

$$\dot{S}_{gen} = \dot{m}(s_2 - s_1) - \int_1^2 \frac{q}{T} \mathrm{d}A_w \tag{1.33}$$

ここで, s_1, s_2 (J/(kg · K)) は流路入口と出口における流体の比エントロピー, q は伝熱面からの熱流束 A_w は流路における伝熱面積である.

図 1.15 に示すような固体壁の熱伝導を考える. 壁面の温度を T_1, T_2 とし, その固体壁を介した伝熱量を $\dot{Q}$ とする. 流体が熱交換を行うには $T_1 > T_2$ であることが必要である. 系を作動流体のない定常流動系 ($\dot{m} = 0$) と考え, 式(1.33)からエントロピー生成率は次式で表される.

$$\dot{S}_{gen} = \dot{Q}\left(\frac{1}{T_2} - \frac{1}{T_1}\right) = \dot{Q}\frac{T_1 - T_2}{T_1 T_2} \tag{1.34}$$

図 1.30(b)の場合では, 伝熱による仕事率の損失は, 式(1.31)と式(1.34)を比較することによって,

$$\dot{L}_{loss} = T_C \dot{S}_{gen} \tag{1.35}$$

となる. つまり, エクセルギー損失は, エントロピー生成に比例する.

表 1.14 は, 壁の熱伝導について, 熱交換器として使用する場合と断熱材として使用する場合のエントロピー生成率を比較したものである. 熱交換器の場合は, 伝熱量が固定されているので, 伝熱を良くすることで温度差が減少してエントロピー生成率が減少する. 一方, 断熱材では壁表面の温度は与えられるので, 熱伝導を悪くすることによって, 伝熱量が小さくなるからエントロピー生成率も減少する.

伝熱促進や断熱は, 熱力学第 2 法則の見地から考えると, 与えられたエネルギーで有効エネルギーまたはエクセルギーの割合を増大させることになる.

表 1.14 伝熱促進と高断熱化によるエクセルギー損失

	伝熱量	$T_1 - T_2$	エクセルギー損失
伝熱促進	固定	減少	減少
高断熱化	減少	固定	減少

=====　練習問題　==========================

【1·1】 What is the heat flux through a brick wall, 30 cm thick with a thermal conductivity of 2.0 W/(m · K) ? The temperature difference between the surfaces is 30 K .

【1·2】 床面が縦横10 m の正方形で高さ 3 m の壁と屋根で覆われた家を考える. 壁と屋根の外面と内面の温度は、それぞれ 273 K と 294 K であった. 室内の暖房は、電気ヒータで行う.

(a) 家全体が厚さ 10 cm のコンクリート壁で覆われているとき, 1 日の暖房費を計算せよ. 床面は断熱と仮定する. ただし、コンクリートの熱伝導率は 2.3 W/(m · K) とし、1 kWh 当たりの電気代を 20 円とする.

(b) コンクリート壁の変わりに、熱伝導率 0.02 W/(m · K) で厚さ 5 cm のウレタンフォーム断熱材の壁を用いた場合では、暖房費はいくらになるか.

【1·3】 An LSI chip 15 mm wide by 15 mm long is mounted to a vertical substrate.

第１章　練習問題

The substrate is installed in an enclosure whose wall and air are maintained at $297\ \mathrm{K}$. The effective radiation heat transfer coefficient of the chip is $3.6\ \mathrm{W/(m^2 \cdot K)}$ .Due to considerations of reliability, the chip temperature must not exceed $358\ \mathrm{K}$.

(a) If heat is removed by radiation and natural convection, what is the maximum power of the chip? The convective heat transfer coefficient by natural convection is $12\ \mathrm{W/(m^2 \cdot K)}$.

(b) If a fan is used to maintain air flow through the enclosure, and the heat transfer coefficient by forced convection is $250\ \mathrm{W/(m^2 \cdot K)}$, what is the maximum power?

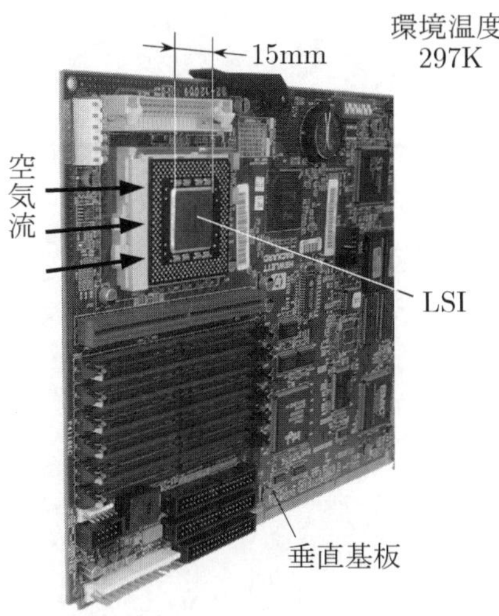

図 1.31　基板に実装された LSI

【1・4】 A thin black plate is insulated on the back and exposed to solar radiation on the front surface. The solar radiation is incident on the plate at a rate of $600\ \mathrm{W/m^2}$, and the surrounding air temperature is $288\ \mathrm{K}$. The heat transfer coefficient by natural convection at the plate is $2.3\ \mathrm{W/(m^2 \cdot K)}$. Determine the surface temperature of the plate when the heat loss by convection and radiation equals the solar energy absorbed.

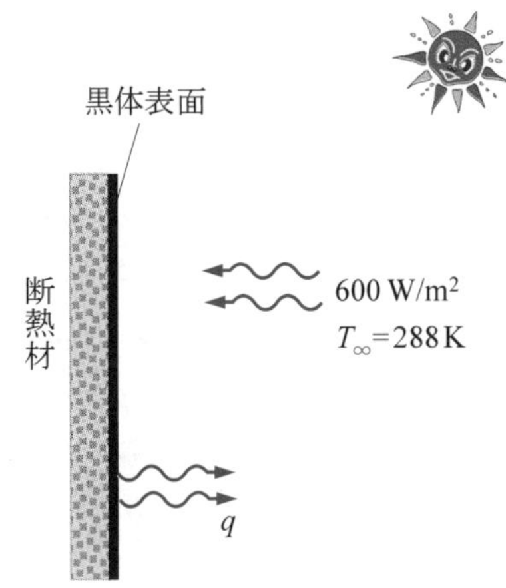

図 1.32　問題 1.4 のモデル

【1・5】 表面積 $3.3\ \mathrm{m^2}$ のパネルヒータを設計する．安全性のため，パネル表面温度を $315\ \mathrm{K}$ 以下にしたい．室内温度が $294\ \mathrm{K}$ のとき，このパネルヒータの最大出力を計算せよ．ただし、自然対流熱伝達率を $3.1\ \mathrm{W/(m^2 \cdot K)}$ ，有効ふく射熱伝達率を $5.8\ \mathrm{W/(m^2 \cdot K)}$ とする．

【解答】

1,　$200\ \mathrm{W/m^2}$

2, (a) 51,000 円
　(b) 887 円

3, (a)　$2.14 \times 10^{-1}\ \mathrm{W}$
　(b)　$3.48\ \mathrm{W}$

4,　350 K

5,　617 W

第１章の文献

(1)　西川兼康，熱工学の歩み，(1999)，オーム社.

(2)　円山重直，光エネルギー工学，(2004)，養賢堂.

(3)　日本機械学会編，伝熱工学資料，改訂第 4 版，(1986), 日本機械学会.

(4)　日本機械学会編，伝熱ハンドブック，(1992)，森北出版.

(5)　日本熱物性学会編，熱物性ハンドブック，改訂第 2 版，(2000)，養賢堂.

(6)　日本機械学会編，JSME テキストシリーズ熱力学，(2002)，日本機械学会.

第 2 章

伝導伝熱

Conductive heat transfer

2・1 熱伝導の基礎 (basic of heat conduction)

2・1・1 フーリエの法則 (Fourier's law)

物体の中に温度こう配が存在すると，高温部から低温部へ熱が移動する．この場合，熱は**熱伝導**(heat conduction)により物体内を移動し，その熱輸送様式を**伝導伝熱**(conductive heat transfer)という．単位面積，単位時間当たりの伝熱量である**熱流束**(heat flux) $q\,(\mathrm{W/m^2})$ は，**フーリエの法則**(Fourier's law)により次のように表現される．

$$q = -k\frac{\partial T}{\partial x} \tag{2.1}$$

ここで，$k\,(\mathrm{W/(m\cdot K)})$ は**熱伝導率**(thermal conductivity)であり，$\partial T/\partial x$ はその場所での**温度こう配**(temperature gradient)である．フーリエの法則は経験式であり，物体内の熱伝導による熱流束がその場所の温度こう配に比例することを意味する．右辺の負号は温度こう配と熱流の方向が反対であることを示しており，図 2.1 に示すように，物体内の温度こう配が負であるとき正の方向に熱が流れる．

通常の熱伝導現象はマイクロ秒 (10^{-6}s) より長い時間の現象を取り扱う場合が多い．しかし，ナノ秒 (10^{-9}s) やピコ秒 (10^{-12}s) より短い時間で生じる非定常熱現象の場合には必ずしもフーリエの法則にしたがわない場合がある．これを**非フーリエ効果**(non-Fourier effect)という．

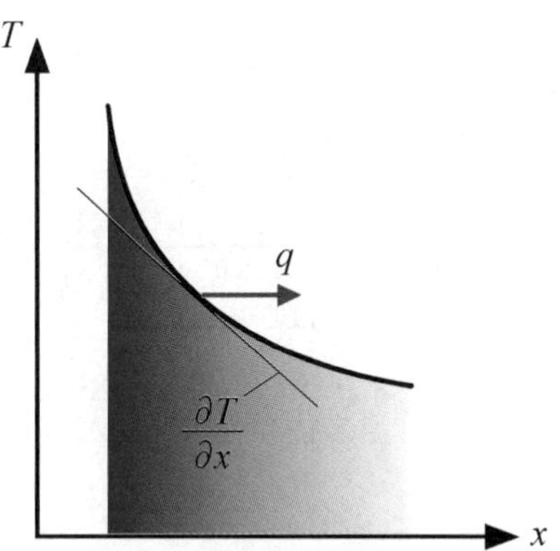

図 2.1　温度勾配と熱流束

2・1・2 熱伝導率 (thermal conductivity)

熱伝導率 k は，物質の温度，圧力，成分など物質の状態によって定まる**物性値**(property)である．一般に，固体の熱伝導率が最も大きく，液体，気体の順に小さくなる．熱伝導率は理論的に精度良く予測できる場合が少なく，測定によって得られる値を用いるのが一般的である．表 2.1 に代表的な物質の熱伝導率を示す．

表 2.1　各種物質の常温常圧における熱伝導率[1]

物 質 [常温(300 K), 常圧(101.3kPa)]		熱伝導率 $k\,(\mathrm{W/(m\cdot K)})$
気体	水素	0.181
	ヘリウム	0.153
	メタン	0.034
	空気	0.026
	二酸化炭素	0.017
液体	水銀	8.52
	水	0.610
	アンモニア	0.479
	エチレングリコール	0.258
	メタノール	0.208
	潤滑油	0.086
固体(純金属)	銀	427
	銅	398
	金	315
	アルミニウム	237
	マグネシウム	156
	ニッケル	90.5
	鉄	80.3
	白金	71.4
	鉛	35.2
	チタン	21.9
固体(合金)	黄銅（Cu-40Zn）	123
	はんだ	46.5
	炭素綱（S35C）	43.0
	ステンレス鋼(SUS304)	16.0
	チタン合金(Ti-6Al-4V)	7.60
固体(非金属)	サファイア	46.0
	氷（273K）	2.20
	石英ガラス	1.38
	ソーダガラス	1.03
	アクリル樹脂	0.21

(a) 気体の熱伝導率

代表的な気体の熱伝導率を図 2.2 に示す．1･6 節で述べたように，気体の熱伝導は，分子同士の衝突によって分子の回転や並進運動エネルギーの交換が生じ，分子のエネルギーが高い方から低い方へ伝ぱすることと理解される．単原子理想気体の熱伝導率は気体分子運動論の立場から次式で表される．

$$k = \frac{1}{3}\rho C_v v l \tag{2.2}$$

ここで，$\rho\,(\mathrm{mol/m^3})$ は気体のモル密度，$C_v\,(\mathrm{J/(mol\cdot K)})$ はモル定積比熱，

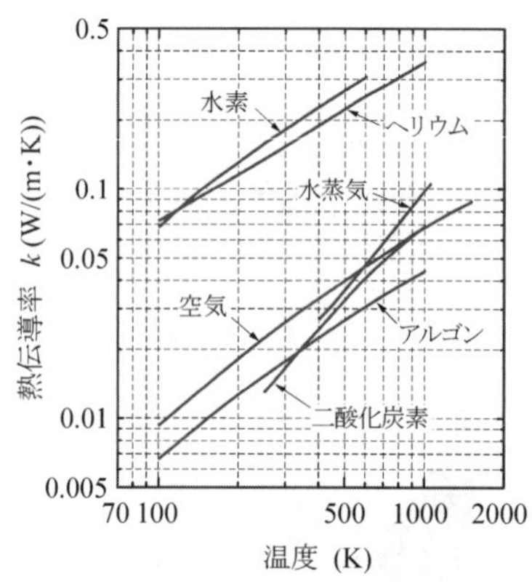

図 2.2　常圧気体の熱伝導率の温度依存性

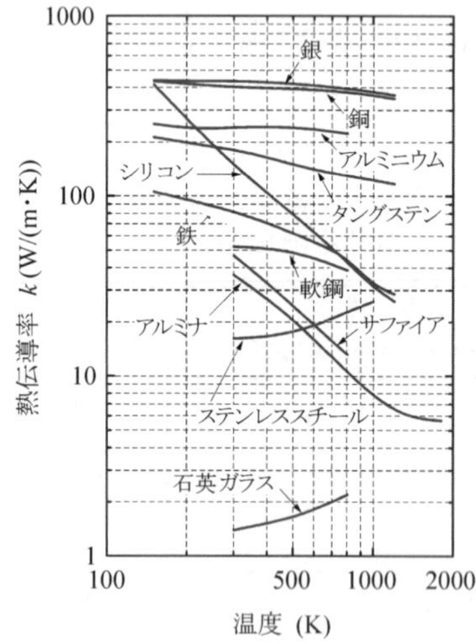

図 2.3　各種固体の熱伝導率の温度依存性

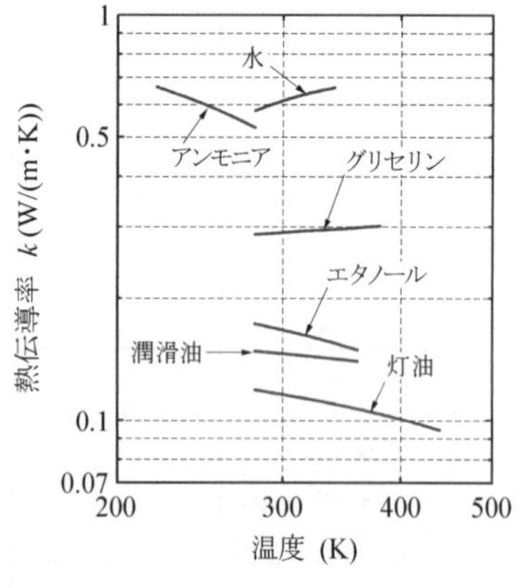

図 2.4　各種液体の熱伝導率の温度依存性

$\boldsymbol{v}$(m/s) は分子の平均速度，l(m) は分子の**平均自由行程**(mean free path)である．いま，単原子分子の理想気体を考えているから，

$$\rho = \frac{n}{N_A},\quad C_v = \frac{3}{2}R_0 = \frac{3}{2}N_A k_B \tag{2.3}$$

と表される．ここで，N_A はアボガドロ数，k_B はボルツマン定数，n は単位体積に含まれる分子数，R_0 (J/(mol·K)) は一般気体定数である．また，気体分子運動論から分子の平均速度 $\boldsymbol{v}$ と平均自由行程 l は次のように表される．

$$\boldsymbol{v} = \sqrt{\frac{8k_BT}{\pi m}},\quad l = \frac{1}{\sqrt{2}\pi d^2 n} \tag{2.4}$$

ただし，d は分子直径である．M を分子量とすると，分子の質量は，

$$m = \frac{M}{N_A} \tag{2.5}$$

である．これらの式を式(2.2)に代入すると，熱伝導率は次式で表される．

$$k = \frac{1}{d^2}\sqrt{\left(\frac{k_B}{\pi}\right)^3 N_A \frac{T}{M}} \tag{2.6}$$

したがって，単原子気体の熱伝導率は，分子量が小さく，温度が高いほど大きくなるが，圧力には依存しないことがわかる．

(b) 固体の熱伝導率

1·6·2 項で述べたように，固体の熱伝導は 2 つの形態で生じる．1 つは固体の原子間の格子振動（フォノン）によるエネルギー伝達形態であり，もう 1 つは金属に代表される導電性固体内に存在する自由電子の移動によるエネルギー伝達形態である．この 2 つの伝達形態はほぼ独立して生じるので，熱伝導率は, 非金属では前者のみ, 金属では両者の和として考えることができる．

純金属の熱伝導は，主に自由電子による．この場合，電気伝導と熱伝導の機構はほぼ同じなので，電気伝導率 σ_e(1/(Ω·m)) と熱伝導率 k(W/(m·K)) との間には次の**ウィーデマン-フランツ-ロレンツの式**(Wiedemann-Franz-Lorenz equation)が成り立つ．

$$\frac{k}{\sigma_e T} = 2.45\times10^{-8}\ \ (\mathrm{W\Omega/K^2}) \tag{2.7}$$

金属が高温になると原子の熱振動によって自由電子が散乱されるため, 図 2.3 に示すように，熱伝導率は低下する．

非金属の場合，熱の移動はフォノン伝ぱが主体となる．サファイアのような結晶固体では，音速が大きいほど熱伝導率が大きい．ガラスのような非晶質（アモルファス）では，フォノンの散乱が大きいため，結晶に比べて熱伝導率は小さい．

グラスウールや発砲プラスチックのように，断熱材として用いられる材料の多くは固体と気体の混合物である．断熱材は，内部の空隙に熱伝導率の小さい気体を含むため，固体素材自身に比べて熱伝導率が小さくなる．

(c) 液体の熱伝導率

液体は，分子間距離が気体に比べて接近しており，分子間の相互作用が大きい．そのため，液体のエネルギー交換は分子の振動（フォノン）の伝ぱが主

である．しかし，液体は分子配列の規則性が結晶固体に比べて小さくかつ分子が液体内を移動するので，その熱伝導機構は固体や気体に比べて複雑である．液体の熱伝導率は，表 2.1 や図 2.4 に示すように，一般的に固体と気体の中間である．また，音速が大きくなるほど熱伝導率も大きくなる．

2・1・3　熱伝導方程式 (heat conduction equation)

熱伝導方程式は，フーリエの法則と 1･7･1 項で議論したエネルギー保存則を用いて記述できる．いま，図 2.5 に示すように直交（デカルト）座標(Cartesian coordinates)をとり，物体内の任意の位置における微小検査体積 dxdydz 内の熱量の釣り合いを考える．式(1.15)より，時間間隔 $\Delta t(s)$ における熱量の釣り合いは次式となる．

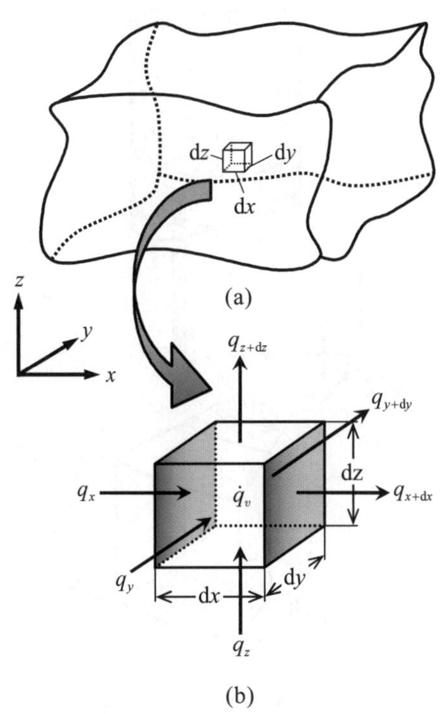

図 2.5　直交座標系の微小検査体積と熱伝導

（内部エネルギーの変化）＝［(検査体積への熱の流入量）－（検査体積からの熱の流出量）＋（検査体積内で発生した熱量)］× Δt　　(2.8)

上式を図 2.5(b)の微小検査体積に適用すると，熱量保存則は次式で表される．

$$\begin{aligned}\rho c \Delta T \mathrm{d}x\mathrm{d}y\mathrm{d}z &= \left(q_x \mathrm{d}y\mathrm{d}z + q_y \mathrm{d}z\mathrm{d}x + q_z \mathrm{d}x\mathrm{d}y \right) \Delta t \\ &\quad - \left(q_{x+\mathrm{d}x} \mathrm{d}y\mathrm{d}z + q_{y+\mathrm{d}y} \mathrm{d}z\mathrm{d}x + q_{z+\mathrm{d}z} \mathrm{d}x\mathrm{d}y \right) \Delta t \\ &\quad + \dot{q}_v \mathrm{d}x\mathrm{d}y\mathrm{d}z \Delta t\end{aligned} \tag{2.9}$$

これを書き直して，

$$\begin{aligned}\rho c \frac{\Delta T}{\Delta t} \mathrm{d}x\mathrm{d}y\mathrm{d}z &= \left(q_x - q_{x+\mathrm{d}x} \right) \mathrm{d}y\mathrm{d}z + \left(q_y - q_{y+\mathrm{d}y} \right) \mathrm{d}x\mathrm{d}z \\ &\quad + \left(q_z - q_{z+\mathrm{d}z} \right) \mathrm{d}x\mathrm{d}y + \dot{q}_v \mathrm{d}x\mathrm{d}y\mathrm{d}z\end{aligned} \tag{2.10}$$

ここで，$\rho\left(\mathrm{kg/m^3}\right)$ は物質の密度，$c\left(\mathrm{J/(kg \cdot K)}\right)$ は比熱である．また，$\dot{q}_v\left(\mathrm{W/m^3}\right)$ は検査体積内での単位時間，単位体積あたりの発熱量を表す．

図 2.5(b)の検査体積の左面から流入する熱流束は，式(2.1)のフーリエの法則を適用すると，

$$q_x = -\left(k \frac{\partial T}{\partial x} \right)_x \tag{2.11}$$

と表される．また，検査体積の右面からの熱流束は，

$$q_{x+\mathrm{d}x} = -\left(k \frac{\partial T}{\partial x} \right)_{x+\mathrm{d}x} = -\left(k \frac{\partial T}{\partial x} \right)_x + \frac{\partial}{\partial x}\left(-k \frac{\partial T}{\partial x} \right)_x \mathrm{d}x \tag{2.12}$$

となる．上式は，$x + \mathrm{d}x$ での値を x 近傍でテーラー展開して，dx の 1 次の微小項まで表したものである．

式(2.11)，(2.12)を用いると，式(2.10)の右辺第 1 項は次のようになる．

$$q_x - q_{x+\mathrm{d}x} = \frac{\partial}{\partial x}\left(k \frac{\partial T}{\partial x} \right)_x \mathrm{d}x \tag{2.13}$$

y 方向，z 方向についても同様に考えると，式(2.10)の右辺第 2 項，第 3 項はそれぞれ次のようになる．

$$q_y - q_{y+\mathrm{d}y} = \frac{\partial}{\partial y}\left(k \frac{\partial T}{\partial y} \right)_y \mathrm{d}y \tag{2.14}$$

$$q_z - q_{z+\mathrm{d}z} = \frac{\partial}{\partial z}\left(k \frac{\partial T}{\partial z} \right)_z \mathrm{d}z \tag{2.15}$$

式(2.10)に式(2.13)～(2.15)を代入し，$\Delta t \to 0$ の極限を考えると，次の熱伝導

方程式(heat conduction equation)が得られる．

$$\rho c\frac{\partial T}{\partial t}=\frac{\partial}{\partial x}\left(k\frac{\partial T}{\partial x}\right)+\frac{\partial}{\partial y}\left(k\frac{\partial T}{\partial y}\right)+\frac{\partial}{\partial z}\left(k\frac{\partial T}{\partial z}\right)+\dot{q}_v \tag{2.16}$$

k が一定とみなせる場合，この熱伝導方程式は，

$$\frac{\partial T}{\partial t}=\alpha\left(\frac{\partial^2 T}{\partial x^2}+\frac{\partial^2 T}{\partial y^2}+\frac{\partial^2 T}{\partial z^2}\right)+\frac{\dot{q}_v}{\rho c} \tag{2.17}$$

となる．ここで，$\alpha=k/(\rho c)$ ($\mathrm{m^2/s}$) は熱拡散率(thermal diffusivity)または温度伝導率と呼ばれる物性値である．

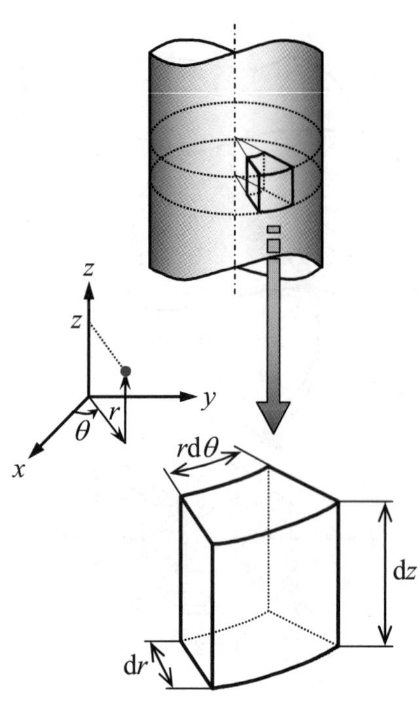

図 2.6　円筒座標系の微小検査体積

図 2.6 に示す円筒座標系(cylindrical coordinates system) (r,θ,z) および図 2.7 に示す球座標系(spherical coordinates system) (r,θ,ϕ) を用いて熱伝導方程式(2.16)を書き直すと，それぞれ次のように表される．

（円筒座標系）

$$\rho c\frac{\partial T}{\partial t}=\frac{1}{r}\frac{\partial}{\partial r}\left(kr\frac{\partial T}{\partial r}\right)+\frac{1}{r^2}\frac{\partial}{\partial \theta}\left(k\frac{\partial T}{\partial \theta}\right)+\frac{\partial}{\partial z}\left(k\frac{\partial T}{\partial z}\right)+\dot{q}_v \tag{2.18}$$

（球座標系）

$$\rho c\frac{\partial T}{\partial t}=\frac{1}{r^2}\frac{\partial}{\partial r}\left(kr^2\frac{\partial T}{\partial r}\right)+\frac{1}{r^2\sin^2\phi}\frac{\partial}{\partial \theta}\left(k\frac{\partial T}{\partial \theta}\right)+\frac{1}{r^2\sin\phi}\frac{\partial}{\partial \phi}\left(k\sin\phi\frac{\partial T}{\partial \phi}\right)+\dot{q}_v \tag{2.19}$$

熱伝導率 k が一定とみなせる場合，これらの熱伝導方程式はラプラシアン演算子(Laplacian operator) ∇^2 を用いて次式のように表される．

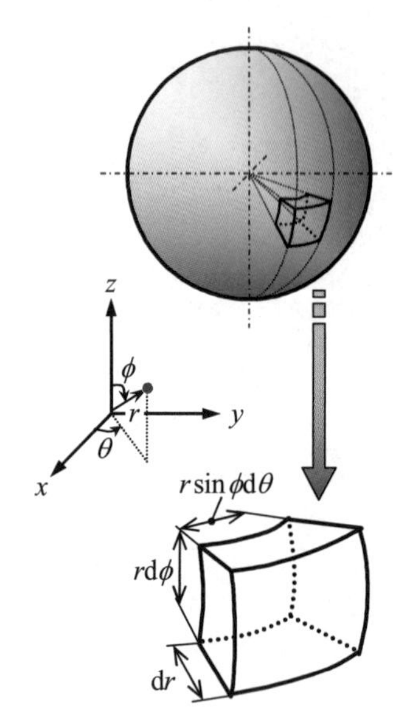

図 2.7　球座標系の微小検査体積

$$\frac{\partial T}{\partial t}=\alpha\nabla^2 T+\frac{\dot{q}_v}{\rho c} \tag{2.20}$$

ここで，ラプラシアン演算子は，

（直交座標系）

$$\nabla^2=\frac{\partial^2}{\partial x^2}+\frac{\partial^2}{\partial y^2}+\frac{\partial^2}{\partial z^2} \tag{2.21}$$

（円筒座標系）

$$\nabla^2=\frac{\partial^2}{\partial r^2}+\frac{1}{r}\frac{\partial}{\partial r}+\frac{1}{r^2}\frac{\partial^2}{\partial \theta^2}+\frac{\partial^2}{\partial z^2} \tag{2.22}$$

（球座標系）

$$\nabla^2=\frac{\partial^2}{\partial r^2}+\frac{2}{r}\frac{\partial}{\partial r}+\frac{1}{r^2\sin^2\phi}\frac{\partial^2}{\partial \theta^2}+\frac{1}{r^2}\frac{\partial^2}{\partial \phi^2}+\frac{\cot\phi}{r^2}\frac{\partial}{\partial \phi} \tag{2.23}$$

と定義される．

2・1・4　境界条件 (boundary condition)

式(2.20)の熱伝導方程式は，時間に関して 1 階，空間座標に関しては 2 階の偏微分方程式となっている．したがって，これを解くには温度に対する時間条件が 1 個と空間条件が 2 個必要となる．これらの条件は，$t=0$ における初期条件(initial condition)と空間における境界条件(boundary condition)として与えられる．

1･7･3 項の境界面における熱流の釣り合いを考えると，物体境界面における境界条件が導かれる．熱伝導における代表的な境界条件を図 2.8 に示す．

ここでは，境界面に垂直方向に x 軸をとり，境界面（または物体表面）を $x=0$ とする．

（1）第１種境界条件(boundary condition of the first kind)

境界面の温度が規定される場合の境界条件は，

$$T_{x=0} = T_s(t) \tag{2.24}$$

のように表される．なお，境界面温度 T_s が時間によらず一定の場合を壁温一定(constant wall temperature)の条件という．

（2）第２種境界条件(boundary condition of the second kind)

境界面で熱流束が規定される場合には次式のように表される．

$$-k\left(\frac{\partial T}{\partial x}\right)_{x=0} = q(t) \tag{2.25}$$

なお，境界での熱流束 q が時間によらず一定の場合を熱流束一定(constant heat flux)の条件という．特に，$q=0$ の場合，すなわち断熱条件(adiabatic condition)の場合には次のようになる．

$$\left(\frac{\partial T}{\partial x}\right)_{x=0} = 0 \tag{2.26}$$

（3）第３種境界条件(boundary condition of the third kind)

境界面における熱伝達率が規定される場合，つまり，物体が流動している周囲流体と熱交換する場合には，境界条件はニュートンの冷却法則により熱伝達率 h を用いて次のように表される．

$$-k\left(\frac{\partial T}{\partial x}\right)_{x=0} = h\{T_\infty - T_s(t)\} \tag{2.27}$$

（4）**接触面の温度と熱流束が規定される場合**

2 つの物体が完全に接触する場合，2 つの物体の接触面の温度と熱流束の値はそれぞれ等しい．したがって，境界条件は次のように表される．

$$(T_1)_{x=0} = (T_2)_{x=0} \tag{2.28}$$

$$-k_1\left(\frac{\partial T_1}{\partial x}\right)_{x=0} = -k_2\left(\frac{\partial T_2}{\partial x}\right)_{x=0} \tag{2.29}$$

両物体が部分的に接触し，接触が不完全な場合には，接触面で温度差 $\Delta T = (T_1)_{x=0} - (T_2)_{x=0}$ が生じる．この場合は，接触熱抵抗(thermal contact resistance) R_c (K/W) を用いて次のように表される．

$$-k_1 A\left(\frac{\partial T_1}{\partial x}\right)_{x=0} = -k_2 A\left(\frac{\partial T_2}{\partial x}\right)_{x=0} = \frac{(T_1)_{x=0} - (T_2)_{x=0}}{R_c} \tag{2.30}$$

ここで，A は伝熱面積である．7･3･2 項で述べるように，実際の機器の冷却では接触熱抵抗が無視できない場合が多い．なお，接触熱抵抗に関しては 2･2･1(d)項で詳しく述べる．

第 1 種境界条件と第 2 種境界条件を，それぞれ，ディリクレ条件(Dirichlet condition)，ノイマン条件(Neumann condition)という場合がある．

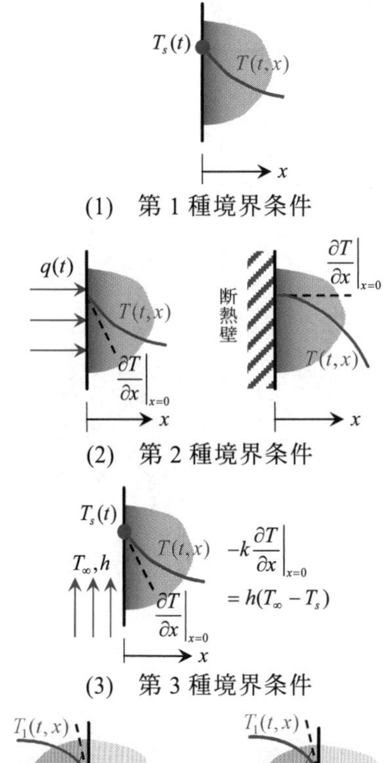

(1)　第 1 種境界条件

(2)　第 2 種境界条件

(3)　第 3 種境界条件

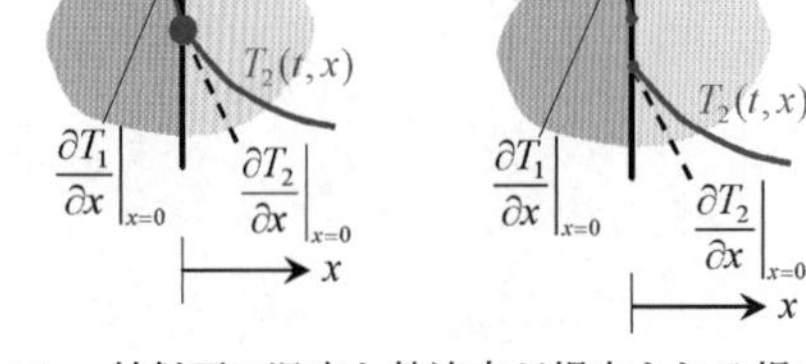

(4)　接触面の温度と熱流束が規定される場合

図 2.8　各種境界条件

2・1・5　熱伝導方程式の無次元化 (dimensionless form of heat conduction equation)

式(2.16)の熱伝導方程式を解くことにより，物体内の温度分布や加熱・冷却速度などが求められる．

いま，物体の代表寸法をLとし，初期条件や境界条件に現れる代表的な温度差として物体の初期温度T_i，物体が置かれている流体の温度T_∞との差$T_i - T_\infty$を代表温度として，温度と座標を次のように無次元の形で表す．

$$\theta = \frac{T - T_\infty}{T_i - T_\infty},\quad X = \frac{x}{L},\quad Y = \frac{y}{L},\quad Z = \frac{z}{L} \tag{2.31}$$

これらを式(2.16)の熱伝導方程式に代入すると，次式が得られる．

$$\frac{\partial \theta}{\partial Fo} = \frac{\partial^2 \theta}{\partial X^2} + \frac{\partial^2 \theta}{\partial Y^2} + \frac{\partial^2 \theta}{\partial Z^2} + \dot{G} \tag{2.32}$$

ここで，

$$Fo = \frac{\alpha t}{L^2},\quad \dot{G} = \frac{\dot{q}_v L^2}{k(T_i - T_\infty)} \tag{2.33}$$

である．Foは時間の無次元数でありフーリエ数(Fourier number)という．

一方，境界面で熱伝達が規定される場合（第3種境界条件）に対して無次元化を行うと，式(2.27)は次式となる．

$$\left(\frac{\partial \theta}{\partial X}\right)_s = Bi\ \theta_s \tag{2.34}$$

ここで，T_sを物体表面温度として，θ_s，Biはそれぞれ，

$$\theta_s = \frac{T_s - T_\infty}{T_i - T_\infty},\quad Bi = \frac{hL}{k} \tag{2.35}$$

である．Biは物体内の熱伝導に対する物体表面の熱伝達の相対的な大きさを表す無次元数でビオ数(Biot number)という．ビオ数は，第3章で用いるヌセルト数，（たとえば式(3.57)）と同じ形の定義式であるが，式(2.35)中のkは固体の熱伝導率であることに注意する．

物体内部からの発熱がない場合，物体の無次元温度θは，位置とフーリエ数，ビオ数の関数となる．これは，物体の形状が相似の場合，無次元時間に相当するフーリエ数と境界条件に相当するビオ数が等しいとき，物体内の無次元温度分布は同じであることを意味する．このように，熱伝導方程式を無次元の形で表現することにより，物体の幾何形状，物性，境界条件などが相対化でき，熱伝導現象の相似則が適用できることになる．詳しくは8・2節を参照されたい．

2・2　定常熱伝導 (steady-state conduction)

2・2・1　平板の定常熱伝導 (steady-state conduction through plane wall)

(a) 平板

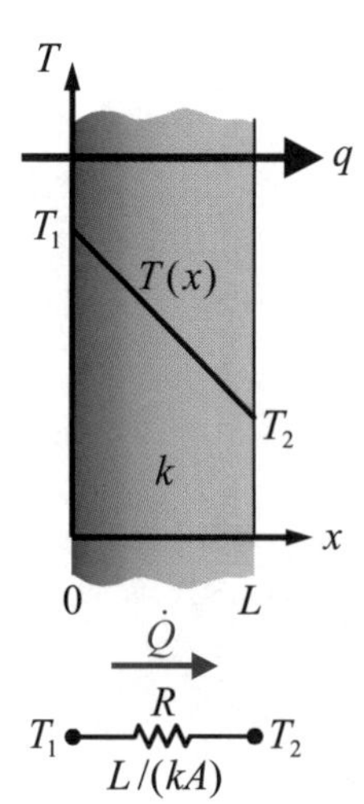

図2.9　平板内の定常伝熱

物体内の温度分布が時間的に変化しない定常熱伝導を考える．図2.9に示すように，厚さLの平板(plane wall)があり，高温側($x = 0$)および低温側($x = L$)の表面温度がそれぞれT_1, T_2で一定に保たれている．平板内の温度がx方向にだけ変化する1次元問題として考えると，熱移動もx方向のみの1次元となる．平板内の熱伝導方程式は，式(2.16)の熱伝導方程式において，定常（時間の微分項が0）で，1次元（y, z方向の微分項が0）であり，物体内部の発熱がないものに相当する．したがって，式(2.16)は次式となる．

$$\frac{\mathrm{d}}{\mathrm{d}x}\left(k\frac{\mathrm{d}T}{\mathrm{d}x}\right)=0 \tag{2.36}$$

式(2.1)を参照すると，式(2.36)は，平板内の熱流束が場所によらず常に一定となることを示している．

いま，熱伝導率を一定とすると，式(2.36)を 2 回積分することにより平板内の温度分布の一般解が次のように求められる．

$$T(x)=C_1x+C_2 \tag{2.37}$$

積分定数 C_1, C_2 は，$x=0$ と $x=L$ の表面温度に関する 2 つの境界条件により次式で決定される．

$$T(0)=T_1 \tag{2.38}$$

$$T(L)=T_2 \tag{2.39}$$

式(2.38)より，

$$C_2=T_1 \tag{2.40}$$

が得られ，さらに式(2.39)より，

$$C_1=\frac{T_2-T_1}{L} \tag{2.41}$$

を得る．したがって，平板内の温度分布は次式で表される．

$$T(x)=(T_2-T_1)\frac{x}{L}+T_1 \tag{2.42}$$

また，平板を通過する熱流束 q は次式で求められる．

$$q=k\frac{T_1-T_2}{L} \tag{2.43}$$

したがって，平板の面積が A の場合の伝熱量 $\dot{Q}$ は次のようになる．

$$\dot{Q}=qA=kA\frac{T_1-T_2}{L} \tag{2.44}$$

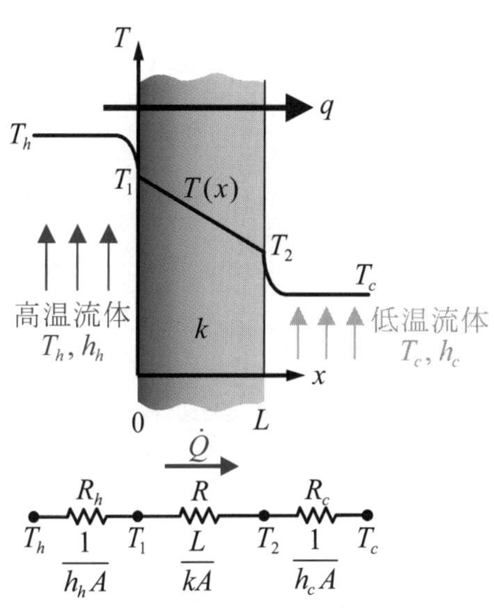

図 2.10　対流熱伝達がある場合の熱伝導

(b)　熱抵抗と熱通過率

式(2.44)は次のように書くこともできる．

$$\dot{Q}=\frac{T_1-T_2}{L/(kA)}=\frac{T_1-T_2}{R} \tag{2.45}$$

上式中の，R (K/W) を熱抵抗(thermal resistance)という．式(2.45)の関係は電気回路におけるオームの法則と類似しており，電流と伝熱量(または熱流束)，電位差と温度差，電気抵抗と熱抵抗がそれぞれ対応する．1 次元定常熱伝導の問題は，電気の等価回路を考えると理解しやすい場合が多い．図 2.9 中の下部に熱移動を電気の等価回路で示してある．

次に，図 2.10 に示すように，平板が 2 つの異なる温度 (T_h, T_c) の流体にさらされる場合について考える．そして平板の高温側 $(x=0)$ の熱伝達率を h_h，低温側 $(x=L)$ の熱伝達率を h_c とする．すなわち，第 3 種境界条件で規定される場合である．この場合も，平板内の熱伝導方程式は式(2.36)となり熱流束は一定となる．平板の表面温度を T_1, T_2 とすると，次式が成立する．

$$q=h_h(T_h-T_1) \tag{2.46}$$

表 2.2　熱抵抗と熱通過率

熱通過率 (W/(m^2・K))
$K=\dfrac{1}{1/h_h+L/k+1/h_c}$
総括熱抵抗 (K/W)
$R_t=\dfrac{1}{\mathrm{A}}\left(\dfrac{1}{h_h}+\dfrac{L}{k}+\dfrac{1}{h_c}\right)$
熱コンダクタンス (W/K)
$C=\dfrac{\mathrm{A}}{1/h_h+L/k+1/h_c}$

$$q=k\frac{T_1-T_2}{L} \tag{2.47}$$

$$q=h_c\left(T_2-T_c\right) \tag{2.48}$$

これらの式より T_1, T_2 を消去すると，熱流束は両側の流体温度 T_h, T_c を用いて次式で求めることができる．

$$q=\frac{T_h-T_c}{\dfrac{1}{h_h}+\dfrac{L}{k}+\dfrac{1}{h_c}} \tag{2.49}$$

ここで，熱通過率(overall heat transfer coefficient)　$K(\mathrm{W/(m^2 \cdot K)})$ を，

$$\frac{1}{K}=\frac{1}{h_h}+\frac{L}{k}+\frac{1}{h_c} \tag{2.50}$$

と定義すると，平板を通過する熱流束は，

$$q=K(T_h-T_c) \tag{2.51}$$

と表される．熱通過率は，流体が隔壁を通して熱交換をするときの性能指標であり，7･1 節で述べる熱交換器の性能を推算するための重要なパラメータである．

伝熱面積 A の平板の伝熱量 $\dot{Q}$ は，

$$\dot{Q}=Aq=\frac{T_h-T_c}{\dfrac{1}{A}\left(\dfrac{1}{h_h}+\dfrac{L}{k}+\dfrac{1}{h_c}\right)}=KA\left(T_h-T_c\right) \tag{2.52}$$

となる．各熱抵抗の総和である総括熱抵抗(total thermal resistance) R_t(K/W) は次式で定義される．

$$R_t=\frac{1}{A}\left(\frac{1}{h_h}+\frac{L}{k}+\frac{1}{h_c}\right) \tag{2.53}$$

式(2.53)は，高温および低温流体による対流熱伝達の熱抵抗と平板内の熱伝導の熱抵抗が直列につながっており，総括熱抵抗が各熱抵抗の総和として計算できることを意味している．なお，熱抵抗の逆数を熱コンダクタンス(thermal conductance)という．

熱抵抗は面積を含めず，熱流束に対して定義する場合もある．しかし，本書では，面積が変化する場合や複雑な多層構造の場合にも容易に適用できるように伝熱面積を考慮した式(2.53)で定義している．

【例題 2・1】　＊＊＊＊＊＊＊＊＊＊＊＊＊＊＊＊＊＊＊＊＊＊

図 2.10 に示すように，平板が 2 つの異なる温度(T_h, T_c)の流体にさらされる場合の平板内の温度分布を求めよ．

【解答】平板内の位置 x の温度を $T(x)$ とすると，定常一次元の場合には，平板内を通過する熱流束が等しいため，熱流束に関して次式が成り立つ．

$$q=h_h(T_h-T_1)=\frac{k}{x}\{T_1-T(x)\} \tag{ex2.1}$$

これより，T_1 を消去すると，

$$T_h - T(x) = \left(\frac{x}{k} + \frac{1}{h_h}\right) q = \left(\frac{x}{k} + \frac{1}{h_h}\right) K(T_h - T_c) \tag{ex2.2}$$

となる．これを整理すると次式で表される温度分布が求められる．

$$\frac{T_h - T(x)}{T_h - T_c} = \frac{\dfrac{x}{k} + \dfrac{1}{h_h}}{\dfrac{1}{h_h} + \dfrac{L}{k} + \dfrac{1}{h_c}} \tag{ex2.3}$$

＊＊＊＊＊＊＊＊＊＊＊＊＊＊＊＊＊＊＊＊＊＊

（c）多層平板

図 2.11 に示すように，熱伝導率が異なる複数の平板を密着させた多層平板 (composite plane wall)の 1 次元熱伝導を考える．平板間の接触熱抵抗はなく，各平板の接触面の温度は等しいとする．さらに，流体の熱伝達も考慮すると，各平板を通過する熱流束は等しく次のように表される．

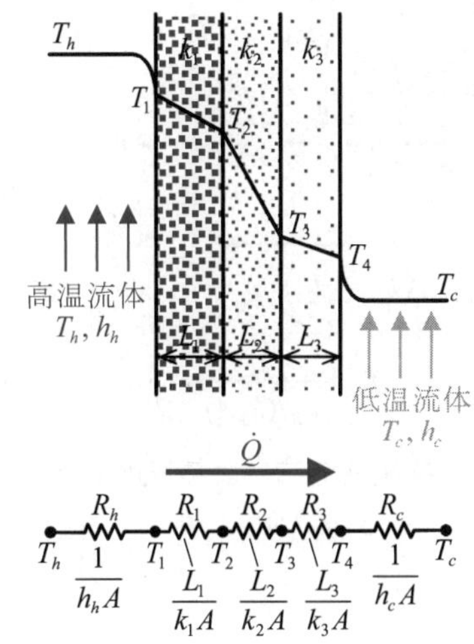

図 2.11　多層平板の熱伝導

$$q = h_h(T_h - T_1) = \frac{k_1}{L_1}(T_1 - T_2) = \frac{k_2}{L_2}(T_2 - T_3) = \frac{k_3}{L_3}(T_3 - T_4) = h_c(T_4 - T_c) \tag{2.54}$$

上式から T_1, T_2, T_3, T_4 を消去すると，平板を通過する熱流束に対して，

$$q = \frac{(T_h - T_c)}{\dfrac{1}{h_h} + \dfrac{L_1}{k_1} + \dfrac{L_2}{k_2} + \dfrac{L_3}{k_3} + \dfrac{1}{h_c}} \tag{2.55}$$

が得られ，この場合の熱通過率は，

$$\frac{1}{K} = \frac{1}{h_h} + \frac{L_1}{k_1} + \frac{L_2}{k_2} + \frac{L_3}{k_3} + \frac{1}{h_c} \tag{2.56}$$

となる．さらに，多くの層が存在する場合も同様である．

この多層平板の熱伝導の場合，各平板における熱伝導による熱抵抗が直列に加わると考えることができて，総括熱抵抗は次式で表される．

$$R_t = \frac{1}{A}\left(\frac{1}{h_h} + \frac{L_1}{k_1} + \frac{L_2}{k_2} + \frac{L_3}{k_3} + \frac{1}{h_c}\right) = \frac{1}{A}\left(\frac{1}{h_h} + \sum_{i=1}^{3}\frac{L_i}{k_i} + \frac{1}{h_c}\right) = \frac{1}{KA} \tag{2.57}$$

したがって，面積 A の平板の場合，伝熱量 $\dot{Q}$ は次のように求められる．

$$\dot{Q} = qA = \frac{T_h - T_c}{R_t} \tag{2.58}$$

つぎに，図 2.12 に示すように並列の熱抵抗を含む場合を考える．熱の流れは x 方向への一次元で，x に垂直な面では等温とみなせるとき，抵抗 R_2 は物体 a と物体 b の並列結合として電気抵抗と同様に考えれば，次式で表される．

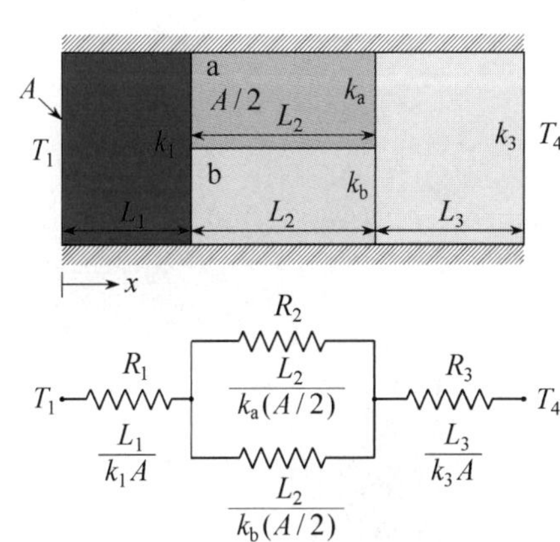

図 2.12　並列部が存在する多層平板の熱伝導

$$\frac{1}{R_2} = \frac{1}{R_a} + \frac{1}{R_b} = \frac{1}{\dfrac{L_2}{k_a(A/2)}} + \frac{1}{\dfrac{L_2}{k_b(A/2)}} \tag{2.59}$$

これより，

$$R_2 = \frac{L_2}{(k_a + k_b)(A/2)} \tag{2.60}$$

となる．したがって，この場合の総括熱抵抗 R_t は次式で表される．

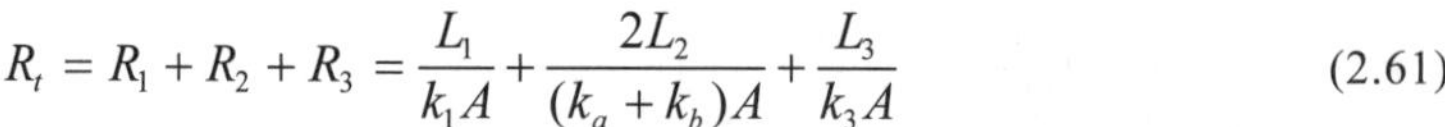

$$R_t = R_1 + R_2 + R_3 = \frac{L_1}{k_1 A} + \frac{2L_2}{(k_a + k_b)A} + \frac{L_3}{k_3 A} \tag{2.61}$$

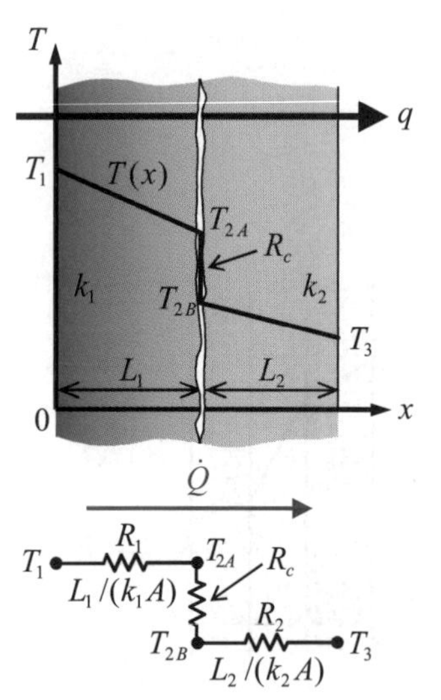

図 2.13　接触熱抵抗による温度低下

(d) 接触熱抵抗

上記の多層平板の場合には，隣り合う 2 つの平板は完全に接触しており，接触面で両側の平板の温度と熱流束が等しいとしている．しかし，実際は接触が不完全であり接触面で 2 つの物体が部分的にしか接触していない場合も多い．この場合，接触する 2 面の温度は見かけ上不連続となり，温度差が生じることとなる．いま，図 2.13 に示すように 2 つの物体の接触が不完全で，温度差 $\Delta T = T_{2A} - T_{2B}$ が生じる場合を考える．この場合，2 つの物体と接触部分の 3 つに分けて考える．接触部分は**接触熱抵抗**(thermal contact resistance) R_c を用いると，次のように表すことができる．

$$\dot{Q} = \frac{T_{2A} - T_{2B}}{R_c} \tag{2.62}$$

x 方向の伝熱量 $\dot{Q}$ は等しいので，

$$\dot{Q} = k_1 A \frac{T_1 - T_{2A}}{L_1} = \frac{T_{2A} - T_{2B}}{R_c} = k_2 A \frac{T_{2B} - T_3}{L_2} \tag{2.63}$$

となる．したがって，この場合の総括熱抵抗 R_t は接触熱抵抗 R_c を考慮して次式で表される．

$$R_t = \left(\frac{L_1}{k_1 A} + R_c + \frac{L_2}{k_2 A} \right) \tag{2.64}$$

(e) 内部発熱を伴う熱伝導

物体内に単位時間，単位体積あたりの発熱量 $\dot{q}_v$ がある場合，つまり**内部発熱**(thermal energy generation)を伴う場合の熱伝導について考える．この場合，式(2.16)より平板内の定常 1 次元熱伝導方程式は次式となる．

$$\frac{\mathrm{d}}{\mathrm{d}x}\left(k \frac{\mathrm{d}T}{\mathrm{d}x} \right) + \dot{q}_v = 0 \tag{2.65}$$

熱伝導率を一定とし，式(2.65)を 2 回積分することにより，平板内の温度分布の一般解が次のように求められる．

$$T = -\frac{\dot{q}_v}{2k} x^2 + C_1 x + C_2 \tag{2.66}$$

積分定数 C_1, C_2 は $x = 0$ と $x = L$ の表面温度 T_1， T_2 を定める 2 つの境界条件より次のように決定される．

$$C_2 = T_1 \tag{2.67}$$

$$C_1 = \frac{T_2 - T_1}{L} + \frac{\dot{q}_v L}{2k} \tag{2.68}$$

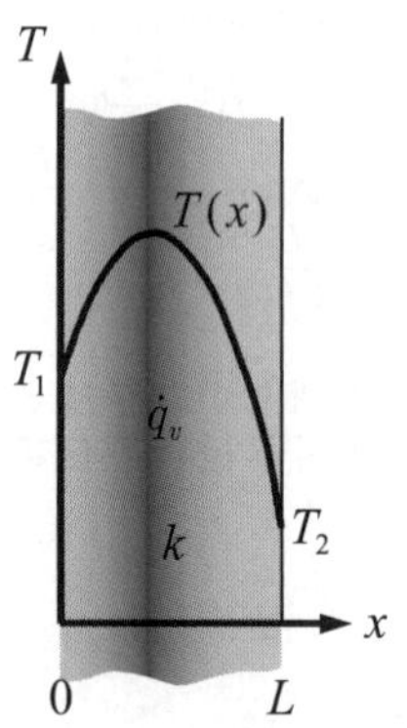

図 2.14　内部発熱がある場合の平板内熱伝導

したがって，平板内の温度分布は次式で表される．

$$T = -\frac{\dot{q}_v}{2k} x^2 + \left(\frac{T_2 - T_1}{L} + \frac{\dot{q}_v L}{2k} \right) x + T_1 \tag{2.69}$$

内部発熱がある場合，平板内の温度分布は，図 2.14 に示すように 2 次曲線で

表されることになる．また，式(2.69)を微分することにより，熱流束 $q(x)$ は，

$$q(x)=\dot{q}_v x-\left(k\frac{T_2-T_1}{L}+\frac{\dot{q}_v L}{2}\right) \tag{2.70}$$

となり，位置 x の関数として表される．

2・2・2　円筒および球の定常熱伝導 (Steady-state conduction through cylinder and sphere)

(a)　円筒

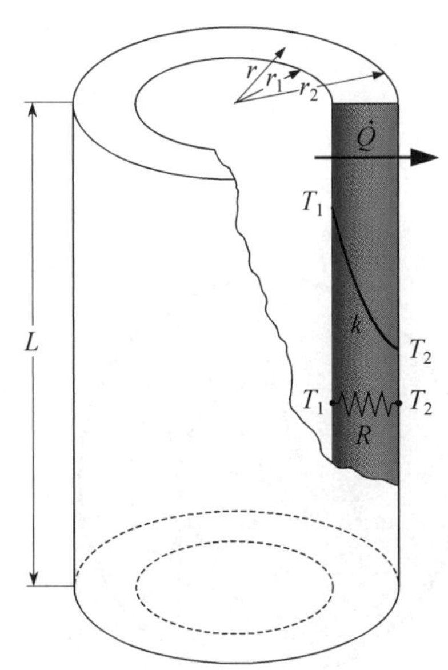

図 2.15　円筒の熱伝導

図 2.15 に示すように，内半径 r_1，外半径 r_2，長さ L の円筒(cylinder)を考える．円筒の内側 ($r=r_1$) および外側 ($r=r_2$) の表面温度をそれぞれ T_1, T_2 とする．円筒断面内で内部発熱がなく，温度が r 方向にだけ変化するとき，1 次元定常問題となる．この場合，式(2.18)の熱伝導方程式は次式となる．

$$\frac{\mathrm{d}}{\mathrm{d}r}\left(kr\frac{\mathrm{d}T}{\mathrm{d}r}\right)=0 \tag{2.71}$$

いま，熱伝導率が一定とすると，式(2.71)を 2 回積分することにより円筒内温度分布の一般解が次のように求められる．

$$T(r)=C_1\ln r+C_2 \tag{2.72}$$

積分定数 C_1，C_2 は 2 つの境界条件，すなわち $r=r_1$ と $r=r_2$ の 2 つの表面温度より次のように決定される．

$$C_1=\frac{T_1-T_2}{\ln(r_1/r_2)} \tag{2.73}$$

$$C_2=-\frac{T_1\ln r_2-T_2\ln r_1}{\ln(r_1/r_2)} \tag{2.74}$$

したがって，円筒内の温度分布は整理すると次式で表される．

$$\frac{T_1-T(r)}{T_1-T_2}=\frac{\ln(r/r_1)}{\ln(r_2/r_1)} \tag{2.75}$$

円筒を通過する伝熱量 $\dot{Q}$ は，半径方向の位置によらず一定であり，

$$\dot{Q}=-2\pi rLk\left.\frac{\mathrm{d}T}{\mathrm{d}r}\right|_r=\frac{2\pi Lk\left(T_1-T_2\right)}{\ln(r_2/r_1)} \tag{2.76}$$

となる．このときの熱抵抗 R は次のように表される．

$$R=\frac{\ln(r_2/r_1)}{2\pi Lk} \tag{2.77}$$

(b)　多層円筒

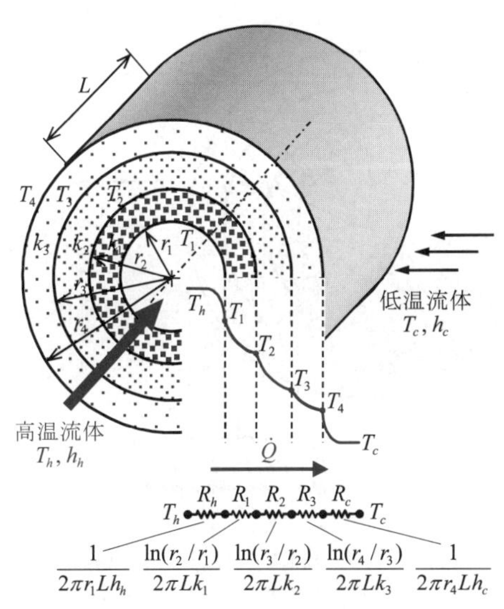

図 2.16　多層円筒の熱伝導

図 2.16 に示すように円筒が多層からなり，流体との熱伝達で境界条件が与えられるとき，式(2.52)を導いた場合と同様に，N 層（図 2.16 の場合は 3 層）の多層円筒(composite cylinder)を通過する伝熱量 $\dot{Q}$ は次式で表される．

$$\dot{Q}=\frac{2\pi L}{\dfrac{1}{h_h r_1}+\displaystyle\sum_{j=1}^{N}\frac{1}{k_j}\ln\frac{r_{j+1}}{r_j}+\dfrac{1}{h_c r_{N+1}}}(T_h-T_c) \tag{2.78}$$

この場合の総括熱抵抗 R_t は次式となる．

$$R_t=\frac{1}{2\pi L}\left(\frac{1}{r_1 h_h}+\sum_{j=1}^{N}\frac{1}{k_j}\ln\frac{r_{j+1}}{r_j}+\frac{1}{r_{N+1}h_c}\right) \tag{2.79}$$

【例題 2・2】　＊＊＊＊＊＊＊＊＊＊＊＊＊＊＊＊＊＊＊＊＊＊＊

長さ L，直径10mm，温度350Kの円柱が，温度300Kの外気にさらされている．円柱に，断熱材として熱伝導率 $k = 0.2\,\mathrm{W/(m\cdot K)}$ のシリコーンゴムを3mm厚さに被覆した．円柱から外気への熱伝達率を $h = 6\,\mathrm{W/(m^2\cdot K)}$ として，被覆前後の伝熱量を計算せよ．

【解答】被覆がない場合は，式(2.78)右辺の分母の第3項のみを考えればよいので，伝熱量は，

$$\dot{Q}_o = 2\pi L h r_1 (T_1 - T_c) = 9.4 \times L(\mathrm{W}) \tag{ex2.2}$$

一方，被覆した場合は，

$$\dot{Q}_1 = \frac{2\pi L(T_1 - T_c)}{\dfrac{1}{k}\ln\dfrac{r_2}{r_1} + \dfrac{1}{hr_2}} = 13.6 \times L(\mathrm{W}) \tag{ex2.3}$$

このように，断熱材で被覆する場合，熱伝導率が小さくないと表面積が増大する効果で逆に伝熱量が大きくなる場合がある．$r_c = k/h$ のときに伝熱量が最大となる．

＊＊＊＊＊＊＊＊＊＊＊＊＊＊＊＊＊＊＊＊＊＊

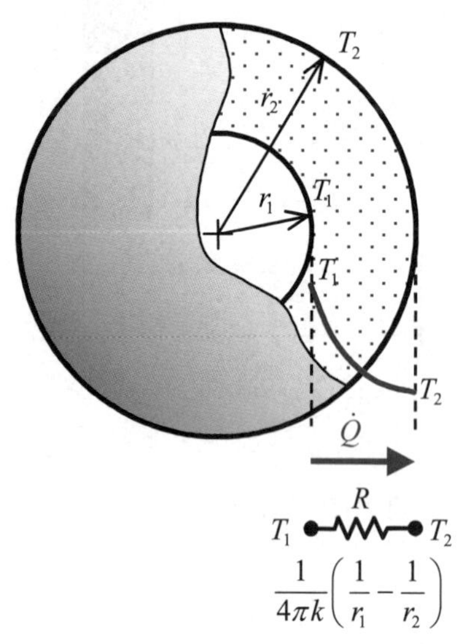

図 2.17　球殻の熱伝導

(c) 球殻および多層球殻

図 2.17 に示す内半径 r_1，外半径 r_2 の球殻(hollow sphere)で，球殻の内側 $(r = r_1)$ および外側 $(r = r_2)$ の表面温度をそれぞれ T_1, T_2 とする．上述の円筒の場合と同様に，内部発熱がなく，熱流は半径方向のみの 1 次元定常問題とすると，式(2.19)の熱伝導方程式は次式となる．

$$\frac{\mathrm{d}}{\mathrm{d}r}\left(kr^2\frac{\mathrm{d}T}{\mathrm{d}r}\right) = 0 \tag{2.80}$$

熱伝導率を一定とすると，球殻内の温度分布の一般解は次のようになる．

$$T(x) = \frac{C_1}{r} + C_2 \tag{2.81}$$

積分定数 C_1, C_2 は $r = r_1$ と $r = r_2$ の境界条件より，

$$C_1 = \frac{T_1 - T_2}{1/r_1 - 1/r_2} \tag{2.82}$$

$$C_2 = T_1 - \frac{T_1 - T_2}{r_1(1/r_1 - 1/r_2)} \tag{2.83}$$

となり，球殻内の温度分布は次式となる．

$$\frac{T_1 - T(r)}{T_1 - T_2} = \frac{(1/r_1 - 1/r)}{(1/r_1 - 1/r_2)} \tag{2.84}$$

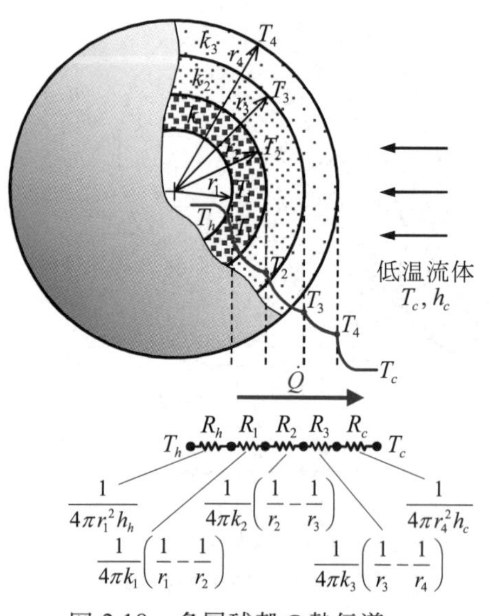

図 2.18　多層球殻の熱伝導

球殻を通過する伝熱量 $\dot{Q}$ は半径によらず一定であり，

$$\dot{Q} = -4\pi r^2 k\left.\frac{\mathrm{d}T}{\mathrm{d}r}\right|_r = \frac{4\pi k(T_1 - T_2)}{(1/r_1 - 1/r_2)} \tag{2.85}$$

となる．そして，熱抵抗 R は次のように表される．

$$R = \frac{1}{4\pi k}\left(\frac{1}{r_1} - \frac{1}{r_2}\right) \tag{2.86}$$

図 2.18 に示すように，球殻が多層からなり流体との熱伝達で境界条件が与えられるとき，N 層の多層球殻(composite sphere)を通過する伝熱量 $\dot{Q}$ は次式で表される．

$$\dot{Q} = \frac{4\pi}{\dfrac{1}{h_h r_1^2} + \sum_{j=1}^{N} \dfrac{1}{k_j}\left(\dfrac{1}{r_j} - \dfrac{1}{r_{j+1}}\right) + \dfrac{1}{h_c r_{N+1}^2}}(T_h - T_c) \tag{2.87}$$

また，この場合の総括熱抵抗 R_t は次式となる．

$$R_t = \frac{1}{4\pi}\left(\frac{1}{h_h r_1^2} + \sum_{j=1}^{N} \frac{1}{k_j}\left(\frac{1}{r_j} - \frac{1}{r_{j+1}}\right) + \frac{1}{h_c r_{N+1}^2}\right) \tag{2.88}$$

図 2.19　コンピュータＣＰＵ冷却用フィン

2・2・3　拡大伝熱面 (heat transfer from extended surfaces)

(a) 拡大伝熱面の意義

固体壁と周囲の流体間との対流熱伝達は，伝熱量 $\dot{Q} = h\Delta TA$ で表され，伝熱量は伝熱面積に比例して増加する．したがって，伝熱面を大きくすれば伝熱量を増加させることができる．そのために拡大伝熱面(extended surface)が多く用いられる．図 2.19 に電子機器の冷却フィンの例を，図 2.20 に自動車のラジエータに用いられているフィン付熱交換器の例を示す．このように，伝熱面積を拡大するために伝熱面から突出している部分をフィン(fin)と呼び，拡大伝熱面をフィン付伝熱面(finned surface)という．

総括熱抵抗を小さくするには，各熱抵抗の内で最も大きなものを低減することが有効である．そのため，熱伝達率の小さい方の伝熱面積を拡大する．図 2.20 の例では，ラジエータ内の冷却水側の熱伝達率に比べるとラジエータと空気の対流熱伝達率が小さいので，空気側にフィンを設置している．

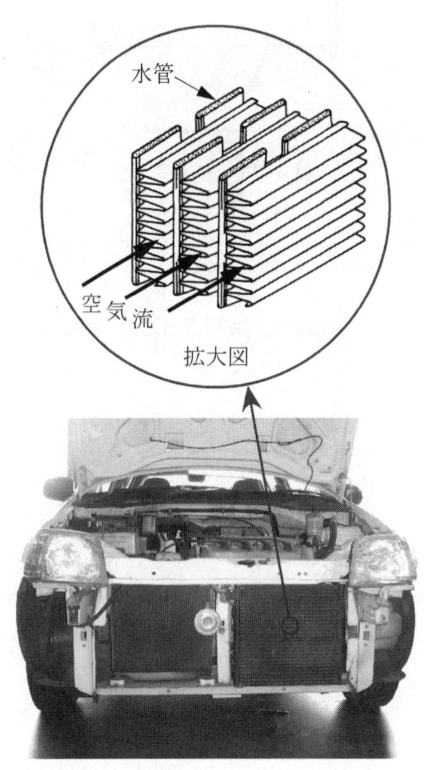

図 2.20　自動車用ラジエータ

いま，図 2.21 に示すように，厚さ δ の平板の内側に温度 T_h の高温流体が流れており，温度 T_c の低温流体へフィン付面を通して放熱が生じている場合を考える．フィンがない場合の伝熱量は，式(2.52)を用いて次式で表される．

$$\dot{Q} = \frac{(T_h - T_c)}{\dfrac{1}{A}\left(\dfrac{1}{h_h} + \dfrac{\delta}{k} + \dfrac{1}{h_c}\right)} \tag{2.89}$$

ここで，A は平板の伝熱面積，k は平板の熱伝導率，h_h および h_c はそれぞれ高温側および低温側の熱伝達率である．

フィンを取り付けると，低温側の伝熱面積はフィン表面の面積 A_f とフィンの付け根部分を除く平板の面積 A_0 の和（$A_f + A_0$）に増加する．この増加した面積，すなわちフィン表面すべての温度が根元の温度と等しい理想的な場合には，伝熱量は，

$$\dot{Q} = \frac{(T_h - T_c)}{\dfrac{1}{Ah_h} + \dfrac{\delta}{Ak} + \left(\dfrac{1}{A_0 + A_f}\right)\dfrac{1}{h_c}} \tag{2.90}$$

となる．しかし，実際にはフィン部の温度は低温流体への放熱により先端に向うほど低下するため，フィンによる面積増加がそのまま伝熱量の増加とはならない．実際の伝熱量は式(2.90)より小さく，次式で表される．

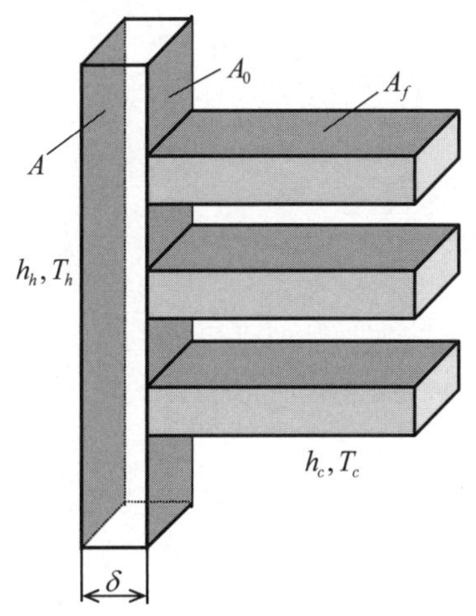

図 2.21　フィンによる拡大伝熱面

$$\dot{Q}=\frac{(T_h-T_c)}{\dfrac{1}{Ah_h}+\dfrac{\delta}{Ak}+\left(\dfrac{1}{A_0+\eta A_f}\right)\dfrac{1}{h_c}} \tag{2.91}$$

ここで，η は**フィン効率**(fin efficiency)と呼ばれ，実際の伝熱量と，フィン全体が根元温度に等しいとしたときのフィンからの伝熱量との比，すなわち，

$$\eta=\frac{\text{フィンからの放熱量}}{\text{フィン全体が根元温度と等しいとしたときのフィンからの放熱量}} \tag{2.92}$$

で定義される．したがって，フィン効率は，フィン根元温度と T_c の温度差とフィン表面の平均温度と T_c との温度差の比を表している．

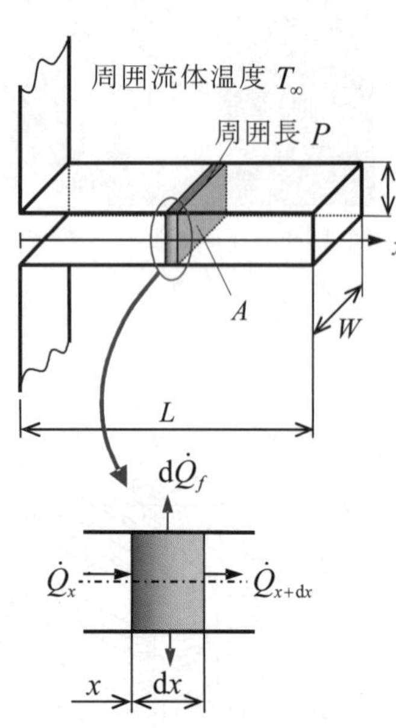

図 2.22　矩形フィンの熱収支

(b) 断面積が一様なフィン

通常，フィンには熱伝導率の大きい材料が用いられ，厚さも薄いのでフィンの断面内の温度差は無視できるほど小さい．この場合，フィン内の熱伝導がフィン高さ方向だけに生じる 1 次元定常熱伝導問題として簡単に取り扱うことができる．

フィンにはさまざまな形状のものがあるが，断面積が一様なフィンとしては，断面が長方形の**矩形フィン**(rectangular fin)や円形の**ピンフィン**(pin fin)が代表的である．ここでは，矩形フィンを取り上げるが，ピンフィンについても同様に取り扱うことができる．

いま，図 2.22 に示すように断面積 A が一定の矩形フィンが，温度 T_∞ の流体にさらされている場合を考え，熱伝達率を h，フィンの根元の温度を T_0 とする．フィンの任意の位置 x における，長さ $\mathrm{d}x$ の検査体積 $A\mathrm{d}x$ 内の熱収支を考える．位置 x で検査体積の左面から熱伝導により流入する伝熱量 $\dot{Q}_x$ は，

$$\dot{Q}_x=-A\left(k\frac{\mathrm{d}T}{\mathrm{d}x}\right)_x \tag{2.93}$$

であり，位置 $x+\mathrm{d}x$ で検査体積の右面から熱伝導により流出する伝熱量 $\dot{Q}_{x+\mathrm{d}x}$ は，

$$\dot{Q}_{x+\mathrm{d}x}=-A\left(k\frac{\mathrm{d}T}{\mathrm{d}x}\right)_{x+\mathrm{d}x}=-A\left\{\left(k\frac{\mathrm{d}T}{\mathrm{d}x}\right)_x+\frac{\mathrm{d}}{\mathrm{d}x}\left(k\frac{\mathrm{d}T}{\mathrm{d}x}\right)_x\mathrm{d}x\right\} \tag{2.94}$$

である．フィンの周囲長を P とすると，検査体積の表面 $P\mathrm{d}x$ から周囲流体へ対流熱伝達により放出される伝熱量 $\mathrm{d}\dot{Q}_f$ は，

$$\mathrm{d}\dot{Q}_f=h(T-T_\infty)P\mathrm{d}x \tag{2.95}$$

となる．定常状態では，検査体積内に流入する伝熱量と流出する伝熱量の総和は 0 となるから，

$$\dot{Q}_x-\dot{Q}_{x+\mathrm{d}x}-\mathrm{d}\dot{Q}_f=0 \tag{2.96}$$

である．式(2.93)～(2.95)を式(2.96)に代入すると，

$$\frac{\mathrm{d}}{\mathrm{d}x}\left(k\frac{\mathrm{d}T}{\mathrm{d}x}\right)_x A-h(T-T_\infty)P=0 \tag{2.97}$$

となり，熱伝導率を一定とすると，

$$k\frac{\mathrm{d}^2T}{\mathrm{d}x^2}A-h(T-T_\infty)P=0 \tag{2.98}$$

が得られる．ここで，$m^2=hP/(kA)$，$\theta=(T-T_\infty)/(T_0-T_\infty)$とおけば，式(2.98)は，次式のように書き表される．

$$\frac{\mathrm{d}^2\theta}{\mathrm{d}x^2}-m^2\theta=0 \tag{2.99}$$

式(2.99)の一般解は次式で表される．

$$\theta=C_1e^{mx}+C_2e^{-mx} \tag{2.100}$$

$x=0$において$T=T_0$であり，また，フィン先端からの熱伝達が無視できると仮定すると，$x=L$において$\mathrm{d}T/\mathrm{d}x=0$となる．これら 2 つの境界条件より，

$$C_1+C_2=1 \tag{2.101}$$

$$\frac{\mathrm{d}\theta}{\mathrm{d}x}=m\left(C_1e^{mx}-C_2e^{-mx}\right)=0 \tag{2.102}$$

が得られ，C_1,C_2は，

$$C_1=\frac{e^{-mL}}{e^{mL}+e^{-mL}},\quad C_2=\frac{e^{mL}}{e^{mL}+e^{-mL}} \tag{2.103}$$

のように定められる．したがって，フィンの温度分布はフィンの位置xの関数として次式で表される．

$$\theta=\frac{T-T_\infty}{T_0-T_\infty}=\frac{e^{m(L-x)}+e^{-m(L-x)}}{e^{mL}+e^{-mL}}=\frac{\cosh\left[m(L-x)\right]}{\cosh mL} \tag{2.104}$$

式(2.104)を用いて式(2.95)を積分すると，フィンの全表面からの放熱量$\dot{Q}_f$が次式で求められる．

$$\dot{Q}_f=\int_0^L \mathrm{d}\dot{Q}_f=\int_0^L hP\theta(T_0-T_\infty)\mathrm{d}x=\sqrt{hPkA}(T_0-T_\infty)\tanh(mL) \tag{2.105}$$

この放熱量$\dot{Q}_f$はフィン根元における伝熱量$\dot{Q}_0$と等しいはずであり，フィン根元における温度勾配とフーリエの法則から，次のようにも求められる．

$$\dot{Q}_0=-k\left(\frac{\partial T}{\partial x}\right)_{x=0}A=\sqrt{hPkA}(T_0-T_\infty)\tanh(mL)=\dot{Q}_f \tag{2.106}$$

式(2.92)よりフィン効率ηが求められ，この場合には，

$$\eta=\frac{\sqrt{hPkA}(T_0-T_\infty)\tanh(mL)}{hPL(T_0-T_\infty)}=\frac{\tanh(mL)}{mL} \tag{2.107}$$

となる．つまり，矩形フィンのフィン効率はmLのみの関数となる．

矩形フィンの場合，周囲長Pと断面積Aは，フィン幅Wとフィン厚さtを用いて，

$$P=2(W+t),\quad A=Wt \tag{2.108}$$

と表される．したがって，mは，

$$m=\sqrt{\frac{2h}{kt}}\sqrt{1+\frac{t}{W}} \tag{2.109}$$

となる．フィン厚さtがフィン幅Wに比べて十分小さい場合，mは次のように近似できる．

$$m=\sqrt{\frac{2h}{kt}} \tag{2.110}$$

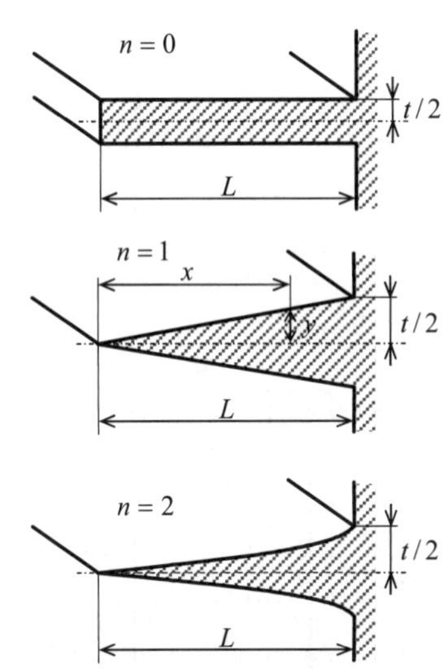

(a)

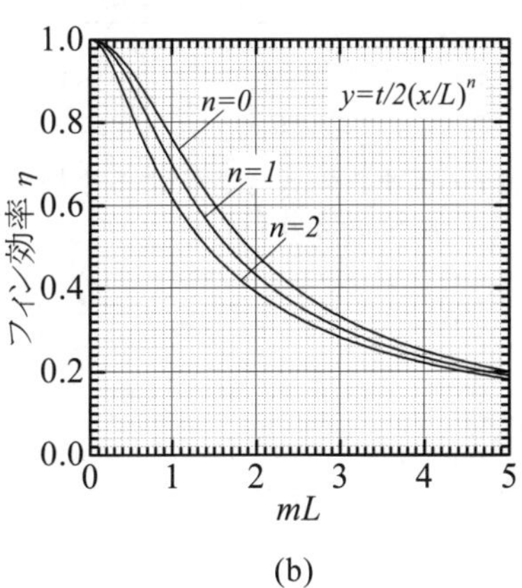

(b)

図 2.23　各種形状フィンのフィン効率

(c) 断面積が変化するフィン

前述の矩形フィン以外にも種々の形状のフィンが用いられる．図 2.23 に，矩形フィンおよび断面積 A が変化する代表的なフィン形状のフィン効率を mL

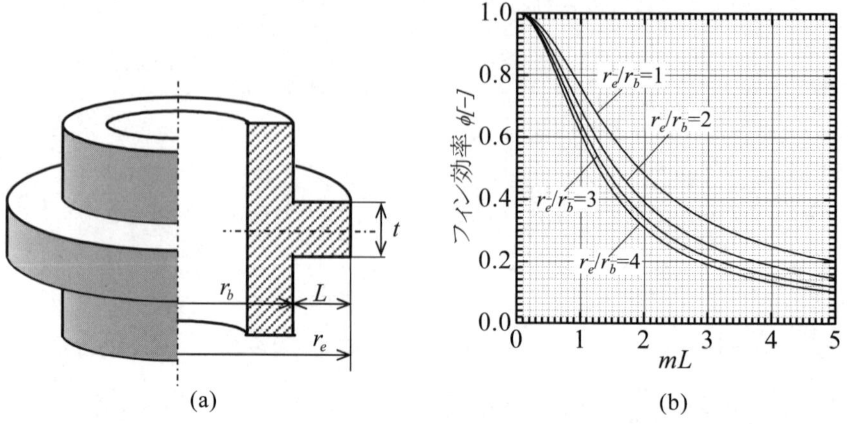

図 2.24　環状フィンのフィン効率

に対して示す．また，図 2.24 には，円管に付ける代表的なフィンの例として，一様厚さの環状フィンのフィン効率を示す．なお，これらの図では，フィン厚さ t は十分薄いものとしており，m はフィン根元厚さを用いて式(2.110)より求めた値である．

2・3　非定常熱伝導 (unsteady-state conduction)

2・3・1　過渡熱伝導 (transient conduction)

これまでは定常熱伝導を取り扱ってきたが，実際の伝熱現象では，時間とともに温度場が変化する非定常変化が重要である場合が多い．ここでは過渡熱伝導(transient conduction)について扱う．

いま，初期温度 T_i の平板が，温度 T_∞ の周囲環境にさらされるときの過渡熱伝導を考える．2･1･5 項で述べたように，この現象はビオ数(Biot number)によって温度分布の様相が異なってくる．ビオ数による平板内温度分布の違いを図 2.25 に示す．ここで，ビオ数は次式で定義する．

$$Bi = \frac{hL_c}{k} \tag{2.111}$$

ここで，L_c は等価長さであり，物体の体積 V をその表面積 S で除した次式で定義する．

$$L_c = \frac{V}{S} \tag{2.112}$$

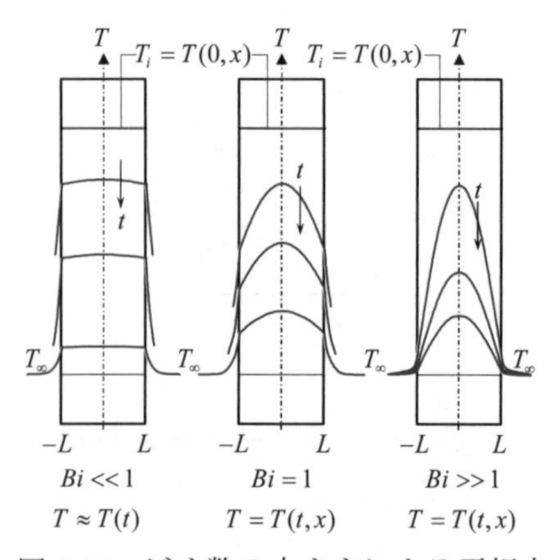

図 2.25　ビオ数の大きさによる平板内過渡温度分布の違い

図 2.25 に平板内温度分布のビオ数による違いを示す．$Bi << 1$ では，平板の温度分布はほぼ一様であり，温度の時間変化は，物体の熱容量と表面からの伝熱量のみの関係となる．2･3･2 項で述べる集中熱容量モデルはこの場合に相当する．一般に $Bi < 0.1$ では集中熱容量モデルで計算しても温度の誤差は数%以下である．

$Bi >> 1$ では，表面温度が瞬時に外部環境温度とほぼ等しくなり，表面温度一定の第 1 種境界条件が適用できる．この場合，平板内の温度分布は熱伝達率によらず，位置と時間または無次元位置とフーリエ数のみの関数となる．

$Bi \approx 1$では，上記の簡略化ができないため，2･3･5 項に示すような，非定常熱伝導問題を直接解析して温度分布を求める必要がある．

【例題 2・3】　＊＊＊＊＊＊＊＊＊＊＊＊＊＊＊＊＊＊＊＊＊＊＊＊

直径11 mmのパチンコ玉と，直径0.4 m，長さ1 mの円柱で近似できるマグロや厚さ3 cmの十分大きな平板で近似したマグロの切り身が初期温度300 Kの状態から風速1 m/sの低温気流中にさらされる場合のビオ数を計算せよ．ただし，パチンコ玉とマグロおよびマグロの切り身の熱物性値と熱伝達率は，下記の値とする．

	k (W/(m·K))	c (J/(kg·K))	ρ (kg/m^3)	h (W/(m^2·K))
パチンコ玉	43.0	465	7850	40
マグロ	0.42	3700	990	7
マグロの切り身	〃	〃	〃	12

【解答】パチンコ玉とマグロおよびマグロの切り身の等価長さは，式(2.112)より，それぞれ $L_c = 1.83\times10^{-3}$ m, 0.0833 m, 0.015 m となるから，ビオ数は，それぞれ $Bi = 1.70\times10^{-3}$, 1.39, 0.429 となる．

したがって，パチンコ玉は内部の温度が一様に低下するが，マグロの場合は表面と内部では大きな温度差が存在することがわかる．

＊＊＊＊＊＊＊＊＊＊＊＊＊＊＊＊＊＊＊＊＊＊＊＊

2・3・2　集中熱容量モデル (lumped capacitance model)

物体の大きさが十分小さいか物体の熱伝導率が十分大きい場合，加熱や冷却を行っても物体内の場所による温度差がほとんどなく，ほぼ一様な温度を保ったまま温度変化が生じる．このように，物体内の温度分布を無視して熱容量だけを集中系として取り扱うことができるモデルを集中熱容量モデル(lumped capacitance model)という．

いま，体積V，密度ρ，比熱c，表面積Sの物体が，周囲温度T_∞の流体中にさらされる場合について考える．高温物体が周囲流体に放熱し，微小時間dtの間に物体温度TがdTだけ変化したとすると，物体における熱量の収支は次式で表される．

$$c\rho V\frac{\mathrm{d}T}{\mathrm{d}t} = -hS(T - T_\infty) \tag{2.113}$$

ここで，hは物体と流体の間の熱伝達率である．式(2.113)を積分し，$t = 0$で$T = T_i$という初期条件を用いて積分定数を決めると，次の解が得られる．

$$\theta = \frac{T - T_\infty}{T_i - T_\infty} = \exp\left(-\frac{hS}{c\rho V}t\right) = \exp(-Fo\,Bi) \tag{2.114}$$

ここで，無次元数Fo, Biの代表長さは式(2.112)のL_cで定義する．式(2.114)で表される物体温度の時間変化の様子を図 2.26 に示す．物体の温度は時間の経過にともない指数関数的に周囲温度に近づく．

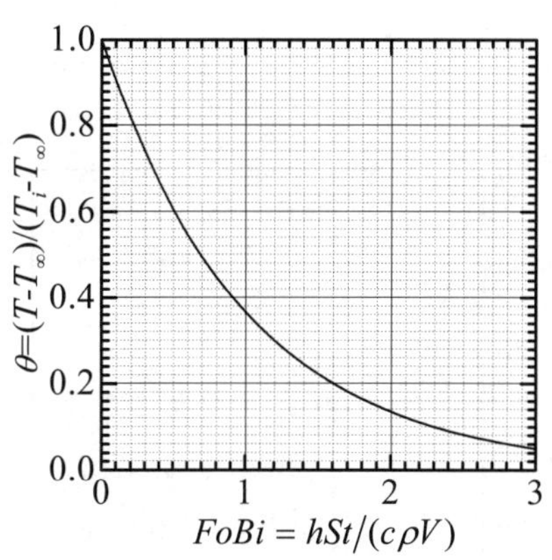

図 2.26　集中熱量系の過渡温度変化

2・3・3　半無限固体 (semi-infinite solid)

(a) 半無限固体内温度分布

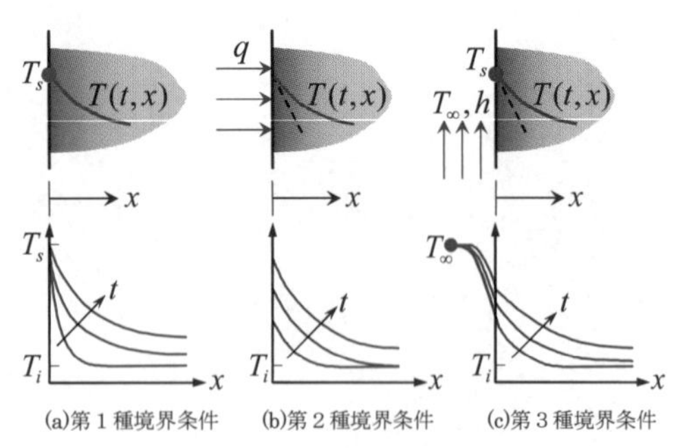

図 2.27　半無限固体の境界条件

半無限固体(semi-infinite solid)とは図 2.27 に示すように境界面($x = 0$)から x 方向に無限の広がりをもつ物体を意味する．実際には無限の大きさの物体はありえないが，物体の大きさに比べて対象とする過渡熱伝導現象の時間が短く，温度の時間変化が物体全体に及ばない場合に，半無限固体の取り扱いが可能となる．一般に，1 次元非定常熱伝導問題では，温度に対する初期条件が 1 つと境界条件が 2 つで解が得られるのに対し，半無限固体の場合には，一方の境界条件は，無限遠方で温度一定として与えられる．

いま，簡単のため，固体内で内部発熱がなく，初期温度が T_i で一様の場合を考えると，1 次元熱伝導方程式および初期条件はそれぞれ次のように書き表される．

熱伝導方程式：

$$\frac{\partial T}{\partial t} = \alpha \frac{\partial^2 T}{\partial x^2} \tag{2.115}$$

初期条件：

$$x > 0, t = 0: \quad T = T_i \tag{2.116}$$

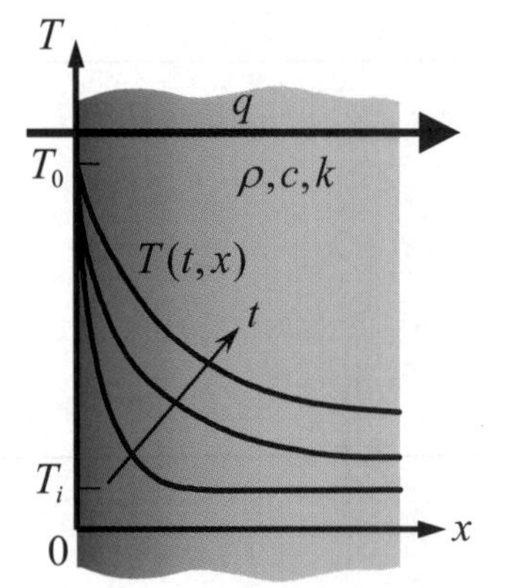

図 2.28　第一種境界条件における無限物体内の過渡温度分布

初期温度 T_i の半無限固体が表面から加熱されるときの温度の時間変化を(1)温度一定（第 1 種境界条件），(2)熱流束一定（第 2 種境界条件），(3)対流熱伝達率一定（第 3 種境界条件）の 3 つの代表的な境界条件の場合について図 2.27 にモデル的に示す．表面近傍の温度変化の様子がそれぞれの境界条件により異なることに注意する．

(1)　第 1 種境界条件：　図 2.28 に示すように温度一定の境界条件に対する半無限物体の 1 次元非定常熱伝導問題を考える．この場合の境界条件は，

$$t > 0, \quad x = 0: \quad T = T_0 \tag{2.117}$$

$$t > 0, \quad x \to \infty: \quad T = T_i \tag{2.118}$$

であり，$\theta = (T - T_i)/(T_0 - T_i)$ とおくと，上記の式(2.115)〜(2.118)は，それぞれ以下のように書き直される．

$$\frac{\partial \theta}{\partial t} = \alpha \frac{\partial^2 \theta}{\partial x^2} \tag{2.119}$$

$$t = 0, \quad x \geq 0: \quad \theta = 0 \tag{2.120}$$

$$t > 0, \quad x = 0: \quad \theta = 1 \tag{2.121}$$

$$t > 0, \quad x \to \infty: \quad \theta = 0 \tag{2.122}$$

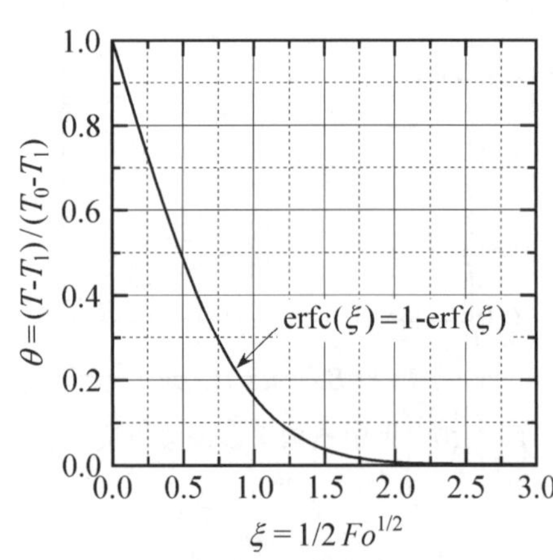

図 2.29　誤差関数と余弦誤差関数で表した過渡熱伝導温度分布

後述の 2･3･3(b)項の解法により，この解は，

$$\theta = \left\{1 - \mathrm{erf}\left(\frac{x}{2\sqrt{\alpha t}}\right)\right\} = \left\{1 - \mathrm{erf}\left(\frac{1}{2\sqrt{F_0}}\right)\right\} \tag{2.123}$$

すなわち，

$$\begin{aligned} T &= T_i + \left(T_0 - T_i\right)\left\{1 - \mathrm{erf}\left(\frac{x}{2\sqrt{\alpha t}}\right)\right\} \\ &= T_i + \left(T_0 - T_i\right)\mathrm{erfc}\left(\frac{x}{2\sqrt{\alpha t}}\right) \end{aligned} \tag{2.124}$$

となる．ここで，$\mathrm{erf}(\xi)$ は誤差関数(error function)，また $\mathrm{erfc}(\xi)$ は余誤差関数(complementary error function)で，それぞれ次式で定義される．

$$\mathrm{erf}(\xi) = \frac{2}{\sqrt{\pi}} \int_0^{\xi} e^{-y^2} \mathrm{d}y \tag{2.125}$$

$$\mathrm{erfc}(\xi) = 1 - \mathrm{erf}(\xi) \tag{2.126}$$

図 2.29 に余弦誤差関数で表した温度分布を示す．図 2.28 に示される各時刻の温度分布が，フーリエ数(Fourier number)を用いることによって 1 本の特性曲線で表すことができる．

(2)　第 2 種境界条件：　表面の熱流束 q_s (W/m^2) が一定の境界条件の場合には，温度分布は次式となる．

$$\begin{aligned} \frac{k(T-T_i)}{q_s\sqrt{\alpha t}} &= \frac{2}{\sqrt{\pi}}\exp\left(-\frac{x^2}{4\alpha t}\right) - \frac{x}{\sqrt{\alpha t}}\mathrm{erfc}\left(\frac{x}{2\sqrt{\alpha t}}\right) \\ &= \frac{2}{\sqrt{\pi}}\exp\left(-\frac{1}{4Fo}\right) - \frac{1}{\sqrt{Fo}}\mathrm{erfc}\left(\frac{1}{2\sqrt{Fo}}\right) \end{aligned} \tag{2.127}$$

上式で $x = 0$ とすると，表面の温度が次のように求められる．

$$T_s = T_i + \frac{2q_s\sqrt{\alpha t}}{k\sqrt{\pi}} \tag{2.128}$$

(3)　第 3 種境界条件：　物体が温度 T_∞ の流体中に置かれ，物体表面で熱伝達（熱伝達率 h）が生じる場合の物体内温度分布は次式となる．

$$\begin{aligned} \theta = \frac{T-T_i}{T_\infty - T_i} &= \mathrm{erfc}\left(\frac{x}{2\sqrt{\alpha t}}\right) - \exp\left(\frac{hx}{k} + \frac{h^2\alpha t}{k^2}\right)\mathrm{erfc}\left(\frac{x}{2\sqrt{\alpha t}} + \frac{h\sqrt{\alpha t}}{k}\right) \\ &= \mathrm{erfc}\left(\frac{1}{2\sqrt{Fo}}\right) - \exp\left(Bi + Bi^2 Fo\right)\mathrm{erfc}\left(\frac{1}{2\sqrt{Fo}} + Bi\sqrt{Fo}\right) \end{aligned} \tag{2.129}$$

この場合，無次元温度分布はフーリエ数とビオ数の関数で与えられることがわかる．

(b) ラプラス変換を用いた解析解 *

2･1･3 項で導かれた熱伝導方程式は初期温度および境界条件のもとで解くことができる．しかし，解析解が求められるのは，熱伝導率などの物性値が一定で熱伝導方程式および境界条件が線形であり，かつ物体の形状が簡単な場合に限られる．そのような線形問題はラプラス変換法や変数分離法などによって取り扱うことができるが，いずれの場合も偏微分方程式を何らかの方法で常微分方程式に変換して解く．

以下に，代表的なラプラス変換(Laplace transformation)による解析法について述べる．式(2.119)の偏微分方程式を式(2.120)～(2.122)の初期条件と境界条件の下で解く場合を考える．θ の t に関するラプラス変換 $\Theta(x,s)$ を次式で表す．

$$\Theta(x,s) = \int_0^\infty e^{-st}\theta(x,t)dt \tag{2.130}$$

基礎式(2.119)をラプラス変換すると，

$$\int_0^\infty e^{-st}\frac{\partial\theta}{\partial t}dt = \int_0^\infty e^{-st}\left(\alpha\frac{\partial^2\theta}{\partial x^2}\right)dt \tag{2.131}$$

となり，式(2.131)の左辺は，

$$\int_0^\infty e^{-st}\frac{\partial\theta}{\partial t}dt = \left[e^{-st}\theta\right]_0^\infty + \int_0^\infty se^{-st}\theta dt \\ = -\theta(x,0) + s\Theta(x,s) = s\Theta(x,s) \tag{2.132}$$

となる．一方，式(2.131)の右辺は，

$$\int_0^\infty e^{-st}\left(\alpha\frac{\partial^2\theta}{\partial x^2}\right)dt = \alpha\frac{\partial^2}{\partial x^2}\int_0^\infty e^{-st}\theta dt = \alpha\frac{\mathrm{d}^2\Theta}{\mathrm{d}x^2} \tag{2.133}$$

となるので，式(2.131)は次の常微分方程式に変換される．

$$s\Theta = \alpha\frac{\mathrm{d}^2\Theta}{\mathrm{d}x^2} \tag{2.134}$$

式(2.134)の一般解は次式で表される．

$$\Theta = C_1e^{x\sqrt{s/\alpha}} + C_2e^{-x\sqrt{s/\alpha}} \tag{2.135}$$

次に，境界条件式をラプラス変換すると，$x=0$ の式(2.121)に対しては，

$$\Theta = \int_0^\infty e^{-st}dt = \int_0^\infty e^{-st}dt = \frac{1}{s} \tag{2.136}$$

$x\to\infty$ の式(2.122)に対しては，

$$\Theta = 0 \tag{2.137}$$

となる．式(2.137)より $C_1=0$，式(2.136)より $C_2=1/s$ となり，式(2.135)は，

$$\Theta = \frac{1}{s}e^{-x\sqrt{s/\alpha}} \tag{2.138}$$

となる．ここで，逆ラプラス変換[(1)]を用いると，最終的に温度分布は次式で表される．

$$\theta = \left\{1-\mathrm{erf}\left(\frac{x}{2\sqrt{\alpha t}}\right)\right\} \tag{2.139}$$

(c) 2つの半無限物体の接触

図 2.30 に示すように，初期温度がそれぞれ $T_{1,i}$，$T_{2,i}$ の 2 つの半無限物体を接触させた場合の非定常熱伝導問題を考える．2 つの物体が完全に接触し，接触熱抵抗は無視できるとする．この場合の境界条件は，物体 1 と物体 2 において接触面の温度と熱流束がそれぞれ等しい．いま，接触面の温度を T_S，接触後の経過時間を t とすると，式(2.124)から物体 1，2 の温度は次のように与えられる．

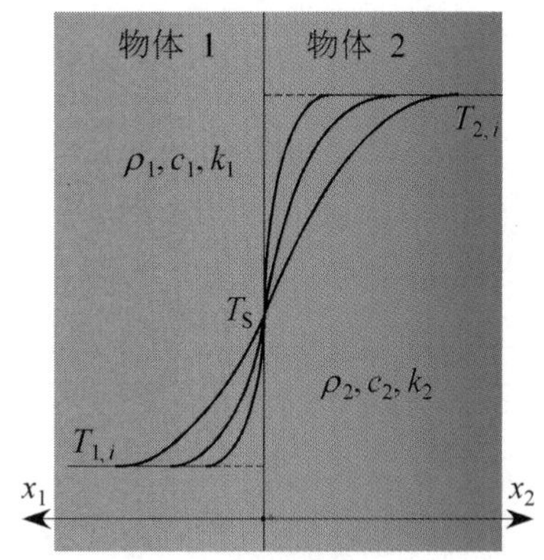

図 2.30　2つの半無限物体が接した場合の過渡温度分布

$$T_1 = T_{1,i} + \left(T_S - T_{1,i}\right)\left\{1-\mathrm{erf}\left(\frac{x_1}{2\sqrt{\alpha_1 t}}\right)\right\} \tag{2.140}$$

$$T_2 = T_{2,i} + \left(T_S - T_{2,i}\right)\left\{1-\mathrm{erf}\left(\frac{x_2}{2\sqrt{\alpha_2 t}}\right)\right\} \tag{2.141}$$

ここで，α_1 と α_2 はそれぞれ物体 1 と物体 2 の熱拡散率である．また，接触面で熱流束が等しいため

$$x_1 = x_2 = 0 \quad \text{で，} \quad -k_1\frac{\partial T_1}{\partial x_1} = k_2\frac{\partial T_2}{\partial x_2} \tag{2.142}$$

となる．誤差関数 $\mathrm{erf}(\xi)$ の微分が $2\exp(\xi^2)/\sqrt{\pi}$ となることを考慮して式(2.142)を整理すると，接触面の温度 T_S は，

$$T_S = \frac{\sqrt{\rho_1 c_1 k_1} T_{1,i} + \sqrt{\rho_2 c_2 k_2} T_{2,i}}{\sqrt{\rho_1 c_1 k_1} + \sqrt{\rho_2 c_2 k_2}} \tag{2.143}$$

となり時間 t に依存しない一定値になる．

【例題 2・4】　＊＊＊＊＊＊＊＊＊＊＊＊＊＊＊＊＊＊＊＊＊＊＊

温度100℃のサウナに入った直後と，100℃のお湯に入った直後の皮膚表面の温度を推算せよ．ただし，空気，水，皮膚の物性値には下記の値を使用し，ヒトの皮膚の初期温度を37℃とする．

	k (W/(m·K))	c (J/(kg·K))	ρ (kg/m^3)
空気	0.031	1010	0.955
水	0.676	4210	960
ヒトの皮膚	0.45	3600	1050

【解答】ヒトがサウナやお湯に入った直後は，流体の対流による熱移動が無視できると考えられるから，2 つの物体が接触した過渡熱伝導として近似的に扱うことができよう．それぞれの物性値を式(2.143)に代入すると，サウナとお湯に入った直後の皮膚表面温度はそれぞれ37.3℃，72.2℃となる．したがって，サウナの場合には火傷をしないが，お湯に入った場合の皮膚表面温度は細胞が壊死する温度となるので火傷を負うことになる．

体温より温度が低い金属に触れたときには冷たく感じるが，低温の木や断熱材に触ってもさほど冷たく感じないのもこの理由による．

＊＊＊＊＊＊＊＊＊＊＊＊＊＊＊＊＊＊＊＊＊＊＊

2・3・4　平板 (plane wall)

(a) 平板内温度分布

図 2.31 に示すように厚さ $2L$ の平板(plane wall)が，初期温度が一様で T_i の状態から，温度 T_∞，熱伝達率 h の流体にさらされる場合，つまり，対流熱伝達の境界条件の場合の 1 次元非定常熱伝導問題について考える．

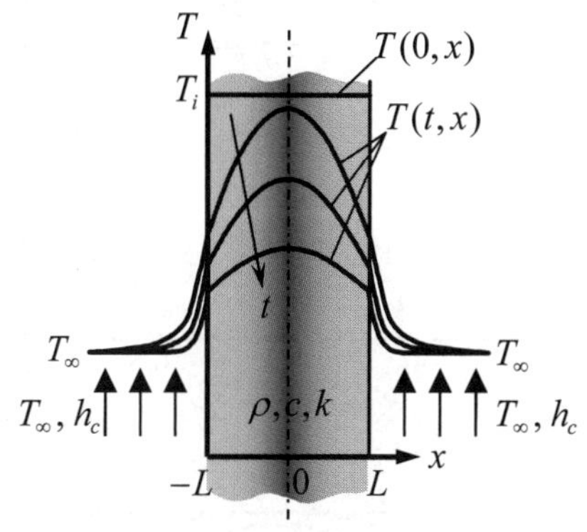

図 2.31　第 3 種境界条件における平板の過渡温度分布の概略

基礎式，初期条件および境界条件はそれぞれ次のように表される．

$$\frac{\partial T}{\partial t} = \alpha \frac{\partial^2 T}{\partial x^2} \tag{2.144}$$

$$t = 0, \quad L \ge x \ge 0: \quad T = T_i \tag{2.145}$$

$$t > 0, \quad x = 0: \quad \frac{\partial T}{\partial x} = 0 \tag{2.146}$$

$$t > 0, \quad x = L: \quad -k\frac{\partial T}{\partial x} = h(T - T_\infty) \tag{2.147}$$

$\theta = (T - T_\infty)/(T_i - T_\infty)$ とおくと，上記の式(2.144)～(2.147)は以下のように書き直される．

$$\frac{\partial \theta}{\partial t} = \alpha \frac{\partial^2 \theta}{\partial x^2} \tag{2.148}$$

$$t = 0, \quad L \ge x \ge 0: \quad \theta = 1 \tag{2.149}$$

$$t > 0, \quad x = 0: \quad \frac{\partial \theta}{\partial x} = 0 \tag{2.150}$$

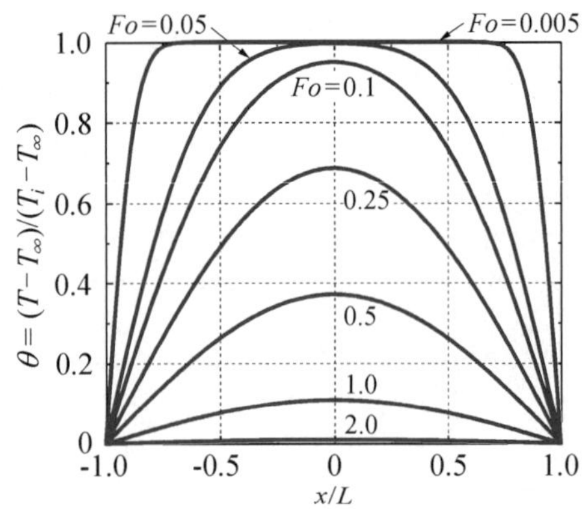

図 2.32　第 1 種境界条件 ($Bi \to \infty$) における平板の過渡温度分布

$$t > 0, \quad x = L: \quad -k\frac{\partial \theta}{\partial x} = h\theta \tag{2.151}$$

後述の 2・3・4(b)項に示す手法で解くと，次の解が求められる．

$$\theta = \frac{T - T_\infty}{T_i - T_\infty} = \sum_{n=1}^{\infty} \frac{4\sin(\beta_n)}{\{\sin(2\beta_n) + 2\beta_n\}} e^{-\beta_n^2 Fo} \cos(\beta_n X) \tag{2.152}$$

ここで，無次元数は，板厚の半幅 L を基準長さとした次式で定義する．

$$X = \frac{x}{L}, \ Fo = \frac{\alpha t}{L^2}, \ Bi = \frac{hL}{k} \tag{2.153}$$

また，式(2.152)中の β_n は，次式を満足する解 $\beta_1, \beta_2, \cdots \beta_n, \cdots$ を表す．

$$\cot(\beta_n) = \frac{\beta_n}{Bi} \tag{2.154}$$

$Bi \to \infty$ の場合は壁面温度一定の第 1 種境界条件に相当する．このとき，式(2.154)を満足する解は，

$$\beta_n = \frac{\pi}{2}, \ \frac{3\pi}{2}, \ \cdots \ \frac{(2n+1)\pi}{2} \ \cdots \tag{2.155}$$

となる．

図 2.32 は，第 1 種境界条件における過渡温度分布を示したものである．この場合，無次元温度分布はフーリエ数のみの関数となる．図 2.33 は，ビオ数が 0.1, 1, 10 の場合の過渡温度分布を示したものである．ビオ数の大小によって 2･3･1 項で述べた特性が現れていることがわかる．

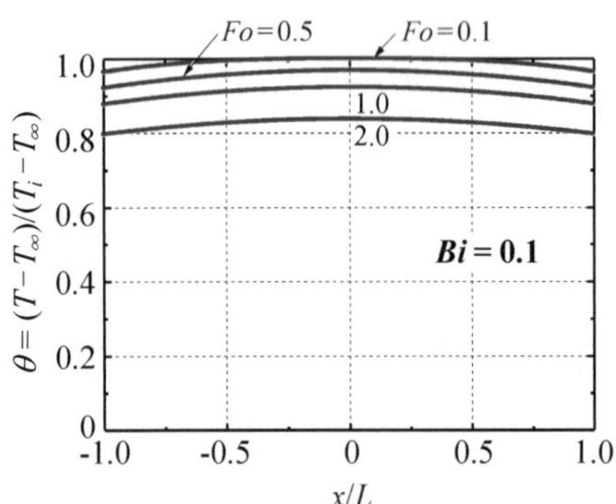

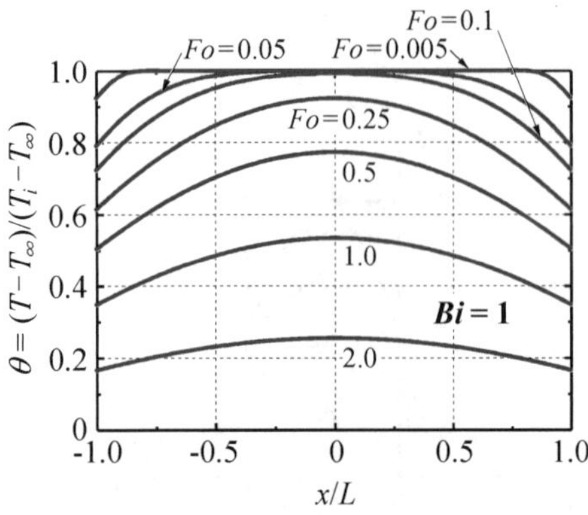

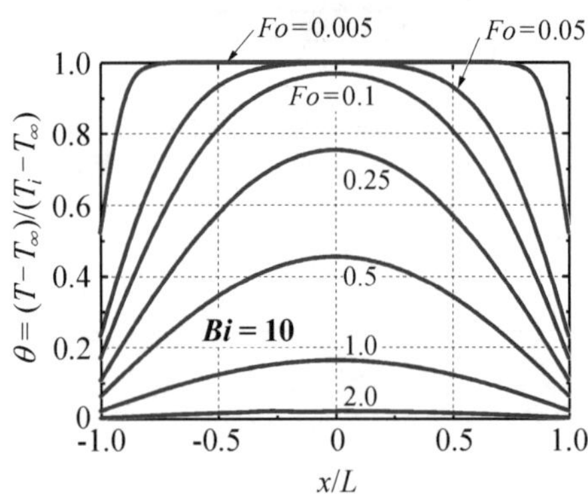

図 2.33　各種ビオ数における過渡温度分布

(b) 変数分離法による解法 *

ここでは，変数分離法により式(2.148)の偏微分方程式を第 3 種境界条件で解く．温度 θ は x と t の関数であり，次式で示すように x の関数 $Y(x)$ と t の関数 $G(t)$ の積で表されると仮定する．

$$\theta = Y(x)G(t) \tag{2.156}$$

式(2.156)を基礎式(2.148)に代入し整理すると，次式を得る．

$$\frac{1}{\alpha G}\frac{\mathrm{d}G}{\mathrm{d}t} = \frac{1}{Y}\frac{\mathrm{d}^2 Y}{\mathrm{d}x^2} \tag{2.157}$$

式(2.157)の左辺は t のみの関数であるのに対し，右辺は x のみの関数である．したがって，上式が成り立つためには式(2.157)の値は t と x によらない定数で，しかも解が発散しないためには負の値である必要がある．そこで，この定数を $-p^2$ とおき整理すると，次の二つの常微分方程式が得られる．

$$\frac{\mathrm{d}G}{\mathrm{d}t} + \alpha p^2 G = 0 \tag{2.158}$$

$$\frac{\mathrm{d}^2 Y}{\mathrm{d}x^2} + p^2 Y = 0 \tag{2.159}$$

それぞれの一般解は，

$$G = Ae^{-\alpha p^2 t} \tag{2.160}$$

$$Y = B_1 \cos(px) + B_2 \sin(px) \tag{2.161}$$

となる．式(2.156)より，温度 θ の一般解は，C_1, C_2 を定数として次式となる．

$$\theta = e^{-\alpha p^2 t}\{C_1 \cos(px) + C_2 \sin(px)\} \tag{2.162}$$

式(2.162)を x で微分すると，

$$\frac{\partial\theta}{\partial x}=pe^{-\alpha p^2 t}\{-C_1\sin(px)+C_2\cos(px)\} \tag{2.163}$$

となり，$x=0$ の境界条件式(2.150)より，

$$C_2=0 \tag{2.164}$$

$x=L$ の境界条件式(2.151)より，

$$kpC_1\sin(pL)=hC_1\cos(pL) \tag{2.165}$$

すなわち

$$p\tan(pL)=\frac{h}{k} \tag{2.166}$$

となる．式(2.166)を満足する解をそれぞれ $p_1, p_2, \cdots p_n, \cdots$ とすれば，それぞれの解を加えたものも解であるから，式(2.162)から一般解は次式となる．

$$\theta=\sum_{n=1}^{\infty}C_n e^{-\alpha p_n^2 t}\cos(p_n x) \tag{2.167}$$

初期条件は，式(2.149)より，

$$\sum_{n=1}^{\infty}C_n\cos(p_n x)=1 \tag{2.168}$$

となる．C_n を求めるために，式(2.168)の両辺に $\cos(p_m x)$ をかけて，区間 $[0,L]$ で積分する．

$$\int_0^L\cos(p_m x)\mathrm{d}x=\sum_{n=1}^{\infty}\int_0^L C_n\cos(p_n x)\cos(p_m x)\mathrm{d}x \tag{2.169}$$

式(2.169)の右辺の積分は $n\neq m$ と $n=m$ の場合でそれぞれ次のようになる．

$$\int_0^L C_n\cos(p_n x)\cos(p_m x)\mathrm{d}x=\begin{cases}0 & (n\neq m)\\ C_n\left\{\dfrac{\sin(2p_n L)}{4p_n}+\dfrac{L}{2}\right\} & (n=m)\end{cases} \tag{2.170}$$

一方，式(2.169)の左辺の積分は，

$$\int_0^L\cos(p_n x)\mathrm{d}x=\frac{\sin(p_n L)}{p_n} \tag{2.171}$$

となり，式(2.170)および式(2.171)より，次式が求められる．

$$C_n=\frac{4\sin(p_n L)}{\{\sin(2p_n L)+2p_n L\}} \tag{2.172}$$

したがって，温度分布 θ は次式で表される．

$$\theta=\frac{T-T_\infty}{T_i-T_\infty}=\sum_{n=1}^{\infty}\frac{4\sin(p_n L)}{\{\sin(2p_n L)+2p_n L\}}e^{-\alpha p_n^2 t}\cos(p_n x) \tag{2.173}$$

この解を無次元で表示するために $\beta_n=p_n L$ と置き，フーリエ数 $Fo(=\alpha t/L^2)$，無次元距離 $X(=x/L)$ を用いて表すと，式(2.152)の解が得られる．

$$\theta=\frac{T-T_\infty}{T_i-T_\infty}=\sum_{n=1}^{\infty}\frac{4\sin(\beta_n)}{\{\sin(2\beta_n)+2\beta_n\}}e^{-\beta_n^2 Fo}\cos(\beta_n X) \tag{2.174}$$

ここで，β_n は式(2.166)を変形した次の式を満足する解 $\beta_1, \beta_2, \cdots \beta_n, \cdots$ を意味する．

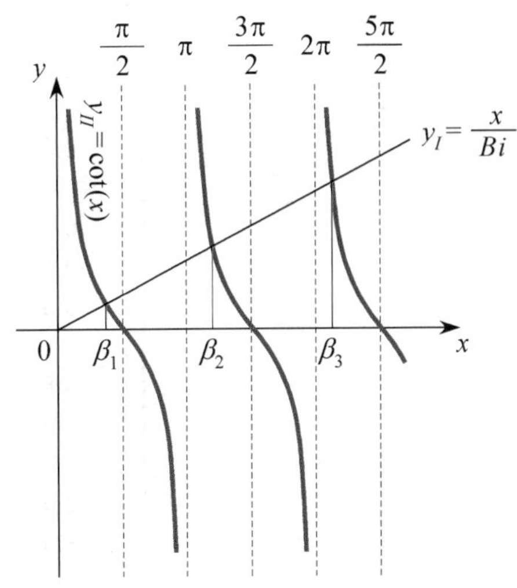

図 2.34　β 推定法の概念図

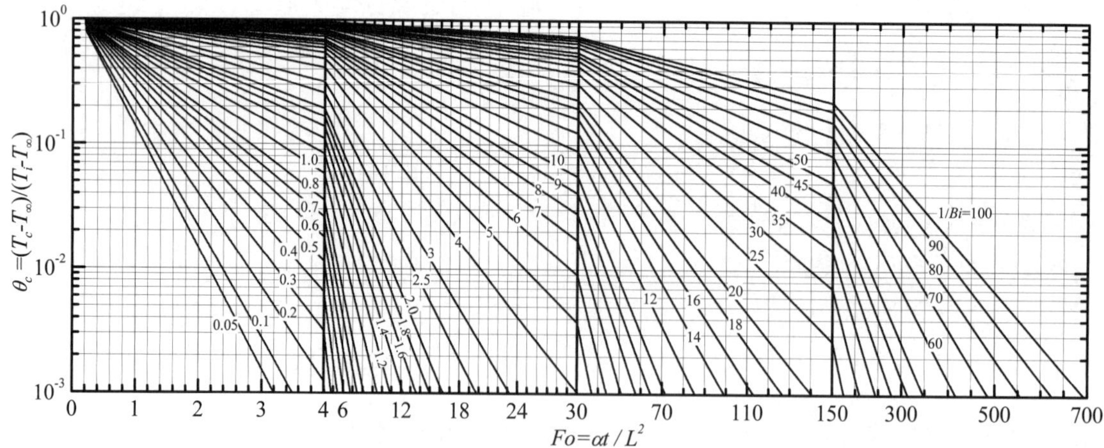

図 2.35　平板の中心温度に対するハイスラー線図

表 2.3　各種形状物体中心の過渡温度変化パラメータ ($Fo > 0.2$)

	平板 L = 板厚 / 2		円柱 L = 半径		球 L = 半径	
$Bi = hL/k$	A_1	A_2	A_1	A_2	A_1	A_2
0.01	1.002	0.010	1.003	0.020	1.003	0.030
0.02	1.003	0.020	1.005	0.040	1.006	0.060
0.04	1.007	0.039	1.010	0.079	1.012	0.119
0.06	1.010	0.059	1.015	0.118	1.018	0.178
0.08	1.013	0.078	1.020	0.157	1.024	0.236
0.1	1.016	0.097	1.025	0.195	1.030	0.294
0.2	1.031	0.187	1.048	0.381	1.059	0.577
0.3	1.045	0.272	1.071	0.557	1.088	0.848
0.4	1.058	0.352	1.093	0.725	1.116	1.108
0.5	1.070	0.427	1.114	0.885	1.144	1.359
0.6	1.081	0.497	1.135	1.037	1.171	1.599
0.7	1.092	0.563	1.154	1.182	1.198	1.829
0.8	1.102	0.626	1.172	1.320	1.224	2.051
0.9	1.111	0.685	1.190	1.452	1.249	2.263
1.0	1.119	0.740	1.207	1.577	1.273	2.467
2.0	1.179	1.160	1.338	2.558	1.479	4.116
3.0	1.210	1.422	1.419	3.199	1.623	5.239
4.0	1.229	1.599	1.470	3.641	1.720	6.030
5.0	1.240	1.726	1.503	3.959	1.787	6.607
6.0	1.248	1.821	1.525	4.198	1.834	7.042
7.0	1.253	1.895	1.541	4.384	1.867	7.379
8.0	1.257	1.954	1.553	4.531	1.892	7.647
9.0	1.260	2.002	1.561	4.651	1.911	7.865
10.0	1.262	2.042	1.568	4.750	1.925	8.045
20.0	1.270	2.238	1.592	5.235	1.978	8.914
30.0	1.272	2.311	1.597	5.411	1.990	9.225
40.0	1.272	2.349	1.599	5.501	1.994	9.383
50.0	1.273	2.372	1.600	5.556	1.996	9.479
100.0	1.273	2.419	1.602	5.669	1.999	9.673
∞	1.273	2.467	1.602	5.783	2.000	9.870

$$\cot(\beta_n) = \frac{\beta_n}{Bi} \qquad (2.175)$$

この解は，図 2.34 に示す関数 y_I と y_{II} の交点として求めることができる．

2・3・5　過渡熱伝導の簡易推定法 (estimation of transient conduction)

前項で取り扱った第 3 種境界条件に対する平板の非定常熱伝導を例にとり，各種形状物体の過渡熱伝導の推定法ついて説明する．

式(2.174)で示したように，平板内の温度分布は無限級数の和として解析的に求められる．しかし，解をそのたびに計算して求めるのは手間が掛かるものである．そこで，実用上便利なように解析結果を線図としてまとめたものがハイスラー線図(Heisler chart)である．式(2.174)と式(2.175)が示すように，平板内の無次元温度 $\theta = (T - T_\infty)/(T_i - T_\infty)$ は無次元数 $X = x/L,\ Fo = \alpha t/L^2$，$Bi = hL/k$ の関数として次のように表される．

$$\theta = F(X, Fo, Bi) \qquad (2.176)$$

また，中心点の無次元温度 θ_c は，式(2.174)で $X = 0$ とおいて，

$$\theta_c = F(Fo, Bi) \qquad (2.177)$$

の形で与えられる．縦軸に中心温度 θ_c，横軸にフーリエ数 Fo をとり，ビオ数 Bi の逆数をパラメータとしてこの関係を表したハイスラー線図を図 2.35 に示す．物体の熱伝導率，対流熱伝達率および代表寸法が与えられると，この図より平板の中心温度が求められる．図 2.35 は，平板に対するハイスラー線図を表しているが，円柱および球に対しても同様なハイスラー線図が示されている．図 2.35 で $Bi \to \infty$ の極限は，壁面温度が一定の第 1 種境界条件に相当する．

表 2.3 は，平板，円柱，球の場合の式(2.178)のパラメータを各種ビオ数について示したものである．中心温度の変化は $Fo > 0.2$ では片対数グラフ上でほぼ直線となり，次式で表される．

$$\theta_c = A_1 \exp(-A_2 Fo) \qquad (2.178)$$

図 2.36 は，第 1 種境界条件における各種形状物体の中心温度の過渡変化を示したものである[(2)]．

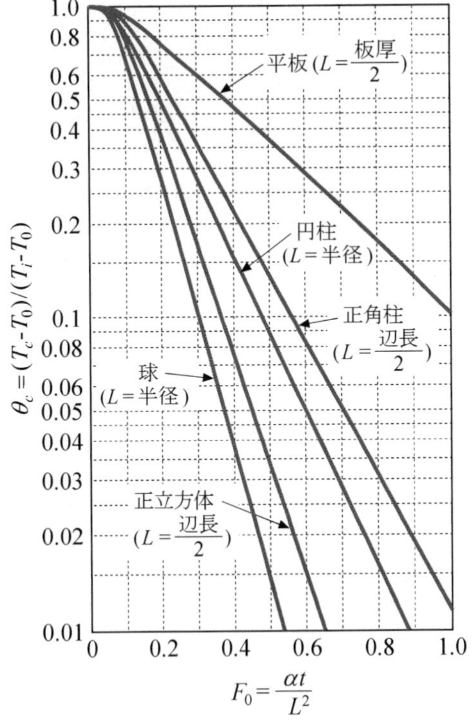

図 2.36　各種形状物体の中心部の過渡温度変化 ($Bi \to \infty$)

【例題 2・5】　＊＊＊＊＊＊＊＊＊＊＊＊＊＊＊＊＊＊＊＊＊＊＊＊

例題 2・3 のパチンコ玉，マグロおよびマグロの切り身が初期温度 $T_i = 300\,\mathrm{K}$ から温度 $T_\infty = 250\,\mathrm{K}$ の冷凍庫内の気流にさらされるとき，中心部が $T_c = 270\,\mathrm{K}$ となる時間を計算せよ．ただし，物性値は，例題 2・3 の場合と同じである．

【解答】パチンコ玉とマグロの熱拡散率は，例題 2・3 の物性値と定義より，それぞれ，$\alpha = 1.18\times10^{-5}\ \mathrm{m^2/s}$，$1.15\times10^{-7}\ \mathrm{m^2/s}$ となる．

パチンコ玉の場合は，$Bi = 1.70\times10^{-3} << 0.1$ より，集中熱容量系の仮定が適用できるので，

$$\theta_c = 0.4 = \exp(-FoBi) \qquad (\text{ex}2.4)$$

つまり，

$$Fo = -\frac{\ln 0.4}{Bi} \tag{ex2.5}$$

$Fo = 539$ より，$t = FoL_c^2/\alpha = 153\,\mathrm{s}$ となる．

一方，マグロとその切り身の場合 $Bi = 1.39$ と 0.429 であるから表 2.3 を用いて計算する．マグロの場合の代表長さ L が円柱の半径であることに注意してビオ数を計算し直すと $Bi = 3.33$ となる．表 2.3 のパラメータを線形補間するとマグロの場合に対しては $A_1 = 1.436$, $A_2 = 3.345$ であり，式(2.178)に代入すると

$$\theta_c = 0.4 = A_1 \exp(-A_2 Fo) \tag{ex2.6}$$

$Fo = 0.382$ より，$t = FoL^2/\alpha = 1.33\times10^5\,\mathrm{s}$ すなわち 1.5日 となる．同様な計算を厚さ 3 cm, $L = 0.015\,\mathrm{m}$ の切り身を十分大きな平板と近似すると $A_1 = 1.062$，$A_2 = 0.375$ であり，$Fo = 2.60$ より，$t = 5.09\times10^3\,\mathrm{s}$ すなわち 1.4 時間 となる．ただし，実際には，マグロが表面から凍結するためこの値とは異なることに注意する．

＊＊＊＊＊＊＊＊＊＊＊＊＊＊＊＊＊＊＊＊＊＊＊

2・3・6　差分法による数値解法 (numerical solution by finite difference method)

非定常熱伝導問題は，単純な形状の物体で，境界条件が簡単な場合には，解析解が求められる場合がある．しかし，実用上問題となる幾何形状が複雑な物体の場合，あるいは，境界条件が時間的に変化する場合などでは，解析解を得ることはむずかしい．このような場合，多くは数値計算により取り扱われる．ここでは，2 次元非定常熱伝導を中心とした差分法(finite difference method)について述べる．なお，3 次元問題の場合にも同様な手法が用いられる．

(a)　差分表示

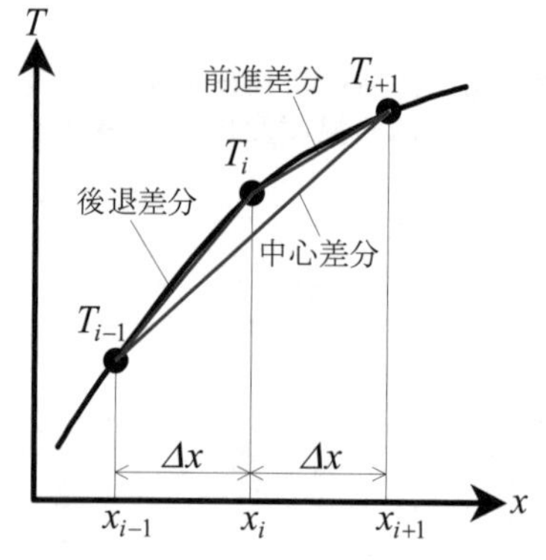

図 2.37　連続関数の差分表示

温度 $T(x)$ を変数 x の連続関数とする．いま，図 2.37 に示すように，x の離散点 x_{i-1}，x_i ，x_{i+1} のそれぞれに対する T の離散値 T_{i-1}，T_i ，T_{i+1} を用いて，離散点における温度 T の微分係数を表すことを考える．温度 T の x_i における 1 次微分係数は次の 3 つのように近似できる．

$$\left.\frac{\partial T}{\partial x}\right|_{x_i} = \frac{T_{i+1} - T_i}{\Delta x} + O(\Delta x) \tag{2.179}$$

$$\left.\frac{\partial T}{\partial x}\right|_{x_i} = \frac{T_i - T_{i-1}}{\Delta x} + O(\Delta x) \tag{2.180}$$

$$\left.\frac{\partial T}{\partial x}\right|_{x_i} = \frac{T_{i+1} - T_{i-1}}{2\Delta x} + O(\Delta x^2) \tag{2.181}$$

このような表し方を差分といい，式(2.179)，(2.180)，(2.181)の表現をそれぞれ前進差分表示，後退差分表示，中心差分表示と呼ぶ．$O(\Delta x)$ および $O(\Delta x^2)$ は，それぞれ $O(\Delta x)$ および $O(\Delta x^2)$ のオーダーの打切り誤差を表しており，前進差分および後退差分は刻み幅 Δx 程度の打切り誤差を含んでいる．これに対して，中心差分は $O(\Delta x^2)$ 程度の打切り誤差を含んでいる．したがって，

中心差分の方が近似の精度が良い．

一方，2 次微分係数に関しては次のように差分表示できる．

$$\left.\frac{\partial^2 T}{\partial x^2}\right|_{x_i} = \frac{T_{i+1} - 2T_i + T_{i-1}}{\Delta x^2} + O(\Delta x^2) \tag{2.182}$$

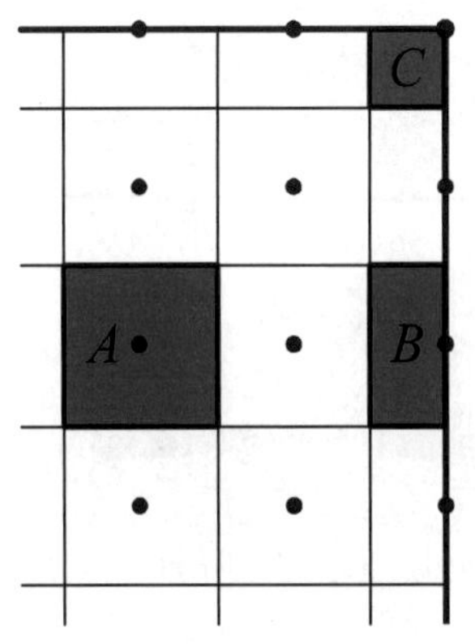

図 2.38　物体内部の要素と境界境界の差分要素

(b)熱伝導方程式の差分表示

物体内部の発熱がなく物性値が一定の場合，2 次元非定常熱伝導方程式は次式で表される．

$$\frac{\partial T}{\partial t} = \alpha\left(\frac{\partial^2 T}{\partial x^2} + \frac{\partial^2 T}{\partial y^2}\right) \tag{2.183}$$

対象となる領域を x 方向および y 方向に分割し，それぞれの刻み幅を Δx，Δy とする．このとき，分割された矩形要素は，図 2.38 に示す内部要素 A と境界要素 B および C に分類できる．

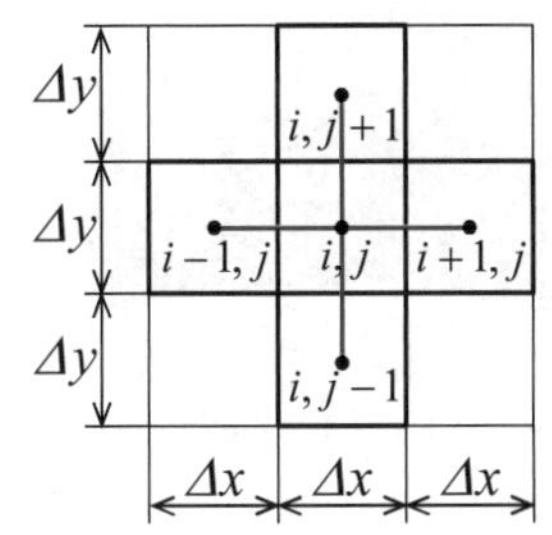

図 2.39　物体内部の要素の差分近似

まず，内部要素に対する熱伝導方程式(2.183)の差分表示を考える．図 2.39 に示すように，x 方向に i 番目 $(x = i\Delta x;\ i = 1, 2, \cdots)$，$y$ 方向に j 番目 $(y = j\Delta y;\ j = 1, 2, \cdots)$ の要素を考え，その中心の格子点 (i, j) を考える．そして，時間刻みを Δt とし，時刻 $t = n\Delta t\,(n = 1, 2, \cdots)$ における温度を $T_{i,j}^n$ と表す．式(2.183)の時間微分を前進差分，空間微分を中心差分で表すと，次のように近似できる．

$$\frac{T_{i,j}^{n+1} - T_{i,j}^n}{\Delta t} = \alpha\left(\frac{T_{i-1,j}^n - 2T_{i,j}^n + T_{i+1,j}^n}{\Delta x^2} + \frac{T_{i,j-1}^n - 2T_{i,j}^n + T_{i,j+1}^n}{\Delta y^2}\right) \tag{2.184}$$

差分表示には $O(\Delta x^2, \Delta y^2)$ 程度の打ち切り誤差が含まれる．$r_x = \alpha\Delta t / \Delta x^2$，$r_y = \alpha\Delta t / \Delta y^2$ とおくと，式(2.184)は次式のように表される．

$$T_{i,j}^{n+1} = T_{i,j}^n + r_x\left(T_{i+1,j}^n - 2T_{i,j}^n + T_{i-1,j}^n\right) + r_y\left(T_{i,j+1}^n - 2T_{i,j}^n + T_{i,j-1}^n\right) \tag{2.185}$$

なお，上式は，2･3･6(e)項で述べるコントロールボリューム法または有限体積法[3]を用いても導くことができる．

(c)境界要素の差分表示

次に，境界要素について考える．ここでは，理解しやすさを考慮してコントロールボリューム法（各要素内の熱量保存を直接適用する方法）を用いた差分式の導出を行う[3]．図 2.40(a)のような対流境界条件を考える．境界要素に出入りする伝熱量を $\dot{Q}_1$, $\dot{Q}_2$, $\dot{Q}_3$, $\dot{Q}_4$ で表すと，これらは次のように表示される．

$$\dot{Q}_1 = -k\frac{T_{M,N} - T_{M,N-1}}{\Delta y}\frac{\Delta x}{2} \tag{2.186}$$

$$\dot{Q}_2 = -k\frac{T_{M,N} - T_{M-1,N}}{\Delta x}\Delta y \tag{2.187}$$

$$\dot{Q}_3 = -k\frac{T_{M,N+1} - T_{M,N}}{\Delta y}\frac{\Delta x}{2} \tag{2.188}$$

$$\dot{Q}_4 = h(T_{M,N} - T_\infty)\Delta y \tag{2.189}$$

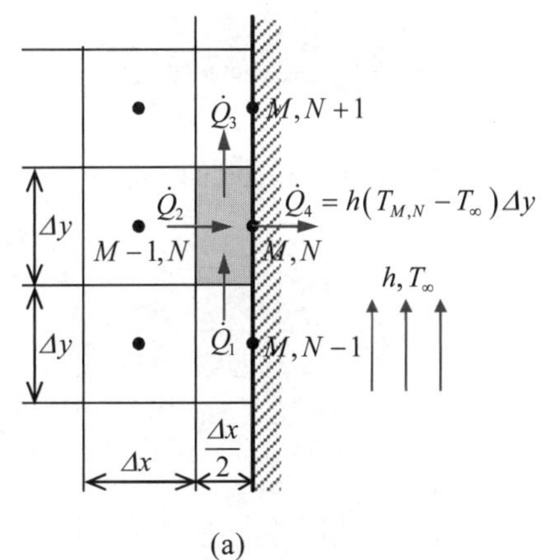

(a)

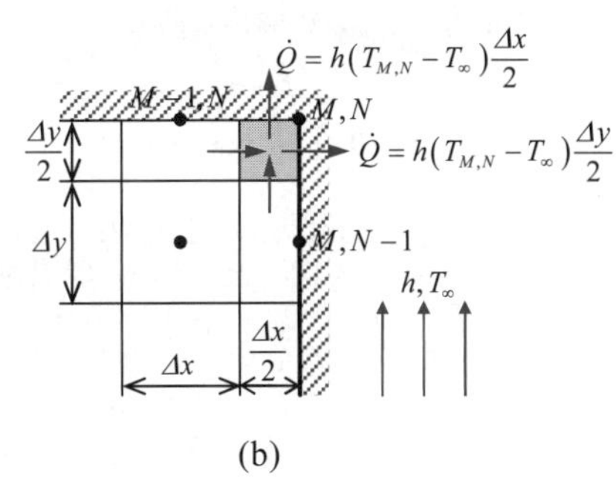

(b)

図 2.40　境界要素の差分近似

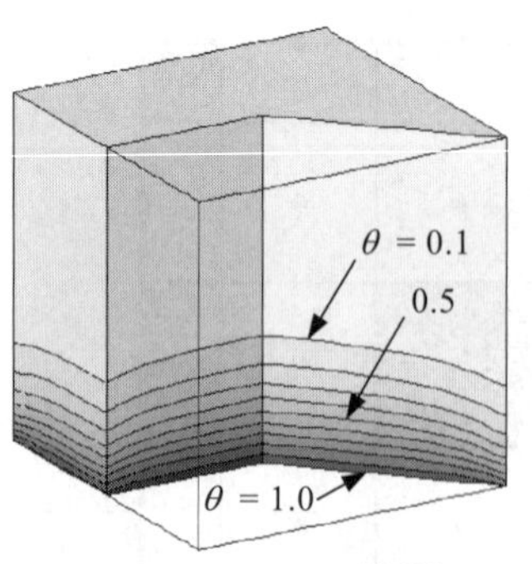

$Fo = 0.1$,　t = 3.05 時間

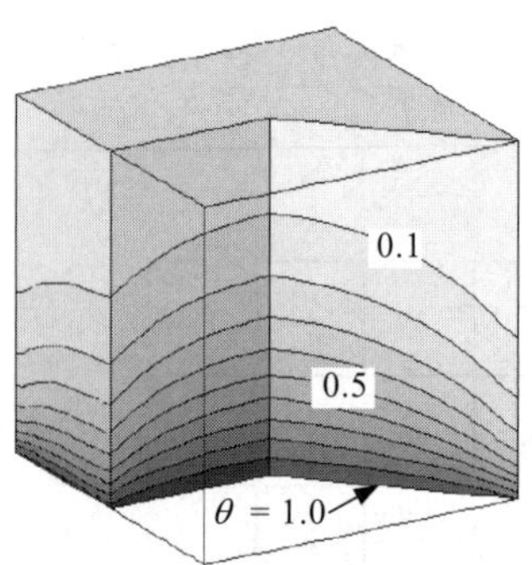

$Fo = 0.5$,　t = 15.2 時間

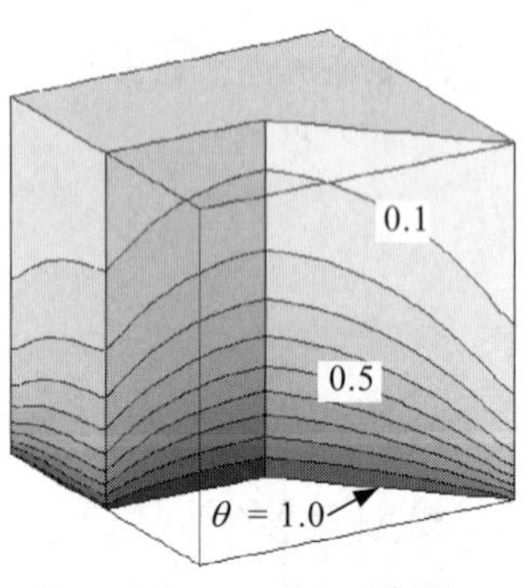

$Fo = 1.0$,　t = 30.5 時間

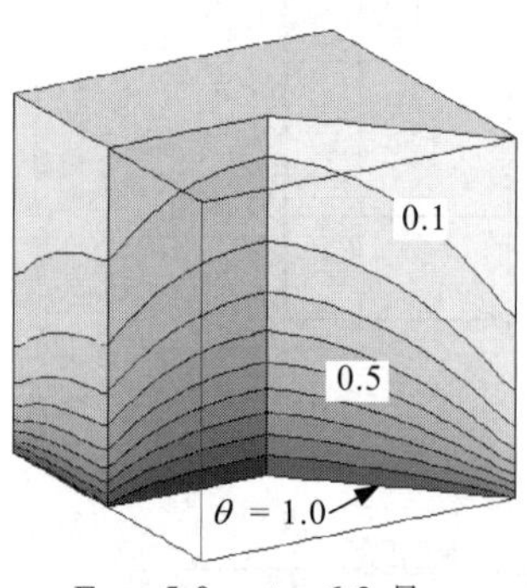

$Fo = 5.0$,　t = 6.3 日

図 2.41　一辺 0.5 m, $k = 1.2\ \mathrm{W/(m\cdot K)}$, $\alpha = 5.7\times10^{-7}\ \mathrm{m^2/s}$，初期温度 T_i のコンクリート製立方体が，温度 T_i の空気中に置かれている場合に，$h = 8\ \mathrm{W/(m^2\cdot K)}$, $Bi = 1.67$ で下面を温度 T_0 に加熱した場合の過渡温度分布の例

熱量の釣り合いを考えると，これら伝熱量の総和が要素内に蓄えられる熱量に等しくなる．したがって，次式が成り立つ．

$$\rho c \frac{\left(T_{M,N}^{n+1} - T_{M,N}^{n}\right)}{\Delta t}\frac{\Delta x \Delta y}{2} = \dot{Q}_1 + \dot{Q}_2 - \dot{Q}_3 - \dot{Q}_4$$
$$= -k\frac{T_{M,N} - T_{M,N-1}}{\Delta y}\frac{\Delta x}{2} - k\frac{T_{M,N} - T_{M-1,N}}{\Delta x}\Delta y + k\frac{T_{M,N+1} - T_{M,N}}{\Delta y}\frac{\Delta x}{2} - h(T_{M,N} - T_\infty)\Delta y \tag{2.190}$$

この式を整理すると，境界要素に対する次の差分表示が得られる．

$$T_{M,N}^{n+1} = T_{M,N}^{n} + 2r_x\left(-T_{M,N}^{n} + T_{M-1,N}^{n} - \frac{h(T_{M,N}^{n} - T_\infty)\Delta x}{k}\right) + r_y\left(T_{M,N+1}^{n} - 2T_{M,N}^{n} + T_{M,N-1}^{n}\right) \tag{2.191}$$

同様に，図 2.40(b)に示す角部の境界要素に対する差分表示は次のようになる．

$$\begin{aligned} T_{M,N}^{n+1} = T_{M,N}^{n} &+ 2r_x\left(-T_{M,N}^{n} + T_{M-1,N}^{n} - \frac{h(T_{M,N}^{n} - T_\infty)\Delta x}{k}\right) \\ &+ 2r_y\left(-T_{M,N}^{n} + T_{M,N-1}^{n} - \frac{h(T_{M,N}^{n} - T_\infty)\Delta y}{k}\right) \end{aligned} \tag{2.192}$$

(d) 陽解法と陰解法

式(2.185)の差分表示では，式(2.184)の左辺の時間微分を前進差分で表しており，右辺は時刻 t における値で表してある．このため，時刻 t における格子点温度が既知であれば，次の時刻 $t+\Delta t$ の温度が容易に計算できる．このように，現在の値から次の時刻の値を陽の形で直接計算する方法を**陽解法**(explicit method) という．陽解法は，時間刻みに解の安定性による制限があり，空間差分に対する時間差分の取り方に注意が必要である．

一方，式(2.184)の右辺を時刻 $t+\Delta t$ における値で表すと次式が得られる．

$$\frac{T_{i,j}^{n+1} - T_{i,j}^{n}}{\Delta t} = \alpha\left(\frac{T_{i-1,j}^{n+1} - 2T_{i,j}^{n+1} + T_{i+1,j}^{n+1}}{\Delta x^2} + \frac{T_{i,j-1}^{n+1} - 2T_{i,j}^{n+1} + T_{i,j+1}^{n+1}}{\Delta y^2}\right) \tag{2.193}$$

上式の場合には，時刻 t の全ての格子点温度がわかっても時刻 $t+\Delta t$ の温度を簡単に計算することはできない．この場合には，系の全ての格子点に関して式(2.193)のような差分表示を得た後，それらを連立方程式として解かねばならない．このような手法を**陰解法**(implicit method)という．陰解法は，時刻 t におけるある格子点の温度変化が時刻 $t+\Delta t$ のすべての格子点に影響を及ぼす．言い換えれば，情報が無限に速く伝ぱするので，時間刻みに対する安定条件の制約は生じないことになる．

3 次元非定常熱伝導の数値解析の例を図 2.41 に示す．温度分布は差分による数値シミュレーションにより求めたものである．この例では，$Fo < 0.1$ では温度分布は半無限固体の場合に近く，$Fo > 1.0$ でほぼ定常状態になることがわかる．

(e) 熱伝導方程式のその他の数値解法

非定常多次元熱伝導方程式の数値解析法は，上記の差分法のほかにも多く提案されている．その中で代表的なものに**有限要素法**(finite element method)[(4)]

や境界要素法(boundary element method)[5]がある.

有限要素法による熱伝導方程式には, それを満たす汎関数が知られている. そこで, 計算領域を多角形または多面体要素に分割し, 各要素が条件を満足するように変分原理や重み付き残差法によって解を求める. この手法は, 任意形状 3 次元物体の解析に適しており, 同様に応力計算も可能なことから, 熱応力解析に用いられることがある.

境界要素法は, ラプラスの方程式で表すことができるような, 内部発熱のない定常熱伝導に対して有効である. グリーン関数を使ってラプラスの方程式を境界に対する積分方程式に置き換えることによって, 与えられた境界条件についての全領域の温度分布を解析することができる.

コンピュータの発達とともに, 差分法や有限要素法を用いたコンピュータ解析ソフトが入手可能であり, 実用上の伝導伝熱解析には, これらのコンピュータソフトを使用することが多くなっている.

＝＝＝＝＝　練習問題　＝＝＝＝＝＝＝＝＝＝＝＝＝＝＝＝＝＝＝＝＝＝＝

【2・1】 縦横 10 m の正方形で高さ 3 m の壁と床と同じ面積の屋根で覆われている家を考える. 壁は熱伝導率 2.3 W/(m·K), 厚さ 10 cm のコンクリートとする. 外気温と室内空気温度がそれぞれ 0℃ と 24℃ の時, 家の放熱量を計算せよ. ただし, 室外と室内の対流熱伝達率は, それぞれ 25 W/(m^2·K) と 10 W/(m^2·K) とする.

【2・2】 A hot-water pot 15 cm in inner-diameter and 20 cm deep has a composite wall with three layers : an inner layer of high thermal conductivity, a middle layer for an electric heater and an outer layer for insulation. The thermal conductivity and the thickness of these layers are as follows : the inner layer, $k_1 = 20$ W/(m·K) and $d_1 = 2$ mm ; the electric heater layer, $k_2 = 5$ W/(m·K) and $d_2 = 5$ mm, and insulation layer, $k_3 = 0.1$ W/(m·K) and $d_3 = 10$ mm. The temperatures of the inner and the outer surfaces are kept at 100 °C and 20 °C, respectively. Calculate the heat transfer rate across the composite layer in the steady state assuming one-dimensional radial heat flow.

【2・3】 問題【2・1】の家に, 厚さ 6 mm の単層ガラス窓と, 厚さ 3 mm のガラス板の中間に 12 mm の空気層を有する 2 重ガラス窓がついている. この家は, 室内の壁面温度が 15℃以下になるとガラス窓が結露する. ガラス表面温度を計算して, 単層窓は結露するが 2 重ガラス窓は結露しないことを示せ. なお, ガラスと空気の熱伝導率はそれぞれ 1.03 W/(m·K), 0.026 W/(m·K) とし, ふく射による伝熱は無視する.

【2・4】 単位体積当たり $\dot{q}_v$ の発熱を伴う半径 R の発熱球がある. その表面温度が T_S に固定されている場合, 内部の温度分布と最高温度を求めよ. また, 球全体の発熱量が, 球表面から放熱される熱量と等しいことを証明せよ.

【2・5】長さ10m，外径1cmのパイプに80°Cの温水を流す．このパイプに熱伝導率0.1 W/(m·K)，厚さ1cmの保温材を巻く．その保温材まわりの熱伝達率を10 W/(m^2·K)として，このときの放熱量を求めよ．なお，パイプ表面温度は温水に等しく，周囲の温度は20°Cとする．また，保温材をはずしたときの放熱量（熱伝達率は同じとする）も求めよ．

【2・6】ステーキの厚さを2倍にしたとき，焼く時間はおおよそ何倍かかるか．

【2・7】A 5-cm thick iron slab is initially kept at a uniform temperature of 500 K. Both surfaces are suddenly exposed to the ambient temperature of 300 K with a heat transfer coefficient of $600\,\mathrm{W/(m^2\cdot K)}$. Here, the thermal conductivity is $k = 42.8\,\mathrm{W/(m\cdot K)}$, the specific heat $c_p = 503\ \mathrm{J/(kg\cdot K)}$, the density $\rho = 7320\ \mathrm{kg/m^3}$ and the thermal diffusivity $\alpha = 1.16\times10^{-5}\ \mathrm{m^2/s}$. Calculate the temperature at the center 2 min after the start of the cooling.

【2・8】厚さ1cmの鋼材の板を800Kに加熱して300Kの空気流中で冷却した．鋼材が500Kまで冷却されるのに要する時間を計算せよ．ただし，鋼材の熱伝導率，熱拡散率，熱伝達率をそれぞれ，43.0 W/(m·K)，$1.18\times10^{-5}\ \mathrm{m^2/s}$，80 W/(m^2·K) とする．

【2・9】 A chicken egg can be approximated as a 45 mm diameter sphere. An egg is initially at 280 K is dropped into boiling water at 370 K. Calculate how long it takes until the temperature at the center of the egg reaches 350 K. Assume the thermal conductivity and thermal diffusivity to be 0.55 W/(m·K) and $1.41\times10^{-7}\ \mathrm{m^2/s}$, respectively. Use 1200 W/(m^2·K) for the heat transfer coefficient.

【解答】

1. 28.8kW
2. 86.3W
3. 単層ガラス窓7.54℃，二重窓ガラス20.0℃
4. 温度分布：$T = \dfrac{\dot{q}_v}{6k}(R^2 - r^2) + T_S$，最高温度；$T = \dfrac{\dot{q}_v R^2}{6k} + T_S$

   放熱量＝球表面積×半径R表面での熱流束

   $$= 4\pi R^2 \frac{\dot{q}_v R}{3} = \frac{4\pi R^3}{3}\dot{q}_v = \text{球全体の発熱量}$$
5. 保温材あり：213.6W，保温材なし：188.5W
6. 4倍
7. 407K
8. 209s
9. $Bi = 49 >> 1$であるので，図2.36を用いる．$\theta = 0.22$のとき$Fo \approx 0.24$であるから$t = 862\,\mathrm{s}$，また表2.3を用いると$t = 833\,\mathrm{s}$

第 2 章の文献

(1) 日本機械学会編，伝熱工学資料，改訂第 4 版，(1986), 日本機械学会.

(2) Max Jakob, *Heat Transfer*, 1, (1949), John Wiley & Sons.

(3) Suhas V. Patankar 著，水谷幸夫，香月正司　訳，コンピュータによる熱流動と流れの数値解析，(1985)，森北出版.

(4) 矢川元基，流れと熱伝導の有限要素法入門，(1983)，培風館.

(5) 神谷紀生，大西和榮，境界要素法による計算力学，(1985)，森北出版.

第 3 章

対流熱伝達

Convective heat transfer

3・1　対流熱伝達の概要 (introduction to convective heat transfer)

流体の移動に伴う熱移動，すなわち，対流熱伝達(convective heat transfer) は，流体の巨視的な輸送運動により，熱伝導に比べてはるかに多量の熱を移動させることができる．それゆえ，熱交換器をはじめ様々な熱流体機器に応用されており工業的にも重要な伝熱形態である．また，気象学，地球物理学，地球環境学などの分野においても，諸物理現象との関連において盛んに議論される伝熱形態である．

3・1・1　身近な対流熱伝達 (convective heat transfer around us)

我々の生活のまわりを見渡してみよう．身近な多くの現象の中に対流熱伝達が潜んでいることに気づく．図 3.1 を参照しながら，そのいくつかの例を考えてみよう．

(1) 風呂上りの扇風機は涼しくて心地よく，湯上りに飲む，冷えたビールも格別な味がする．そんな時，ビール瓶に扇風機の風が当たらないよう気をつけるのはなぜだろう．

(2) 朝の熱い味噌汁はおいしい．よく注意して見ると，お椀の底から上昇しては下降するセル状の模様が観察できるが，この現象はいったいなんだろう．

(3) やかん，電気ポット，お風呂，ストーブ，いずれも熱の発生源の位置は加熱対象である流体の下方にある．なぜ上方にあってはいけないのであろう．

(4) お風呂を沸かしたあとは，上方が熱いため，よくかき混ぜてから入る．それでも熱い時は，そっと入って，じっとしている．そこにはどんな理由があるのだろう．

(5) お風呂のように上方の水が下方より高温だとしたら，上方の水から凍り始めるのはいったいなぜだろう．

(6) 昼は海から陸へ海風が吹き，夜は陸から海に陸風が吹く．その理由はなんだろう．また，内陸では日中吹いていた風が夜になるとおさまる傾向にあるのはなぜだろう．

(7) どんな小さな子供でも，お茶碗に盛られた熱いご飯を冷まそうとする時，口をつぼめてフーと息をかける．また，冷たくなった手を暖める時はハーと息をかける．ハーとフーにはどんな違いがあるのだろう．

図 3.1　身近な対流熱伝達

現時点で，これらの問題のいくつに解答することができたであろうか．本章を読み進むにつれ，各問題の解答が徐々に見えてくるであろう．

第 1 章で概説したように，温度差による浮力で発生する対流を自然対流

(natural convection)または自由対流(free convection）と呼び，機械的な手段（ポンプやファンなど）により強制的に発生させられた対流を強制対流(forced convection)と呼び区別する． 前記(1)～(7)の問題も自然対流と強制対流とに分類できる．実際には，流体の駆動力が浮力と強制流動の両者に支配される場合があり，これを共存対流(mixed convection)または複合対流(combined convection)と呼ぶ．

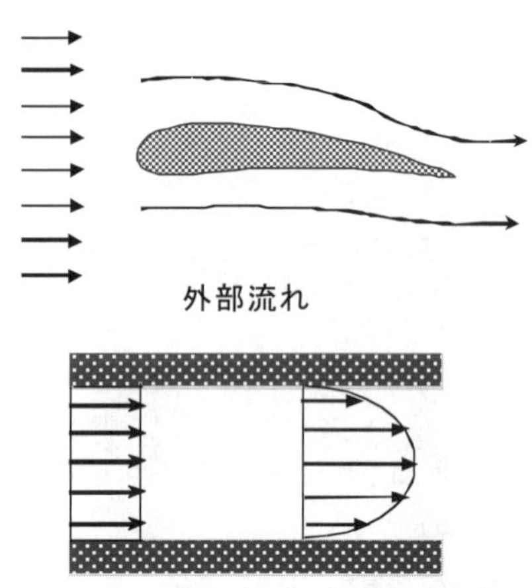

図 3.2 外部流れと内部流れ

3・1・2 層流と乱流 (laminar flow and turbulent flow)

対流熱伝達は，固体壁を取り巻く周囲の環境によっても，大きく影響を受ける．図 3.2 に示すように，一様流に置かれた物体まわりの流れ，すなわち 固体が流体に囲まれている場合を外部流れ(external flow)，逆に，管内流のように，流体が固体壁に囲まれている場合を内部流れ(internal flow)と呼んで，区別する．

流速や物体の寸法が大きくなると，図 3.3 に示すように，粘性支配の整然とした層流(laminar flow)から流速が時々刻々と不規則変動する乱流(turbulent flow)へと遷移する．詳細は 3･5 節で述べるが，乱流においてはこの不規則運動をする流体塊の効果が大きく， 乱流混合(turbulent mixing)による運動量や熱の移動が分子拡散によるそれに比して支配的となる．乱流での運動量の混合や熱移動のレベルは層流におけるそれよりかなり高いものとなる．

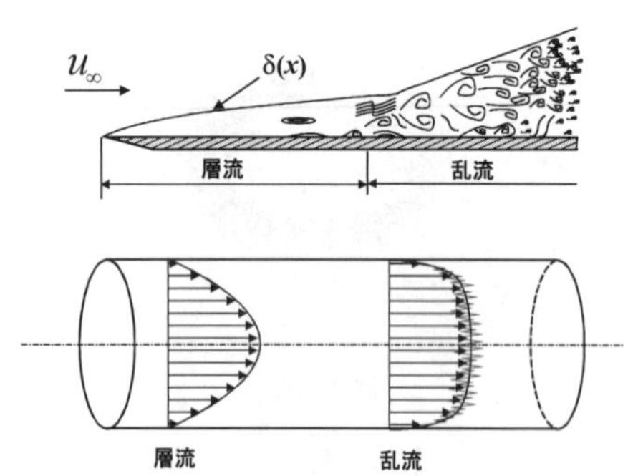

図 3.3 層流から乱流への遷移

層流の例としては，寸法が小さいフィンまわりやマイクロチャネル内の流れ，多孔質構造体内の流れ，あるいは寸法（隙間）が小さく粘度が高い潤滑油の流れなどが挙げられる．一方，現実に遭遇する流れの多くが乱流に属するため，乱流の熱流動場の予測は工業上極めて重要視されている．

3・1・3 熱伝達率と境界層 (heat transfer coefficient and boundary layer)

水風呂に入ったときを考えよう．図 3.4 に示すように，体の皮膚の周りは体温から水温まで温度が急激に変化する薄い層が形成される．この薄い層を温度境界層(thermal boundary layer)と呼ぶ．同様に，流動がある場合，皮膚に流体が付着するから，体の周りには速度がゼロから急激に変化する薄い層が形成される．これを速度境界層(velocity boundary layer)または粘性境界層(viscous boundary layer)と呼ぶ．皮膚の周りの流れが速い程，これらの境界層は薄くなり，冷水が体に近づくことで，さらに体を冷やすことになる．夏，扇風機の風が強いほど涼しいのも，熱さに堪えて入っていた風呂をかきまぜると，我慢できなくなるのも，同じ理由による．

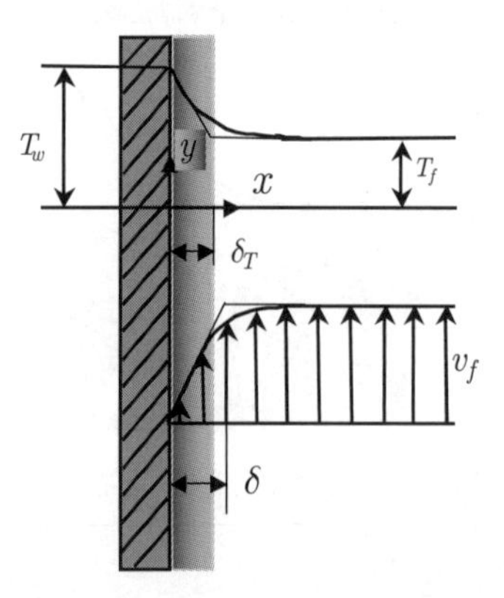

図 3.4 温度境界層および速度境界層

第 1 章で触れたように，体から冷水への熱伝達の大きさは，ニュートンの冷却法則(Newton's law of cooling)に従い，皮膚の温度 T_w と水温 T_f との差に比例する．

$$q = h\left(T_w - T_f\right) \tag{3.1}$$

ここで比例定数 h を熱伝達率(heat transfer coefficient)と呼ぶ．上式は，加熱の場合，すなわち表面温度 T_w が流体温度 T_f より低い場合にも成立するが，熱

流束 q と温度差 $(T_w - T_f)$ の符号は一致させるもの（すなわち表面から流体側へ熱が移動する場合に q を正）とし，熱伝達率 h は，常に正の値で定義する．砂漠地帯では，体温 T_w が空気温度 T_f より低く，q は負となり，風が吹けば体が熱せられる．砂漠の民が皮膚を露出しないのは，このためである．

図 3.4 を参照しながら，熱伝達率 h を概算してみる．表面に熱伝導のフーリエの法則を用いると，

$$h \equiv \frac{q}{\left(T_w - T_f\right)} = \frac{-k\left.\dfrac{\partial T}{\partial x}\right|_{x=0}}{\left(T_w - T_f\right)} \approx \frac{k\dfrac{\left(T_w - T_f\right)}{\delta_T}}{\left(T_w - T_f\right)} \approx \frac{k}{\delta_T} \tag{3.2a}$$

ここで k は流体の熱伝導率，δ_T は温度境界層厚さ(thermal boundary layer thickness)である．式(3.2a)が示すように，熱伝達率 h は温度境界層厚さ δ_T の逆数に比例する．この温度境界層厚さは流速増加につれ減少するから，熱伝達率は，熱伝導率や比熱などと異なり，流体の物性のみでは定まらず，物体形状や流れの条件に大きく依存する．一般には，h は表面の位置に依存するから，これを局所熱伝達率(local heat transfer coefficient) と呼ぶ．表面全体については，平均熱伝達率(average heat transfer coefficient) $\bar{h}$ を用い，等温面の場合は次式で定義する．

$$\bar{h} \equiv \frac{1}{A}\int_A h\, dA \tag{3.2b}$$

ここで，A は表面積である．熱伝達率の見積もりは，対流熱伝達を学ぶ上で，重要な部分を占めている．

【例題 3・1】　＊＊＊＊＊＊＊＊＊＊＊＊＊＊＊＊＊＊＊＊＊＊＊
水の熱伝導率は空気のそれより約 20 倍程大きい．また，水の温度境界層は空気のそれより薄く，典型的な場合，約1/10 程度と考えられる．このとき，水と空気の熱伝達率はどれくらい違うか．

【解答】式(3.2a)で概算すると，水の熱伝達率は空気のそれの 20/0.1 = 200 倍も大きい．

＊＊＊＊＊＊＊＊＊＊＊＊＊＊＊＊＊＊＊＊＊＊＊

3・2　対流熱伝達の基礎方程式 (governing equations for convective heat transfer)

質点系に対し書かれた，基礎方程式は，例えばニュートンの第二法則 $m\boldsymbol{a} = \boldsymbol{F}$ のように，もともと簡潔な形で与えられている．しかし，流体の運動量や熱の輸送を考えるにあたっては，空間に検査体積(control volume)を設定し，その固定した検査体積についてのバランスを考える方が，基礎方程式は複雑になるものの，便利である．以下に対流熱伝達の基礎方程式(governing equations for convective heat transfer)を導く．

3・2・1　連続の式 (equation of continuity) ＊

図 3.5 に示すように，流体が流れる三次元空間に，任意の体積 V，表面積 A を有する検査体積を考える．検査体積内で単位時間に増加する質量は，検査

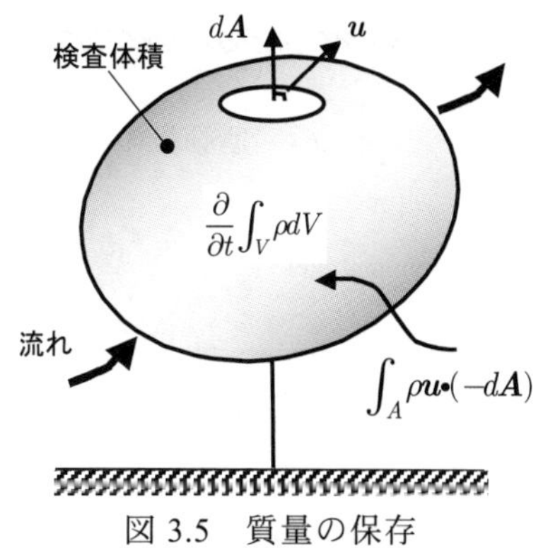

図 3.5　質量の保存

表面から検査体積内に単位時間に流入する質量に等しいから次式が成立する．

$$\frac{\partial}{\partial t}\int_V \rho\ \mathrm{d}V = \int_A \rho \boldsymbol{u}\cdot(-\mathrm{d}\boldsymbol{A}) \tag{3.3}$$

ここでは $\boldsymbol{u}=(u,v,w)$ は速度ベクトル， $\mathrm{d}\boldsymbol{A}=(\mathrm{d}A_x,\mathrm{d}A_y,\mathrm{d}A_z)$ は検査表面上の垂直外向き面積ベクトル要素である．検査体積は空間に固定されており時間に依存しないから，左辺の積分と微分の順序は入れ替えられる．また，右辺の面積積分は**ガウスの発散の定理**(divergence theorem)を用いて体積積分に変換することができるから

$$\int_V\left(\frac{\partial \rho}{\partial t}+\nabla\cdot(\rho\boldsymbol{u})\right)\mathrm{d}V=0 \tag{3.4}$$

となる．ここで，検査体積 V の大きさの設定が任意である点に注目する．上式が任意の検査体積に対して成立するためには，任意の点で左辺の被積分関数がゼロの値をとらなければならないことがわかる．これより，質量の保存則，すなわち，**連続の式**(equation of continuity) が導かれる．

$$\frac{\partial \rho}{\partial t}+\nabla\cdot(\rho\boldsymbol{u})=0 \tag{3.5}$$

3・2・2 ナビエ・ストークスの式 (Navier-Stokes equation)＊

いま，x 方向の運動量の変化を考えよう．検査体積内で単位時間に増加する x 方向の運動量は以下で与えられる．

$$\frac{\partial}{\partial t}\int_V \rho u\ \mathrm{d}V$$

これが，図 3.6 に示すように，検査表面から検査体積内に単位時間に流入する x 方向の運動量と，検査表面に作用する**表面力**(surface force)および検査体積に作用する**体積力**(body force)の x 方向成分とバランスするから，次式が成立する．

$$\frac{\partial}{\partial t}\int_V \rho u\ \mathrm{d}V = \int_A \rho u\boldsymbol{u}\cdot(-\mathrm{d}\boldsymbol{A})+\boldsymbol{i}\cdot\int_A(-p\mathrm{d}\boldsymbol{A}+\boldsymbol{\tau}\cdot\mathrm{d}\boldsymbol{A})+\boldsymbol{i}\cdot\int_V \rho\boldsymbol{g}\ \mathrm{d}V \tag{3.6}$$

ここで $\boldsymbol{i}$ は x 方向の単位ベクトルである．なお，応力テンソルと面積ベクトルとのディアッド積(dyadic multiplication) $\boldsymbol{\tau}\cdot\mathrm{d}\boldsymbol{A}$ は，面積要素に作用する粘性応力（テンソル）に依る表面力ベクトルを示す．ちなみに，その x 方向成分は $\tau_{xx}\mathrm{d}A_x+\tau_{yx}\mathrm{d}A_y+\tau_{zx}\mathrm{d}A_z$ となる．また， $\boldsymbol{g}$ は重力などの単位質量当たりの体積力ベクトルである．先と同様の手順で，積分・微分の順序を入れ替え，ガウスの発散の定理を用いる．

$$\int_V\left(\frac{\partial \rho u}{\partial t}+\nabla\cdot(\rho u\boldsymbol{u})\right)\mathrm{d}V=\boldsymbol{i}\cdot\int_V(-\nabla p+\nabla\cdot\boldsymbol{\tau}+\rho\boldsymbol{g})\ \mathrm{d}V \tag{3.7}$$

検査体積 V の大きさの設定が任意であることから，次式を得る．

$$\frac{\partial \rho u}{\partial t}+\nabla\cdot(\rho u\boldsymbol{u})=\boldsymbol{i}\cdot(-\nabla p+\nabla\cdot\boldsymbol{\tau}+\rho\boldsymbol{g}) \tag{3.8a}$$

同様に， y および z 方向の運動量の変化を考えると

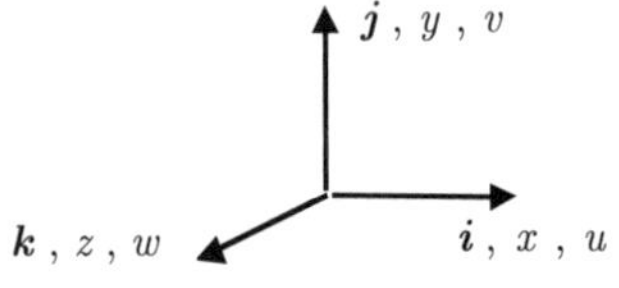

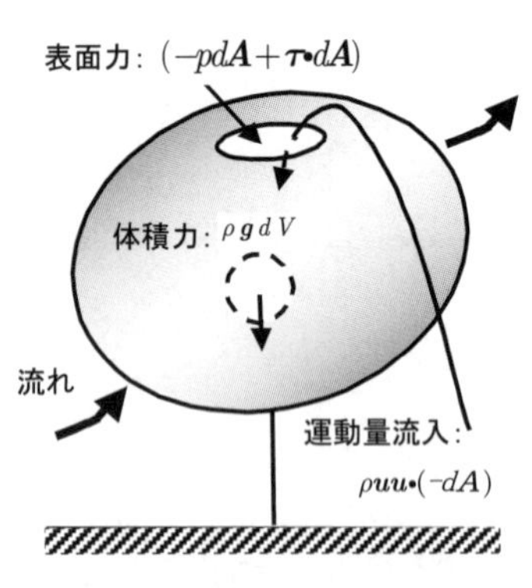

図 3.6 運動量の保存

$$\frac{\partial \rho v}{\partial t}+\nabla\cdot(\rho v \boldsymbol{u})=\boldsymbol{j}\cdot(-\nabla p+\nabla\cdot\boldsymbol{\tau}+\rho\boldsymbol{g}) \tag{3.8b}$$

$$\frac{\partial \rho w}{\partial t}+\nabla\cdot(\rho w \boldsymbol{u})=\boldsymbol{k}\cdot(-\nabla p+\nabla\cdot\boldsymbol{\tau}+\rho\boldsymbol{g}) \tag{3.8c}$$

これら 3 方向の運動量の式は一括してベクトルの式として書くことができる．

$$\frac{\partial \rho \boldsymbol{u}}{\partial t}+\nabla\cdot\rho\boldsymbol{u}\boldsymbol{u}=-\nabla p+\nabla\cdot\boldsymbol{\tau}+\rho\boldsymbol{g} \tag{3.9a}$$

左辺を展開して連続の式(3.5)を用いると次式が得られる．

$$\rho\frac{\mathrm{D}\boldsymbol{u}}{\mathrm{D}t}=-\nabla p+\nabla\cdot\boldsymbol{\tau}+\rho\boldsymbol{g} \tag{3.9b}$$

ここで

$$\frac{\mathrm{D}\phi}{\mathrm{D}t}\equiv\frac{\partial\phi}{\partial t}+(\boldsymbol{u}\cdot\nabla)\phi=\frac{\partial\phi}{\partial t}+u\frac{\partial\phi}{\partial x}+v\frac{\partial\phi}{\partial y}+w\frac{\partial\phi}{\partial z} \tag{3.10}$$

は**実質微分**(substantial derivative)または**物質微分**(material derivative)と呼ばれる．なお，ニュートン流体の応力テンソル $\boldsymbol{\tau}$ は次の**構成方程式**(constitutive equation)で与えられる．

$$\boldsymbol{\tau}=\begin{bmatrix}\tau_{xx} & \tau_{xy} & \tau_{zx}\\ \tau_{xy} & \tau_{yy} & \tau_{yz}\\ \tau_{zx} & \tau_{yz} & \tau_{zz}\end{bmatrix}=\begin{bmatrix}\mu\left(2\frac{\partial u}{\partial x}-\frac{2}{3}\nabla\cdot\boldsymbol{u}\right) & \mu\left(\frac{\partial u}{\partial y}+\frac{\partial v}{\partial x}\right) & \mu\left(\frac{\partial u}{\partial z}+\frac{\partial w}{\partial x}\right)\\ \mu\left(\frac{\partial u}{\partial y}+\frac{\partial v}{\partial x}\right) & \mu\left(2\frac{\partial v}{\partial y}-\frac{2}{3}\nabla\cdot\boldsymbol{u}\right) & \mu\left(\frac{\partial v}{\partial z}+\frac{\partial w}{\partial y}\right)\\ \mu\left(\frac{\partial u}{\partial z}+\frac{\partial w}{\partial x}\right) & \mu\left(\frac{\partial v}{\partial z}+\frac{\partial w}{\partial y}\right) & \mu\left(2\frac{\partial w}{\partial z}-\frac{2}{3}\nabla\cdot\boldsymbol{u}\right)\end{bmatrix} \tag{3.11}$$

ここで μ (Pa・s) は**粘度**(viscosity)である．上の構成方程式を式(3.9a)または(3.9b)に代入した式を**ナビエ・ストークスの式**(Navier-Stokes equation)と呼ぶ．ナビエ・ストークスの式をデカルト座標系について書くと

$$\rho\frac{\mathrm{D}u}{\mathrm{D}t}=-\frac{\partial p}{\partial x}+\frac{\partial}{\partial x}\left(\mu\left(2\frac{\partial u}{\partial x}-\frac{2}{3}\nabla\cdot\boldsymbol{u}\right)\right)+\frac{\partial}{\partial y}\left(\mu\left(\frac{\partial u}{\partial y}+\frac{\partial v}{\partial x}\right)\right)+\frac{\partial}{\partial z}\left(\mu\left(\frac{\partial u}{\partial z}+\frac{\partial w}{\partial x}\right)\right)+\rho g_x$$

$$\rho\frac{\mathrm{D}v}{\mathrm{D}t}=-\frac{\partial p}{\partial y}+\frac{\partial}{\partial y}\left(\mu\left(2\frac{\partial v}{\partial y}-\frac{2}{3}\nabla\cdot\boldsymbol{u}\right)\right)+\frac{\partial}{\partial z}\left(\mu\left(\frac{\partial v}{\partial z}+\frac{\partial w}{\partial y}\right)\right)+\frac{\partial}{\partial x}\left(\mu\left(\frac{\partial v}{\partial x}+\frac{\partial u}{\partial y}\right)\right)+\rho g_y$$

$$\rho\frac{\mathrm{D}w}{\mathrm{D}t}=-\frac{\partial p}{\partial z}+\frac{\partial}{\partial z}\left(\mu\left(2\frac{\partial w}{\partial z}-\frac{2}{3}\nabla\cdot\boldsymbol{u}\right)\right)+\frac{\partial}{\partial x}\left(\mu\left(\frac{\partial w}{\partial x}+\frac{\partial u}{\partial z}\right)\right)+\frac{\partial}{\partial y}\left(\mu\left(\frac{\partial w}{\partial y}+\frac{\partial v}{\partial z}\right)\right)+\rho g_z$$

(3.12a,b,c)

3・2・3　エネルギーの式 (energy equation) *

流体が単位質量当り保有する全エネルギーは，比内部エネルギー e，運動エネルギー（$\boldsymbol{u}\cdot\boldsymbol{u}/2$）および体積力によるポテンシャルエネルギー（$-\boldsymbol{g}\cdot\boldsymbol{r}$）の和と考えられるから，検査体積内で単位時間に増加する流体の全エネルギー増加は以下で与えられる．

$$\frac{\partial}{\partial t}\int_V \rho\left(e+\frac{\boldsymbol{u}\cdot\boldsymbol{u}}{2}-\boldsymbol{g}\cdot\boldsymbol{r}\right)\mathrm{d}V$$

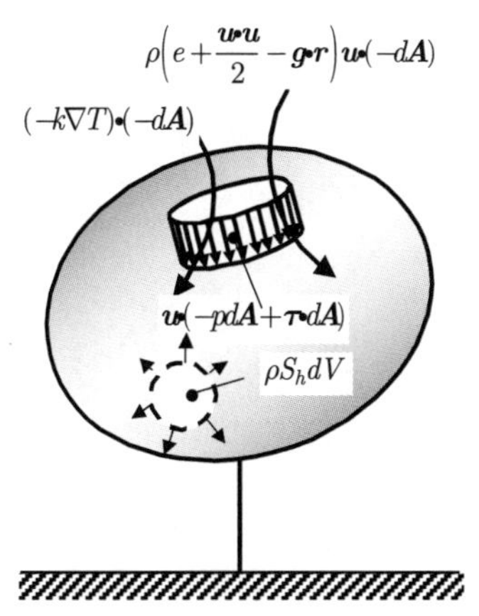

図 3.7　エネルギーの保存

これが，図 3.7 に示すように，単位時間に，検査表面から検査体積内に対流で流入する流体の全エネルギー，検査表面から熱伝導で検査体積内に流入す

る熱，検査表面に作用する表面力により検査体積になされる仕事および検査体積内で（化学反応等で）発生する生成熱の和とバランスするから，次式が成立する．

$$\begin{aligned}&\frac{\partial}{\partial t}\int_V \rho\left(e+\frac{\boldsymbol{u}\cdot\boldsymbol{u}}{2}-\boldsymbol{g}\cdot\boldsymbol{r}\right)\mathrm{d}V\\&=\int_A \rho\left(e+\frac{\boldsymbol{u}\cdot\boldsymbol{u}}{2}-\boldsymbol{g}\cdot\boldsymbol{r}\right)\boldsymbol{u}\cdot(-\mathrm{d}\boldsymbol{A})+\int_A -k\nabla T\cdot(-\mathrm{d}\boldsymbol{A})\\&\quad+\int_A \boldsymbol{u}\cdot(-p\mathrm{d}\boldsymbol{A}+\boldsymbol{\tau}\cdot\mathrm{d}\boldsymbol{A})+\int_V \rho S_h\mathrm{d}V\end{aligned} \tag{3.13}$$

積分・微分の順序を入れ替え，ガウスの発散の定理を用いると

$$\begin{aligned}&\int_V\left(\frac{\partial}{\partial t}\rho\left(e+\frac{\boldsymbol{u}\cdot\boldsymbol{u}}{2}-\boldsymbol{g}\cdot\boldsymbol{r}\right)+\nabla\cdot\rho\left(e+\frac{\boldsymbol{u}\cdot\boldsymbol{u}}{2}-\boldsymbol{g}\cdot\boldsymbol{r}\right)\boldsymbol{u}\right)\mathrm{d}V\\&=\int_V\left(\nabla\cdot(k\nabla T-\boldsymbol{u}p+\boldsymbol{u}\cdot\boldsymbol{\tau})+\rho S_h\right)\mathrm{d}V\end{aligned} \tag{3.14}$$

検査体積 V の大きさの設定が任意であることから，次式を得る．

$$\begin{aligned}&\frac{\partial}{\partial t}\rho\left(e+\frac{\boldsymbol{u}\cdot\boldsymbol{u}}{2}-\boldsymbol{g}\cdot\boldsymbol{r}\right)+\nabla\cdot\rho\left(e+\frac{\boldsymbol{u}\cdot\boldsymbol{u}}{2}-\boldsymbol{g}\cdot\boldsymbol{r}\right)\boldsymbol{u}\\&=\nabla\cdot(k\nabla T-\boldsymbol{u}p+\boldsymbol{u}\cdot\boldsymbol{\tau})+\rho S_h\end{aligned} \tag{3.15}$$

上式の左辺を展開して連続の式(3.5)を用いると

$$\rho\frac{\mathrm{D}}{\mathrm{D}t}\left(e+\frac{\boldsymbol{u}\cdot\boldsymbol{u}}{2}-\boldsymbol{g}\cdot\boldsymbol{r}\right)=\nabla\cdot(k\nabla T-\boldsymbol{u}p+\boldsymbol{u}\cdot\boldsymbol{\tau})+\rho S_h \tag{3.16}$$

一方，運動量の式(3.9b)と速度ベクトル $\boldsymbol{u}$ の内積を取ることで，運動エネルギーの輸送方程式が得られる．

$$\rho\frac{\mathrm{D}}{\mathrm{D}t}\left(\frac{\boldsymbol{u}\cdot\boldsymbol{u}}{2}\right)=\boldsymbol{u}\cdot(-\nabla p+\nabla\cdot\boldsymbol{\tau}+\rho\boldsymbol{g}) \tag{3.17}$$

これを式(3.16)に代入し，整理すると，次式が得られる．

$$\rho\frac{\mathrm{D}e}{\mathrm{D}t}=\nabla\cdot(k\nabla T)-p\nabla\cdot\boldsymbol{u}+(\boldsymbol{\tau}\cdot\nabla)\cdot\boldsymbol{u}+\rho S_h \tag{3.18}$$

これに，連続の式(3.5)より得られる関係 $\rho\mathrm{D}(p/\rho)/\mathrm{D}t=\mathrm{D}p/\mathrm{D}t+p\nabla\cdot\boldsymbol{u}$ を代入し書き換えると

$$\rho\frac{\mathrm{D}h}{\mathrm{D}t}=\nabla\cdot(k\nabla T)+\frac{\mathrm{D}p}{\mathrm{D}t}+(\boldsymbol{\tau}\cdot\nabla)\cdot\boldsymbol{u}+\rho S_h \tag{3.19}$$

ここで

$$h=e+\frac{p}{\rho} \tag{3.20}$$

は比エンタルピーである（熱伝達率と同じ記号で示すが，混同しないこと）．式(3.19)の右辺第二項は圧力仕事に，また粘性散逸項と呼ばれる $(\boldsymbol{\tau}\cdot\nabla)\cdot\boldsymbol{u}$ は粘性摩擦による発熱分に対応する．構成方程式(3.11)を用いて展開すると

$$\begin{aligned}(\boldsymbol{\tau}\cdot\nabla)\cdot\boldsymbol{u}&=2\mu\left(\left(\frac{\partial u}{\partial x}\right)^2+\left(\frac{\partial v}{\partial y}\right)^2+\left(\frac{\partial w}{\partial z}\right)^2\right)\\&\quad+\mu\left(\left(\frac{\partial u}{\partial y}+\frac{\partial v}{\partial x}\right)^2+\left(\frac{\partial v}{\partial z}+\frac{\partial w}{\partial y}\right)^2+\left(\frac{\partial w}{\partial x}+\frac{\partial u}{\partial z}\right)^2\right)-\frac{2}{3}\mu|\nabla\cdot\boldsymbol{u}|^2\end{aligned} \tag{3.21}$$

粘性散逸項は発熱項であり常に正の値をとるが，非常に高速な流れでない限

り無視しうる．ここで ρS_h を粘性散逸項を含む発熱項として再定義する．式(3.18)は ρ の変化が無視しうるとき(連続の式(3.5)より $\nabla\cdot\boldsymbol{u}\cong 0$)，また式(3.19)は p が変化が無視しうるとき，それぞれ次のように簡略化される．

$$\rho\frac{\mathrm{D}e}{\mathrm{D}t}=\nabla\cdot\left(k\nabla T\right)+\rho S_h \quad (\rho=\text{const.}) \tag{3.22}$$

$$\rho\frac{\mathrm{D}h}{\mathrm{D}t}=\nabla\cdot\left(k\nabla T\right)+\rho S_h \quad (p=\text{const.}) \tag{3.23}$$

式(3.22)は，ρ が一定の場合，厳密に成立する．しかし，非圧縮性流体の解析においても，エネルギーの式(energy equation)としては，式(3.22)でなく，式(3.23)が使用される．エネルギーの式(3.18)中の $p\nabla\cdot\boldsymbol{u}$ （p が絶対圧力であることに注意)は，非圧縮性流体と近似しうる場合(すなわち $\nabla\cdot\boldsymbol{u}\cong 0$)であっても，無視しえない場合が多い．これに対し，もう一方のエネルギーの式(3.19)中の $\mathrm{D}p/\mathrm{D}t$ は，一般に動圧が絶対圧力に比して十分に小さいことから，体積変化が著しい密閉空間内の流動や圧縮性高速流の場合を除き，無視しうる場合が多い．これは，実際に取り扱う熱流動現象が，“熱力学的に言えば，等容的よりも等圧的に近い過程で進行する場合が多い”ことに由来している．これが，エネルギーの式として，非圧縮性流体と近似しうる場合であっても，比エンタルピーを従属変数とする式(3.23)が採用される理由である．

3・2・4 非圧縮性流体の基礎方程式 (governing equations for incompressible flow)

(a) エネルギーの式と状態量

基礎方程式群(3.5)，(3.9)および(3.19)には，速度 $\boldsymbol{u}=\left(u,v,w\right)$，圧力 p，温度 T，密度 ρ，比エンタルピー h の 7 つの従属変数が含まれており，5 式から成る基礎方程式群を閉じるためには，さらに 2 つの補助式，すなわち比エンタルピーに関する熱力学的関係式

$$\mathrm{D}h=c_p\mathrm{D}T+\left(1-\beta T\right)\frac{\mathrm{D}p}{\rho} \tag{3.24}$$

および状態方程式(equation of state)

$$\rho=\rho\left(p,T\right) \tag{3.25}$$

を考える必要がある．ここで

$$\beta=-\frac{1}{\rho}\left(\frac{\partial\rho}{\partial T}\right)_p \tag{3.26}$$

は体膨張係数(volumetric thermal expansion coefficient)である．しかし，実際の熱流動現象が熱力学的に等圧的（$\mathrm{D}p\cong 0$）に進行することから，近似的に $\mathrm{D}h=c_p\mathrm{D}T$ とする場合が多い．

(b) 非圧縮性流体

本書では，主に，流体の密度が一定と近似しうる場合，すなわち非圧縮性流体(incompressible fluid)の場合を考える．このとき，状態方程式が不要となるため，速度，圧力および温度のみを従属変数として考えればよい．特に，粘度，熱伝導率および比熱などの物性値が一定で内部発熱なしの場合は，式

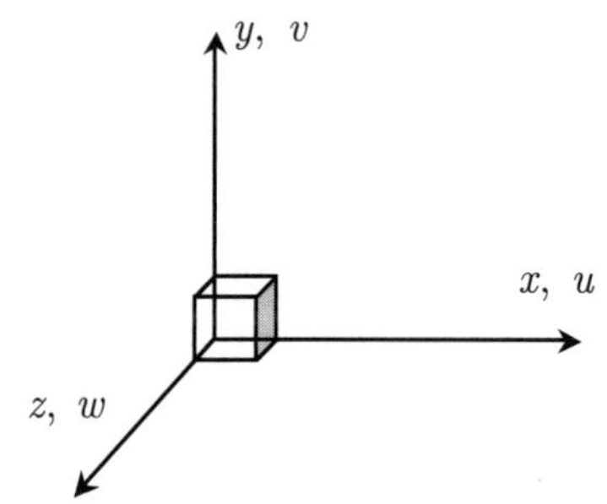

(a)デカルト座標系

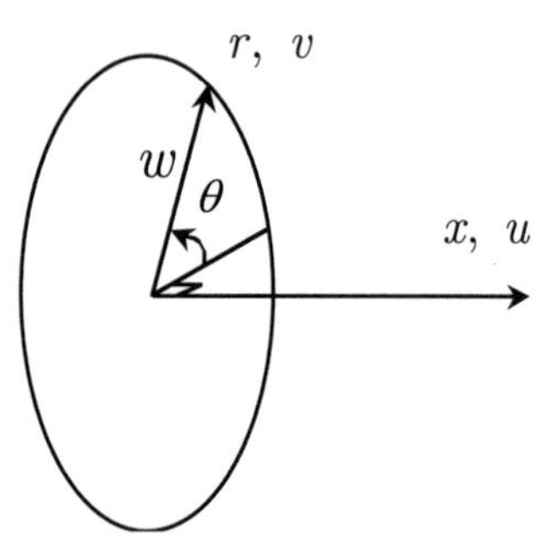

(b)円筒座標系

図 3.8　座標系

表 3.1　非圧縮性流体の基礎方程式
(デカルト座標)

連続の式

$$\frac{\partial u}{\partial x}+\frac{\partial v}{\partial y}+\frac{\partial w}{\partial z}=0$$

ナビエ・ストークスの式

$$\frac{\mathrm{D}u}{\mathrm{D}t}=-\frac{1}{\rho}\frac{\partial p}{\partial x}+\nu\left(\frac{\partial^2 u}{\partial x^2}+\frac{\partial^2 u}{\partial y^2}+\frac{\partial^2 u}{\partial z^2}\right)+g_x$$

$$\frac{\mathrm{D}v}{\mathrm{D}t}=-\frac{1}{\rho}\frac{\partial p}{\partial y}+\nu\left(\frac{\partial^2 v}{\partial x^2}+\frac{\partial^2 v}{\partial y^2}+\frac{\partial^2 v}{\partial z^2}\right)+g_y$$

$$\frac{\mathrm{D}w}{\mathrm{D}t}=-\frac{1}{\rho}\frac{\partial p}{\partial z}+\nu\left(\frac{\partial^2 w}{\partial x^2}+\frac{\partial^2 w}{\partial y^2}+\frac{\partial^2 w}{\partial z^2}\right)+g_z$$

エネルギーの式

$$\frac{\mathrm{D}T}{\mathrm{D}t}=\alpha\left(\frac{\partial^2 T}{\partial x^2}+\frac{\partial^2 T}{\partial y^2}+\frac{\partial^2 T}{\partial z^2}\right)$$

(3.5), (3.12)および(3.23)は，それぞれ次に示す簡潔な表現に帰着する．なお，自然対流における温度差による密度変化については，別途，3·7 節において，近似的取り扱いを考える．

$$\nabla\cdot\boldsymbol{u}=0 \quad ：連続の式 \tag{3.27}$$

$$\frac{\mathrm{D}\boldsymbol{u}}{\mathrm{D}t}=-\frac{1}{\rho}\nabla p+\nu\nabla^2\boldsymbol{u}+\boldsymbol{g} \quad ：ナビエ・ストークスの式 \tag{3.28}$$

$$\frac{\mathrm{D}T}{\mathrm{D}t}=\alpha\nabla^2 T \quad ：エネルギーの式 \tag{3.29}$$

式(3.12)に(3.27)を用いると，式(3.28)が得られる．ここで

$$\nu\equiv\mu/\rho \quad (\mathrm{m^2/s}) \tag{3.30a}$$

は流体の動粘度(kinematic viscosity)，また，

$$\alpha=\frac{k}{\rho c_p} \quad (\mathrm{m^2/s}) \tag{3.30b}$$

は流体の熱拡散率である．

(c)　デカルト座標系

これらの式を，図 3.8(a)に示すデカルト座標系 (x,y,z) で表示すると

$$\frac{\partial u}{\partial x}+\frac{\partial v}{\partial y}+\frac{\partial w}{\partial z}=0 \tag{3.31}$$

$$\frac{\mathrm{D}u}{\mathrm{D}t}=-\frac{1}{\rho}\frac{\partial p}{\partial x}+\nu\left(\frac{\partial^2 u}{\partial x^2}+\frac{\partial^2 u}{\partial y^2}+\frac{\partial^2 u}{\partial z^2}\right)+g_x \tag{3.32a}$$

$$\frac{\mathrm{D}v}{\mathrm{D}t}=-\frac{1}{\rho}\frac{\partial p}{\partial y}+\nu\left(\frac{\partial^2 v}{\partial x^2}+\frac{\partial^2 v}{\partial y^2}+\frac{\partial^2 v}{\partial z^2}\right)+g_y \tag{3.32b}$$

$$\frac{\mathrm{D}w}{\mathrm{D}t}=-\frac{1}{\rho}\frac{\partial p}{\partial z}+\nu\left(\frac{\partial^2 w}{\partial x^2}+\frac{\partial^2 w}{\partial y^2}+\frac{\partial^2 w}{\partial z^2}\right)+g_z \tag{3.32c}$$

$$\frac{\mathrm{D}T}{\mathrm{D}t}=\alpha\left(\frac{\partial^2 T}{\partial x^2}+\frac{\partial^2 T}{\partial y^2}+\frac{\partial^2 T}{\partial z^2}\right) \tag{3.33}$$

ここで

$$\begin{aligned}\frac{\mathrm{D}\phi}{\mathrm{D}t}&\equiv\frac{\partial\phi}{\partial t}+u\frac{\partial\phi}{\partial x}+v\frac{\partial\phi}{\partial y}+w\frac{\partial\phi}{\partial z}\\&=\frac{\partial\phi}{\partial t}+\frac{\partial(u\phi)}{\partial x}+\frac{\partial(v\phi)}{\partial y}+\frac{\partial(w\phi)}{\partial z}\end{aligned} \tag{3.34}$$

であり，第一右辺の表示または第二右辺の表示のいずれかを対応させればよい．なお，式(3.34)において，第二右辺の第二項以降を展開し，連続の式(3.31)を用いると，第一右辺の表示が得られる．

(d)　円筒座標系

図 3.8(b)に示す円筒座標系 (x,r,θ) では，速度成分 (u,v,w) の単位ベクトルが空間的に変化することから，デカルト座標系よりも表現が複雑となる．

$$\frac{\partial u}{\partial x}+\frac{1}{r}\frac{\partial(rv)}{\partial r}+\frac{1}{r}\frac{\partial w}{\partial\theta}=0 \tag{3.35}$$

$$\frac{\partial u}{\partial t}+u\frac{\partial u}{\partial x}+v\frac{\partial u}{\partial r}+\frac{w}{r}\frac{\partial u}{\partial\theta}=-\frac{1}{\rho}\frac{\partial p}{\partial x}+\nu\left(\frac{\partial^2 u}{\partial x^2}+\frac{1}{r}\frac{\partial}{\partial r}\left(r\frac{\partial u}{\partial r}\right)+\frac{1}{r^2}\frac{\partial^2 u}{\partial\theta^2}\right)+g_x \tag{3.36a}$$

$$\frac{\partial v}{\partial t}+u\frac{\partial v}{\partial x}+v\frac{\partial v}{\partial r}+\frac{w}{r}\frac{\partial v}{\partial \theta}-\frac{w^2}{r}$$
$$=-\frac{1}{\rho}\frac{\partial p}{\partial r}+\nu\left(\frac{\partial^2 v}{\partial x^2}+\frac{1}{r}\frac{\partial}{\partial r}\left(r\frac{\partial v}{\partial r}\right)-\frac{v}{r^2}+\frac{1}{r^2}\frac{\partial^2 v}{\partial \theta^2}-\frac{2}{r^2}\frac{\partial w}{\partial \theta}\right)+g_r \tag{3.36b}$$

$$\frac{\partial w}{\partial t}+u\frac{\partial w}{\partial x}+v\frac{\partial w}{\partial r}+\frac{w}{r}\frac{\partial w}{\partial \theta}+\frac{vw}{r}$$
$$=-\frac{1}{\rho r}\frac{\partial p}{\partial \theta}+\nu\left(\frac{\partial^2 w}{\partial x^2}+\frac{1}{r}\frac{\partial}{\partial r}\left(r\frac{\partial w}{\partial r}\right)-\frac{w}{r^2}+\frac{1}{r^2}\frac{\partial^2 w}{\partial \theta^2}+\frac{2}{r^2}\frac{\partial v}{\partial \theta}\right)+g_\theta \tag{3.36c}$$

$$\frac{\partial T}{\partial t}+u\frac{\partial T}{\partial x}+v\frac{\partial T}{\partial r}+\frac{w}{r}\frac{\partial T}{\partial \theta}=\alpha\left(\frac{\partial^2 T}{\partial x^2}+\frac{1}{r}\frac{\partial}{\partial r}\left(r\frac{\partial T}{\partial r}\right)+\frac{1}{r^2}\frac{\partial^2 T}{\partial \theta^2}\right) \tag{3.37}$$

3・2・5　境界層近似と無次元数 (boundary layer approximation and dimensionless numbers)

図 3.9 に示す二次元物体まわりの粘性流を，物体形状に沿う座標を設定し考えてみる．x を物体表面に沿う座標および y を物体表面に垂直外向きにとる座標とし，非圧縮性流体に関する連続の式(3.31)，x 方向の運動量の式(3.32a)，y 方向の運動量の式(3.32b)およびエネルギーの式(3.33)を定常二次元問題に対して書き下すと，

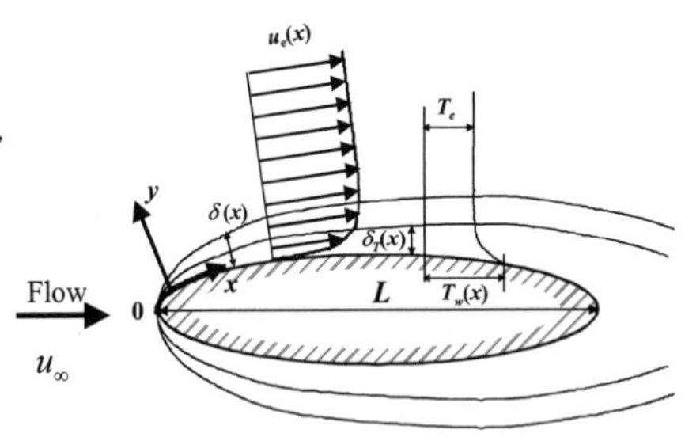

図 3.9　境界層流れ

$$\frac{\partial u}{\partial x}+\frac{\partial v}{\partial y}=0 \tag{3.38}$$

$$u\frac{\partial u}{\partial x}+v\frac{\partial u}{\partial y}=-\frac{1}{\rho}\frac{\partial p}{\partial x}+\nu\left(\frac{\partial^2 u}{\partial x^2}+\frac{\partial^2 u}{\partial y^2}\right) \tag{3.39a}$$

$$u\frac{\partial v}{\partial x}+v\frac{\partial v}{\partial y}=-\frac{1}{\rho}\frac{\partial p}{\partial y}+\nu\left(\frac{\partial^2 v}{\partial x^2}+\frac{\partial^2 v}{\partial y^2}\right) \tag{3.39b}$$

$$u\frac{\partial T}{\partial x}+v\frac{\partial T}{\partial y}=\alpha\left(\frac{\partial^2 T}{\partial x^2}+\frac{\partial^2 T}{\partial y^2}\right) \tag{3.40}$$

ここでは，物体の曲率の影響は無視しうるものとする．プラントルは，物体表面に沿う流れが十分速い場合，速度および温度境界層は極めて薄く，次の**境界層近似**(boundary layer approximation)が成立することを示した．ただし，図 3.9 では速度および温度境界層厚さ (δ,δ_T) を誇張して厚く描いている．

$$|u| >> |v|$$

$$\left|\frac{\partial u}{\partial y}\right| >> \left|\frac{\partial u}{\partial x}\right|,\left|\frac{\partial v}{\partial y}\right|,\left|\frac{\partial v}{\partial x}\right|$$

$$\left|\frac{\partial T}{\partial y}\right| >> \left|\frac{\partial T}{\partial x}\right|$$

すなわち，物体面に沿う速度成分 u の大きさはそれに垂直な速度成分 v の大きさに比して極めて大きい．また，速度成分 u および温度 T の変化は，物体面に垂直な方向に著しく，物体に沿う方向へは小さい．このような**境界層流れ**(boundary layer flow) においては，以下の**境界層方程式**(boundary layer equations)が成立することがわかる．

$$\frac{\partial u}{\partial x}+\frac{\partial v}{\partial y}=0 \tag{3.41}$$

$$u\frac{\partial u}{\partial x}+v\frac{\partial u}{\partial y}=-\frac{1}{\rho}\frac{\mathrm{d}p}{\mathrm{d}x}+\nu\frac{\partial^2 u}{\partial y^2} \tag{3.42}$$

$$u\frac{\partial T}{\partial x}+v\frac{\partial T}{\partial y}=\alpha\frac{\partial^2 T}{\partial y^2} \tag{3.43}$$

ここで境界条件は以下で与えられる.

$$y=0\ :\ u=v=0,\quad T=T_w(x) \tag{3.44a}$$

$$y=\infty\ :\ u=u_e(x),\quad T=T_e=\mathrm{const.} \tag{3.44b}$$

式(3.44a)は壁でのすべりなし条件(no-slip condition)である. なお, 境界層外縁(boundary layer edge)における状態には漸近的に近づくものとし, 数学的には境界層外縁の位置 $y=\delta$ を $y=\infty$ に対応させる. 境界層近似後においても, 連続の式(3.41)は不変であるのに対し, x 方向と y 方向の二つの運動量の式は一つの式 (3.42)としてまとめられている. ここで, 右辺第一項の圧力こう配項が常微分項に変わっている点, すなわち $p=p(x)$, に留意する. これらの境界層方程式を解くにあたっては, この圧力分布 $p(x)$を, 個々の物体形状に応じて, 事前に決定しておく必要がある. 物体表面の圧力測定データがある場合はそれを用いる. 圧力分布 $p(x)$が判明すれば, 境界条件に必要となる境界層外縁速度 $u_e(x)$ については, 式(3.42)を境界層外縁に適用し得られるベルヌーイの定理(Bernoulli law)

$$u_e\frac{\mathrm{d}u_e}{\mathrm{d}x}=-\frac{1}{\rho}\frac{\mathrm{d}p}{\mathrm{d}x} \tag{3.45}$$

を用いて算出する. 圧力測定が難しい場合は, 非粘性流れ (ポテンシャル流れ) を考え, 理論的に境界層外縁速度 $u_e(x)$ を決定し, ベルヌーイの定理, 式(3.45)を用いて圧力こう配項を与える.

いま, 物体の代表長さ L, 表面温度 T_w (一定), 物体上流の流体の近寄り速度 u_∞ および近寄り温度 $T_\infty(=T_e)$ を用いて, 以下のような無次元化を考える.

$$x^*=x/L,\quad y^*=y/L,$$

$$u^*=u/u_\infty,\quad v^*=v/u_\infty,\quad p^*=p/\left(\rho u_\infty{}^2\right),$$

$$T^*=(T-T_\infty)/(T_w-T_\infty)$$

これらを用いて, 式 (3.41) から (3.43) を書き換えると,

$$\frac{\partial u^*}{\partial x^*}+\frac{\partial v^*}{\partial y^*}=0 \tag{3.46}$$

$$u^*\frac{\partial u^*}{\partial x^*}+v^*\frac{\partial u^*}{\partial y^*}=-\frac{\mathrm{d}p^*}{\mathrm{d}x^*}+\left(\frac{\nu}{u_\infty L}\right)\frac{\partial^2 u^*}{\partial y^{*2}} \tag{3.47}$$

$$u^*\frac{\partial T^*}{\partial x^*}+v^*\frac{\partial T^*}{\partial y^*}=\left(\frac{\alpha}{u_\infty L}\right)\frac{\partial^2 T^*}{\partial y^{*2}} \tag{3.48}$$

境界条件は

$$y^*=0\ :\ u^*=v^*=0,\quad T^*=1 \tag{3.49a}$$

$$y^*=\infty\ :\ u^*=u_e^*(x^*),\quad T^*=0. \tag{3.49b}$$

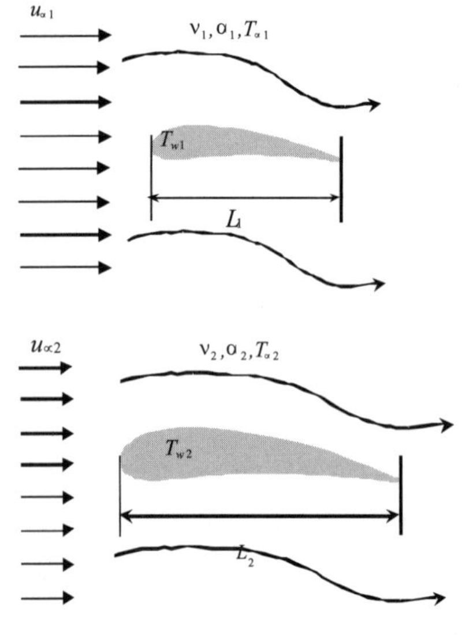

図 3.10 相似則

物体形状が相似であれば, 無次元圧力および無次元外縁速度は物体のサイズ

が変化しても変わらない．したがって，図 3.10 に示すような，物体形状が互いに相似な二つの物体において，u_∞，L，ν，α，T_∞ および T_w の個々の値がどうであれ，式(3.47)と(3.48)に現れる無次元の係数がそれぞれ同じ値であれば，無次元の支配方程式と境界条件は完全に一致することになる．これらの無次元係数の逆数はそれぞれレイノルズ数(Reynolds number)およびペクレ数(Peclet number)と呼ばれている．すなわち，

$$Re_L = \frac{u_\infty L}{\nu} \quad : \text{レイノルズ数} \tag{3.50}$$

$$Pe_L = \frac{u_\infty L}{\alpha} = Re_L Pr \quad : \text{ペクレ数} \tag{3.51}$$

ここで

$$Pr = \frac{\nu}{\alpha} = \frac{\mu c_p}{k} \quad : \text{プラントル数} \tag{3.52}$$

レイノルズ数は，$Re_L = (\rho u_\infty^2)/(\mu u_\infty / L)$ とも書き換えられるから，（粘性力の尺度に基づき無次元化した）慣性力を代表する無次元数と解釈することができる．また，ペクレ数はレイノルズ数とプラントル数(Prandtl number)の積に他ならない．プラントル数は，液体金属で $Pr \ll 1$，気体で $Pr \cong 1$，水で $Pr \cong 6$，潤滑油で $Pr \gg 1$ であり，流体に固有な物性値で，後述の式(3.130)で明らかになるように，温度境界層厚さ δ_T に対する速度境界層厚さ δ の比に密接に関連している．

式(3.46)および(3.47)より明らかなように，与えられた物体形状，すなわち，与えられた $p^*(x^*)$，に対して，無次元速度は無次元座標とレイノルズ数のみの関数で与えられる．

$$u^* = u^*(x^*, y^*, Re_L), \quad v^* = v^*(x^*, y^*, Re_L) \tag{3.53}$$

したがって，壁応力(wall shear stress)は

$$\tau_w = \mu \left. \frac{\partial u}{\partial y} \right|_{y=0} = \frac{\mu u_\infty}{L} \left. \frac{\partial u^*}{\partial y^*} \right|_{y^*=0} = \frac{\mu u_\infty}{L} f(x^*, Re_L)$$

ここで $f(x^*, Re_L)$ は x^* および Re_L を変数とする無次元の関数を表す．物体表面で平均した平均壁応力（平均壁摩擦）は

$$\overline{\tau}_w = \frac{\mu u_\infty}{L} \overline{f}(Re_L)$$

また，平均摩擦係数(average friction coefficient)は

$$\overline{C}_f \equiv \frac{2\overline{\tau}_w}{\rho u_\infty^2} = \frac{2}{Re_L} \overline{f}(Re_L) \tag{3.54}$$

すなわち，工業的に重要な平均摩擦係数はレイノルズ数のみの関数であることがわかる．したがって，ある物体形状について得られた平均摩擦係数とレイノルズ数の関係は，その物体と相似なすべての物体に適用できる．そのとき，流体は何であってもかまわない．すなわち相似則(similarity)が成立する．

次に熱流束に関する相似則を考える．温度場は速度場に依存して決定されるから，無次元温度は，無次元座標，レイノルズ数およびプラントル数の関数で与えられることが，式(3.48)よりわかる．

$$T^* = T^*(x^*, y^*, Re_L, Pr) \tag{3.55}$$

壁熱流束(wall heat flux)は

$$q_w = -k\frac{\partial T}{\partial y}\bigg|_{y=0} = -k\frac{(T_w - T_\infty)}{L}\frac{\partial T^*}{\partial y^*}\bigg|_{y^*=0} = k\frac{(T_w - T_\infty)}{L}g(x^*, Re_L, Pr)$$

ここでは g は無次元の関数である．上式を熱伝達率の定義式(3.2a)に代入し，

$$h = \frac{q_w}{(T_w - T_\infty)} = \frac{k}{L}g(x^*, Re_L, Pr)$$

したがって，物体表面で平均した平均熱伝達率は

$$\bar{h} = \frac{\bar{q}_w}{(T_w - T_\infty)} = \frac{k}{L}\bar{g}(Re_L, Pr) \tag{3.56a}$$

で与えられる．上式は，強制対流における熱伝達率の無次元形が，レイノルズ数とプラントル数にのみに依存することを示している．これを書き直して

$$\overline{Nu_L} = \frac{\bar{h}L}{k} = \bar{g}(Re_L, Pr) \tag{3.56b}$$

この無次元数をヌセルト数(Nusselt number)と呼ぶ．すなわち，ヌセルト数と，レイノルズ数およびプラントル数の関係を求めておけば，その関係は相似なすべての物体に適用できることになる．熱伝達を学ぶ上で，熱伝達率の見積もりは重要であると述べたが，それは，ヌセルト数と無次元数の関係を学ぶことに他ならない．ところで，式(3.2a)の近似的関係を用いると，

$$\overline{Nu_L} = \frac{\bar{h}L}{k} \cong \frac{L}{\bar{\delta}_T} \tag{3.57}$$

すなわち，ヌセルト数は，物体の代表長さが温度境界層厚さの何倍であるかに対応している．

以上，外部流れを例に考察したが，物体の代表寸法 L を，管径に対応させることで，内部流れにも，同様の境界層近似および相似則が適用できる．円管内流れの解析においては，境界層方程式(3.41)から(3.43)を円筒座標系に書き直した以下の式を用いる．

$$\frac{\partial u}{\partial x} + \frac{1}{r}\frac{\partial(rv)}{\partial r} = 0 \tag{3.58}$$

$$u\frac{\partial u}{\partial x} + v\frac{\partial u}{\partial r} = -\frac{1}{\rho}\frac{\mathrm{d}p}{\mathrm{d}x} + \frac{\nu}{r}\frac{\partial}{\partial r}\left(r\frac{\partial u}{\partial r}\right) \tag{3.59}$$

$$u\frac{\partial T}{\partial x} + v\frac{\partial T}{\partial r} = \frac{\alpha}{r}\frac{\partial}{\partial r}\left(r\frac{\partial T}{\partial r}\right) \tag{3.60}$$

【例題 3・2】 ＊＊＊＊＊＊＊＊＊＊＊＊＊＊＊＊＊＊＊＊＊＊＊

速度 20 m/s の気流中に置かれた物体まわりの流れを観察したい．そこで，同じ物体を水流中に置き，微量の染料を用いて流れの可視化を行うものとする．空気の動粘度が $2\times10^{-5}\ \mathrm{m^2/s}$ で，水の動粘度が $7\times10^{-7}\ \mathrm{m^2/s}$ であるとき，水流の速度はいくらに設定すればよいか．

【解答】レイノルズ数を同じ値にするには，物体の寸法 L が同じであるから，u_∞/ν を一致させればよい．すなわち，水流の速度を次のように設定する．

$$u_\infty = 20\times\frac{7\times10^{-7}}{2\times10^{-5}} = 0.7\mathrm{m/s} \tag{ex 3.1}$$

＊＊＊＊＊＊＊＊＊＊＊＊＊＊＊＊＊＊＊＊＊＊＊

3・3　管内流の層流強制対流 (laminar forced convection in conduits)

図 3.11 に示すように，流体が一様な速度 u_B で流路に流入すると，速度境界層が入口より発達し，ついにはその境界層が管断面中央で合流する．その後，その速度分布を維持したまま下流に流れていく．入口からこの合流地点までを**速度助走区間**(hydrodynamic entrance region)と呼び，その下流に実現される速度分布が不変となる流れを**十分に発達した流れ**(fully-developed flow)と呼ぶ．速度助走区間の長さは，助走区間の境界層が層流を保つか，乱流に遷移するかで，大きく変わる．例えば，円管流れでは，入口の一様速度 u_B と管径 d に基づくレイノルズ数が

$$Re_d = \frac{u_B d}{\nu} = \frac{4\dot{m}}{\pi \mu d} \approx 2300 \tag{3.61}$$

程度で乱流となる．ここで，$\dot{m}$(kg/s) は**質量流量**(mass flow rate)である．この**遷移レイノルズ数**(critical Reynolds number)以下では円管流れは層流を保ち，速度助走区間長さ L_u は次式で見積もることができる．

$$L_u / d \cong 0.05\, Re_d \ \text{：層流（} Re_d \le 2300 \text{）} \tag{3.62a}$$

いったん乱流になると速度助走区間長さ L_u はレイノルズ数に依存しなくなる．目安としては，次式が使用できる．

$$L_u / d \cong 10 \ \text{：乱流（} Re_d > 2300 \text{）} \tag{3.62b}$$

一般に，乱流の助走区間は層流のそれより短い．

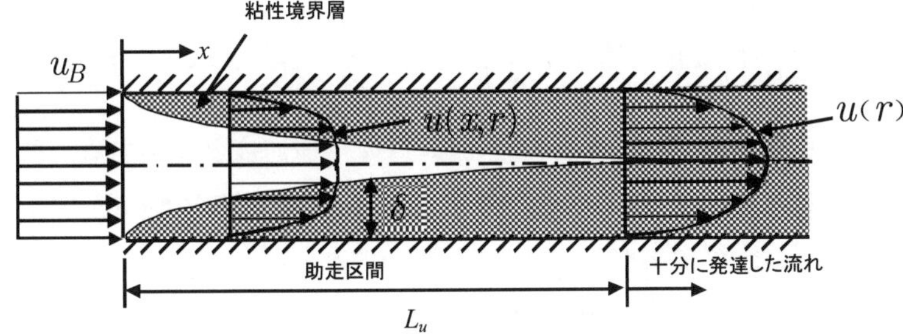

図 3.11　管内流の助走区間

速度場と同様に，温度場にも助走区間が存在する．いま，流路のある地点から下流にわたり，壁が一様に（例えば，等温度条件または等熱流束条件の下に）加熱されているものとしよう．加熱開始点より温度境界層が発達し，ついに温度境界層が管断面中央で合流する．これまでの区間を**温度助走区間**(thermal entrance region)と呼び，それより下流の温度場を**十分に発達した温度場**(fully-developed temperature field)と呼ぶ．この十分に発達した温度場では温度分布が相似となる．

温度助走区間の長さ L_T の見積もりには次式を用いればよい．

$$L_T / d \cong 0.05\, Re_d Pr = 0.05\, Pe_d \ \text{：層流（} Re_d \le 2300 \text{）} \tag{3.63a}$$

$$L_T / d \cong 10 \text{：乱流（} Re_d > 2300 \text{）} \tag{3.63b}$$

3・3・1　十分に発達した流れ (fully-developed flow)

本項では，レイノルズ数が比較的低く，流れは層流で，かつ管壁と流体間の温度差も比較的小さいものとする．したがって，粘度，熱伝導率および比熱などの物性値は一定で，粘性摩擦による内部発熱もなく，浮力による影響も無視しうるものとする．

(a) 平行平板間の流れ(flow between parallel plates)

基本的内部流の一つである平行平板間の十分に発達した流れ(fully-developed flow between prallel plates)の速度場を考えよう．図 3.12(a)に示す座標系において，十分に発達した流れの速度分布は流路軸方向に変化しないから，

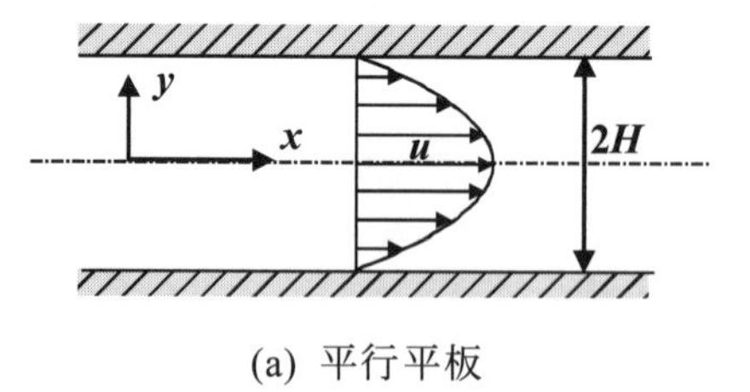

(a) 平行平板

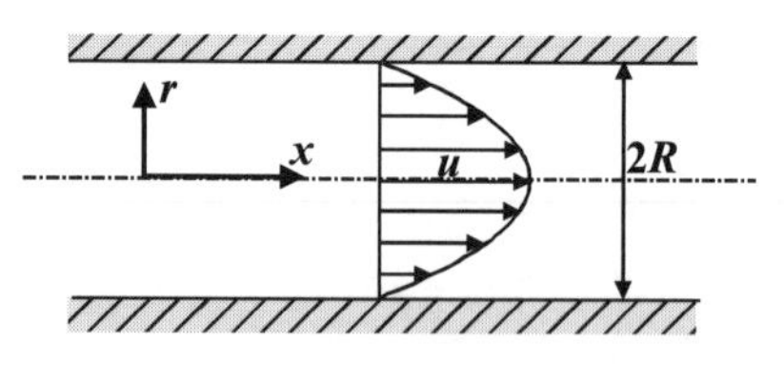

(b) 円管

図 3.12　十分に発達した流れ

$$\frac{\partial u}{\partial x}=0\,,\quad v=0 \tag{3.64}$$

これを x 方向の運動量の式(3.42)に代入し，

$$\frac{\mathrm{d}^2 u}{\mathrm{d}y^2}=-\frac{1}{\mu}\left(-\frac{\mathrm{d}p}{\mathrm{d}x}\right) \tag{3.65}$$

となる．これを境界条件

$$y=\pm H\ :\ u=0 \tag{3.66}$$

の下で積分し，以下の放物線速度分布を得る．

$$u=\frac{1}{2\mu}\left(-\frac{\mathrm{d}p}{\mathrm{d}x}\right)\left(H^2-y^2\right)=\frac{3}{2}u_B\left(1-\left(\frac{y}{H}\right)^2\right) \tag{3.67}$$

ここで

$$u_B=\frac{1}{2H}\int_{-H}^{H}u\mathrm{d}y=\frac{H^2}{3\mu}\left(-\frac{\mathrm{d}p}{\mathrm{d}x}\right) \tag{3.68}$$

は断面平均速度(mean velocity）で，流入口の一様速度と一致する．壁応力 $\tau_w=-\mu\left(du/dy\right)\big|_{y=H}$ を式(3.67)より算出するとき，管摩擦係数(Moody friction factor) λ_f の関係式が求まる．

$$\lambda_f\equiv\frac{8\tau_w}{\rho {u_B}^2}=-\frac{2d_h}{\rho {u_B}^2}\frac{dp}{dx}=\frac{96}{Re_{d_h}} \tag{3.69}$$

ここで，レイノルズ数の代表長さとして水力直径(hydraulic diameter)，すなわち「断面積を周長で除した値の 4 倍」（ここでは $d_h=4H$）を用いている．なお，ファニングの摩擦係数(Fanning friction factor) $C_f\equiv 2\tau_w/\rho {u_B}^2$ は $C_f=\lambda_f/4$ の関係にある．

(b) 円管内の流れ(flow in a circular tube)

図 3.12(b)に示す直径 $d=2R$ の円管内の十分に発達した流れ(fully-developed flow in a circular tube)について，同様の手続きを採ると，式(3.59) より

$$\frac{1}{r}\frac{\mathrm{d}}{\mathrm{d}r}\left(r\frac{\mathrm{d}u}{\mathrm{d}r}\right)=-\frac{1}{\mu}\left(-\frac{\mathrm{d}p}{\mathrm{d}x}\right) \tag{3.70}$$

これを積分し，ハーゲン・ポアズイユ流れ(Hagen-Poiseuille flow)と呼ばれる放物線速度分布の結果を得る．

$$u=\frac{1}{4\mu}\left(-\frac{\mathrm{d}p}{\mathrm{d}x}\right)\left(R^2-r^2\right)=2u_B\left(1-\left(\frac{r}{R}\right)^2\right) \tag{3.71}$$

ここで断面平均速度は

$$u_B = \frac{1}{\pi R^2}\int_0^R 2\pi r u \mathrm{d}r = \frac{R^2}{8\mu}\left(-\frac{\mathrm{d}p}{\mathrm{d}x}\right) \tag{3.72}$$

また $\tau_w = -\mu\left(\mathrm{d}u/\mathrm{d}r\right)\big|_{y=R}$ を式 (3.71) より算出し，管摩擦係数 λ_f を求めると，

$$\lambda_f \equiv \frac{8\tau_w}{\rho {u_B}^2} = -\frac{2d}{\rho {u_B}^2}\frac{\mathrm{d}p}{\mathrm{d}x} = \frac{64}{Re_d} \tag{3.73}$$

上式が示す壁応力と圧力勾配の関係 $2\pi R\tau_w = \pi R^2\left(-\mathrm{d}p/\mathrm{d}x\right)$ は，式(3.70)の両辺に $2\pi r$ を乗じた後 0 から R まで積分すると得られる「周長×壁摩擦＝断面積×単位軸長当りの圧力降下」という力学バランスの関係と同じである．

3・3・2　十分に発達した温度場 (fully-developed temperature field)

流路の下流で実現される十分に発達した温度場(fully-developed temperature field)とは，図 3.13 に示すような合同または相似な分布を有する温度場を意味する．すなわち，適当な参照温度差（x の関数であって良い）で無次元化した無次元温度分布が，十分下流において軸座標 x に依存しない温度場を意味する． 管内流において，参照温度差としては，通常，壁温 T_w と流体の混合平均温度(bulk mean temperature) T_B との差をとる．混合平均温度は，注目する流路断面における流体温度を代表する温度であり，次式で定義される．

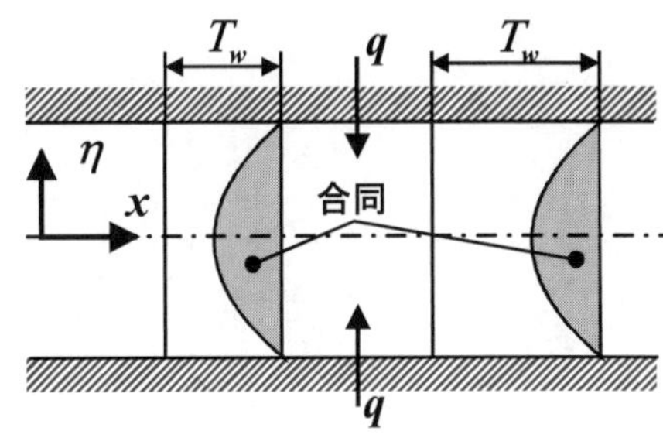

(a) 等熱流束壁

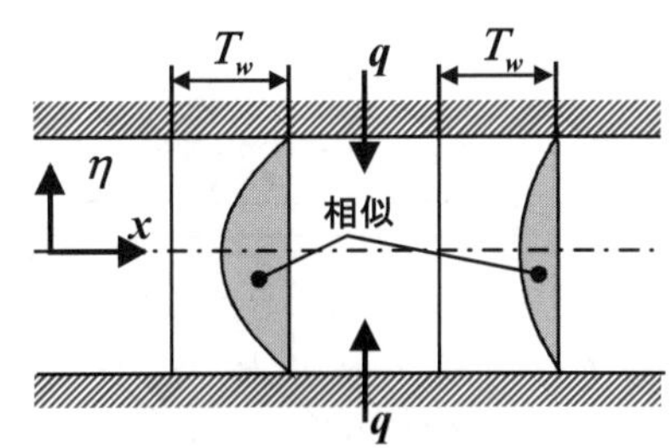

(b) 等温壁

図 3.13　十分に発達した温度場

$$T_B\left(x\right) \equiv \frac{\int_A \rho c_p uT\ \mathrm{d}A}{\int_A \rho c_p u\ \mathrm{d}A} = \frac{\int_A uT\ \mathrm{d}A}{u_B A} \tag{3.74}$$

すなわち，混合平均温度とは，注目するその流路断面 A を一定時間に通過する流体を抽出し，断熱的に混合するものと考えたときの温度である．物性値が一定であれば右辺第二式の表現に簡略化できる．

参照温度差を壁温と混合平均温度の差に選ぶとき，十分に発達した温度場の温度分布は以下のように表現できる．

$$\frac{T - T_w}{T_B - T_w} = \theta(\eta) \tag{3.75}$$

ここで無次元温度分布 θ は無次元変数 η のみの関数である．なお，無次元変数 η は平面座標および円筒座標において，

$$\eta = \frac{y}{H} \quad \text{および} \quad \eta = \frac{r}{R} \tag{3.76}$$

と定義し，図 3.13 に示すように，その原点を流路の中心にとる．温度分布が合同または相似であるから，$L_{ref} = H$ または R とすると

$$h = \frac{q}{\left(T_w - T_B\right)} = \left(k\frac{\left(T_B - T_w\right)}{L_{ref}}\theta'\left(1\right)\right)\Big/\left(T_w - T_B\right) = -\theta'\left(1\right)\frac{k}{L_{ref}} \tag{3.77}$$

ここで θ' のプライム “′” は η に関する常微分を表す．上式より，

$$Nu_{L_{ref}} = \frac{hL_{ref}}{k} = -\theta'\left(1\right) \tag{3.78}$$

となる．したがって， 十分に発達した温度場とは，熱伝達率またはヌセルト数が軸座標 x に依存しない温度場と解釈することができる．すなわち，条件 $\partial\theta/\partial x = 0$ を満たすから，式(3.75)を用いれば，十分に発達した温度場では，

以下の関係が成立することがわかる．

$$\frac{\partial T}{\partial x}=\frac{\mathrm{d}T_B}{\mathrm{d}x}\theta(\eta)+\frac{\mathrm{d}T_w}{\mathrm{d}x}(1-\theta(\eta)) \tag{3.79}$$

ところで，壁面の加熱（または冷却）に関しては，二種類の漸近的境界条件，すなわち，**等熱流束壁条件**(constant wall heat flux)と**等温壁条件**(constant wall temperature)が考えられる．実際に実現されるすべての**熱境界条件** (thermal boundary condition)は，この二種類の漸近的境界条件の間にあるものと考えられる．そこで，以下の議論では，この二種類の漸近的境界条件の下で十分に発達した温度場を考える．ここでは，流体を加熱する場合（$T_w > T_B$）を想定するが，冷却の場合（$T_w < T_B$）でも得られる結果は数学的に等値であり，そのまま適用できる．

3・3・3 等熱流束壁加熱下の温度場 (fully-developed temperature field for the case of constant wall heat flux)

まず，等熱流束壁条件を考える．等熱流束壁下の十分に発達した温度場では，qおよびhが一定であるから，ニュートンの冷却法則$q=h(T_w-T_B)$より温度差(T_w-T_B)も一定となる．したがって，十分に発達した温度場の式(3.79)より，

$$\frac{\partial T}{\partial x}=\frac{\mathrm{d}T_B}{\mathrm{d}x}=\frac{\mathrm{d}T_w}{\mathrm{d}x} \tag{3.80}$$

すなわち，図3.14(a)に示すように，等熱流束壁下の十分に発達した温度場においては管断面の温度がその差を一定に保って一様に増加していく．

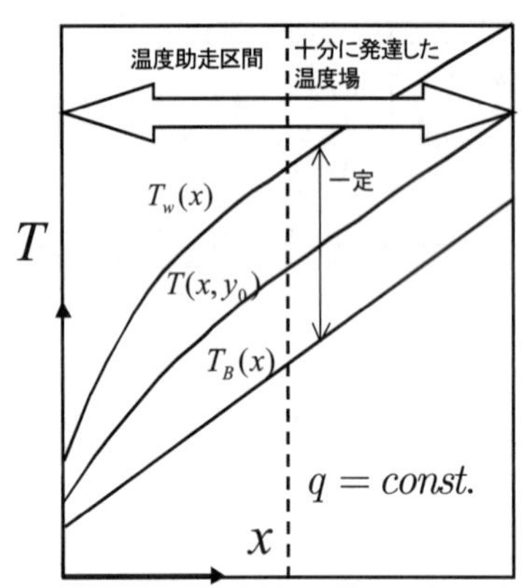

(a) 等熱流束壁条件

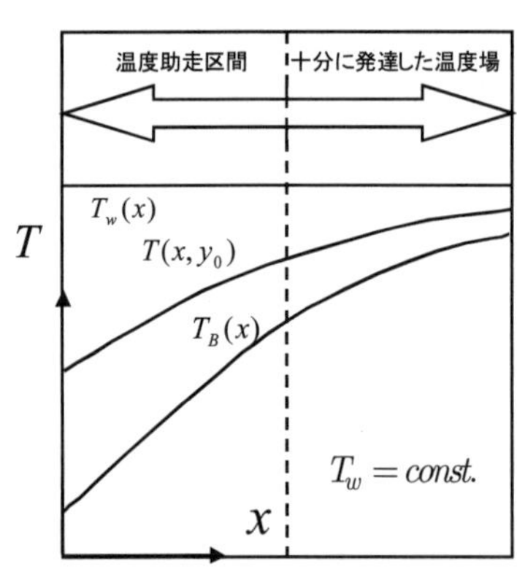

(b) 等温壁条件

図3.14 管路内の温度変化

(a) 平行平板

式(3.64)に留意し，エネルギーの式（3.43）を書くと，

$$\rho c_p u\frac{\partial T}{\partial x}=\frac{\partial}{\partial x}(\rho c_p uT)=k\frac{\partial^2 T}{\partial y^2} \tag{3.81}$$

これを，対称性に留意し，流路の上半分$y=0\sim H$にわたり積分すると，混合平均温度の定義式(3.74)より，

$$H\frac{\mathrm{d}}{\mathrm{d}x}(\rho c_p u_B T_B)=k\left.\frac{\partial T}{\partial y}\right|_{y=H}=q \tag{3.82a}$$

すなわち

$$\frac{\mathrm{d}T_B}{\mathrm{d}x}=\frac{q}{\rho c_p u_B H} \tag{3.82b}$$

式(3.80)に留意し，これを式(3.81)に代入すると，

$$\frac{u}{u_B}=\frac{kH}{q}\frac{\partial^2 T}{\partial y^2}$$

速度分布に式(3.67)を用い，式(3.75)で定義する無次元温度に書き換えると，

$$\frac{3}{2}(1-\eta^2)=-\frac{1}{Nu_H}\theta'' \tag{3.83}$$

これを境界条件

$$\eta=0\ :\ \theta'=0 \tag{3.84a}$$

$$\eta=1\ :\ \theta=0 \tag{3.84b}$$

の下で積分し，以下の温度分布を得る．

$$\theta = \frac{T - T_w}{T_B - T_w} = \frac{Nu_H}{8}\left(5 - 6\eta^2 + \eta^4\right) \tag{3.85}$$

さらに混合平均温度の定義式(3.74)を無次元温度分布および無次元速度分布を用いて書くと，

$$\int_0^1 \theta\left(\frac{u}{u_B}\right)\mathrm{d}\eta = \int_0^1 \frac{Nu_H}{8}\left(5 - 6\eta^2 + \eta^4\right)\frac{3}{2}\left(1 - \eta^2\right)\mathrm{d}\eta = 1 \tag{3.86}$$

積分を実行して，ヌセルト数について解くと

$$Nu_H = \frac{35}{17} \quad \text{または} \quad Nu_{d_h} = 8.24 \tag{3.87}$$

ここで $d_h = 4H$ に対応する．

(b) 円管

式(3.64)に留意し，エネルギーの式(3.60)を書くと，

$$\rho c_p u \frac{\partial T}{\partial x} = \frac{\partial}{\partial x}\left(\rho c_p u T\right) = k\frac{1}{r}\frac{\partial}{\partial r}\left(r\frac{\partial T}{\partial r}\right) \tag{3.88}$$

これに $2\pi r$ を乗じ $r = 0 \sim R$ まで積分する．混合平均温度の定義式(3.74)より，

$$\pi R^2 \frac{\mathrm{d}}{\mathrm{d}x}\left(\rho c_p u_B T_B\right) = 2\pi R\left(k\left.\frac{\partial T}{\partial r}\right|_{r=R}\right) = 2\pi R q \tag{3.89a}$$

これは「周長×熱流束＝単位軸長当りのエンタルピー増加」という熱バランスの関係に一致する．上式より，

$$\frac{\mathrm{d}T_B}{\mathrm{d}x} = \frac{2\pi R q}{c_p \dot{m}} = \frac{2q}{\rho c_p u_B R} \tag{3.89b}$$

式(3.80)に留意し，これを速度分布式(3.71)と共に式(3.88)に代入し，無次元温度を用いて整理すると，

$$2\left(1 - \eta^2\right) = -\frac{1}{2Nu_R}\frac{\left(\eta\theta'\right)'}{\eta} \tag{3.90}$$

これを境界条件

$$\eta = 0 : \theta' = 0 \tag{3.91a}$$

$$\eta = 1 : \theta = 0 \tag{3.91b}$$

の下で積分し，以下の温度分布を得る．

$$\theta = \frac{T - T_w}{T_B - T_w} = \frac{Nu_R}{4}\left(3 - 4\eta^2 + \eta^4\right) \tag{3.92}$$

さらに，混合平均温度の定義式(3.74)を無次元温度分布および無次元速度分布を用いて書き，

$$2\int_0^1 \theta\left(\frac{u}{u_B}\right)\eta\,\mathrm{d}\eta = 2\int_0^1 \frac{Nu_R}{4}\left(3 - 4\eta^2 + \eta^4\right)2\left(1 - \eta^2\right)\eta\,\mathrm{d}\eta = 1 \tag{3.93}$$

積分を実行し，ヌセルト数を求めると，

$$Nu_R = \frac{24}{11} \quad \text{または} \quad Nu_d = 4.36 \tag{3.94}$$

等熱流束壁条件下の平行平板間および円管内における十分に発達した流れの温度分布を，式(3.85)および(3.92)に基づき，図 3.15 に示す．なお，式(3.78)より知れるように，壁面での無次元温度勾配はヌセルト数に対応している．

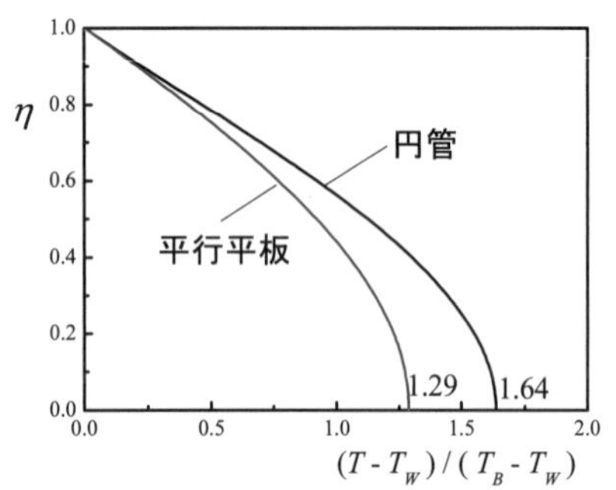

図 3.15 等熱流束壁条件下で十分に発達した温度分布

表 3.2 ヌセルト数の漸近値（代表寸法：水力直径）

加熱条件	平行平板	円管
等熱流束	8.24	4.36
等温	7.54	3.66

3・3・4 等温壁加熱下の温度場 (fully-developed temperature field for the case of constant wall temperature)

等温壁下で十分に発達した温度場は図 3.13(b)に示すような相似性を示す．一般に等温壁下の解析は等熱流束壁下の解析より難しい．このことは十分発達した温度場に関する式(3.79)から得られる次式からも明らかであろう．

$$\frac{\partial T}{\partial x}=\frac{\mathrm{d}T_B}{\mathrm{d}x}\theta(\eta) \tag{3.95}$$

すなわち，等温壁下で十分に発達した温度場の勾配 $\partial T/\partial x$ は断面において一定でなく，図 3.14(b)に概略を示すように変化する．以下に等温壁下の平行平板および円管内の温度分布とヌセルト数を求める．

(a) 平行平板

式(3.95)を平行平板間のエネルギーの式(3.81)に代入すると，

$$\rho c_p u\frac{\mathrm{d}T_B}{\mathrm{d}x}\theta=k\frac{\partial^2 T}{\partial y^2} \tag{3.96}$$

これに，式（3.82b）および(3.67)を代入し，

$$\frac{3}{2}\left(1-\eta^2\right)\theta=-\frac{1}{Nu_H}\theta'' \tag{3.97}$$

この種の常微分方程式を解くには，ルンゲ・クッタ法などによる数値積分を用いればよい． 未知であるヌセルト数 Nu_H の値を適当に予測し境界条件式(3.84)の下で数値積分する． その温度分布の結果が混合平均温度に関する定義式(3.74)，すなわち，

$$\int_0^1\theta\left(\frac{u}{u_B}\right)\mathrm{d}\eta=\int_0^1\frac{3}{2}\left(1-\eta^2\right)\theta\,\mathrm{d}\eta=1 \tag{3.98}$$

を満たすように，ニュートン法などに基づきヌセルト数 Nu_H の予測値を修正していけばよい． この操作を繰り返し行うことで，次の収束値が得られる．

$$Nu_H=1.89 \quad \text{または} \quad Nu_{d_h}=7.54 \tag{3.99}$$

(b) 円管

円管においても同様に常微分方程式

$$2\left(1-\eta^2\right)\theta=-\frac{1}{2Nu_R}\frac{\left(\eta\theta'\right)'}{\eta} \tag{3.100}$$

を境界条件式（3.91）および混合平均温度の定義式(3.74)

$$2\int_0^1\theta\left(\frac{u}{u_B}\right)\eta\,\mathrm{d}\eta=2\int_0^1 2\left(1-\eta^2\right)\eta\theta\,\mathrm{d}\eta=1 \tag{3.101}$$

を用いて決定することができる．

$$Nu_R=1.83 \quad \text{または} \quad Nu_d=3.66 \tag{3.102}$$

以上の結果より，平行平板間と円管のいずれの場合においても，また，等熱流束壁下と等温壁下のいずれの場合においても，Nu_H および Nu_R が 2 程度の値を取ることに気づく．これは熱境界条件の違いが無次元温度分布 $\theta(\eta)$ の形にあまり影響を与えないことを示しており，実際の見積もりをする上で都合がよい．

【例題 3・3】　＊＊＊＊＊＊＊＊＊＊＊＊＊＊＊＊＊＊＊＊＊＊＊
内径 6 cm の円管に水が流量 0.01 kg/s で流入し，外部から一定の熱流束 1 kW/m^2 で加熱されている．入口の水温を 20 ℃とすると，6 m 先の円管内壁の温度は何度になるか．水の物性値を $\mu = 7\times10^{-4}$ Pa・s，$k = 0.6$ W/m・K，$c_p = 4.2$ kJ/(kg・K) とする．

【解答】レイノルズ数を算出すると，

$$Re_d = \frac{u_B d}{\nu} = \frac{4\dot{m}}{\pi\mu d} = \frac{4\times0.01}{3.14\times7\times10^{-4}\times0.06} = 303 < 2300 \qquad \text{(ex 3.2)}$$

したがって，層流であり，助走区間は式（3.63a）より，

$$L_T = 0.05 Re_d \frac{\mu c_p}{k} d = 0.05\times303\times4.9\times0.06 = 4.45\ \text{m} < 6\ \text{m} \qquad \text{(ex 3.3)}$$

すなわち，6 m 先では十分発達した温度場が形成されている．式(3.94)および(3.89b)より，

$$\begin{aligned} T_w(x) &= T_B(x) + \frac{qd}{kNu_d} = T_B(0) + \frac{\pi dqL}{c_p\dot{m}} + \frac{qd}{kNu_d} \\ &= 20 + \frac{3.14\times0.06\times1000\times6}{4200\times0.01} + \frac{1000\times0.06}{0.6\times4.36} = 70\ ℃ \end{aligned} \qquad \text{(ex 3.4)}$$

＊＊＊＊＊＊＊＊＊＊＊＊＊＊＊＊＊＊＊＊＊＊＊

3・3・5　助走区間の熱伝達 (convective heat transfer within a thermal entrance region)

加熱開始点における速度場の発達状況に応じて，二つの典型的な場合が考えられる．すなわち，加熱開始点ですでに流れが十分に発達している場合と，加熱開始点で流れが全く発達せずに一様流で流入する場合である．以下では，等温壁条件で加熱されるものとし，この二つの場合を考察してみる．

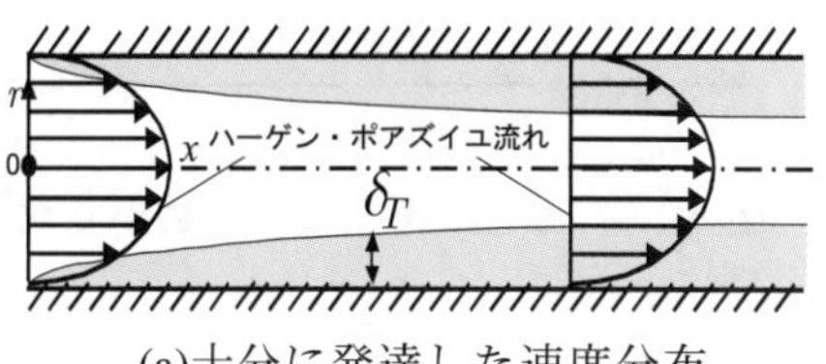

(a)十分に発達した速度分布
（グレツ問題，高プラントル数）

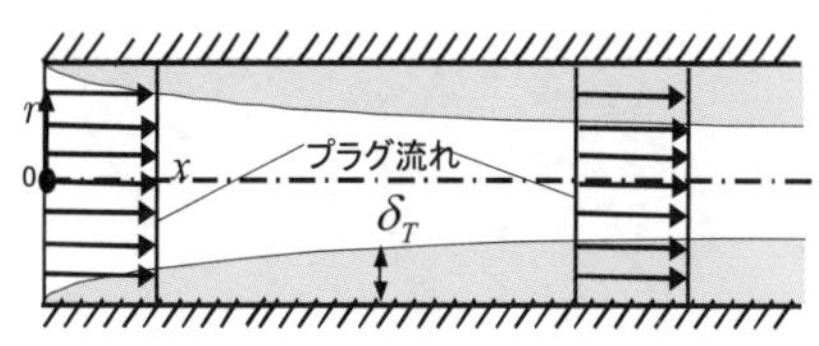

(b)一様な速度分布
（プラグ流，低プラントル数）

図 3.16　温度助走区間問

(a) 十分に発達した流れの場合（$Pr >> 1$ の場合）

図 3.16(a)に示す最初のケース，すなわち，入口から十分下流の等温加熱開始点でハーゲン・ポアズイユ流れを想定する**円管路温度助走区間**(thermal entrance region in a circular tube)の解析は，**グレツ問題**(Graetz problem）と呼ばれ，グレツやヌセルトをはじめ多くの研究者の興味を引いた．プラントル数が非常に大きい場合は，温度境界層の発達に比べ速度境界層の発達が極めて早い．したがって，円管入口から加熱が開始されたとしても，温度助走区間の長さに比して速度助走区間は無視しうる程短く，温度助走区間全域で十分に発達した速度場にあると考えて支障ない．すなわち，グレツ問題の解はプラントル数が非常に大きい場合の解をも包含すると考えてよい．グレツ問題におけるエネルギーの式および境界条件は，式(3.88)および(3.71)より，

$$\rho c_p 2u_B\left(1-\left(\frac{r}{R}\right)^2\right)\frac{\partial T}{\partial x} = k\frac{1}{r}\frac{\partial}{\partial r}\left(r\frac{\partial T}{\partial r}\right) \qquad (3.103)$$

$$x = 0: \quad T(r,0) = T_0 \qquad (3.104a)$$

$$x > 0: \quad T(R,x) = T_w \qquad (3.104b)$$

これを無次元化し，

$$\frac{\partial T^*}{\partial x^*} = \frac{2}{\eta\left(1-\eta^2\right)}\frac{\partial}{\partial \eta}\left(\eta \frac{\partial T^*}{\partial \eta}\right) \quad (3.105)$$

$$T^*(\eta, 0) = 1,\ T^*(1, x^*) = 0 \quad (3.106)$$

ここで

$$T^* = \frac{T - T_w}{T_0 - T_w} \quad (3.107a)$$

$$\eta = \frac{r}{R} \quad (3.107b)$$

$$x^* = \frac{(x/d)}{Re_d Pr} = \frac{(x/d)}{Pe_d} \quad (3.107c)$$

無次元座標 x^* の逆数（または x^* そのもの）をグレツ数(Graetz number)と呼ぶ．偏微分方程式（3.105）は変数分離法を用い解くことができる． 我々が注目する局所ヌセルト数(local Nusselt number) $Nu_d = hd/k$ は無限級数の形で求まり，その漸近解は以下で与えられる．

$$Nu_d(x^*) \cong 1.08x^{*-1/3} \qquad x^* < 0.01 \quad (3.108a)$$

$$Nu_d(x^*) \cong 3.66 \qquad x^* > 0.05 \quad (3.108b)$$

すなわち，図 3.17 に示すように，局所ヌセルト数は下流に向かうにしたがい減少し，十分発達した温度場に対応する値 3.66 に漸近していく．

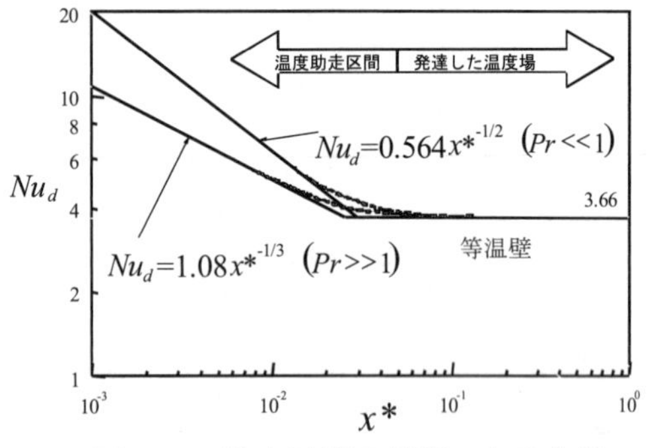

図 3.17 助走区間の局所ヌセルト数

なお，等熱流束壁条件下で同様の解析を行い，漸近解を求めると以下を得る．

$$Nu_d(x^*) = 1.30x^{*-1/3} \qquad x^* < 0.01 \quad (3.109a)$$

$$Nu_d(x^*) \cong 4.36 \qquad x^* > 0.05 \quad (3.109b)$$

(b) 一様流の場合（$Pr << 1$の場合）

図 3.16(b)に示す，いまひとつの漸近的状況，すなわち，一様流（プラグ流れ）で入口から流入した流体がその下流においても，一様な速度場を保つ場合を考えよう．これはプラントル数が非常に小さい場合に対応する．すなわち，温度境界層の発達に比べ速度境界層の発達が極めて遅いので，速度分布は管断面上で一様（$u/u_B = 1$）とみなしうる．この問題は，低温の固体棒がぴったりと高温壁に接しながら一定速度で押されながら加熱される場合の熱伝導問題と同じであり，以下の漸近解が得られる．

$$Nu_d(x^*) = 0.564x^{*-1/2} \qquad x^* < 0.01 \quad (3.110)$$

すなわち，低プラントル数流体の場合，局所ヌセルト数は，加熱開始点下流で（高プラントル数流体の場合よりも急激に） $\sqrt{x^*}$ に逆比例し減少していく．

3・4　物体まわりの強制対流層流熱伝達 (laminar forced convection from a body)

3・4・1　水平平板からの強制対流層流熱伝達 (laminar forced convection from a flat plate at zero incidence)

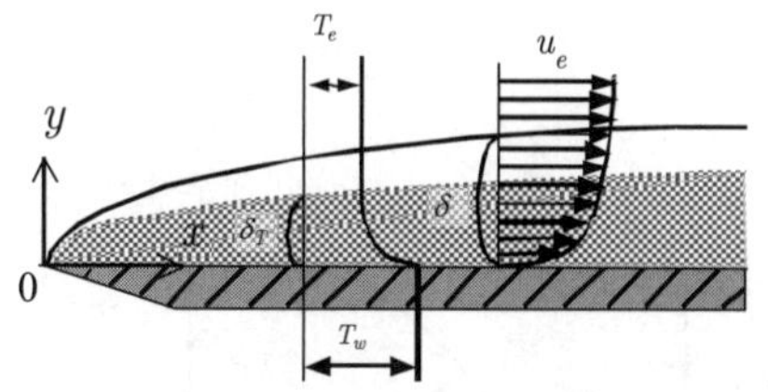

図 3.18　平板に発達する境界層

次に外部流れの基本である水平平板からの強制対流層流熱伝達(laminar forced convection from a flat plate)を考える．図 3.18 に示すように，一様な速度 u_e で流れる温度 T_e の流体中に，一定の壁温 T_w に加熱された平板が流れに平行に置かれている．平板の温度が流体温度より低い冷却平板の場合も全く同様に議論できる．この問題は，ラジエータのフィンからの放熱のモデルとして，実際の放熱設計の観点からも重要視されている．一般に，境界層外縁速度 u_e および板の長さ L に基づくレイノルズ数が $Re_L = u_e L/\nu < 5\times10^5$ の範囲にあれば，平板の大部分の領域は層流状態にあると考えてよい．

境界層外縁速度 u_e は一定で圧力勾配はゼロであるから，式(3.41)～(3.43)より，支配方程式は以下で与えられる．

$$\frac{\partial u}{\partial x}+\frac{\partial v}{\partial y}=0 \tag{3.111}$$

$$u\frac{\partial u}{\partial x}+v\frac{\partial u}{\partial y}=\nu\frac{\partial^2 u}{\partial y^2} \tag{3.112}$$

$$u\frac{\partial T}{\partial x}+v\frac{\partial T}{\partial y}=\alpha\frac{\partial^2 T}{\partial y^2} \tag{3.113}$$

また，境界条件は以下で与えられる．

$$y=0:\quad u=v=0,\ T=T_w \tag{3.114a}$$

$$y=\infty:\quad u=u_e,\ T=T_e \tag{3.114b}$$

ここで，次の変数変換を導入する．

$$\eta=\frac{y}{\sqrt{\nu x/u_e}},\quad f(\eta)=\frac{\psi}{\sqrt{\nu x u_e}},\quad \theta(\eta)=\frac{T-T_e}{T_w-T_e} \tag{3.115}$$

これらの変数を用いることで，偏微分方程式（3.112）および（3.113）を次の常微分方程式に変換することができる．

$$f'''+\frac{1}{2}f''f=0 \tag{3.116}$$

$$\frac{1}{Pr}\theta''+\frac{1}{2}f\theta'=0 \tag{3.117}$$

ここで f'' や θ' のプライム“′”は η に関する常微分を示す．変換後の境界条件は

$$\eta=0:\quad f=f'=0,\ \theta=1 \tag{3.118a}$$

$$\eta=\infty:\quad f'=1,\ \theta=0 \tag{3.118b}$$

なお，ψ は流れ関数(stream function)と呼ばれ，以下で定義される．

$$u=\frac{\partial\psi}{\partial y},\quad v=-\frac{\partial\psi}{\partial x} \tag{3.119}$$

これらを連続の式(3.111)の左辺に代入すると，これを自動的に満たすことが

わかる．したがって，流れ関数ψを導入すれば，連続の式は考えなくて済む．式(3.116)および(3.117)のように，独立変数ηに関する常微分方程式に変換することができるということは，速度分布および温度分布が“相似”，すなわち，$\eta = y/\sqrt{\nu x/u_e} \sim y/\delta$で表示するとき，異なる$x$地点の速度分布および温度分布が完全に重なることを意味する．

強制対流の解析では，最初に，速度場を決定した後，温度場を決定すればよい．ブラジウス(Blasius)により速度分布が，ポールハウゼン(Pohlhausen)により温度分布が，それぞれ解析的に求められている．ただし，一般には，ルンゲ・クッタ法などにより数値解を求める方が容易であろう．無次元流れ関数$f(\eta)$が判明すれば，流れ関数の定義式(3.119)より，各速度成分を次のように算出することができる．

$$u = u_e f' \tag{3.120a}$$

$$v = \frac{u_e}{2Re_x^{1/2}}(\eta f' - f) \tag{3.120b}$$

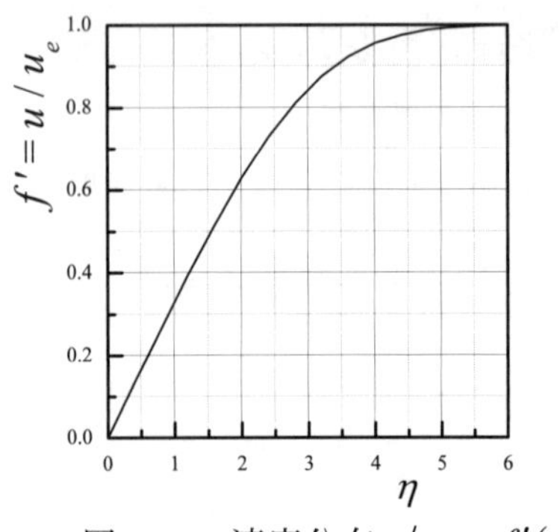

図 3.19　速度分布 $u/u_e = f'(\eta)$

無次元速度分布$u/u_e = f'(\eta)$を図 3.19 に示す．図より$\eta = y/\sqrt{\nu x/u_e} \cong 5$で$u \cong u_e$とみなしうることがわかる．したがって速度境界層厚さは

$$\delta \cong 5\sqrt{\nu x/u_e} = 5x/\sqrt{Re_x} \tag{3.121}$$

で概算できる．ここで，

$$Re_x = u_e x/\nu \tag{3.122}$$

は局所レイノルズ数(local Reynolds number)である．また局所摩擦係数(local friction coefficient)は以下で与えられる．

$$C_{f_x} \equiv \frac{2\tau_w}{\rho {u_e}^2} = \frac{2}{\rho {u_e}^2}\mu\left.\frac{\partial u}{\partial y}\right|_{y=0} = \frac{2f''(0)}{Re_x^{1/2}} = \frac{0.664}{Re_x^{1/2}} \tag{3.123}$$

平均摩擦係数(average skin friction coefficient)は，板の全長Lにわたり壁摩擦（$\tau_w \propto x^{-1/2}$）を積分し求める．

$$\overline{C}_f \equiv \left(\frac{2}{\rho {u_e}^2}\right)\frac{1}{L}\int_0^L \tau_w dx = \frac{1.328}{Re_L^{1/2}} \tag{3.124}$$

一方，温度分布は式（3.117）を境界条件式(3.118)の下に積分して求める．

$$\theta = 1 - \frac{\int_0^\eta \exp\left(-\frac{Pr}{2}\int_0^\eta f d\eta\right) d\eta}{\int_0^\infty \exp\left(-\frac{Pr}{2}\int_0^\eta f d\eta\right) d\eta} \tag{3.125}$$

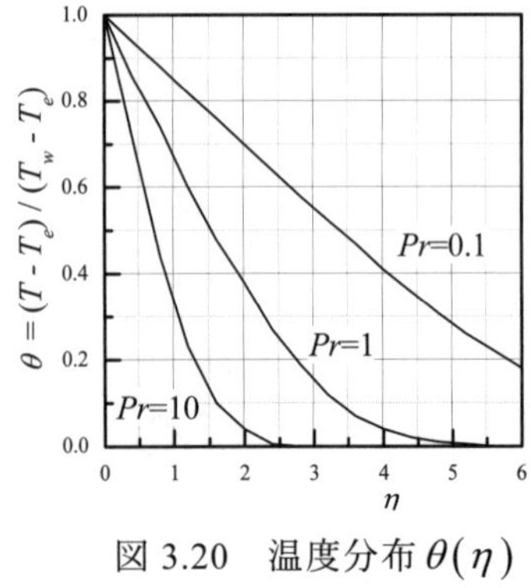

図 3.20　温度分布 $\theta(\eta)$

式(3.116)を解いて求めた無次元流れ関数$f(\eta)$の結果を上式に代入し，さらに積分することで温度分布を決定することができる．図 3.20 に温度分布を示す．Prが小さくなるにつれ温度境界層は厚くなっている．無次元温度分布$\theta(\eta)$が判明すれば，熱流束$q_w = -k\left.\frac{\partial T}{\partial y}\right|_{y=0} = -\frac{k(T_w - T_e)}{\sqrt{\nu x/u_e}}\theta'(0)$が決定できるから，注目する局所ヌセルト数は次式で算出することができる．

$$Nu_x \equiv \frac{q_w x}{(T_w - T_e)k} = -\theta'(0) Re_x^{1/2} \tag{3.126}$$

式(3.125)より明らかなように，係数$-\theta'(0)$はプラントル数Prの関数となる．特に，$Pr \cong 1$（気体）のとき，温度分布と速度分布は同形となり，

$$Nu_x \left(= C_{fx} Re_x / 2\right) = 0.332\, Re_x^{1/2} \quad (Pr = 1) \tag{3.127}$$

が成立する．実用上は，広範囲のプラントル数の結果を充分な精度で近似可能な次式を用いればよい．

$$Nu_x = 0.332\, Re_x^{1/2} Pr^{1/3} \quad (0.5 < Pr < 15) \tag{3.128}$$

また，平均ヌセルト数は次式で算出できる．

$$\overline{Nu_L} \equiv \frac{\bar{h}L}{k} = \frac{\int_0^L q_w \mathrm{d}x}{(T_w - T_e)k} = 0.664\, Re_L^{1/2} Pr^{1/3} \quad (0.5 < Pr < 15) \tag{3.129}$$

なお，式(3.57)より$Nu_x \sim x/\delta_T$，同様に$C_{fx} Re_x / 2 = \tau_w x / \mu u_e \sim x/\delta$の関係にあることから，式(3.128)と(3.123)の比較より，プラントル数と境界層厚さの比に関する次の関係が求まる．

$$\frac{\delta}{\delta_T} \cong Pr^{1/3} \tag{3.130}$$

以上，温度境界層と速度境界層が前縁から同時に始まる場合を考えたが，図 3.21 に示すように非加熱部が$0 \le x \le x_0$の平板先端に存在する場合も考えられる．このような場合の局所ヌセルト数の近似式として以下が知られている．

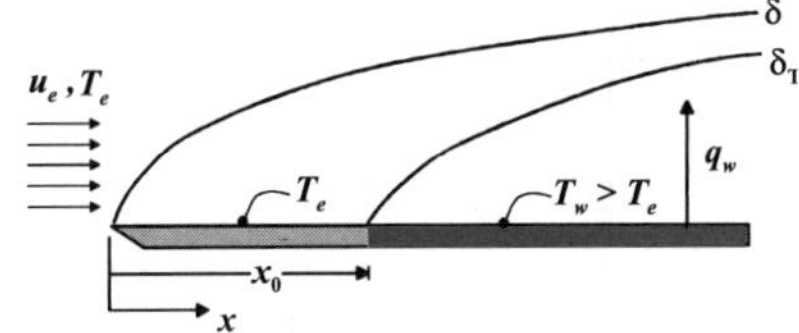

図 3.21 非加熱部が存在する場合

$$Nu_x / Re_x^{1/2} = \frac{0.332 Pr^{1/3}}{\left(1 - (x_0/x)^{3/4}\right)^{1/3}} \quad (x > x_0) \tag{3.131}$$

3・4・2 任意形状物体からの強制対流層流熱伝達 (laminar forced convection from a body of arbitrary shape)

二次元任意形状物体(two-dimensional body of arbitrary shape)の壁摩擦および等温壁からの熱伝達を予測する解析手法はいくつかあるが，ここでは最も汎用性を有する積分法(integral method)と考えられる Pohlhausen-Holstein-Bohlen による運動量の式の近似解，および Smith-Spalding によるエネルギーの式の近似解を示す．局所摩擦係数は次式で算出できる．

$$C_{f_x} Re_x^{1/2} / 2 = (2 + \Lambda)\left(\frac{1}{6\Lambda} \frac{\mathrm{d}\ln u_e}{\mathrm{d}\ln x}\right)^{1/2} \tag{3.132}$$

ここで形状係数$\Lambda(x)$は，任意の物体まわりの境界層流れについて，圧力測定または非粘性流れ（ポテンシャル流れ）の理論より得られる外縁速度分布$u_e(x)$を，次式に代入し決定する．

$$6\Lambda\left(\frac{148 - 8\Lambda - 5\Lambda^2}{1260}\right)^2 = 0.47\left(\frac{\mathrm{d}u_e}{\mathrm{d}x}\right)\frac{\int_0^x u_e^{5} \mathrm{d}x}{u_e^{6}} \tag{3.133}$$

また，局所ヌセルト数は，$u_e(x)$に応じて，以下で算出する．

$$Nu_x / Re_x^{1/2} = 0.332 Pr^{0.35}\left(\frac{u_e^{2.95 Pr^{0.07} - 1} x}{\int_0^x u_e^{2.95 Pr^{0.07} - 1} \mathrm{d}x}\right)^{1/2} \tag{3.134}$$

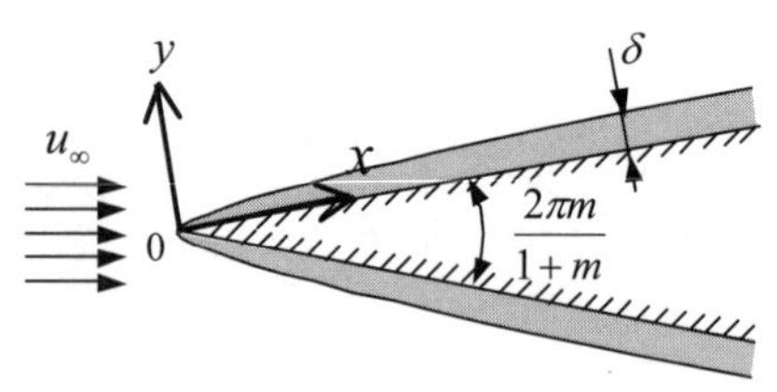

図 3.22　くさび流れ

(a) くさび流れ（Falkner-Skan 流れ）

図 3.22 に示す一様な速度場に置かれたくさび(wedge)面上の流れは Falkner-Skan 流れ(Falkner-Skan flow)と呼ばれ，圧力こう配が関与する基本的な境界層流れとして注目されてきた．ポテンシャル流れ理論によれば，くさび角 $2\pi m/(1+m)$ における境界層外縁速度は

$$u_e = C_u x^m \tag{3.135}$$

で与えられる．すなわち，$m = 0, 1/3, 1$ は，水平平板上の流れ，直角くさび上の流れ，よどみ流れ(stagnation flow)にそれぞれ対応している．なお，係数 C_u は有限長のくさびの下流圧力場に依存するため，実測に基づき決定する．このとき，式(3.133)の右辺は $0.47m/(1+5m)$ となるから，与えられた m に対して，この Λ に関する 5 次の代数式より Λ を決定すればよい．近似的には次式を用いて算出すればよい．

$$\Lambda = \frac{5.68m}{(1+5.5m)^{0.84}} \tag{3.136}$$

したがって，くさび流れの局所摩擦係数は式(3.132)より，

$$C_{f_x} Re_x^{1/2}/2 = 0.343(1+5.5m)^{0.42}\left(1+\frac{2.84m}{(1+5.5m)^{0.84}}\right) \tag{3.137}$$

また，等温くさび面における局所ヌセルト数は式(3.134)より，

$$Nu_x / Re_x^{1/2} = 0.332Pr^{0.35}\left(1+\left(2.95Pr^{0.07}-1\right)m\right)^{1/2} \tag{3.138}$$

なお，局所摩擦係数 C_{fx} や局所レイノルズ数 Re_x における u_e には，局所値 $u_e = C_u x^m$ を用いるものとする．この $C_{f_x} Re_x^{1/2}/2$ および $Nu_x / Re_x^{1/2}$ の結果を厳密解と共に図 3.23 および 3.24 に示す．

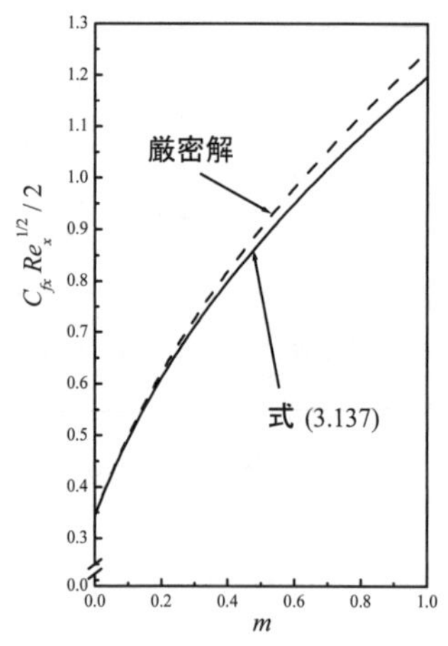

図 3.23　くさび流れの摩擦係数

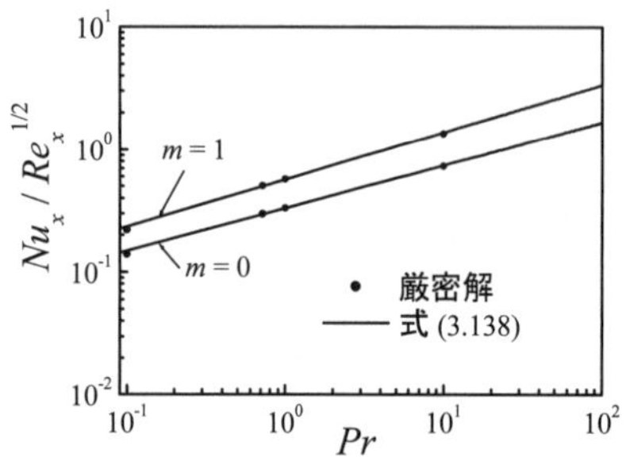

図 3.24　くさび流れのヌセルト数

(b) 円柱まわりの流れ

曲平面から成る物体まわりの流れにおいては，式(3.133)を用いて，流れがはく離する $\Lambda = -2$（式(3.132)より $C_{fx} = 0$）の地点まで計算を進行できる．一例として，図 3.25 に示すような流れに直交する円柱(circular cylinder)を取り上げよう．Hiemenz の円柱まわりの実験データ $u_e(x)$ を用いて式(3.132), (3.133) および(3.134)より算出した局所摩擦係数および等温壁の局所熱伝達率の結果を図 3.26，および 3.27 に厳密解(Smith-Clutter)，熱計測データ(Schmidt-Wenner) および摂動解(Chao)と共に示す．なお，特異点となる前方よどみ点 $x = 0$ においては，$m = 1$ となるから，式(3.137)および(3.138)を用い次のように算出する．

$$C_{f_x} Re_x^{1/2}/2 = 1.197 \tag{3.139a}$$

$$Nu_x / Re_x^{1/2} = 0.570\,Pr^{0.385} \tag{3.139b}$$

熱伝達率は前方よどみ点近傍でほぼ一定値をとり，下流で急激に減少する．

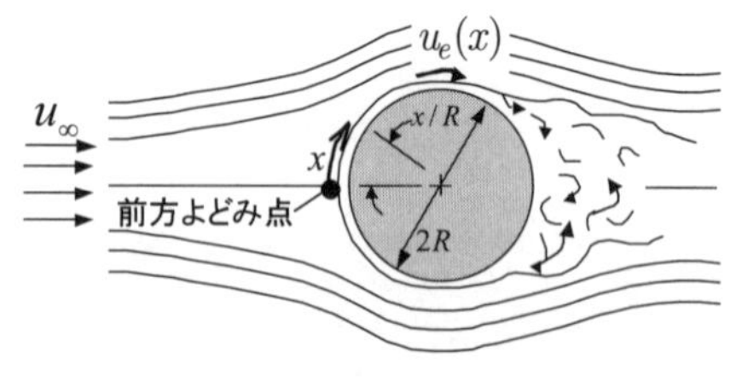

図 3.25　円柱まわりの流れ

【例題 3・4】　＊＊＊＊＊＊＊＊＊＊＊＊＊＊＊＊＊＊＊＊＊＊＊＊

風速10 m/s で温度 20 ℃の空気中に，壁温が100 ℃に保たれた直径12 mm の

円柱が流れに直交して置かれている．このとき，前方よどみ点近傍における熱流束はいくらか．なお，$Re_d = u_\infty d/\nu < 2\times10^5$であれば層流と考えてよい．また，空気の物性値を$\nu = 2\times10^{-5}\ \mathrm{m^2/s}$，$k = 0.0286\ \mathrm{W/(m\cdot K)}$，$Pr = 0.7$とする．

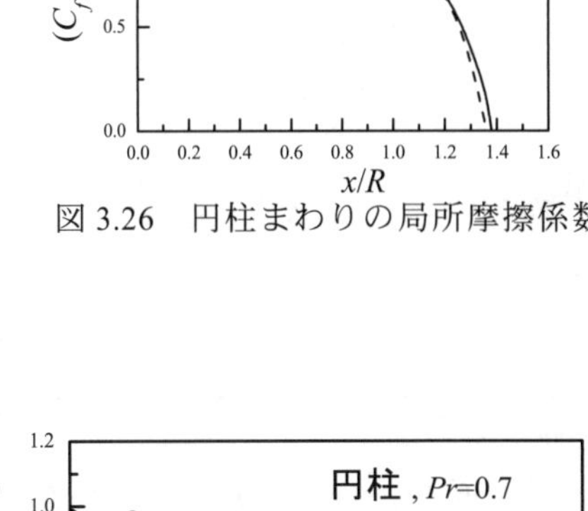

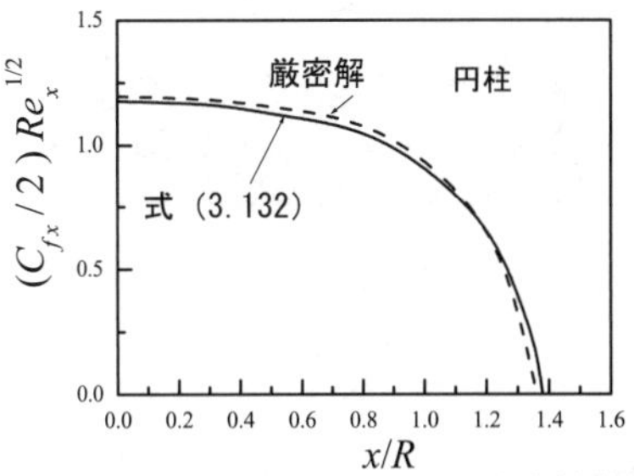

図 3.26　円柱まわりの局所摩擦係数

【解答】レイノルズ数を算出すると

$$Re_d = u_\infty d/\nu = 10\times0.012/2\times10^{-5} = 6000 < 2\times10^5$$

したがって，層流であり，式(3.139b)が適用できる．

$$Nu_x / Re_x^{1/2} = \left(\frac{hx}{k}\right) \Big/ \left(\frac{2u_\infty (x/R)x}{\nu}\right)^{1/2} = 0.570Pr^{0.385} \quad \text{(ex 3.5)}$$

なお，Re_x中の$u_e(x)$には円柱まわりのポテンシャル流れに基づく次の関係を用いている．

$$u_e(x) = 2u_\infty \sin(x/R) \cong 2u_\infty (x/R) \quad \text{(ex 3.6)}$$

したがって，前方よどみ点近傍における熱伝達率および熱流束はxに無関係に以下で与えられる．

$$h = 0.570Pr^{0.385}\left(\frac{2u_\infty R}{\nu}\right)^{1/2}\frac{k}{R} = 0.570\times0.7^{0.385}\times6000^{0.5}\times\frac{0.0286}{0.006} = 183\ \mathrm{W/(m^2\cdot K)} \quad \text{(ex 3.7)}$$

$$q = h(T_w - T_\infty) = 183\times(100-20) = 14.7\ \mathrm{kW/m^2} \quad \text{(ex 3.8)}$$

＊＊＊＊＊＊＊＊＊＊＊＊＊＊＊＊＊＊＊＊＊＊＊

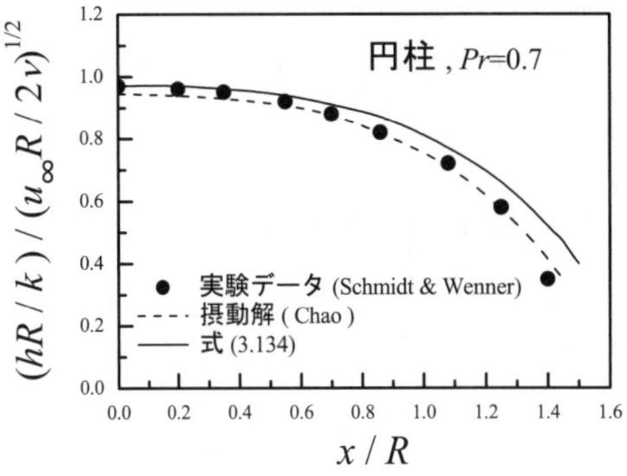

図 3.27　円柱まわりの局所熱伝達率

3・5　乱流熱伝達の概略 (introduction to turbulent convective heat transfer)

工業上遭遇する流れのほとんどが，速度および温度が不規則に変動する乱流である．したがって，**乱流対流熱伝達**(turbulent convective heat transfer)の見積もりは，工業的応用において決して避けては通れない重要な課題である．しかし，**不規則変動**(irregular fluctuations)を伴うために，その数学的取り扱いは層流に比して，格段と難しくなる．乱流には層流との比較において際立った違いがある．以下に乱流の主な特徴について列挙してみよう．

3・5・1　乱流の特徴 (distinctive features of turbulence)

乱流の基本的特徴の一つとして**運動量の混合**(momentum mixing)が挙げられる．これは層流であれば整然と流れるであろう流体塊に乱流変動が生じ，その速度が平均値のまわりで不規則な時間的変動を伴うことに起因する．この不規則変動は，流体が**渦塊**(eddies)として運動する形態に対応しており，その渦の空間的スケールと（変動の周期である）時間的スケールは，広く分布する．不規則変動の出現によって，速度が速い（高運動量の）流体塊は遅い（低運動量の）流体塊に運動量を分け与えることになる．その結果，図 3.28 に示すように平均速度分布の平坦化が起こる．例えば，円管内の十分に発達した層流の速度分布は，3·3·1 項で議論したように，放物線分布となるが，いったん，乱流に遷移すると，管断面内での運動量の混合が進み，管断面にわたりほぼ一様な平均速度分布に変化する．既に 3·3 節および 3·4 節で述べたが，層流を保つか，乱流に遷移するかは，レイノルズ数に依存する．初期乱れに

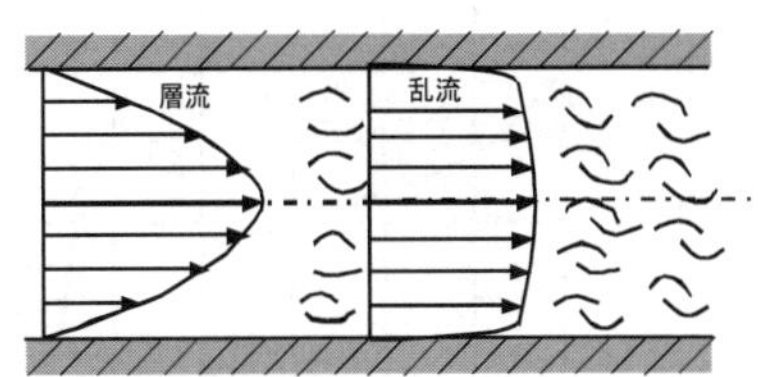

図 3.28　平均速度分布の平坦化

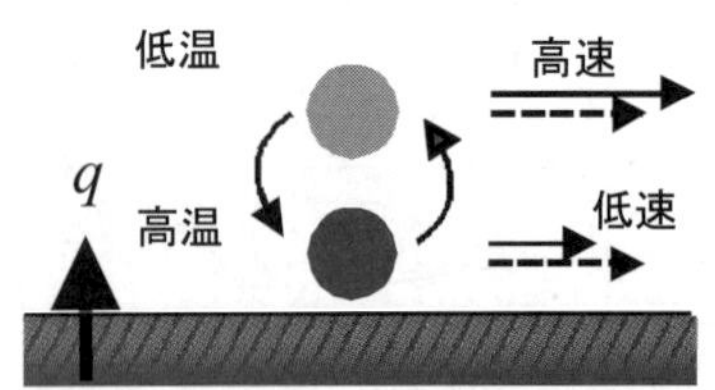

図 3.29　乱流混合

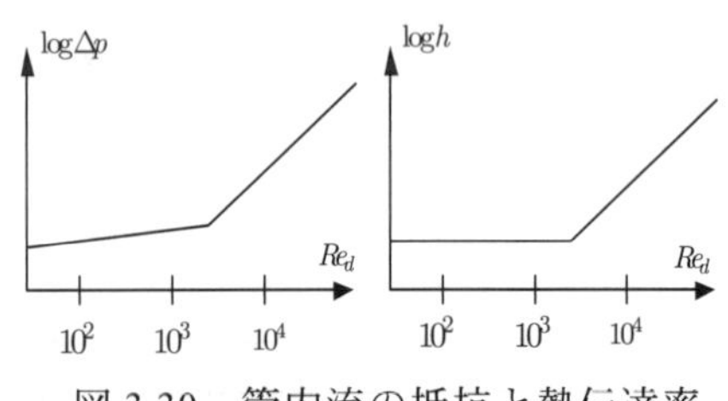

図 3.30　管内流の抵抗と熱伝達率

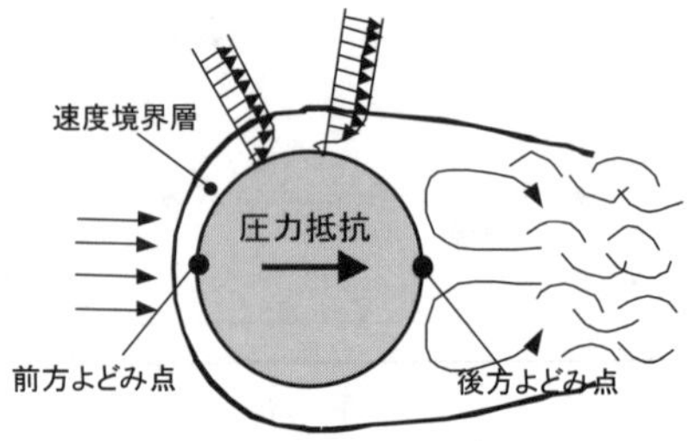

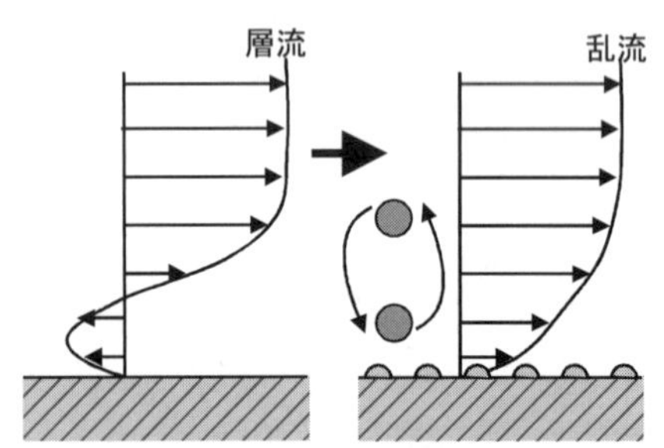

図 3.31　流れのはく離

層流　乱流

図 3.32　表面の凹凸の効果

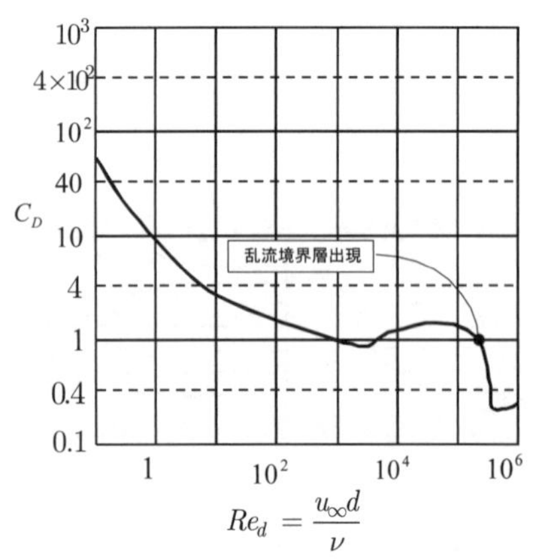

図 3.33　円柱の抗力係数

も依存するが，一般に，管内流では $Re_d > 2300$ で，平板境界層流れでは $Re_x > 5\times10^5$ となる下流で，乱流に遷移する．

乱流混合(turbulent mixing)が進むと，図 3.29 に示すように，壁近傍では低速の流体塊が高速の流体塊を捕らえることになる．この言わば“タックルの効果”で， 図 3.30 左に概略示すように，流動抵抗が飛躍的に増加する．事実，管内乱流においては粘性による摩擦より乱流混合による摩擦が管摩擦の大部分を占めている．また，加熱壁面近傍における乱流混合においては，加熱面から離れた低温流体塊と加熱面近傍の高温流体塊との混合が促進されるから，熱エネルギーの混合も盛んに行われることになる．その結果，図 3.30 右に示すように，熱伝達率も飛躍的に増加する．すなわち，管内流においては層流から乱流に遷移することで，圧力損失も熱伝達率も増大する．熱伝達率の増加は伝熱促進の観点からは好ましいが，圧力損失の増加は消費動力の増加につながることを忘れてはならない．

一方，乱流の発生により抵抗が軽減する場合がある．図 3.31 に示すような，一様な流れに置かれた円柱や球などの**鈍頭物体**（**非流線形物体**, blunt body）では，粘性境界層内の低運動量の流体塊が壁面の曲率変化に伴なう圧力上昇に負け，物体壁よりはがれてしまう．これを**流れのはく離**(flow separation) と言う．はく離点とは，逆流の開始点，すなわち壁面での速度こう配がゼロの地点として定義される．非粘性流れであれば**後方よどみ点**(rear stagnation point)で回復されるであろう圧力が回復されずに降下するため，大きな**圧力抵抗**(pressure drag)が発生する．

一般に円柱のような鈍頭物体においては，圧力抵抗が表面摩擦による**摩擦抵抗**(friction drag)より大きく，物体が受ける全抵抗の大部分を占める．そのため，流れのはく離を後方に追いやり，はく離部分を極力抑えることは，物体が受ける抵抗の軽減に大きく寄与する．図 3.32 に示すように，ゴルフボールに凹凸があるのは，粘性境界層内の流体塊の運動量が低下するのを乱流混合作用により抑え，壁からの流れのはく離を遅滞させるためである．例えば，流れに垂直に置かれた円柱を例にとると，層流時に**前方よどみ点**(front stagnation point)から 80° の位置に在ったはく離点が，乱流混合により 140° の位置へと追いやられる．当然，凹凸があることで摩擦抵抗は増すが，全抵抗の大部分を占める圧力抵抗が，はく離領域の縮小により軽減されるため，ゴルフボールの飛距離は飛躍的に伸びる．飛行機の翼の上面に配列されている**ボルテックス・ジェネレータ**(vortex generator)と呼ばれる突起列も同様の効果を有する．

一様な速度 u_∞ の流れに垂直に置かれた円柱の全抵抗と（直径に基づく）レイノルズ数 Re_d の関係を図 3.33 に示す．ここで，縦軸の変数は，次式で定義する**抗力係数**(drag coefficient)

$$C_D \equiv F_D / \left(A_P \rho u_\infty^{\ 2} / 2 \right) \tag{3.140}$$

すなわち，全抵抗 F_D を動圧 $\rho u_\infty^{\ 2} / 2$ と投影面積（流れに垂直な面に投影した面積） A_P の積で除した無次元数である．同図は，臨界レイノルズ数 $\mathrm{Re}_d \cong 2\times10^5$ を境に境界層が層流から乱流に遷移することで，抗力が激減する傾向，**ドラッグ・クライシス**(drag crisis)を示している．このように乱流混合作用は，ある時は（圧力）抵抗を軽減させ，ある時は（摩擦）抵抗を増加させるといった，相反する両方の効果を有する．

3・5・2 レイノルズ平均 (Reynolds averaging)＊

乱流であっても，連続の式(3.27)，非定常ナビエ・ストークスの式(3.28)およびエネルギーの式(3.29)はそのまま成立する．これらの基礎方程式を式(3.34)の第二右辺の表示を用いてデカルト座標系のテンソル表示で書いてみる．

$$\frac{\partial u_j}{\partial x_j}=0 \tag{3.141}$$

$$\frac{\partial u_i}{\partial t}+\frac{\partial u_j u_i}{\partial x_j}=-\frac{1}{\rho}\frac{\partial p}{\partial x_i}+\frac{\partial}{\partial x_j}\left\{\nu\left(\frac{\partial u_i}{\partial x_j}+\frac{\partial u_j}{\partial x_i}\right)\right\}\ (i=1,2,3) \tag{3.142}$$

$$\frac{\partial T}{\partial t}+\frac{\partial u_j T}{\partial x_j}=\frac{\partial}{\partial x_j}\left(\alpha\frac{\partial T}{\partial x_j}\right) \tag{3.143}$$

運動量の式中の体積力項は簡単のため省略してある．テンソル表示において，添え字が重複して出現するときは，$j=1,2,3$ と置いた 3 項の和をとるものと規約する．したがって式(3.141)は次を意味する．

$$\frac{\partial u_1}{\partial x_1}+\frac{\partial u_2}{\partial x_2}+\frac{\partial u_3}{\partial x_3}=0\ \text{すなわち}\ \frac{\partial u}{\partial x}+\frac{\partial v}{\partial y}+\frac{\partial w}{\partial z}=0$$

これを**アインシュタインの総和規約**(Einstein's summation rule)と言う．エネルギーの式中の対流項および熱伝導項にも同様の総和規約が用いられている．また，運動量の式(3.142)（$i=1,2,3$）はベクトルの式であり，u,v,w の運動量の式(3.32a), (3.32b)および(3.32c)を一括して表現している．

我々が乱流を扱う場合は，乱流変動の詳細を知る必要はなく，その平均値を知れば十分であることが多い．そこで，速度，圧力および温度が，図 3.34 に示すように平均値の周りですばやく変動することに留意し，瞬時の値をその平均値 $\overline{\phi}$ とそれからのずれ ϕ' の和として表現する（ϕ' のプライム "'" を微分のプライムと混同しないこと）．

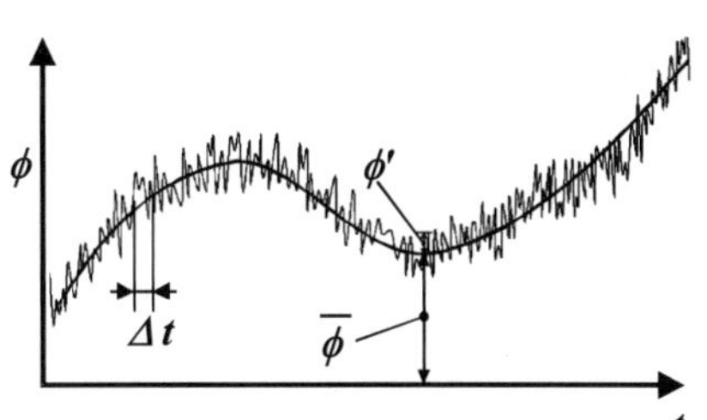

図 3.34 レイノルズ分解

$$u_i=\overline{u}_i+u_i',\ \ p=\overline{p}+p'\ \ T=\overline{T}+T' \tag{3.144}$$

ここで，

$$\overline{\phi}=\frac{1}{\Delta t}\int_t^{t+\Delta t}\phi\,\mathrm{d}t \tag{3.145}$$

は時間平均値を示す．これを，**レイノルズ分解**(Reynolds decomposition）と言う．乱流変動の平均を取る際の時間間隔 Δt は，平均値 $\overline{\phi}$ が時間間隔の大きさに依存しない程度に大きく，かつ，平均値 $\overline{\phi}$ の時間依存性が消失しない程度に，小さく取る必要がある．このように設定することで，乱流変動は消え，平均値のみが抽出される．なお，乱流変動は平均値 $\overline{\phi}$ の時間的変動に比べ桁違いに速いため，この操作に矛盾は生じない．平均値 $\overline{\phi}$ が時間に依存しない乱流場を定常乱流，依存する乱流場を非定常乱流として区別する．

レイノルズ分解した速度テンソルを連続の式(3.141)に代入したのち，時間間隔 Δt にわたり平均を取ると，$\overline{u_j'}$ =0 より，以下を得る．

$$\frac{\partial \overline{u}_j}{\partial x_j}=0 \tag{3.146}$$

この操作を**レイノルズ平均**(Reynolds averaging)と言う．このレイノルズ平均された連続の式は瞬時速度に対する式(3.141)における u_j が $\overline{u}_j$ に置き換わった形に過ぎない．一方，ナビエ・ストークスの式(3.142）に同様の操作を施すにあたっては，非線形項 $\overline{u_i u_j}$ の平均に留意する必要がある．

$$\overline{u_i u_j} = \overline{(\overline{u}_i + u_i')(\overline{u}_j + u_j')} = \overline{\overline{u}_i\overline{u}_j + \overline{u}_i u_j' + u_i'\overline{u}_j + u_i'u_j'} = \overline{u}_i\overline{u}_j + \overline{u_i'u_j'} \tag{3.147}$$

したがって，ナビエ・ストークスの式(3.142)に平均化の操作を実施すると，次の**レイノルズ平均ナビエ・ストークスの式**(Reynolds averaged Navier-Stokes equation)を得る．

$$\frac{\partial \overline{u}_i}{\partial t} + \frac{\partial \overline{u}_j \overline{u}_i}{\partial x_j} = -\frac{1}{\rho}\frac{\partial \overline{p}}{\partial x_i} + \frac{\partial}{\partial x_j}\left\{\nu\left(\frac{\partial \overline{u}_i}{\partial x_j} + \frac{\partial \overline{u}_j}{\partial x_i}\right) - \overline{u_i'u_j'}\right\} \tag{3.148}$$

上式は乱流の見かけの応力が以下で与えられることを示唆している．

$$(\tau_{ij})_{turb} = \mu\left(\frac{\partial \overline{u}_i}{\partial x_j} + \frac{\partial \overline{u}_j}{\partial x_i}\right) - \rho\overline{u_i'u_j'} \tag{3.149}$$

すなわち $-\rho\overline{u_i'u_j'}$ が乱流混合に起因する見かけの応力に対応する．この“タックルの効果”を担う見かけの応力は**レイノルズ応力**(Reynolds stresses)と呼ばれ，上式の右辺第一項の粘性応力より桁違いに大きく，壁のごく近傍を除く大部分の領域を支配する．

同様に，レイノルズの平均化の操作をエネルギーの式(3.143)に対して行うと以下を得る．

$$\frac{\partial \overline{T}}{\partial t} + \frac{\partial \overline{u}_j \overline{T}}{\partial x_j} = \frac{\partial}{\partial x_j}\left(\alpha\frac{\partial \overline{T}}{\partial x_j} - \overline{u_j'T'}\right) \tag{3.150}$$

すなわち，乱流の見かけの熱流束ベクトルは以下に対応している．

$$(q_j)_{turb} = -k\frac{\partial \overline{T}}{\partial x_j} + \rho c_p \overline{u_j'T'} \tag{3.151}$$

レイノルズ応力と同様，**乱流熱流束**(turbulent heat flux) $\rho c_p \overline{u_j'T'}$ は，右辺第一項の分子熱伝導項より桁違いに大きく，乱流の熱流束ベクトルを支配している．乱流のモデル化においては，レイノルズ応力 $-\rho\overline{u_i'u_j'}$ および乱流熱流束 $\rho c_p \overline{u_j'T'}$ を，いかに決定可能な量を用いてモデル化するかが問題となる．一般性と精度の両者を兼ね備えた乱流モデルの構築は，熱流体力学の最重要課題の一つである．

3・6　強制対流乱流熱伝達　(turbulent forced convective heat transfer)

3・6・1　円管内乱流強制対流　(turbulent forced convection in a circular tube)

図 3.35(a)に示すように，滑らかな平面上に発達する乱流境界層の**完全乱流域**(fully-turbulent layer)内の平均速度は相似な対数速度分布となり，これを**壁法則**(law of the wall)と呼ぶ．

$$\frac{u}{\left(\tau_w/\rho\right)^{1/2}} = \frac{1}{\kappa}\ln\left\{\frac{\left(\tau_w/\rho\right)^{1/2} y}{\nu}\right\} + B \tag{3.152}$$

なお，カルマン定数 κ および積分定数 B は，実験データを基に

$$\left(\kappa, B\right) = (0.40, 5.5) \text{ または } (0.41, 5.0) \tag{3.153}$$

で与えられる．乱流境界層の大部分を占める対数速度分布（式(3.152)）を，片対数表示で図 3.35(b)に示す．実際は，同図に示すように，層流の線形速度分布から成る**粘性底層**(viscous sublayer)，この線形速度分布と対数速度分布が滑らかに接続する**遷移層**(buffer layer) および境界層外縁の影響を受ける**後流域**(wakelike layer)がそれぞれ存在する．

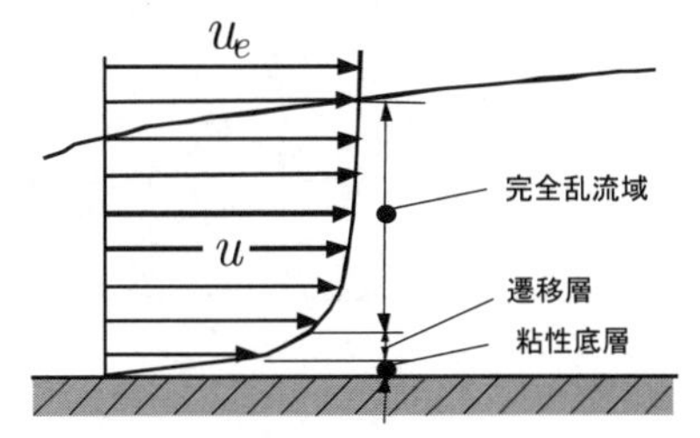

(a)乱流境界層

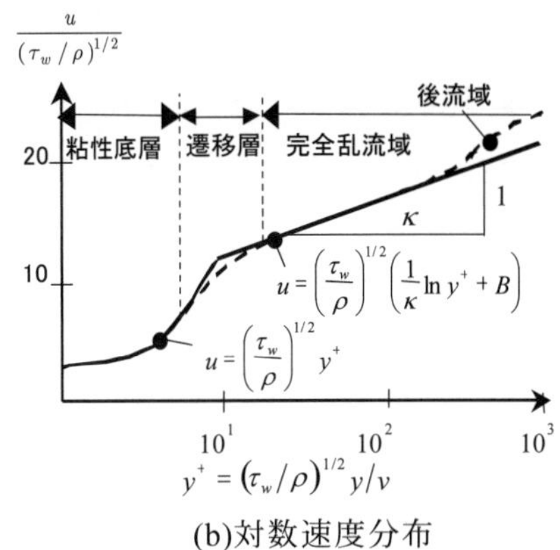

(b)対数速度分布

図 3.35　乱流境界層

壁法則，式(3.152)を円管の断面にわたり積分することで，管摩擦係数 $\lambda_f = 4\,C_f = 8\,\tau_w / \rho u_B^2$ とレイノルズ数 $Re_d = u_B d/\nu$ に関する関係式が求められる．これを若干修正したプラントルの式は，実験結果とも良く一致する．

$$\frac{1}{\sqrt{\lambda_f}} = 2.0\log_{10}\left(Re_d\sqrt{\lambda_f}\right) - 0.80 \quad \text{:Prandtl} \tag{3.154}$$

また，より簡潔な管摩擦係数の経験式として，**ブラジウスの式**(Blasius formula)および White の式が知られている．

$$\lambda_f = 0.3164\,Re_d^{-1/4}\ (3\times10^3 < Re_d < 10^5) \quad \text{:Blasius} \tag{3.155a}$$

$$\lambda_f = 1.02\left(\log_{10} Re_d\right)^{-2.5}\ (3\times10^3 < Re_d < 10^8) \quad \text{: White} \tag{3.155b}$$

図 3.36 にブラジウスの式と White の式を層流の管摩擦係数の式(3.73)と共に示す．なお図中の水平線は，粗さの高さ y_r を有する粗面の管摩擦係数を示す．

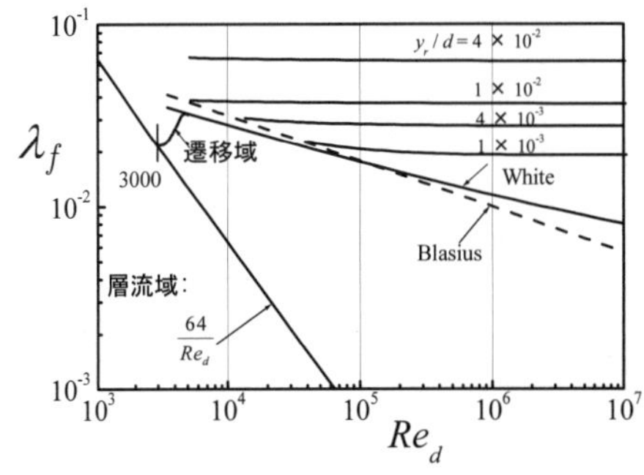

図 3.36　管摩擦係数

乱流熱伝達の見積もりにおいては，ヌセルト数と摩擦係数の表現式に見られる類似性（アナロジー）に注目する．摩擦係数の式(3.124)とヌセルト数の式(3.129)の間には，次の**コルバーンのアナロジ**(Colburn analogy)が認められる．

$$Nu_d = \frac{1}{2}C_f Re_d Pr^{1/3} \tag{3.156}$$

レイノルズ数の範囲に応じて乱流の摩擦係数は $C_f \propto 1/Re_d^{1/4\sim1/5}$ と変化するから $Nu_d \propto Re_d^{0.75\sim0.8}Pr^{1/3}$ と予想できる．実験データと良く一致するこの種の相関式としては，**Dittus-Boelter の式**(Dittus-Boelter equation)がある．

$$Nu_d = 0.023Re_d^{0.8}Pr^n\left(10^3 < Re_d < 10^7\right) \tag{3.157a}$$

物性値の変化が無視できない場合は Sieder-Tate の**べき乗則補正**(power law correction)を施こす．

$$Nu_d = 0.023Re_d^{0.8}Pr^n\left(\frac{\mu}{\mu_w}\right)^{0.14} \tag{3.157b}$$

ここで

$$n = 0.4 \text{ : 流体を加熱する場合} \tag{3.158a}$$

$$n = 0.3 \text{ : 流体を冷却する場合} \tag{3.158b}$$

μ_w は壁温に基づく粘度で，μ_w 以外の物性値はすべて混合平均温度に基づく値を用いるものとする．

【例題 3・5】 ＊＊＊＊＊＊＊＊＊＊＊＊＊＊＊＊＊＊＊＊＊＊＊

内径 10 cm で長さ 6 m の円管の中を温風が質量流量 0.05 kg/s で流れている．外気温度 20℃で，管の外壁と外気間の熱伝達率は 10 W/(m^2 · K) とする．出口地点の，管外壁から外気への熱流束が 350W / m^2 であるとき，出口の気体温度はいくらか．円管の肉厚は十分薄く，その熱抵抗は無視しうるものとする．また，温度変化による物性値の変化も小さいものとする．気体の物性値を $\mu = 2\times10^{-5}\,\mathrm{Pa\cdot s}$，$k = 0.0286\ \mathrm{W/(m\cdot K)}$，$Pr = 0.7$ とする．

【解答】レイノルズ数を算出すると

$$Re_d = \frac{u_B d}{\nu} = \frac{4\dot{m}}{\pi\mu d} = \frac{4\times0.05}{3.14\times2\times10^{-5}\times0.1} = 3.19\times10^4 > 2300 \qquad \text{(ex 3.9)}$$

したがって，乱流であり，助走区間は式(3.63b)より

$$L_T \cong 10\times0.1 = 1\ \mathrm{m} < 6\ \mathrm{m} \qquad \text{(ex 3.10)}$$

すなわち，6 m 先では十分発達した温度場が形成されている．Dittus-Boelter の式(3.157a)より，

$$\begin{aligned} h &= 0.023\,{Re_d}^{0.8} Pr^{0.3}\frac{k}{d} \\ &= 0.023\times(3.19\times10^4)^{0.8}\times0.7^{0.3}\times\frac{0.0286}{0.1} = 23.7\ \mathrm{W/\left(m^2\cdot K\right)} \end{aligned} \qquad \text{(ex 3.11)}$$

したがって，出口の流体温度は

$$T_B = T_a + \left(\frac{1}{h}+\frac{1}{h_a}\right)q = 20 + \left(\frac{1}{23.7}+\frac{1}{10}\right)\times350 = 69.8\ ℃ \qquad \text{(ex 3.12)}$$

＊＊＊＊＊＊＊＊＊＊＊＊＊＊＊＊＊＊＊＊＊＊＊

3・6・2 平板からの乱流強制対流 (turbulent forced convection from a flat plate)

一般には，前縁下流の乱流遷移点より乱流境界層が発達するが，近似的には前縁より発達するものと考えて差し支えない．このとき，速度境界層厚さは以下で概算できる．

$$\frac{\delta}{x} = 0.381\,{Re_x}^{-1/5} \qquad (3.159)$$

層流時の式(3.121)と比較すると，乱流の方が，境界層が厚くなりやすいことがわかる．局所摩擦係数は以下で概算することができる．

$$C_{fx} = 0.0593\,{Re_x}^{-1/5}\ \left(5\times10^5 < Re_x < 10^7\right) \qquad (3.160)$$

すなわち，水平平板上の乱流(turbulent flow over a flat plate)においては，壁摩擦が $x^{1/5}$ に逆比例して下流方向に向かって減少する．なお，板の長さ L にわたり壁摩擦を積分し平均摩擦係数を求めると次式を得る．

$$\bar{C}_f = \frac{5}{4} C_{fx}\big|_{x=L} = 0.0741\, Re_L^{-1/5} \qquad (3.161)$$

局所ヌセルト数は，コルバーンのアナロジの式(3.156)を用い算出する．

$$Nu_x = \frac{1}{2} C_{fx} Re_x Pr^{1/3} \cong 0.03\, Re_x^{4/5} Pr^{1/3} \left(0.7 < Pr < 100\right) \qquad (3.162)$$

実際は，図 3.37 に示すように，前縁から遷移点 x_{tr} まで層流で，その下流から乱流に遷移するものとし，式(3.128)と(3.162)を用い平均熱伝達率を算出すると，

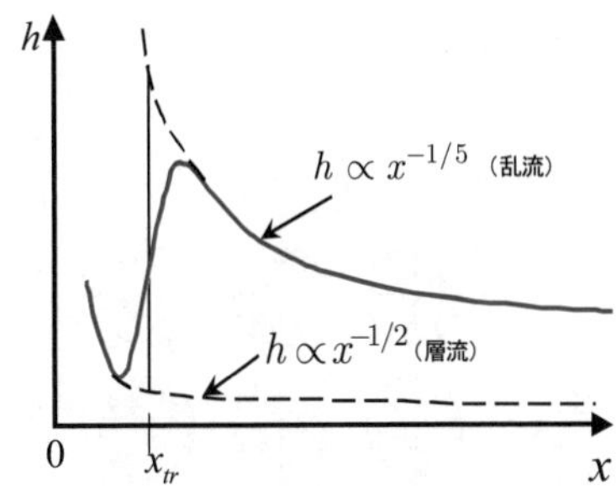

図 3.37　平板上の熱伝達率の変化

$$\begin{aligned} \overline{Nu_L} &= \frac{\bar{h}L}{k} = Pr^{1/3} \left(\int_0^{x_{tr}} 0.331 \frac{Re_x^{1/2}}{x} \mathrm{d}x + \int_{x_{tr}}^{L} 0.03 \frac{Re_x^{4/5}}{x} \mathrm{d}x \right) \\ &= Pr^{1/3} \left\{ 0.037 \left(Re_L^{4/5} - Re_{x_{tr}}^{4/5} \right) + 0.662\, Re_{x_{tr}}^{1/2} \right\} \end{aligned} \qquad (3.163a)$$

ここで $Re_{x_{tr}} = 5\times10^5$ とすれば，

$$\overline{Nu_L} = Pr^{1/3} \left(0.037 Re_L^{4/5} - 873 \right) \qquad (3.163b)$$

なお，$x_{tr} << L$ のときは層流域が無視しうるから次式で近似できる．

$$\overline{Nu_L} = 0.037\, Re_L^{4/5} Pr^{1/3} \qquad (3.164)$$

3・6・3　強制対流の相関式 (correlations for forced convection)

(a) 円柱

流れに垂直に置かれた円柱(cylinder)からの強制対流は，熱交換器をはじめ種々の熱流体機器との関連から注目されてきた．しかしながら，現象は複雑で，特に臨界レイノルズ数(約 2×10^5)を超えると，よどみ点近傍の層流境界層が乱流境界層に遷移し，さらに境界層はく離に至るという複雑な様相を呈する．

前方よどみ点近傍の層流境界層域の熱伝達については $u_e \cong 2u_\infty (x/R)$ に留意し，Smith-Spalding の式(3.139b)に基づき次式で見積もればよい．

$$\frac{hx}{k} = 0.570\, Pr^{0.385} \left(\frac{2u_\infty (x/R) x}{\nu} \right)^{1/2} \qquad (3.165)$$

すなわち，よどみ点近傍で熱伝達率は一定値を示す．

$$\frac{hd}{k} = 1.14 Pr^{0.385} Re_d^{1/2} \quad \text{：よどみ点} \qquad (3.166)$$

ここで $Re_d = u_\infty d/\nu$ は近寄り速度に基づくレイノルズ数である．なお，工業的には，よどみ点近傍の層流から乱流を経てはく離に至る円周で平均した平均熱伝達率が要求される場合が多い．Zhukauskas は多くの実験データに基づき，各レイノルズ数範囲に対して次式を提案している．

$$\left(\frac{\bar{h}d}{k} \right) \Big/ Pr^{0.36} \left(\frac{Pr}{Pr_w} \right)^{1/4} = \begin{cases} 0.51 Re_d^{0.5} & : 40 < Re_d < 10^3 \\ 0.26 Re_d^{0.6} & : 10^3 < Re_d < 2\text{x}10^5 \\ 0.076 Re_d^{0.7} & : 2\text{x}10^5 < Re_d < 10^6 \end{cases} \quad \text{：　円　柱}$$

(3.167)

ここで Pr および Pr_w はそれぞれ周囲温度および壁温に基づくプラントル数である．Pr_w 以外の物性値はすべて周囲温度に基づく値を用いるものとする．

(b) 球

球(sphere)からの強制対流熱伝達においても円柱からのそれと同様，乱流遷移や境界層はく離が熱伝達に複雑に影響を及ぼす．Whitaker は，広範囲のレイノルズ数およびプラントル数域に適用できる相関式として，次式を提案している．

$$\frac{\bar{h}d}{k} = 2 + \left(0.4Re_d^{1/2} + 0.06Re_d^{2/3}\right)Pr^{0.4}\left(\frac{\mu}{\mu_w}\right)^{1/4} \quad : 球 \qquad (3.168)$$

$$0.71 < Pr < 380, \quad 3.5 < Re_d < 7.6\times10^4$$

ここで μ_w 以外の物性値は，すべて周囲温度に基づく値を用いるものとする．また，液滴が自由落下する際の熱伝達の式として Ranz-Marshall の式がある．

$$\frac{\bar{h}d}{k} = 2 + 0.6Re_d^{1/2}Pr^{1/3} \quad : 球 \qquad (3.169)$$

$$0.6 < Pr < 380, \quad 1 < Re_d < 10^5$$

式(3.168)および(3.169)は両者共に，$Re_d \to 0$ において静止流体中に置かれた球の熱伝導の解 $(hd/k) = 2$ に漸近する．

(c) 円管群

流れに垂直に置かれた円管群(tube bank)からの熱伝達はボイラーや空調機器など多くの熱流体機器内で活用されている．管群の配列には図 3.38 に示すように**碁盤配列**(aligned arrangement)と**千鳥配列**(staggered arrangement)がある．Zhukauskas は，両配列について，管群の横間隔 S_L および縦間隔 S_T を変えて測定した結果に基づき，一連の相関式を提案している．

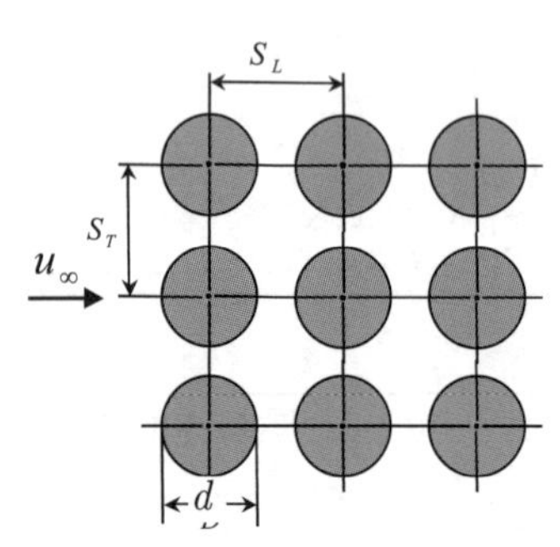

(a) 碁盤配列

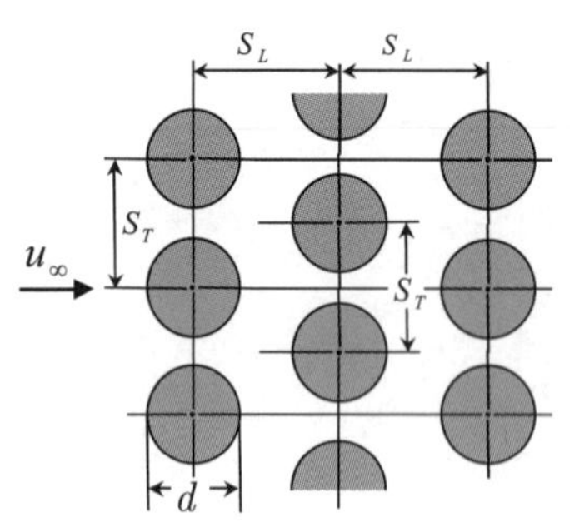

(b) 千鳥配列

図 3.38　円管群

碁盤配列

$$\frac{\left(\dfrac{\bar{h}d}{k}\right)}{Pr^{0.36}\left(\dfrac{Pr}{Pr_w}\right)^{1/4}} = \begin{cases} 0.80\,Re_{d\max}^{\ 0.4} & : 10 < Re_{d\max} < 10^2 \\ 0.51\,Re_{d\max}^{\ 0.5} & : 10^2 < Re_{d\max} < 10^3 \\ 0.27\,Re_{d\max}^{\ 0.63} & : 10^3 < Re_d < 2\times10^5\,(S_T/S_L > 0.7) \\ 0.021\,Re_{d\max}^{\ 0.84} & : 2\times10^5 < Re_d < 2\times10^6 \end{cases} \qquad (3.170)$$

千鳥配列

$$\frac{\left(\dfrac{\bar{h}d}{k}\right)}{Pr^{0.36}\left(\dfrac{Pr}{Pr_w}\right)^{1/4}} = \begin{cases} 0.90\,Re_{d\max}^{\ 0.4} & : 10 < Re_{d\max} < 10^2 \\ 0.51\,Re_{d\max}^{\ 0.5} & : 10^2 < Re_{d\max} < 10^3 \\ 0.35(S_T/S_L)^{0.2}\,Re_{d\max}^{\ 0.60} & : S_T/S_L < 2,\ 10^3 < Re_d < 2\times10^5 \\ 0.40\,Re_{d\max}^{\ 0.60} & : S_T/S_L > 2,\ 10^3 < Re_d < 2\times10^5 \\ 0.022\,Re_{d\max}^{\ 0.84} & : 2\times10^5 < Re_d < 2\times10^6 \end{cases}$$

管の列数 ≥ 10，$0.7 \leq Pr \leq 500$　(3.171)

ここで壁温に基づく Pr_w 以外の物性値はすべて流体の管群入口温度と出口温度の算術平均温度に基づく値を用いるものとする．また $Re_{d\max} = u_{\max} d / \nu$ は以下に定義する速度 $u_{\max}$ に基づくレイノルズ数である．

$$u_{\max} = u_\infty S_T / (S_T - d) \quad \text{：碁盤配列} \tag{3.172}$$

$$u_{\max} = u_\infty S_T \Bigg/ \mathrm{Min}\left((S_T - d),\ 2\left(\sqrt{S_L{}^2 + \left(\frac{S_T}{2}\right)^2} - d \right) \right) \quad \text{：千鳥配列} \tag{3.173}$$

ここで管群の上流の u_∞ は近寄り速度である．また $\mathrm{Min}(A,B)$ は A または B の内，小さい方を採る関数とする．

3・7　自然対流熱伝達 (natural convective heat transfer)

加熱または冷却により流体中に密度差が生ずることによる対流，すなわち自然対流は，たばこや線香の煙，煙突からでる煙，水蒸気が上昇してできる雲，火にかけたやかんのお湯の循環，ストーブのまわりから上昇する暖気など，われわれが日常で観察し体感する現象と密接に関連している．強制対流においては，速度場は温度場の影響を受けないが，**自然対流熱伝達**(natural convective heat transfer)においては，温度差による**浮力**(buoyancy)が流れの駆動力となるため，速度場と温度場は互いに密接に影響を及ぼしあう．自然対流の解析の難しさはこの点にある．

3・7・1　ブシネ近似と基礎方程式(Boussinesq approximation and governing equations)

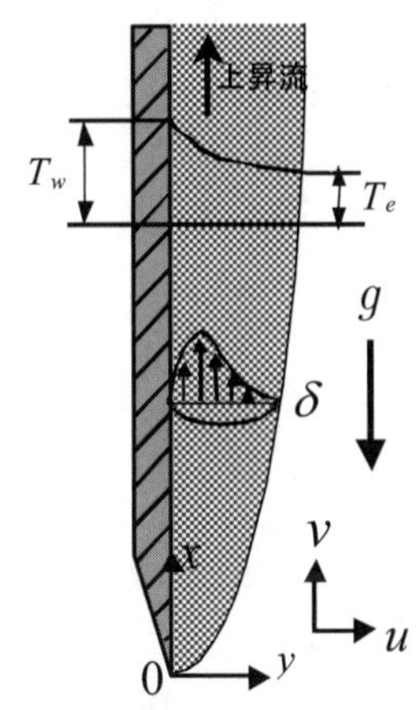

図 3.39　垂直平板からの自然対流

図 3.39 に示すように，加熱平板に沿う境界層内の流体は境界層外の流体より温度が高く上向き x 方向に浮力を受ける．

いま，密度が温度の関数であるとし，第二項までテイラー級数展開(Taylor series expansion) し以下を得る．

$$\rho(T) = \rho(T_e) + \left(\frac{\partial \rho}{\partial T}\right)_p \bigg|_{T=T_e} (T - T_e) \tag{3.174}$$

したがって，**アルキメデスの原理**(Archimedes principle)より単位体積当りの流体が受ける浮力は，

$$(\rho(T_e) - \rho(T))g = \rho(T_e) g \beta (T - T_e) \tag{3.175}$$

ここで

$$\beta \equiv -\frac{1}{\rho}\left(\frac{\partial \rho}{\partial T}\right)_p \bigg|_{T=T_e} \tag{3.176}$$

は，既に式(3.26)で定義した体膨張係数である．通常の気体の場合は，ほぼ理想気体の状態方程式で近似できるから， $p = \rho R T$ に基づき算出すると，

$$\beta = \frac{1}{T_e(^\circ\mathrm{C}) + 273} \quad (1/\mathrm{K}) \tag{3.177}$$

すなわち，通常の気体の場合は絶対温度の逆数に置いて良い．なお，式(3.177)中の温度には，T_e の替わりに膜温度(film temperature) $(T_e + T_w)/2$ を用いることも多い．液体においても多くの場合，高温になる程，軽くなる（すなわち

$\beta > 0$ となる）が，0℃から4℃の水は例外である．水の場合，4℃付近に密度の極大点（$\beta = 0$ となる点）があり，凍る直前の水は周囲の水より軽くなる．したがって，3･1･1 項でふれたように，氷は表面より張り始める．本節では，0℃から4℃の水のように，β の符合が逆転する場合ついては，線形の近似式(3.175)が適用できないため，解析の対象外とする．

浮力項が境界層運動方程式(3.42)の右辺に加わるため，基礎方程式は以下で与えられる．

$$\frac{\partial u}{\partial x} + \frac{\partial v}{\partial y} = 0 \tag{3.178}$$

$$u\frac{\partial u}{\partial x} + v\frac{\partial u}{\partial y} = \nu\frac{\partial^2 u}{\partial y^2} + g\beta(T - T_e) \tag{3.179}$$

$$u\frac{\partial T}{\partial x} + v\frac{\partial T}{\partial y} = \alpha\frac{\partial^2 T}{\partial y^2} \tag{3.180}$$

なお，運動方程式中の慣性項に関わる密度変化は無視しうるものとし，両辺を $\rho(T_e)$ で除してある．この近似はブシネ近似(Boussinesq approximation）と呼ばれ，自然対流の解析において広く用いられている．また，運動方程式(3.42)中の圧力項は境界層外縁におけるベルヌーイの式を活用し消去してある．すなわち，自然対流では境界層外縁速度がゼロであるから，

$$\frac{\mathrm{d}}{\mathrm{d}x}\left(\frac{1}{2}u_e^2 + \frac{p}{\rho} + gx\right) = \frac{\mathrm{d}}{\mathrm{d}x}\left(\frac{p}{\rho} + gx\right) = 0 \tag{3.181}$$

自然対流では浮力の強さが速度の大きさを支配する．浮力項（式(3.179)の右辺第二項）と慣性力（同式の左辺）の釣り合いより速度の大きさを見積もると $g\beta(T_w - T_e) \sim u^2/x$，すなわち　$u \sim \sqrt{g\beta(T_w - T_e)x}$，　したがって，速度 $\sqrt{g\beta(T_w - T_e)x}$ に基づくレイノルズ数は $\sqrt{g\beta(T_w - T_e)x}\,x/\nu$ となる．これを二乗した無次元数はグラスホフ数(Grashof number)と呼ばれ，自然対流を支配する重要な無次元パラメータとして知られている．

$$Gr_x = \frac{g\beta(T_w - T_e)x^3}{\nu^2} \quad \text{：局所グラスホフ数} \tag{3.182}$$

自然対流において，流れが乱流に遷移するか否かは，この局所グラスホフ数(local Grashof number)またはこれにプラントル数を乗じた局所レイリー数(local Rayleigh number)に依存する．

$$Ra_x = Gr_x Pr = \frac{g\beta(T_w - T_e)x^3}{\nu\alpha} \quad \text{：局所レイリー数} \tag{3.183}$$

なお，乱流への遷移は，局所レイリー数が $Ra_x = Gr_x Pr \sim 10^9$ 程度となる地点で発生する．

3･7･2　垂直平板からの層流自然対流 (laminar natural convection from a vertical flat plate)

平板の長さに基づくレイリー数が $Ra_L < 10^9$ であり，垂直平板(vertical flat plate)の全面にわたり層流境界層が保たれるものとして，先程の基礎方程式(3.178)から(3.180)を以下の境界条件の下で解くことを考える．

$$y = 0 \ : \ u = v = 0\,,\ \ T = T_w \tag{3.184a}$$

$$y = \infty \ : \ u = 0\,,\ \ \ T = T_e \tag{3.184b}$$

ここで，次の変数変換を導入する．

$$\eta = \frac{y}{x} Gr_x^{1/4}\,,\ \ f(\eta) = \frac{\psi}{\nu Gr_x^{1/4}}\,,\ \ \theta(\eta) = \frac{T - T_e}{T_w - T_e} \tag{3.185}$$

これらの変数を用いることで，偏微分方程式(3.179)および(3.180)を次の常微分方程式に変換し相似解を求めることができる．

$$f''' + \frac{3}{4} f'' f - \frac{1}{2}(f')^2 + \theta = 0 \tag{3.186}$$

$$\frac{1}{Pr}\theta'' + \frac{3}{4}\theta' f = 0 \tag{3.187}$$

ここで f' や θ' のプライム“'”は η に関する常微分を示す．変換後の境界条件は

$$\eta = 0 \ : \ \ \ f = f' = 0, \theta = 1 \tag{3.188a}$$

$$\eta = \infty \ : \ f' = 0,\ \ \ \theta = 0 \tag{3.188b}$$

これらの境界条件を用いて，常微分方程式(3.186)および(3.187)を数値的に積分することができる．無次元流れ関数 $f(\eta)$ および温度 $\theta(\eta)$ が判明すれば，各速度成分，壁摩擦係数およびヌセルト数は以下で算出できる．

$$u = \frac{\partial \psi}{\partial y} = \frac{\nu}{x} Gr_x^{1/2} f' \tag{3.189a}$$

$$v = -\frac{\partial \psi}{\partial x} = -\frac{\nu}{x} Gr_x^{1/4}\left(\frac{3}{4} f - \frac{1}{4}\eta f'\right) \tag{3.189b}$$

$$C_{f_x} \equiv \frac{2\tau_w}{\rho g \beta (T_w - T_e) x} = \frac{2 f''(0)}{Gr_x^{1/4}} \tag{3.190}$$

$$Nu_x \equiv \frac{q_w x}{(T_w - T_e) k} = -\theta'(0) Gr_x^{1/4} \tag{3.191}$$

一連の数値積分により得られた速度および温度分布を図 3.40 に示す．グラスホフ数を一定で考えるとき，プラントル数が小さくなるにつれ境界層は厚くなる傾向にある．表 3.3 に局所摩擦係数と局所ヌセルト数の結果を示す．実用上は，ゼロから無限大のプラントル数の結果を充分な精度で近似できる次の LeFevre の式を用いればよい．

$$Nu_x = 0.60 Ra_x^{1/4}\left(\frac{Pr}{1 + 2.005\sqrt{Pr} + 2.033 Pr}\right)^{1/4} \ : \text{等温壁} \tag{3.192}$$

また等温平板の長さ L にわたり熱流束を積分することで，平均ヌセルト数が求まる．

$$\overline{Nu_L} \equiv \frac{\overline{h}L}{k} = \frac{\int_0^L q_w \mathrm{d}x}{(T_w - T_e) k} = \quad 0.80 Ra_L^{1/4}\left(\frac{Pr}{1 + 2.005\sqrt{Pr} + 2.033 Pr}\right)^{1/4} \tag{3.193}$$

簡便な近似式としては，次式が用いられる．

表 3.3 プラントル数の効果

Pr	$C_{f_x} Gr_x^{1/4}/2$	$Nu_x / Gr_x^{1/4}$
0.5	1.008	0.312
1	0.908	0.401
2	0.808	0.507
10	0.593	0.827

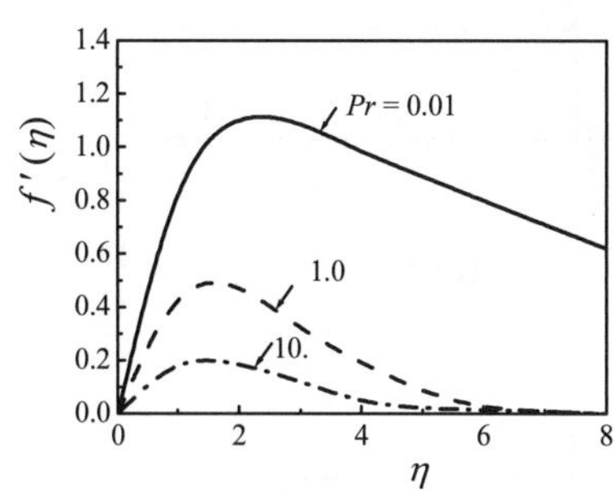

(a)速度分布

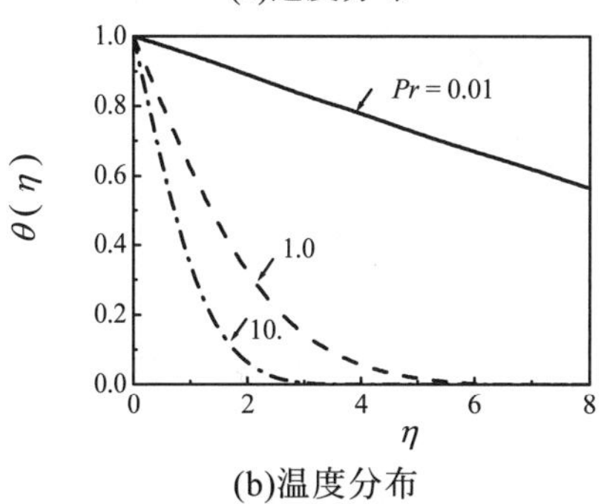

(b)温度分布

図 3.40　垂直平板上の自然対流

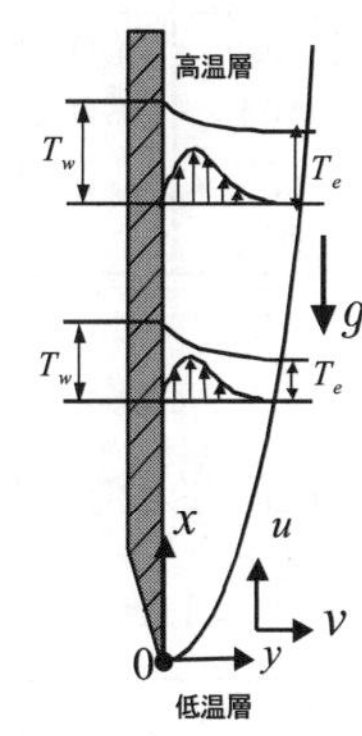

図 3.41　温度成層内の自然対流

$$\overline{Nu_L} \cong 0.59 Ra_L^{1/4} \quad (10^4 < Ra_L < 10^9,\ Pr > 0.7)：等温壁 \tag{3.194}$$

以上，等温壁の場合を考えたが，壁温が指数関数的に変化する場合についても，同様の変数変換を用いて，相似解を求めることができる．また，自然対流場では，軽くなった高温流体が上昇する結果，図 3.41 に示すように，流体上層部ほど周囲温度が高い安定成層が形成される場合も多い．壁温の変化のみならずこの温度成層化(thermal stratification)の効果も考慮する場合の境界条件としては，以下が考えられる．

$$T_w(x) = T_e(x) + Cx^{m_T} \tag{3.195a}$$

$$T_e(x) = T_{ref} + \frac{m_s}{m_T}(T_w - T_e) = T_{ref} + \left(\frac{m_s C}{m_T}\right) x^{m_T} \tag{3.195b}$$

ここで T_{ref} は一定の参照温度である．温度成層化パラメータ m_s は温度成層化の強さを示し，周囲温度が一定の（成層化していない）場合にはゼロとなる．最も基本的なケース，壁温および周囲温度が一定の場合は $m_s = m_T = 0$ に対応する．また加熱平板まわりの周囲が熱的に安定で境界層近似が成立するためには $\mathrm{d}T_e/\mathrm{d}x > 0$ でなくてはならないから，ここで我々が注目するケースは $m_s \geq 0$ の場合に限られる． m_T が正の場合と負の場合の壁温と周囲流体温度の変化の概略を図 3.42 に示す．この一般的境界条件に対して，次の近似解が知られている．

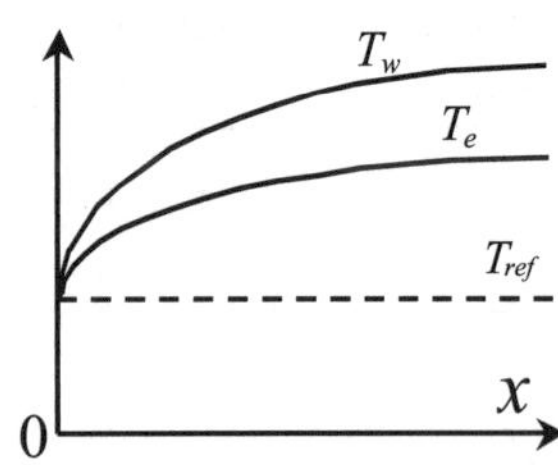

(a) $m_T > 0$

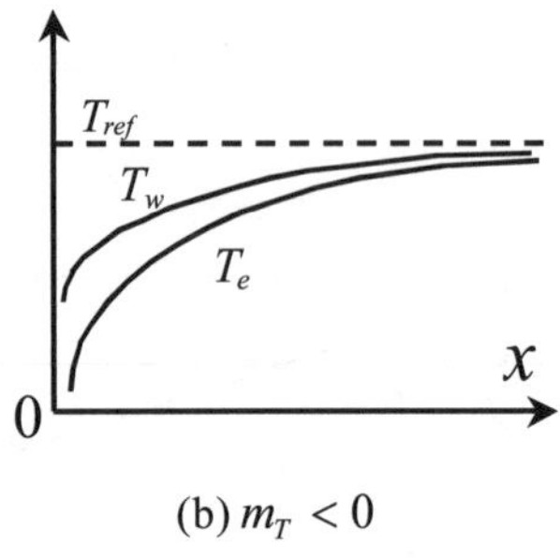

(b) $m_T < 0$

図 3.42　壁温と周囲温度の変化

$$Nu_x = \frac{0.508\left(1+\dfrac{5m_T+10m_s}{3}\right)^{1/2} Pr^{1/2}}{\left(0.952\left(1+\dfrac{3}{5}m_T\right)+\left(1+\dfrac{5m_T+10m_s}{3}\right)Pr\right)^{1/4}} Gr_x^{1/4} \tag{3.196}$$

この近似解と厳密解を表 3.4 および 3.5 に比較してある．両者に良好な一致が認められる．

表 3.4　垂直平板における $Nu_x/Gr_x^{1/4}$　（等温壁）

Pr	厳密解	式(3.196)
0.1	0.164	0.159
1.0	0.401	0.430
10	0.827	0.883
100	1.550	1.603

表 3.5　垂直平板における $Nu_x/Gr_x^{1/4}$ $(Pr = 1, m_s = 0)$

m_T	厳密解	式(3.196)
0.5	0.520	0.520
0.2	0.456	0.471
0	0.401	0.430
-0.2	0.326	0.375

式(3.196)より，$q_w \propto Gr_x^{1/4}(T_w - T_e)/x \propto x^{(5m_T-1)/4}$ であるから，等熱流束壁条件は $m_T = 1/5$ の場合に対応している．したがって，式(3.196)より

$$Nu_x = \frac{0.546\left(1+\dfrac{5}{2}m_s\right)^{1/2} Pr^{1/2}}{\left(0.800+\left(1+\dfrac{5}{2}m_s\right)Pr\right)^{1/4}} Gr_x^{1/4} \tag{3.197a}$$

または，両辺に $Nu_x^{1/4}$ を乗じて整理し

$$Nu_x = \frac{0.616\left(1+\dfrac{5}{2}m_s\right)^{2/5} Pr^{2/5}}{\left(0.800+\left(1+\dfrac{5}{2}m_s\right)Pr\right)^{1/5}} \left(\frac{g\beta q_w x^4}{\nu^2 k}\right)^{1/5} \tag{3.197b}$$

特に，等熱流束壁条件下で温度成層化が無視しうる場合は

$$Nu_x = \frac{0.616\, Pr^{2/5}}{(0.800+Pr)^{1/5}} \left(\frac{g\beta q_w x^4}{\nu^2 k}\right)^{1/5}：等熱流束壁 \tag{3.198a}$$

これは相似解に基づく藤井の整理式

$$Nu_x = \frac{0.631\,Pr^{2/5}}{\left(Pr + 0.9\sqrt{Pr} + 0.4\right)^{1/5}}\left(\frac{g\beta q_w x^4}{\nu^2 k}\right)^{1/5} \quad \text{：等熱流束壁} \qquad (3.198\text{b})$$

に極めて近い．

3・7・3　垂直平板からの乱流自然対流 (turbulent natural convection from a vertical flat plate)

Eckert-Jackson は，等温加熱された垂直平板(vertical flat plate)からの乱流自然対流(turbulent natural convection)を考え，以下の近似解を得た．

$$Nu_x = \frac{0.040\,Pr^{1/5}}{\left(1 + 2.023\,Pr^{-2/3}\right)^{2/5}} Gr_x^{\,2/5} \left(10^9 < Ra_x < 10^{12}\right) \qquad (3.199)$$

上式は，空気や水の自然対流の実験結果とも良く一致する．より簡潔な経験式として，比較的広範囲のプラントル数域で実験結果を良く表現する次式が知られている．

$$Nu_x = 0.13\,Ra_x^{\,1/3} \quad \left(10^9 < Ra_x < 10^{12}\right) \qquad (3.200)$$

ここで $Ra_x = g\beta(T_w - T_e)x^3/\alpha\nu$ であるから，

$$h = 0.13\,k\left\{\frac{g\beta(T_w - T_e)}{\alpha\nu}\right\}^{1/3} \qquad (3.201)$$

すなわち，垂直平板上の乱流自然対流の熱伝達率は，位置 x に無関係にほぼ一定値をとることを示している．実際は，図 3.43(a)に示すように，加熱垂直平板の先端（$0 \le Ra_x \le 10^9$）には層流境界層が形成され，それより高いところで境界層が波打ちはじめ乱流へと遷移する．

Churchill-Chu は層流域から乱流域にわたる等温の垂直平板と水平円柱(horizontal circular cylinder)まわりの自然対流に関する多くの実験データに基づき広範囲のレイリー数域に適用できる次の経験式を提案している．

$$\overline{Nu_L} = \left(0.825 + \frac{0.387\,Ra_L^{\,1/6}}{\left\{1 + \left(0.492/Pr\right)^{9/16}\right\}^{8/27}}\right)^2 \quad \text{：垂直平板} \qquad (3.202\text{a})$$

$$\overline{Nu_d} = \left(0.60 + \frac{0.387\,Ra_d^{\,1/6}}{\left\{1 + \left(0.559/Pr\right)^{9/16}\right\}^{8/27}}\right)^2 \quad \text{：水平円柱} \qquad (3.202\text{b})$$

なお，物性値はすべて膜温度 $(T_w + T_e)/2$ に基づく値を用いるものとする．

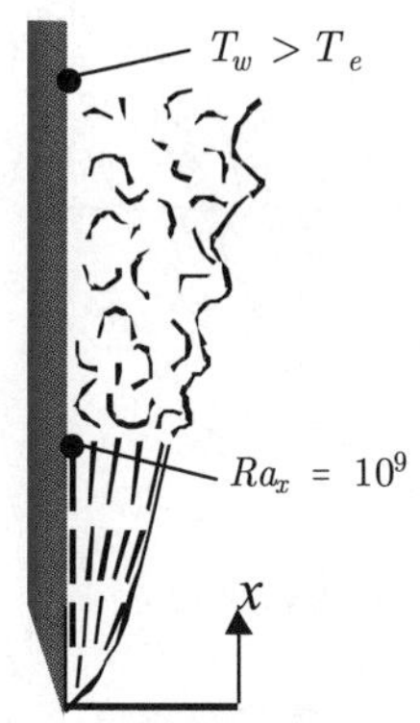

(a) 垂直平板

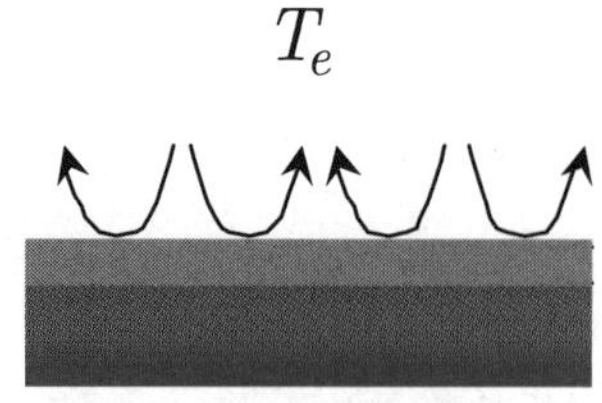

(b) 上向き加熱

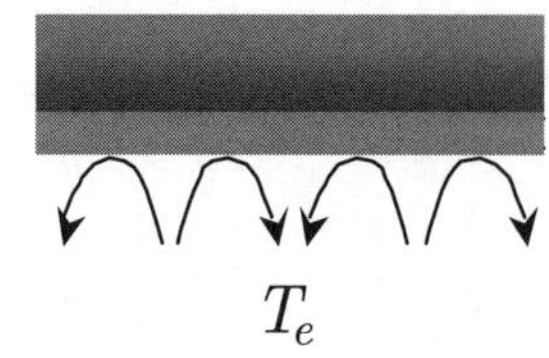

(c) 下向き冷却

図 3.43　乱流自然対流

3・7・4　自然対流の相関式 (empirical correlations for natural convection)

(a) 上向き加熱面および下向き冷却面

上向き加熱面またこれと数学的に等価な下向き冷却面においては，図 3.43(b)および(c)に示すように，流体が壁面から離れると同時に周囲から新鮮な流体が壁に供給されるといった繰り返しが行われる．乱流自然対流の経験式(3.201)は，等温垂直平面のみならず，このような上向き加熱面(upper surface of heated plate)，下向き冷却面(lower surface of cooled plate)，さらには，等温の水平円柱，水平角柱まわりの乱流自然対流熱伝達の見積もりにも使用できる．なお，上向き加熱面および下向き冷却面の乱流自然対流については，さらに精度の高い相関式として，係数に修正を加えた次式が知られている．

$$h = 0.15\,k\left\{\frac{g\beta(T_w - T_e)}{\alpha\nu}\right\}^{1/3}$$ ：上向き加熱面および下向き冷却面（乱流）

$$\left(10^7 < Ra_L < 10^{12}\right) \tag{3.203}$$

また，上向き加熱面および下向き冷却面の層流自然対流の相関式としては次式が用いられる．

$$\frac{\bar{h}L'}{k} = 0.54\,Ra_{L'}{}^{1/4}$$ ：上向き加熱面および下向き冷却面（層流）

$$\left(10^4 < Ra_{L'} < 10^7\right) \tag{3.204}$$

ここで代表寸法 L' は注目する板面の面積をその周長で除したものを採る．物性値はすべて膜温度 $(T_w + T_e)/2$ に基づく値を用いるものとする．

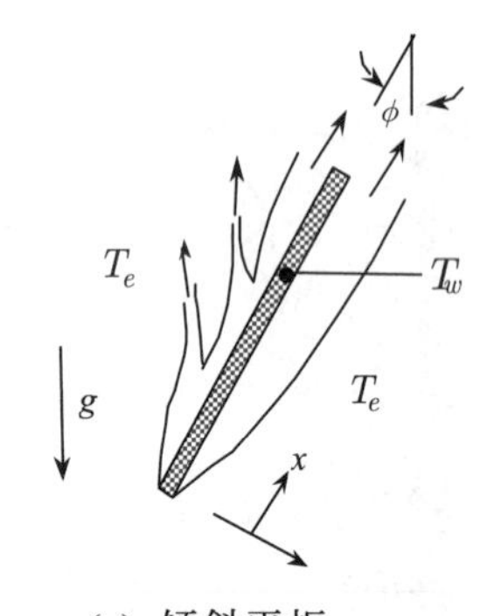

(a) 傾斜平板

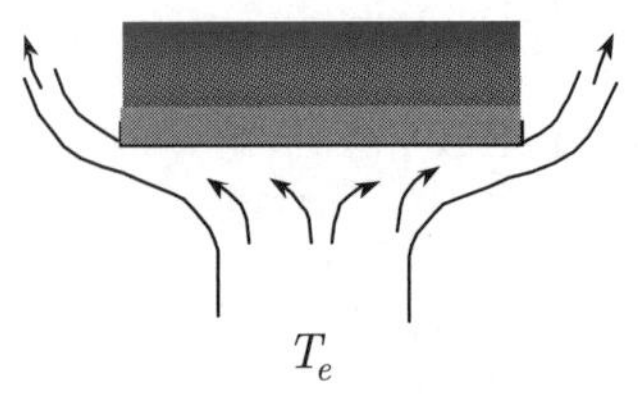

(b) 下向き加熱

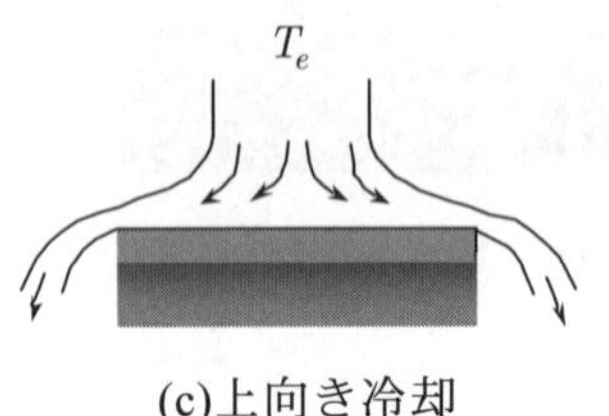

(c)上向き冷却

図 3.44　傾斜面および水平面の自然対流

(b) 傾斜平板，下向き加熱面および上向き冷却面

図 3.44(a)に示すように，鉛直面から ϕ 傾いた加熱傾斜平板(inclined heated plate)においては，下面と上面で，境界層の発達の様相に顕著な違いが現れる．まず，下向き加熱面(lower surface of heated plate)または数学的に等価な ϕ 傾いた上向き冷却面(upper surface of cooled plate)を考えよう．この面では境界層は板の表面に沿って発達する．傾斜面では面に平行な重力加速度成分は $g\cos\phi$ であるから，垂直平板に関する相関式（例えば式(3.194)）においてレイリー数中の g を $g\cos\phi$ に置き換えたものを，相関式として使用すれば良い．しかし，この見積もりは境界層近似が成立する $0 \le \phi \le 60^\circ$ の範囲でしか適用できない．図 3.44(b)および(c)に示す，下向き加熱面または上向き冷却面，すなわち $\phi = 90^\circ$ のときには次の経験式を用いる．

$$\frac{\bar{h}L'}{k} = 0.27\,Ra_{L'}{}^{1/4}$$ ：下向き加熱面および上向き冷却面（層流）

$$\left(10^5 < Ra_{L'} < 10^{10}\right) \tag{3.205}$$

次に加熱傾斜板の上面または数学的に等価な ϕ 傾いた冷却下面を考える．板面に平行な重力加速度成分は $g\cos\phi$ となり，板に沿う流れの速度成分は低下する．しかし，図 3.44(a)に示すように，鉛直上向きにはたらく浮力が流体を壁から剥がすように働き，その上方には周囲から新たに低温流体が供給されるといった境界層の更新が繰り返し行われる．この三次元的流体混合の効果は，板に沿う流れの速度成分の低下による伝熱の劣化を補うに十分な場合も多い．

(c) 水平流体層

水平流体層(horizontal fluid layer)において上面が高温で底面が低温の場合（温度成層）では密度の小さな流体が大きな流体の上に存在するため，自然対流は発生しない．このため熱は上面から下面へと熱伝導で移動する．その際，上下面の間隔 L に基づくヌセルト数は

$$Nu_L = \frac{hL}{k} = \frac{k\left(\frac{T_h - T_l}{L}\right)L}{(T_h - T_l)k} = 1 \tag{3.206}$$

となる．一方，底面が高温で上面が低温の場合（逆転層）では，L および上下面の温度差に基づくレイリー数 $Ra_L = g\beta(T_h - T_l)L^3/\nu\alpha$ が 1708 以上で，図 3.45 に示すような，流体が上昇して下降する蜂の巣状のセルが観察される．このセルはベナール・セル(Benard cells)と呼ばれる．3･1･1 項でふれた，おわんの中の味噌汁の模様も，ベナール・セルと同様である．さらに，レイリー数が増加し 5×10^4 以上になると，ベナール・セルは崩れ，乱流状態になる．垂直平板上や上面加熱面上の乱流自然対流と同様に，ヌセルト数はレイリー数の1/3に比例し，熱伝達率は上下面の間隔 L に無関係に次式で与えられる．

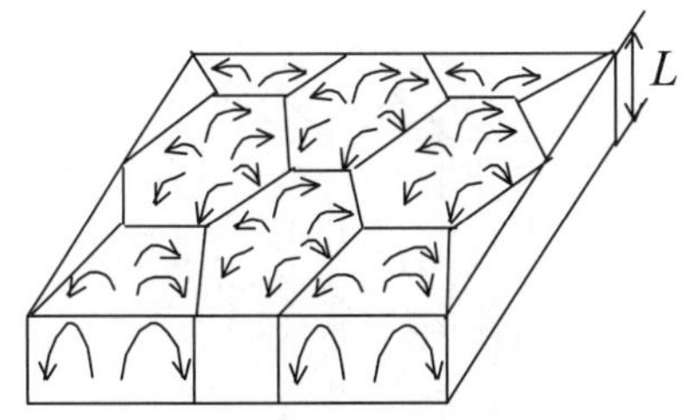

図 3.45　ベナール・セル

$$h = 0.069\,k\left\{\frac{g\beta(T_w - T_e)}{\alpha\nu}\right\}^{1/3} Pr^{0.074}$$ ：水平流体層（乱流）

$$(10^5 < Ra_L < 10^9,\quad 0.02 < Pr < 9000) \tag{3.207}$$

(d) 垂直平行平板

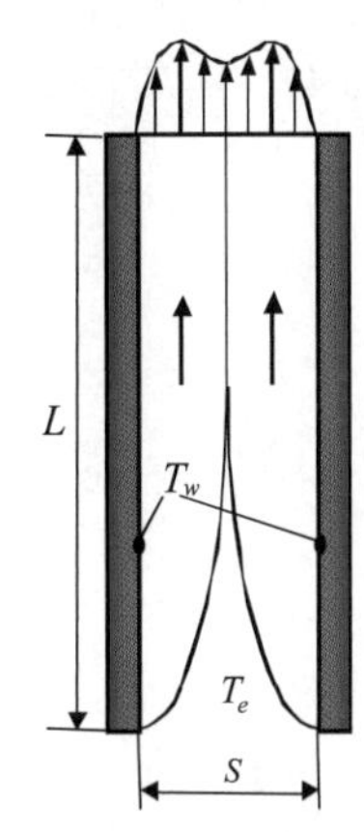

図 3.46　垂直平行平板

図 3.46 に示すような，周囲温度 T_e より高温 T_w に保たれた垂直平行平板(vertical parallel plates)の間に発生する自然対流は煙突効果やフィン列からの放熱との関連から注目されてきた．いま，板の間隔を S，板の長さ（高さ）を L とすると，S/L が1より極めて小さい場合と大きい場合に対して，二種の漸近解が存在することがわかる．すなわち $S/L << 1$ のときには浮力と粘性力が平衡する十分に発達した流れが形成され，

$$\frac{\bar{h}L}{k} = \frac{1}{24}Ra_S \quad \text{または} \quad \frac{\bar{h}S}{k} = \frac{1}{24}Ra_S\frac{S}{L} \tag{3.208}$$

となり，一方，$S/L >> 1$ のときには，単独に置かれた垂直平板上の層流自然対流の式(3.194)より，次式となる．

$$\frac{\bar{h}L}{k} = 0.59\,Ra_L^{1/4} \quad \text{または} \quad \frac{\bar{h}S}{k} = 0.59\left(Ra_S\frac{S}{L}\right)^{1/4} \tag{3.209}$$

BarCohen-Rohsenow は両漸近解を次のように接続することで，任意の S/L 値の場合の解を高精度で近似できることを示した．

$$\begin{aligned}\frac{\bar{h}S}{k} &= \left(\left(\frac{1}{24}Ra_S\frac{S}{L}\right)^{-2} + \left\{0.59\left(Ra_S\frac{S}{L}\right)^{1/4}\right\}^{-2}\right)^{-1/2} \\ &\cong \left(576\left(Ra_S\frac{S}{L}\right)^{-2} + 2.87\left(Ra_S\frac{S}{L}\right)^{-1/2}\right)^{-1/2}\end{aligned} \tag{3.210}$$

図 3.47 に示すように，一定の横幅 W に垂直フィン列を設置するものとし，放熱量を最大にする最適フィン間隔 S_{opt} を考える．フィンの厚みが無視しうるものとすれば，フィンの列数は W/S となるから，フィン列からの放熱量は単位奥行き当り，

$$\dot{Q} = 2L\bar{h}(T_w - T_e)\left(\frac{W}{S}\right) \tag{3.211}$$

となる．したがって，$\dot{Q}$が最大となる条件は

$$\frac{\partial \dot{Q}}{\partial S} \propto \frac{\partial}{\partial S}\left(\frac{\overline{h}}{S}\right) = 0 \tag{3.212}$$

で与えられる．式(3.210)を代入し S について解くと，最適フィン間隔 S_{opt} が求まる．

$$S_{opt} = 2.71\frac{L}{{Ra_L}^{1/4}} \tag{3.213}$$

すなわち，このフィン間隔より狭くすると（フィン列の全表面積は増加するが）粘性抵抗が増加し $\overline{h}$ が低下するため，一方，広くすると（$\overline{h}$ は増加するが）フィン列の全表面積が減少するため，いずれも $\dot{Q}$ は低下する．

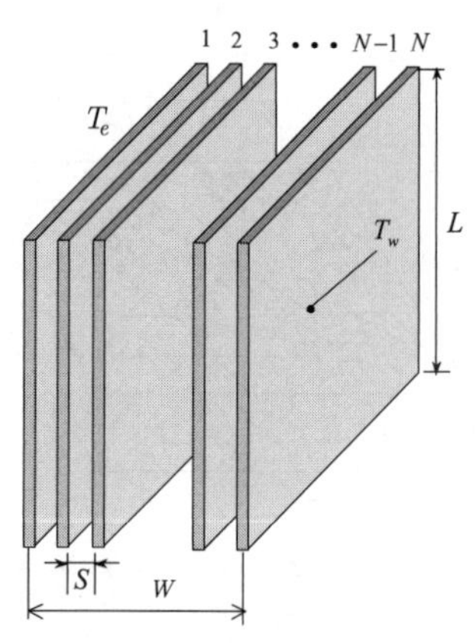

図 3.47　垂直フィン列

【例題 3・6】　＊＊＊＊＊＊＊＊＊＊＊＊＊＊＊＊＊＊＊＊＊＊＊

縦10 cm，横5 cmの複数の薄い板から成る垂直フィン列を発熱体の側面（幅20 cm）に垂直に取り付け，効果的な放熱を計りたい．周囲空気温度を20℃とし，フィン列は，一様な温度80℃に保たれているものとする．フィン列間の流れは等温壁の垂直平板列間の流れで近似できるものとし，最適フィン間隔およびそのときのフィン列からの全放熱量を求めよ．なお，空気の物性値を $\nu = 2\times10^{-5}\ \mathrm{m^2/s}$， $k = 0.03\mathrm{W/(m\cdot K)}$， $Pr = 0.7$ とし，重力加速度を $g = 9.8\mathrm{m/s^2}$ とする．

【解答】レイリー数を算出すると，

$$Ra_L = \frac{g\beta(T_w - T_e)L^3}{\nu^2}Pr = \frac{9.8\times\left(\dfrac{1}{50+273}\right)\times 60\times 0.1^3}{\left(2\times10^{-5}\right)^2}\times 0.7 = 3.19\times10^6 \tag{ex 3.13}$$

したがって，式(3.213)より，

$$S_{opt} = 2.71\frac{L}{{Ra_L}^{1/4}} = 2.71\times\frac{0.1}{\left(3.19\times10^6\right)^{1/4}} = 0.0064\mathrm{m} = 6.4\mathrm{mm} \tag{ex 3.14}$$

$$Ra_S\left(S/L\right) = Ra_L\left(S/L\right)^4 = 3.19\times10^6\times\left(0.0064/0.1\right)^4 = 53.5 \tag{ex 3.15}$$

これらを式(3.210)に代入し，

$$\begin{aligned}\overline{h} &= \frac{k}{S}\left(576\left(Ra_S\frac{S}{L}\right)^{-2} + 2.87\left(Ra_S\frac{S}{L}\right)^{-1/2}\right)^{-1/2}\\ &= \frac{0.03}{0.0064}\times\left(\frac{576}{53.5^2} + \frac{2.87}{53.5^{1/2}}\right)^{-1/2} = 6.08\mathrm{W/(m^2\cdot K)}\end{aligned} \tag{ex3.16}$$

板の枚数は 0.2m/0.0064m ≅ 31 枚となり，式(3.211)より全熱量は

$$\dot{Q} = 2L\overline{h}\left(T_w - T_e\right)\left(\frac{W}{S}\right)\times 0.05 = 2\times0.1\times6.08\times60\times31\times0.05 = 113\mathrm{W} \tag{ex 3.17}$$

＊＊＊＊＊＊＊＊＊＊＊＊＊＊＊＊＊＊＊＊＊＊＊

＝＝＝＝＝　練習問題　＝＝＝＝＝＝＝＝＝＝＝＝＝＝＝＝＝＝＝＝＝＝＝

【3・1】静止流体中に水平に置かれた無限平板が時刻$t=0$から突然，一定速度u_wで動き出すものとする．この問題はストークスの第一問題(Stokes' first problem)として知られている．このとき，ナビエ・ストークスの式(3.28)が以下のように簡略化されることを示せ．

$$\frac{\partial u}{\partial t}=\nu\frac{\partial^2 u}{\partial y^2}$$

微分方程式が半無限固体内の非定常一次元熱伝導の式に類似していることに留意し，時々刻々と変化する速度分布の概形を描け．

【3・2】Consider a circular duct flow with constant wall temperature and constant properties. Calculate the average Nusselt number for $L^*=(L/d)/Pe_d=0.01$, using Equation (3.108a).

【3・3】等温平板を，一様な流れの層流の水中に水平に置いたときと，同じ流速の層流の空気中に置いたときの壁摩擦および熱伝達率を比較せよ．水の物性値を$\mu=7\times10^{-4}\,\mathrm{Pa\cdot s}$，$\nu=7\times10^{-7}\,\mathrm{m^2/s}$，$k=0.6\,\mathrm{W/(m\cdot K)}$，$Pr=5$，および空気の物性値を$\mu=2\times10^{-5}\,\mathrm{Pa\cdot s}$，$\nu=2\times10^{-5}\,\mathrm{m^2/s}$，$k=0.024\,\mathrm{W/(m\cdot K)}$，$Pr=0.7$とする．

【3・4】Air at 20℃ moves at 3m/s in parallel over a 3 m long flat plate. The plate has a 1 m long unheated starting section (at 20℃), upstream of the heated isothermal section at 100℃. Estimate the local heat transfer coefficient and heat flux at a distance of 1.5 m from the leading edge. The thermophysical properties of the air are $Pr=0.7$, $\nu=2\times10^{-5}\,\mathrm{m^2/s}$, $\rho=1\,\mathrm{kg/m^3}$ and $c_p=1\,\mathrm{kJ/(kg\cdot K)}$.

【3・5】式(3.152) が示唆するように，一般的に，乱流境界層の速度分布に関する壁法則は以下のように表現される．

$$\frac{u}{(\tau_w/\rho)^{1/2}}=f\left(\frac{(\tau_w/\rho)^{1/2}y}{\nu}\right)$$

ここで関数fに対数則ではなく，べき乗則を想定すると

$$\frac{u}{(\tau_w/\rho)^{1/2}}\propto\left(\frac{(\tau_w/\rho)^{1/2}y}{\nu}\right)^n$$

これが，ブラジウスの式(3.155a)と整合するためには，$n=1/7$ となること(1/7乗則)を導け．

【3・6】Turbulent air flows through a pipe of inner diameter 10 cm. Use the logarithmic law with $(\kappa,B)=(0.41,5.0)$ to find the wall shear stress, τ_w, when the local mean velocity at $y=1\,\mathrm{cm}$ (above the wall surface) is 19 m/s. The kinematic viscosity and density of the air are 2×10^{-5} m^2/s and 1 kg/m^3, respectively.

【3・7】一辺が1 mで200℃に保たれた正方形の平板に，20℃の空気が流速50 m/sで水平に流れている．遷移レイノルズ数を $Re_{x_{tr}} = 3.2\times10^5$ とし，平均熱伝達率を算出せよ．続いて片面からの放熱量を算出し，前縁からすぐに乱流に遷移するとみなしたときの概算値と比較せよ．なお，空気のプラントル数を0.7，動粘度を 2×10^{-5} m^2/s，密度を1 kg/m^3，定圧比熱を1 kJ/(kg·K)とする．

【3・8】Water at 20℃ enters a long circular tube of inside diameter 2 cm at a uniform velocity 2 m/s . Electrical heating within the tube wall provides a uniform heat flux, 200 kW/m^2, from the inner wall surface to the flowing water. Evaluate the bulk mean temperature and wall temperature at a distance of 1 m from the inlet. The thermophysical properties of the water are $Pr = 5$, $\nu = 7\times10^{-7}$ m^2/s, $\rho = 1000$ kg/m^3 and $c_p = 4.2$ kJ/(kg·K).

【3・9】流速10 m/sで一様に流れてくる温度25℃の空気中に，直径2 cmの長い円柱が流れに垂直に置かれている．円柱の表面温度が125℃であるとき，軸長1 mあたりの円柱から周囲気流への放熱量を求めよ．ただし，自然対流の影響は無視しうるものとする．　なお，空気の物性値は一定とし，プラントル数を0.7，動粘度を 2×10^{-5} m^2/s，密度を1 kg/m^3，定圧比熱を1 kJ/(kg·K)とする．

【3・10】 Air flows through a heating duct of outer diameter 0.5 m, such that the temperature of its outer surface is maintained at 45℃. This horizontal duct is exposed to air at 15℃. Find the heat loss from the duct per meter of length. The properties are: $Pr = 0.7$, $\nu = 2\times10^{-5}$ m^2/s, $\rho = 1$ kg/m^3, $c_p = 1$ kJ(kg·K), $g = 9.8$ m/s^2, $\beta = 0.0033$ /K.

【解答】

1. 厳密解は $u^*(\eta) = u/u_w$, $\eta = y/\sqrt{\nu t}$ で変数変換し，$u^{*\prime\prime} + (1/2)\eta u^{*\prime} = 0$ を $u^*(0) = 1$, $u^*(\infty) = 0$ で解き，$u = u_w\left(1 - \mathrm{erf}\left(y/2\sqrt{\nu t}\right)\right)$
2. 7.52
3. 水の方が壁摩擦で187倍，熱伝達率で257倍，空気のそれより大きい．
4. 4.16 W/(m^2·K)，333 W/m^2 （注：Re_L=2.25×10^5<5×10^5，層流）
5. $\left(\tau_w/\rho u^2\right)^{(n+1)/2} \propto \left(\nu/uy\right)^n$ より $2n/(n+1) = 1/4$
6. 0.90Pa （式(3.152)）
7. 109 W/(m^2·K)，19.6 kW，22.2 kW
8. 24.8℃, 49.1℃ （式(3.157a)）
9. 515 W/m （式(3.167)）
10. 192 W/m （式(3.202b)）または209 W/m （式(3.201)）

第 3 章の文献

(1) 日本機械学会編，伝熱工学資料，改訂第 4 版，(1986)，日本機械学会.

(2) 甲藤好郎，伝熱概論，(1965)，養賢堂.

(3) 庄司正弘，伝熱工学，(1995)，東京大学出版会.

(4) Bejan, A., *Convection heat transfer*, (1984), John Wiley & Sons.

(5) Incropera, F. P., DeWitte, D. P., *Introduction to heat transfer*, (1985), McGraw-Hill.

(6) Nakayama, A., *PC-aided numerical heat transfer and convective flow*, (1995), CRC Press.

(7) Schlichting, H., *Boundary layer theory*, (1951), McGraw-Hill.

(8) White, F. M., *Viscous fluid flow*, (1974), McGraw-Hill.

第 4 章
ふく射伝熱
Radiative Heat Transfer

4・1 ふく射伝熱の基礎過程 (fundamentals of radiative heat transfer)

4・1・1 伝導・対流・ふく射の伝熱３形態 (three modes of heat transfer; conduction, convection and radiation)

ふく射伝熱(radiative heat transfer)は，これまでみてきた伝導伝熱(conductive heat transfer)や対流熱伝達(convective heat transfer)などと，その形態だけではなく，熱を輸送(transfer)する機構(mechanism)そのものが異なる．第 1 章の概論にも示されたたき火からの伝熱を考えてみる．炎の上に手をおくと，瞬時に耐えられないほど熱くなる．これは主に高温の燃焼ガスによる対流熱伝達により手が加熱されることによる．一方，燃え盛る薪の反対側の端を持つと，微かに暖かい．これは薪を伝わる熱伝導による熱輸送によるものである．次に図 4.1 のような位置に立つと，上昇する高温の燃焼ガスが直接触れることによって手や体が暖められる対流熱伝達や，炭火と炎から熱が空気を伝わることによって暖められる伝導伝熱は期待できない．しかしながら，たき火の近くでは暖かい．さらに燃え盛る大規模な火災では近づくことができないほど熱く感じる．このとき手や体はもう一つの伝熱形態であるふく射伝熱(radiative heat transfer)によって加熱されることになる．

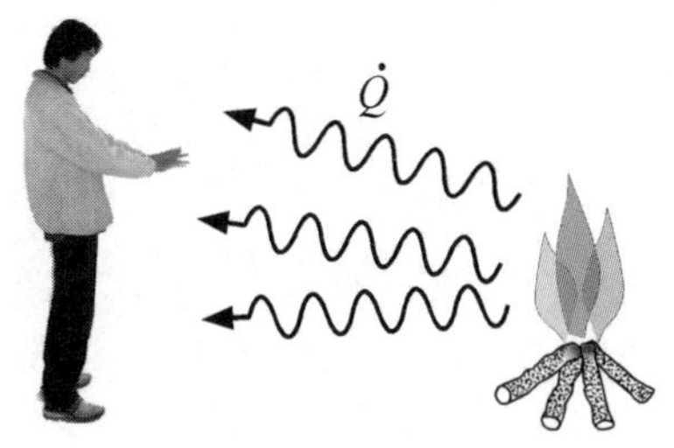

図 4.1 たき火からの熱ふく射による加熱

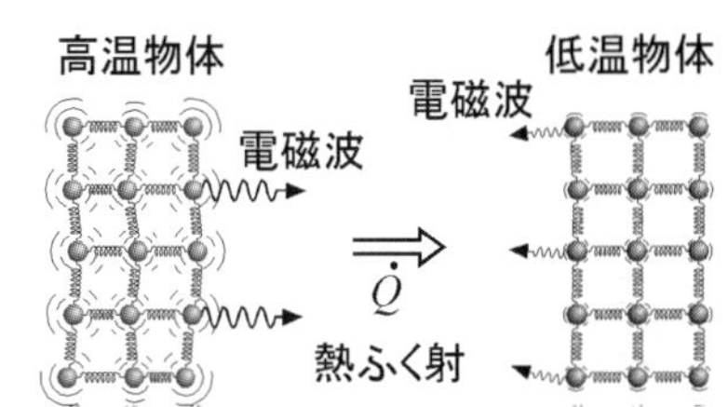

図 4.2 絶対温度に応じて振動する原子や分子から放射されるふく射

4・1・2 ふく射とは (what is radiation?)

図 4.2 に示されるように，あらゆる物体は分子(molecule)や原子(atom)から構成され，その絶対温度(absolute temperature)に応じて激しく運動している．この運動に伴って物体からはあらゆる波長(wavelength)の電磁波(electromagnetic wave)が放射(emission)される．図 4.3 ではその電磁波が波長 λ (μm) と振動数(frequency) ν (H_Z)，さらに波数(wave number) (cm^{-1}) によって分類されている．光の速度を c (m/s) とすると $\nu = c/\lambda$ である．ここで分類している境界線は明確ではなくおおよその目安である．可視光(visible light)は波長 0.38 μm から 0.77 μm の範囲であり，波長の短いほうから紫(violet)，青(blue)，緑(green)，黄(yellow)，橙(orange)，赤(red)となる．ここで注意したいことは，電磁波に色がついているわけではなく，各々の波長の電磁波が目に入射したとき，我々が各々の色として認識するにすぎないことである．紫色光より波長が短くなるにつれ紫外線(ultraviolet radiation)，X 線(X-rays)，γ 線(gamma-rays)となる．一方，赤色光より波長が長くなるにつれ赤外線(infrared radiation)，マイクロ波 (microwave)，電波(radio wave)となる．ふく射(radiation)とはこれら電磁波の総称であり，その中でも熱や光として検出

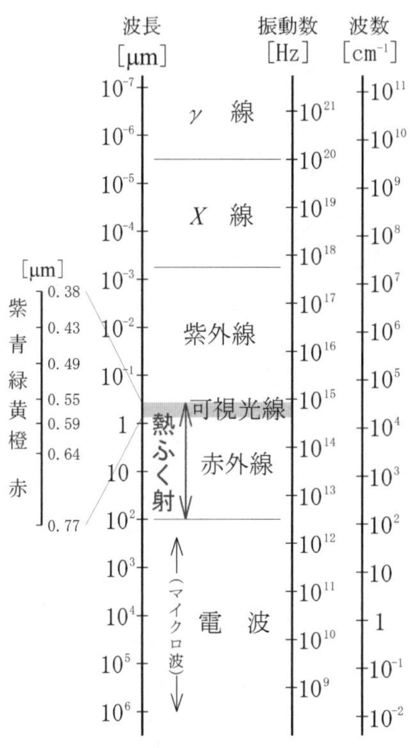

図 4.3 波長，振動数，波数による電磁波の分類(1)

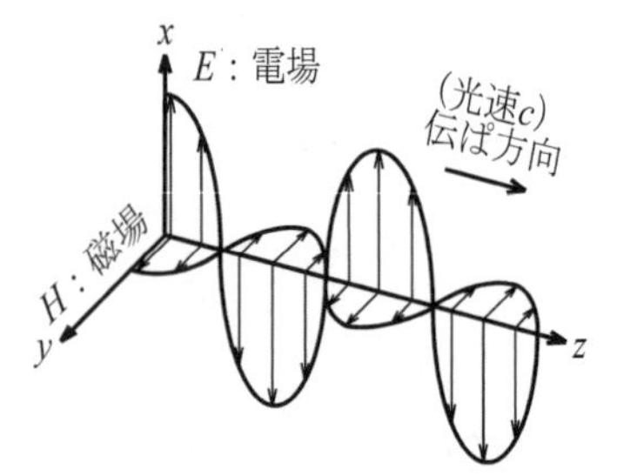

図 4.4　電磁波（ふく射）の伝ぱ過程

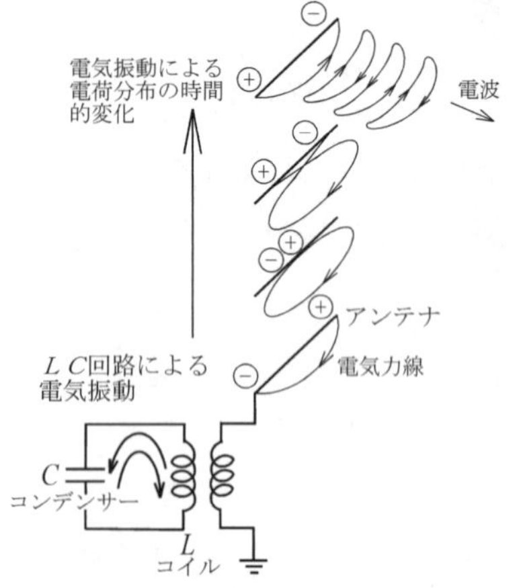

図 4.5　電波の放射機構[(2)]

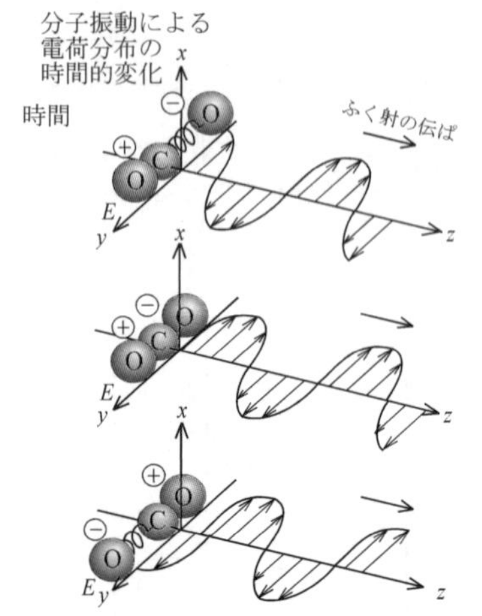

図 4.6　ふく射の放射機構（模式図）

表 4.1　伝熱形態と伝熱機構

形態	機構
伝導伝熱 対流熱伝達 （強制、自然）	伝導伝熱
ふく射伝熱	ふく射伝熱 （電磁波）

される波長領域は特に熱ふく射(thermal radiation)といわれる．図 4.3 に示されるように熱ふく射は可視光から約 100 μm の波長にわたる範囲を指す．すなわち，この波長範囲の熱ふく射（電磁波）を手に受けると暖かいと感じる．

これらの電磁波では図 4.4 のような模式図に示されるように空間の x 平面に電場(electric field)が誘起される（電場 E が大きくなる）と y 平面に磁場(magnetic field)が誘起される（磁場 H が大きくなる）．この電場と磁場が互いに誘起し合い，電磁波はいずれにも直交する z 方向へ光速(speed of light)で伝ぱ(propagation)する．

4・1・3　ふく射の放射機構 (emission mechanism of radiation) ＊

物体から光や赤外線や電波が放射される機構は，正極(＋)と負極(－)で構成される一対の**電気双極子**(electric dipole)を用いて説明できる．図 4.5 に示すように，コンデンサー C とコイル L の電気回路は，コイルの持つ慣性により**電気振動**(electric oscillation)を繰り返す．それをアンテナに伝えると，アンテナ上の電流もしくは**電荷分布**(distribution of electric charge)が変化し，電荷の移動により**電気力線**(line of electric force)がよじれ，閉じた電気力線が電波としてアンテナから離れていく．同様に図 4.6 に示すように分子（図 4.6 では二酸化炭素分子を仮定）や原子が振動する場合，その内部の電荷分布が時間的に変動するので，それらを仮想的に電気双極子もしくはアンテナと考えることができる．したがって，その**振動モード**(mode of vibration)に合う振動数（もしくは波長）のふく射が放射される．逆にこの振動数のふく射が分子や原子に入射すると吸収されることになる．この電荷分布の時間的な変化はこのような**振動運動**(vibrational motion)だけではなく，分子や原子の**回転運動**(rotational motion)においても生ずる．

電子レンジ(microwavable oven)は振動数 2.45 GHz のマイクロ波（波長約 12.2 cm）を被加熱物にあてて，この振動数に近い水分子の回転運動にこのマイクロ波が吸収されることでエネルギーを輸送し，被加熱物を加熱している．

4・1・4　伝導とふく射の伝熱機構 (heat transfer mechanisms of conduction and radiation)

図 4.1 に示されるたき火の例では，まず炎や炭火内部で分子運動である熱エネルギー（内部エネルギー）からふく射（電磁波）に変換されて，その放射されたふく射が空間を伝ぱし手や体に達すると，そこで再び分子運動である熱エネルギー（内部エネルギー）に変換されることで，一つの伝熱プロセスが完了し，これが繰り返されている．すなわち，手や体の温度が上昇し暖かいと感ずる．したがって，ふく射伝熱においては固体や空気など熱を伝える**媒体**(media)を必要としないので，**真空中**(vacuum)でもこの電磁波（ふく射）を介して熱を伝えることができ，それを必要とする伝導伝熱や対流熱伝達とは**伝熱機構**(heat transfer mechanism)が異なっている．表 4.1 に示すように，伝熱形態としては伝導伝熱，対流熱伝達（強制および自然），ふく射伝熱に分類されるが，この伝熱機構の観点から分類すると，伝導伝熱とふく射伝熱の 2 種類となる．対流熱伝達は伝導伝熱の 1 つの変形であって，熱を伝える媒体

内部の温度こう配に依存する伝熱機構として伝導伝熱に含まれる．

4・1・5　ふく射の反射，吸収，透過 (reflection, absorption and transmission of radiation)

ふく射伝熱においてエネルギーはふく射（電磁波）によって輸送される．図4.7に示されるように，このふく射は物体に**入射**(incident)すると，その一部が**反射**(reflection)され，一部が**吸収**(absorption)され，残りは**透過**(transmission)する．この吸収により物体の温度が上昇する．一方，たとえ強いふく射が入射しても，完全に反射されたり，完全に透過される場合には，物体の温度は上昇しない．

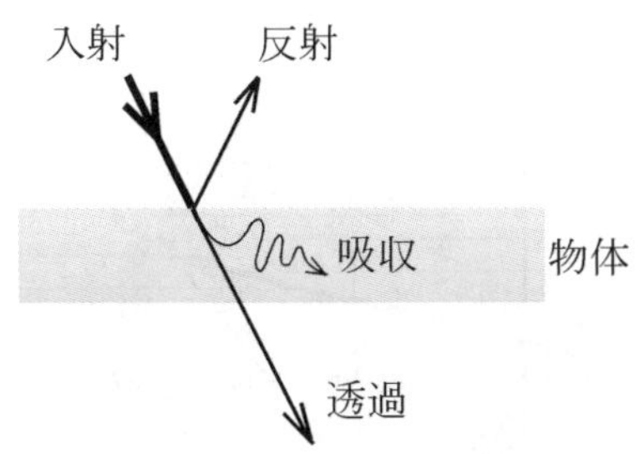

図 4.7　ふく射の反射，吸収，透過

この入射するふく射エネルギーに対する反射，吸収ならびに透過するエネルギーの割合をそれぞれ物体の**反射率**(reflectivity) ρ，**吸収率**(absorptivity) α，**透過率**(transmissivity) τ という．エネルギーの保存則からそれらの和は式(4.1)に示すように1に等しい．

$$\rho+\alpha+\tau=1 \tag{4.1}$$

物体が**不透明**(opaque)である場合には $\tau=0$ であるから，反射率と吸収率の間には以下のような関係がある．

$$\rho+\alpha=1 \quad もしくは \quad \alpha=1-\rho \tag{4.2}$$

したがって，不透明体の場合には入射ふく射エネルギー量と反射ふく射エネルギー量が測定できると，式(4.2)から物体の吸収率が求められる．ただし，一本の光線のようにふく射が入射しても，物体表面粗さの凹凸の大きさによっては，あらゆる方向へふく射が反射される(図 4.8)．とくにどの方向にも等しく反射するとき，これを**拡散反射**(diffuse reflection)という．図 4.8 に示すように，ある粗さの凹凸面に対して，波長が長いふく射には**平滑面**(smooth surface)とみなされ，**鏡面反射**(specular reflection)を起こすが，同じ表面に対して，波長が短いふく射にとっては凹凸面（粗面）となり拡散反射を起こすことになる．

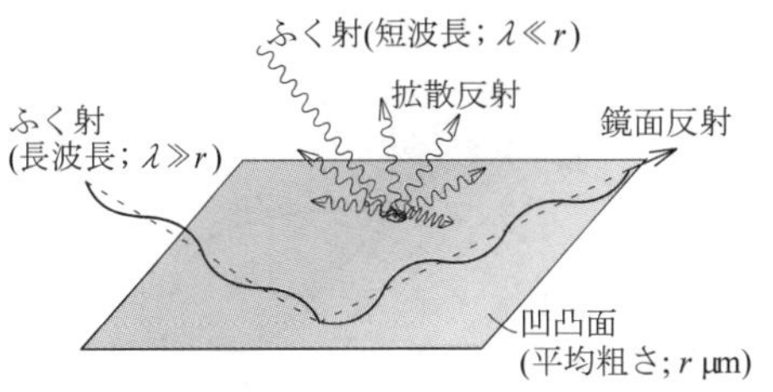

図 4.8　ある粗さ(rμm)の表面において入射するふく射の波長(λμm)による反射の違い

なお，物体が金属である場合には，ふく射が表面近傍（数原子層厚さ程度）で吸収されるので，幾何学面としての取り扱いができ，反射率や吸収率は表面性状のみに依存し，温度も表面温度を考慮すればよい．一方，セラミックスなどでは，ふく射が表面から比較的深くまで到達するので注意が必要である．

4・2　黒体放射 (blackbody radiation)

通常，我々の目が感知できる光（電磁波）は図 4.3 に示した可視領域であり，これらをよく吸収する面のことを“黒色”，その反対によく反射する面のことを“白色”という．これに対して，ふく射伝熱における“黒”とは図 4.3 に示した全ての波長の電磁波を完全に吸収する理想的な（仮想的な）面のことをいう．

例えば，図 4.9 のように両手を使って，1 つの開口部を有する空間を作ってみる．図 4.9(a)ではその開口部が大きい場合であり，内部の（手のひらの）表面の色やしわが確認できる．すなわち開口部から入射した光が内部の表面で反射され，再び開口部を通って目に感知されたことになる．一方，図 4.9(b)

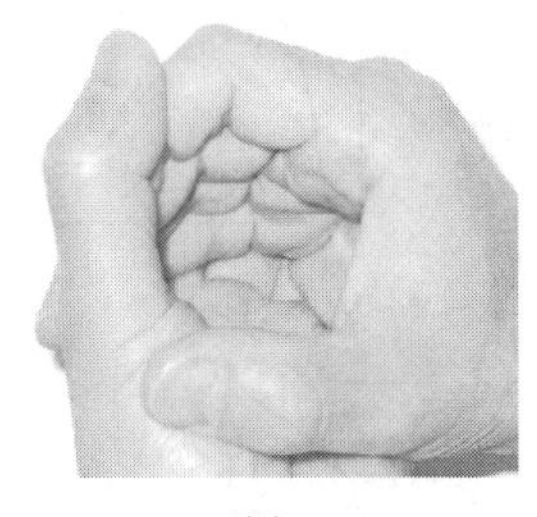
(a)

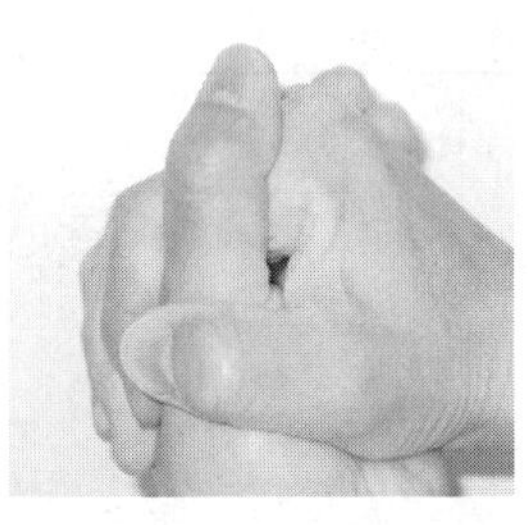
(b)

図 4.9　両手で作れる擬似黒体面

ではその開口部が内部の空間の広さに対してきわめて小さい場合であるが，開口部は“黒”にしか見えない．

これは，図 4.10 の模式図に示されるように，透過しない $(\rho+\alpha=1)$ 実在面で構成された空間において，小さな開口部から入射した光が，内部の表面で反射と吸収を繰り返すうちに，再び開口部へ到達する前にほぼ全て吸収されてしまうことによる．すなわち，開口面に一度入射した光はほぼ全て吸収されるとみなすことができる．いわゆる可視光領域の“黒”である．さらに，可視光だけでなく，全ての波長についても同様な考え方ができる．

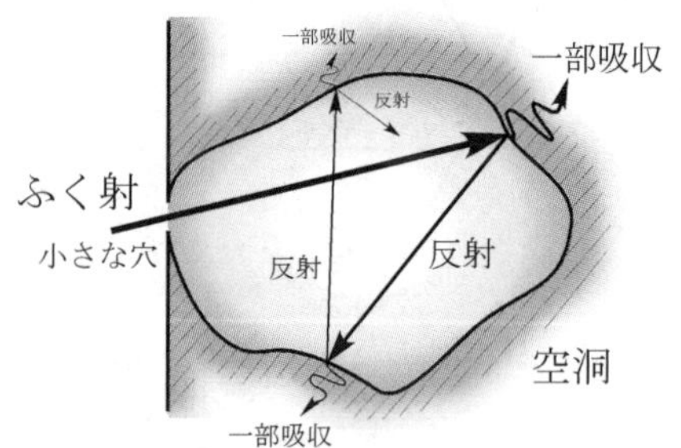

図 4.10　小さな開口部から入射したふく射の減衰課程

このようにふく射伝熱においては，入射する全ての波長のふく射（電磁波）を吸収する理想的な物体もしくは面を“黒”にたとえて**黒体**(blackbody)**もしくは黒体面**(black surface)という．特にふく射伝熱において重要な，暖かいと感ずる電磁波（熱ふく射）に限定すれば，図 4.9(b)の黒く見える開口部断面は可視から約 100 μm の波長範囲の熱ふく射を全て吸収する**黒体面**(black surface)とみなすことができる．もちろん，黒体面では $\alpha=1$ である．

4・2・1　プランクの法則 (Planck's law)

図 4.11 のように，絶対温度(absolute temperature) T (K) の表面で囲まれた閉空間(enclosure)を考える．このとき 4･1･2 項で述べたように，あらゆる波長のふく射（電磁波）があらゆる方向に放射されるが，空間内部は温度一定であることから熱平衡(thermal equilibrium)の状態にあり，その放射量と吸収量が等しく，いずれの方向にも正味の熱移動はない．この熱平衡状態を崩さない程度に小さな開口部を設け，ふく射を外部へ導きプリズム(prism)や回折格子(grating)を利用して各波長に分光(spectrum)してみる（図 4.12）．この各波長におけるふく射エネルギーの強さを**単色放射能**(spectral emissive power)という．その値は波長に対して一定ではない．この波長に対する分布を理論的に導いたのが**プランク**(Max Planck)である．

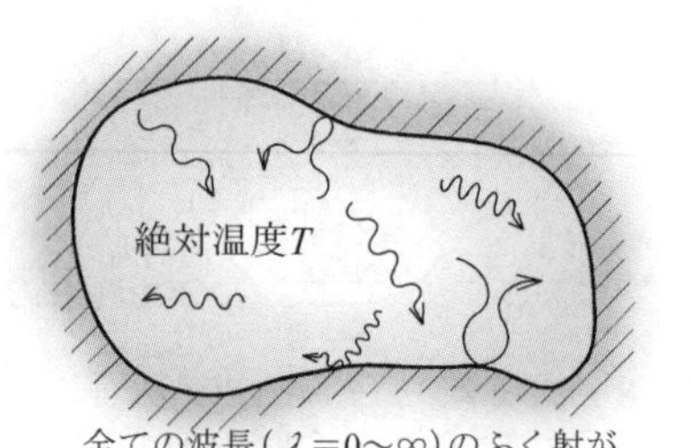

図 4.11　熱平衡状態の閉空間内のふく射

この理論によれば，絶対温度 T の黒体から，波長 λ と $\lambda+\mathrm{d}\lambda$ の微小波長帯で放射される単色放射能 $E_{b\lambda}$ (W/(m$^2\cdot$μm)) は次式で表現される．

$$E_{b\lambda}=\frac{C_1}{\lambda^5[\exp(C_2/\lambda T)-1]} \tag{4.3}$$

これを**プランクの法則**(Planck's law)という．ここで C_1 と C_2 はそれぞれ**第１ふく射定数**（the first radiation constant），**第２ふく射定数**(the second radiation constant)である．ここに $C_1(=2\pi hc_o{}^2=3.742\times10^8\ \mathrm{W\cdot\mu m^4/m^2})$ と $C_2(=hc_o/k=1.439\times10^4\ \mathrm{\mu m\cdot K})$ を代入すると，

$$E_{b\lambda}=\frac{2\pi hc_o{}^2}{\lambda^5\left[\exp(hc_o/\lambda kT)-1\right]} \tag{4.4}$$

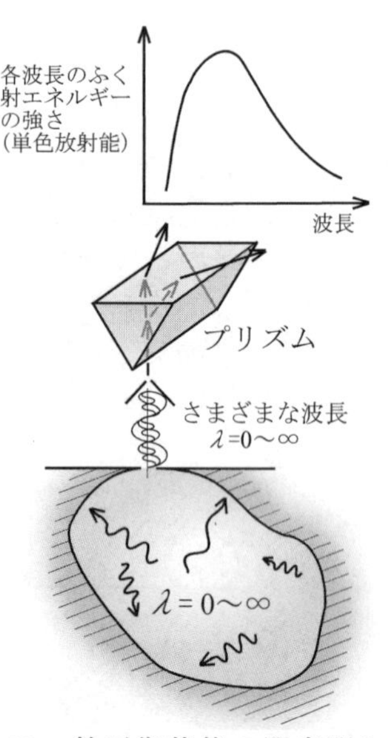

図 4.12　熱平衡状態の閉空間から放射されたふく射の分光

である．ここで，$h=(6.6256\times10^{-34}\ \mathrm{J\cdot s})$ は**プランク定数**(Planck constant)，$k(=1.3805\times10^{-23}\mathrm{J/K})$ は**ボルツマン定数**(Boltzmann constant)，$c_o(=2.998\times10^8\ \mathrm{m/s})$ は真空中での光速である．式(4.3)で表される単色放射能 $E_{b\lambda}$ と波長 λ との関係，すなわち**プランク分布**(Planck distribution) を各絶対温度 T について図 4.13 に示す．

ここで注意すべきことは，ふく射を取り扱う場合，必ず絶対温度を用い，その単位は**ケルビン**(Kelvin; K)である．いずれの温度の黒体においても単色

放射能は波長が長くなるにつれ，連続的に一旦増大し，その後減少する．一方，波長を固定すると単色放射能は温度が高くなるにつれ単調に増加する．また，温度が高くなるとともに，波長の短いふく射（電磁波）が多く放射されることもわかる．

一般に物体を加熱した場合，530℃ (≅ 800 K) 程度まではほとんど可視光を放射しないので暗闇の中でも赤熱を見ることができないが，その温度を超えてくると，図 4.13 からもわかるように，まず可視領域の波長の長い光を発するようになるため，図 4.14 に示されるように物体は暗赤色を帯びてくる．その後，温度の上昇とともに波長の短い可視光を発するようになる(図 4.13)ため，図 4.14 のように漸次赤色，橙色，黄色と変化し，高温になるにしたがい全ての可視領域の光が混じり合い，白みを帯びてくる．このように，加熱された物体の色で温度を把握することができ，この原理を応用した光高温計も使われている(図 4.14)．

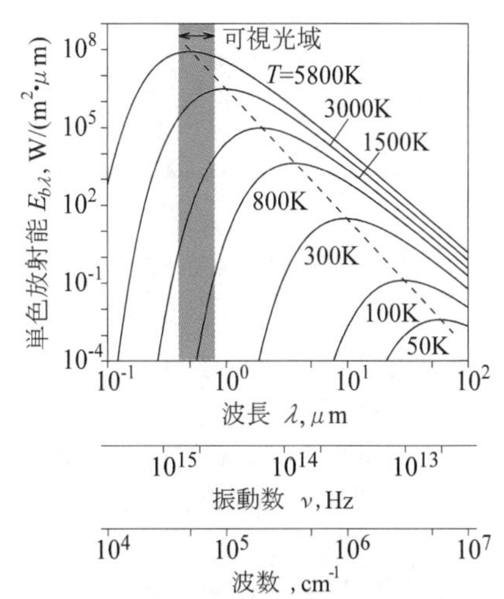

図 4.13　各温度の黒体から放射されるふく射の単色放射能（プランク分布）

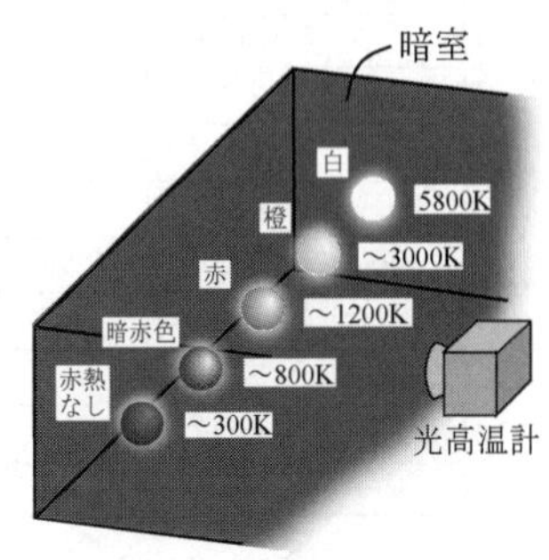

図 4.14　暗室内での温度による赤熱状態の相違（光高温計による温度計測）

4・2・2　プランクの法則の導出 (derivation of Planck's law)＊

この単色放射能の波長分布(spectral distribution)を表す式(4.3)は以下のように求められる．以下の内容は多少難易度が高いので省略し，次の 4･2･3 項へ進んでもよい．

(a) **ふく射におけるエネルギーの最小単位**：振動数 ν の光は，分子や原子あるいは電子が高いエネルギー状態 E_i から低いエネルギー状態 E_j に移るとき，$E_i - E_j = h\nu$ として放射される．ここで h はプランク定数である．この $h\nu$ について考える．ふく射を放射する分子や原子（振動子(oscillator)もしくは電気双極子）が持つエネルギー ε やそのエネルギーを持っている時間 τ を測定しようとすると，その測定値には不確定量 $\Delta\varepsilon$ と $\Delta\tau$ がともない，その積はプランク定数 h より小さくならない．すなわち，$\Delta\varepsilon\Delta\tau \geqq h$ の関係があり，これをハイゼンベルグの不確定性原理(Heisenberg's uncertainty principle)という．この振動子の持つエネルギーを観測するための時間は少なくとも 1 波長分，すなわち $1/\nu$（秒）を要する．よって，少なくとも $\Delta\tau \approx 1/\nu$ でなければならない．したがって，$\Delta\varepsilon \geqq h\nu$ である．つまり，エネルギーを交換（吸収，および放射）する際のエネルギーの最小単位は $h\nu$ と記述できる．

(b) **振動子のエネルギー吸収と**エネルギー準位(energy level)：次に基底状態(ground state)にある分子や原子（振動子）に $h\nu$ のエネルギーを持つふく射があたかも粒子のように入射し，吸収されると，その分子の持つエネルギー（エネルギー準位）が $h\nu$ だけ大きくなる．したがって，図 4.15 に示すように，入射するエネルギーは $h\nu$ より小さくならないので，分子や原子（振動子）のエネルギー準位は連続的ではなくこのエネルギー準位は $h\nu$ の整数倍の離散的(discrete)な値をとる．

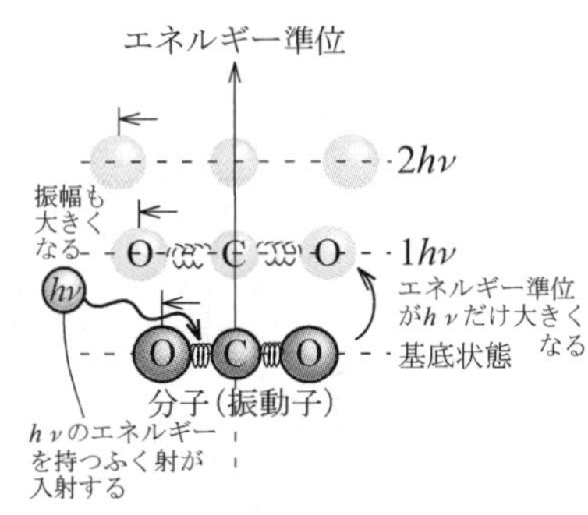

図 4.15　最小エネルギー $h\nu$ の吸収と振動子のエネルギー準位

(c) **振動数 ν の振動子が黒体閉空間で持つ平均エネルギー**：このような振動子(分子もしくは原子)が絶対温度 T の空洞内の壁面に無数に存在する．仮に図 4.16 に示すように 3 つの振動子で構成され，振動数 ν の最小エネルギー $h\nu$ が 4 個あるとする．各々の振動子のエネルギー準位は，基底状

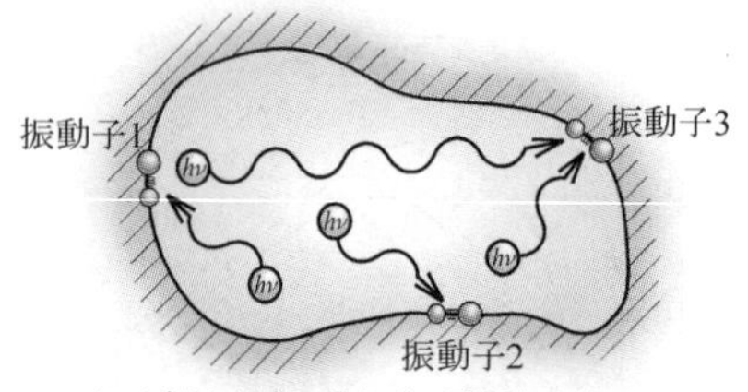

ふく射を放射・吸収する振動子が3つ,
エネルギー$h\nu$が4つの場合,4つの$h\nu$粒子
をキャッチボールして熱平衡を保っている.

図 4.16　空洞内における振動子間での $h\nu$ の吸収と放射

表 4.2　4つの最小エネルギー$h\nu$が3つの振動子に分配される組み合わせ

	1	2	3
振動子			
15通りの分配組み合わせ	$h\nu$ $h\nu$ $h\nu$ $h\nu$		
		$h\nu$ $h\nu$ $h\nu$ $h\nu$	
			$h\nu$ $h\nu$ $h\nu$ $h\nu$
	$h\nu$ $h\nu$ $h\nu$	$h\nu$	
	$h\nu$ $h\nu$ $h\nu$		$h\nu$
	$h\nu$	$h\nu$ $h\nu$ $h\nu$	
		$h\nu$ $h\nu$ $h\nu$	$h\nu$
	$h\nu$		$h\nu$ $h\nu$ $h\nu$
		$h\nu$	$h\nu$ $h\nu$ $h\nu$
	$h\nu$ $h\nu$	$h\nu$ $h\nu$	
	$h\nu$ $h\nu$		$h\nu$ $h\nu$
		$h\nu$ $h\nu$	$h\nu$ $h\nu$
	$h\nu$ $h\nu$	$h\nu$	$h\nu$
	$h\nu$	$h\nu$ $h\nu$	$h\nu$
	$h\nu$	$h\nu$	$h\nu$ $h\nu$

態もしくは$3h\nu$や$2h\nu$とランダムに変化する．4つの$h\nu$粒子が3つの振動子に分配される組み合わせは，表4.2に示すように，15通りある．ここで，1つの振動子が4つの$h\nu$粒子を持つ確率は15分の1，3つ持つ確率は15分の2などとなる．無数の振動子と$h\nu$粒子について考えると，1つの振動子が$h\nu$のエネルギーをm個持つ確率は$\exp(-m\cdot h\nu/kT)$に比例する．このように，1つの振動子のみが多くのエネルギーを持つことは起こりにくいことを表している．したがって，熱平衡状態においてこれら一つ一つの振動子が平均的に持ちうるエネルギー$\bar{\varepsilon}$はエネルギー準位が離散的であることから，それらの和として以下のように求められる．

$$\bar{\varepsilon}=\frac{\sum_{m=0}^{\infty} m\cdot h\nu\cdot e^{\left(-m\cdot h\nu/kT\right)}}{\sum_{m=0}^{\infty} e^{\left(-m\cdot h\nu/kT\right)}} \tag{4.5}$$

ここで，$x=\exp(-h\nu/kT)$とおくと，$1+x+x^2+\cdots=1/(1-x)$，$1+2x+3x^2+\cdots=1/(1-x)^2$であるから，以下のようになる．

$$\bar{\varepsilon}=\frac{h\nu}{e^{(h\nu/kT)}-1} \tag{4.6}$$

(d)　**平均エネルギー$\bar{\varepsilon}$を有する振動子の数密度**：図4.17に示すように，1つの振動子から放射されたエネルギーが，もう1つの振動子に吸収されるためには，双方の振動子が，ふく射を波としたときの定在波の節(node)であることが必要である．その条件は，任意形状の空洞の代表長さをL（空間体積をL^3）とすると，$n=2L/\lambda$（nは整数）である．この条件を満たす振動子の数$\varDelta N(\nu)$は，nのx,y,z成分をn_x,n_y,n_zとすると，$n^2={n_x}^2+{n_y}^2+{n_z}^2$を満たす$(n_x,n_y,n_z)$の組み合わせの数として求められる．この数は$n$の数値が大きいと仮定すると，ちょうど図4.18に示すn_x,n_y,n_zを座標とする内外半径がnと$n+\mathrm{d}n$の球殻の体積に等しい．ここで，n_x,n_y,n_zが正の整数であることからその全球殻体積の1/8であり，また，図4.4に示した電磁波には電界Eがy軸と平行，およびx軸と平行な2種類が考えられることから，微小な球殻に含まれる振動子の総数$\varDelta N(\nu)$は以下のように表される．

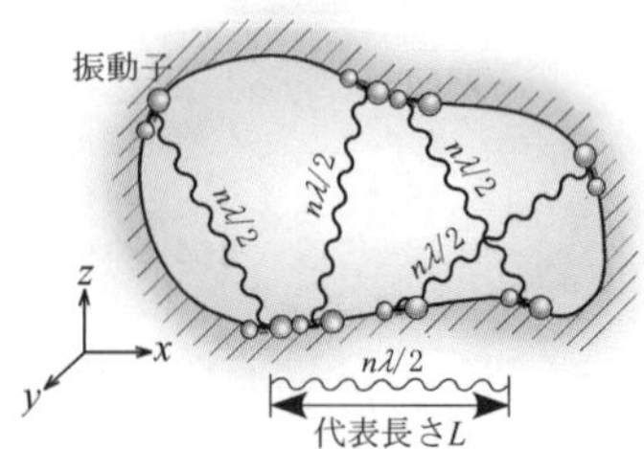

図 4.17　振動子間の定在波の条件

$$\varDelta N(\nu)=2\cdot\frac{1}{8}\cdot 4\pi n^2\mathrm{d}n=\pi\left(\frac{2L\nu}{c}\right)^2\mathrm{d}\left(\frac{2L\nu}{c}\right)=\frac{8\pi L^3}{c^3}\nu^2\mathrm{d}\nu \tag{4.7}$$

ここで，$\lambda=c/\nu$を用いた．また，その数密度$n_o(\nu)\mathrm{d}\nu$は空間体積L^3で割ることにより以下のように表される．

$$n_o(\nu)\mathrm{d}\nu=\frac{\Delta N(\nu)}{L^3}=\frac{8\pi}{c^3}\nu^2\mathrm{d}\nu \tag{4.8}$$

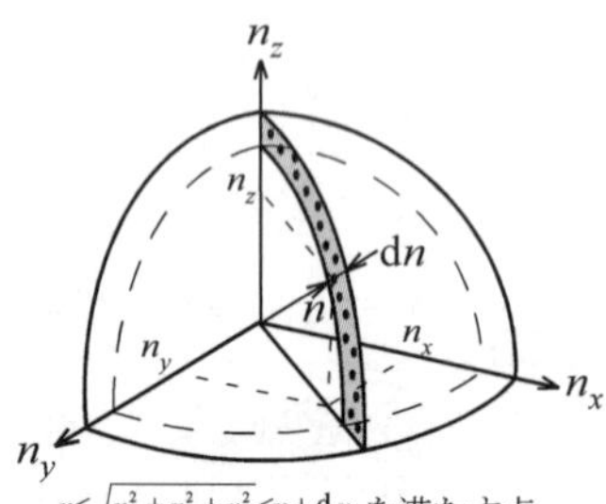

$n\leq\sqrt{n_x^2+n_y^2+n_z^2}\leq n+\mathrm{d}n$ を満たす点.
その総数は，$n\to\infty$において，nと$n+\mathrm{d}n$の球殻の体積に等しい．

図 4.18　n_x，n_y，n_z座標での定在波を満たす振動子の数

(e)　**プランクの法則**：振動数がνと$\nu+\mathrm{d}\nu$の間にある定在波の数密度$n_o(\nu)\mathrm{d}\nu$とその両端にある振動子1個が持つ平均エネルギー$\bar{\varepsilon}$との積が，絶対温度Tの平衡状態にある空洞内部において振動数νと$\nu+\mathrm{d}\nu$の間で放射される単色放射能となり，これが式(4.4)のプランクの法則である．なお，$\mathrm{d}\lambda=-(c_o/\nu^2)\mathrm{d}\nu$および$E_{b\lambda}\mathrm{d}\lambda=n_o(\nu)\mathrm{d}\nu\cdot\bar{\varepsilon}$を利用している．

4・2・3　ウィーンの変位則 (Wien's displacement law)

図 4.13 において，単色放射能の最大値を与える波長 λ_{max} は，温度が上昇するにつれ短波長側へ移動している．この λ_{max} (μm) と T (K) の関係は式(4.3)の $E_{b\lambda}$ を λ について微分してゼロに等しいとおくことで求められる．

$$\left(5-\frac{C_2}{\lambda_{max}T}\right)e^{\frac{C_2}{\lambda_{max}T}}-5=0 \tag{4.9}$$

これを解くと以下のようになる．

$$\frac{C_2}{\lambda_{max}T}=4.965114 \tag{4.10}$$

したがって，$C_2=0.0143868\ \mathrm{m\cdot K}$ により，以下のようになる．

$$\lambda_{max}T=2897\ \mu\mathrm{m}\cdot\mathrm{K} \tag{4.11}$$

これをウィーンの変位則(Wien's displacement law)という．この変化は図 4.13 の破線で示されている．

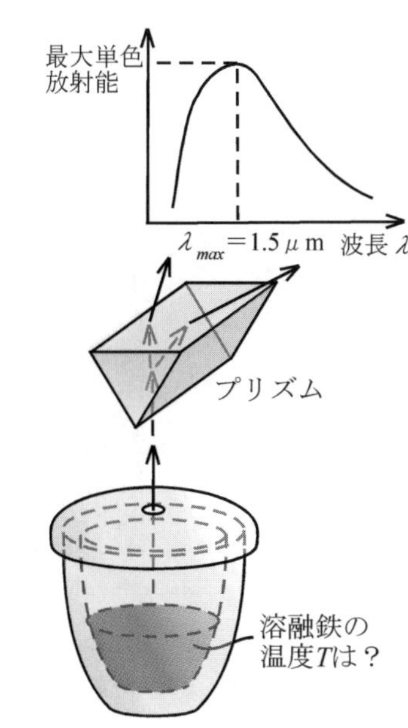

図 4.19　ウィーンの変位則による温度測定

【例題 4・1】　＊＊＊＊＊＊＊＊＊＊＊＊＊＊＊＊＊＊＊＊＊＊＊

熔融した鉄が断熱されたるつぼに入れられ，小さな穴が開いた蓋で覆われているものとする．その穴を通して図 4.19 のように単色放射能のスペクトル分布を測定したところ，波長 1.5 μm に最大値があった．この熔融鉄の温度はいくらか．ただし，プリズムの透過特性に波長依存性はないものとする．

【解答】熔融鉄，るつぼ，および蓋が同じ温度であるとすれば，蓋に開けられた小さな穴は，その温度の黒体面と考えられる．したがって，ウィーンの変位則から，

$$\lambda_{max}T=1.5\ \mu\mathrm{m}\times T=2897\ \mu\mathrm{m}\cdot\mathrm{K} \tag{ex 4.1}$$

$$\therefore T=1931\ \mathrm{K} \tag{ex 4.2}$$

となり，熔融鉄の温度が測定できる．

＊＊＊＊＊＊＊＊＊＊＊＊＊＊＊＊＊＊＊＊＊＊＊

4・2・4　ステファン・ボルツマンの法則 (Stefan-Boltzmann's law)

図 4.13 および式(4.4)に示される単色放射能 $E_{b\lambda}$ は単位波長幅あたりに黒体から放射されるエネルギー量である．これを全ての波長について積分することにより，図 4.20 に示されるように絶対温度 T の黒体から放射されるふく射全てのエネルギー量，すなわち全放射能(total emissive power) E_b (W/m^2) が得られる．すなわち，

$$E_b=\int_0^\infty E_{b\lambda}\mathrm{d}\lambda=\int_0^\infty\frac{C_1}{\lambda^5[\exp(C_2/\lambda T)-1]}\mathrm{d}\lambda=\sigma T^4 \tag{4.12}$$

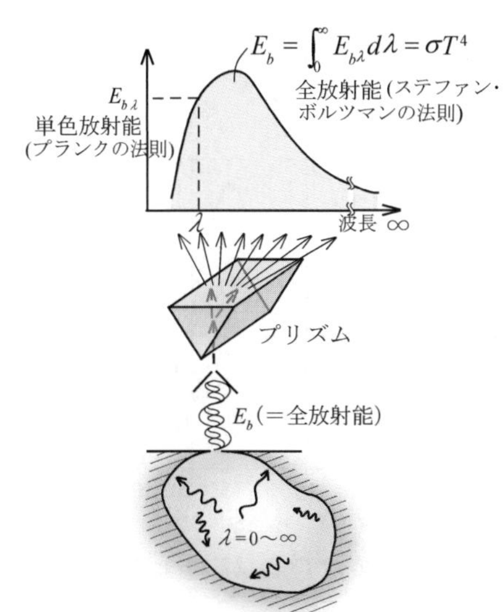

図 4.20　プランクの法則とステファン・ボルツマンの法則

である（例題 4・2 を参照）．これをステファン・ボルツマンの法則(Stefan-Boltzmann's law)という．つまり，絶対温度 T の黒体面から単位面積当たりに放射されるふく射エネルギー，すなわち熱流束は，その絶対温度の 4 乗に比例していることを表している．この式に前述の C_1 や C_2，もしくは物理定数を代入すると，ステファン・ボルツマン定数(Stefan-Boltzmann constant) σ の値は $5.67\times10^{-8}\ \mathrm{W/(m^2\cdot K^4)}$ となる．

【例題 4・2】　＊＊＊＊＊＊＊＊＊＊＊＊＊＊＊＊＊＊＊＊＊＊＊

プランクの法則から，ステファン・ボルツマンの法則を導け．

【解答】単色放射能 $E_{b\lambda}$ を波長 $\lambda = 0$～∞ にわたって積分する．

$$E_b = \int_0^\infty E_{b\lambda} \mathrm{d}\lambda = \int_0^\infty \frac{C_1}{\lambda^5 [\exp(C_2/\lambda T) - 1]} \mathrm{d}\lambda \tag{ex 4.3}$$

ここで，$\xi = C_2/\lambda T$ とおけば，以下のようになる．

$$E_b = \frac{C_1 T^4}{C_2{}^4} \int_0^\infty \frac{\xi^3}{e^\xi - 1} \mathrm{d}\xi \tag{ex 4.4}$$

この定積分の値は以下のようになる．

$$6 \times \left(1 + \frac{1}{2^4} + \frac{1}{3^4} + \cdots\right) = 6 \times \frac{\pi^4}{90} = \frac{\pi^4}{15} \tag{ex 4.5}$$

したがって，波長全てにわたって放射される全放射能は以下のようになる．

$$E_b = \frac{\pi^4}{15} \frac{C_1}{C_2{}^4} T^4 = \frac{2}{15} \frac{\pi^5 k^4}{c_o{}^2 h^3} T^4 = \sigma T^4 \tag{ex 4.6}$$

＊＊＊＊＊＊＊＊＊＊＊＊＊＊＊＊＊＊＊＊＊＊

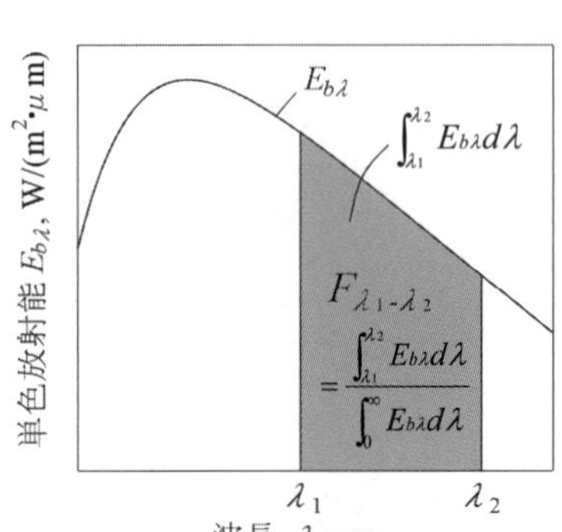

図 4.21　黒体放射分率

4・2・5　黒体放射分率 (fraction of blackbody emissive power)

ステファン・ボルツマンの法則は，温度 T の黒体から波長全域にわたって放射されるエネルギー量を表している．これに対して，例えば，太陽から地球に届く全ふく射エネルギーのうち，可視光領域の波長に含まれる割合が何％であるかを知る場合には以下に示す**黒体放射分率**(fraction of blackbody emissive power)を利用すると便利である．

$$F_{\lambda_1 - \lambda_2}(T) = \frac{\int_{\lambda_1}^{\lambda_2} E_{b\lambda} \mathrm{d}\lambda}{\int_0^\infty E_{b\lambda} \mathrm{d}\lambda} = \frac{1}{\sigma T^4} \int_{\lambda_1}^{\lambda_2} E_{b\lambda} \mathrm{d}\lambda \tag{4.13}$$

このとき，$F_{\lambda_1 - \lambda_2}$ は図 4.21 に示されるように，絶対温度 T の黒体から放射される全放射量 σT^4 に対する，波長 λ_1 から λ_2 の**波長帯**(spectral band)に含まれるふく射エネルギーの割合を表している．

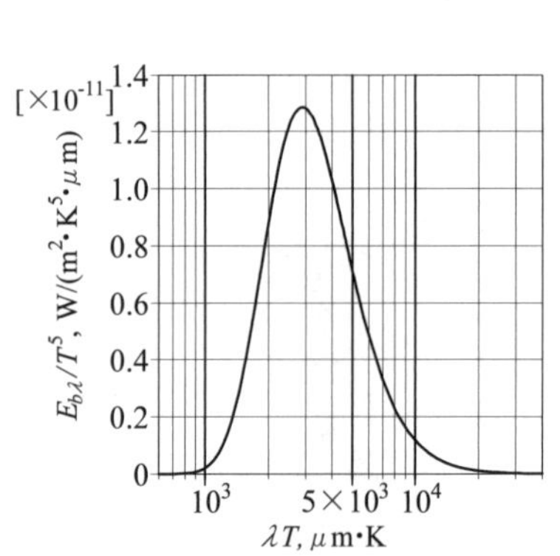

図 4.22　$E_{b\lambda}/T^5$ と λT による普遍曲線

さらに，黒体の単色放射能 $E_{b\lambda}$（式(4.3)）を T^5 で割った関数は，次の式のように波長と温度との積 λT のみの関数となる．

$$\frac{E_{b\lambda}}{T^5} = \frac{C_1}{(\lambda T)^5 [\exp(C_2/\lambda T) - 1]} \tag{4.14}$$

この $E_{b\lambda}/T^5$ (W/(m^2・K^5 μm)) を縦軸に，λT を横軸にとれば，あらゆる温度における単色放射能（プランクの法則）が図 4.22 に示される 1 本の曲線で与えられる．したがって，式(4.14)から，全ての黒体温度について波長帯 λ_1～λ_2 の割合は以下の式で表される．

$$F_{\lambda_1 - \lambda_2}(T) = F_{\lambda_1 T - \lambda_2 T}$$
$$= \frac{1}{\sigma}\left[\int_0^{\lambda_2 T} \frac{E_{b\lambda}}{T^5} \mathrm{d}(\lambda T) - \int_0^{\lambda_1 T} \frac{E_{b\lambda}}{T^5} \mathrm{d}(\lambda T)\right] = F_{0-\lambda_2 T} - F_{0-\lambda_1 T} \tag{4.15}$$

また，任意の絶対温度 T および波長 λ について波長帯 0〜λT に含まれるふく射エネルギーの割合は図 4.23 のように求められる（この図の使用法については例題 4・3 参照）．なお，この黒体放射分率の数値を表 4.3 に示す．

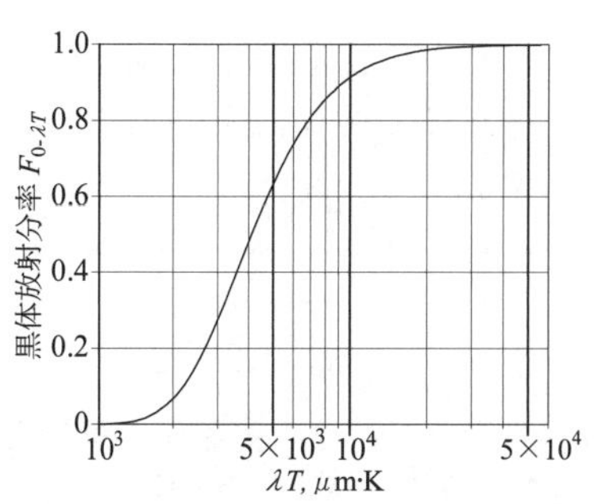

図 4.23　波長帯 0 ~ λT の黒体放射分率

【例題 4・3】　＊＊＊＊＊＊＊＊＊＊＊＊＊＊＊＊＊＊＊＊＊＊＊

太陽の温度を 5800 K として可視光の波長帯 0.38〜0.77 μm に含まれるふく射エネルギーは，太陽を黒体とみなしたときの総エネルギーのおよそ何％に相当するか．

【解答】波長帯 0〜0.38 μm に含まれるふく射エネルギーの割合は，

$$\lambda_1 T = 0.38\ \mu\text{m} \times 5800\ \text{K} = 2204\ \mu\text{m}\cdot\text{K} \qquad \text{(ex.4.7)}$$

であるから，図 4.23 より約 10%．一方，波長帯 0〜0.77 μm に含まれるふく射エネルギーの割合は

$$\lambda_2 T = 0.77\ \mu\text{m} \times 5800\ \text{K} = 4466\ \mu\text{m} \times \text{K} \qquad \text{(ex. 4.8)}$$

であるから，同じく図 4.23 より約 55％．したがって，可視光に含まれる割合はその差し引きとしておよそ 45％となる．

＊＊＊＊＊＊＊＊＊＊＊＊＊＊＊＊＊＊＊＊＊＊＊

表 4.3　黒体放射分率の数値[3]

λT (μm・K)	$F_{0\text{-}\lambda T}$
1000	0.00032
2000	0.06673
3000	0.27323
4000	0.48087
5000	0.63373
6000	0.73779
7000	0.80808
8000	0.85625
9000	0.88999
10000	0.91416
20000	0.98554
30000	0.99528
40000	0.99791
50000	0.99889

4・3　実在面のふく射特性 (radiation properties of real surfaces)

4・3・1　放射率とキルヒホッフの法則 (emissivity and Kirchhoff's law)

黒体から放射されるふく射の単色放射能はプランクの法則に従う．一方，実際の物体やその表面である**実在面**(real surfaces)から放射されるふく射の波長分布は図 4.24 のようになり，図 4.13 に示したプランクの法則には必ずしも従わない．この絶対温度 T における実在面の単色放射能 $E_\lambda(\lambda,T)$ は，図 4.24 のように波長に対して任意の分布となる．そこで，同じ絶対温度 T の黒体の単色放射能 $E_{b\lambda}(\lambda,T)$ との比を以下のように定義すると便利である．

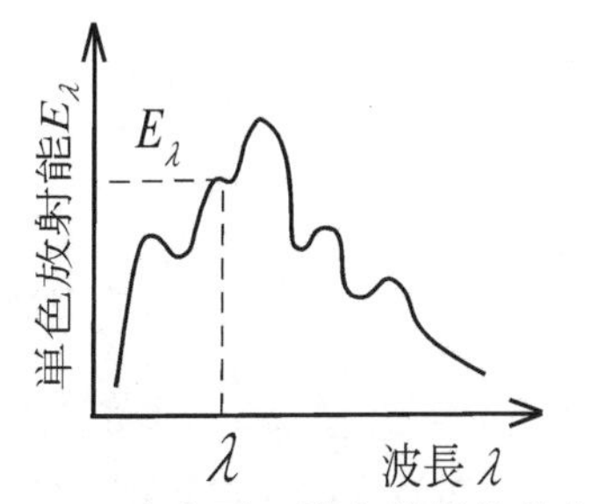

図 4.24　実在面の単色放射能分布

$$\varepsilon_\lambda = \frac{E_\lambda(\lambda,T)}{E_{b\lambda}(\lambda,T)} \qquad (4.16)$$

ここで定義された ε_λ を**単色放射率**(spectral emissivity)という．

さて，まずこの放射率がどのような値をとりうるか，について調べてみる．図 4.25 のような，大きな閉空間の内部に実在面を有する小さな物体が入っている系を考える．α_λ と ε_λ を波長 λ における小物体の吸収率と放射率とし，この内部が絶対温度 T の熱平衡状態とすると，小物体が受け取る波長 λ のふく射エネルギー $\alpha_\lambda E_{b\lambda}(\lambda,T)$ と，放射される波長 λ のふく射エネルギー $E_\lambda = \varepsilon_\lambda E_{b\lambda}(\lambda,T)$ は等しい．すなわち，

$$\alpha_\lambda E_{b\lambda}(\lambda,T) = E_\lambda(\lambda,T) = \varepsilon_\lambda E_{b\lambda}(\lambda,T) \qquad (4.17)$$

$$\alpha_\lambda = \varepsilon_\lambda \qquad (4.18)$$

である．これを**単色のキルヒホッフの法則**(Kirchhoff's law)という．波長 λ のふく射を多く吸収する物体は，その波長のふく射を多く放射することをこの法則は意味している．また，4·1·5 項からわかるように吸収率の値は 0 から

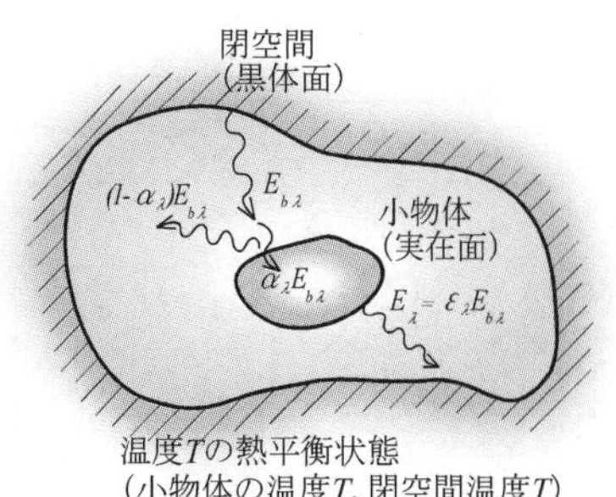

図 4.25　黒体閉空間内に置かれた実在面での熱収支

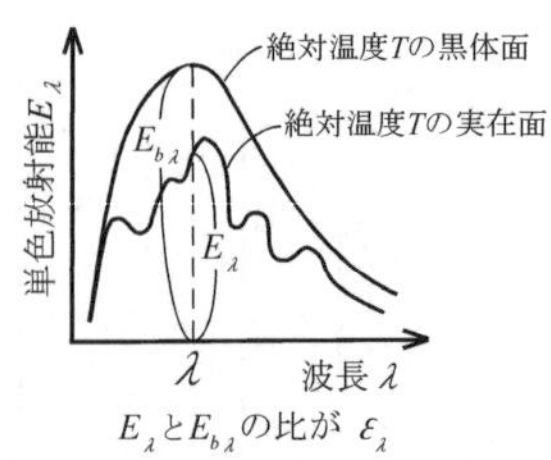

図4.26　温度Tにおける実在面と黒体面の単色放射能の比（＝放射率）

1の範囲であることから，放射率も同様に0から1の範囲の値をとる．さらに重要なことは，黒体において吸収率が1であるから，その放射率も1となることである．つまり，黒体はその温度での完全放射体(perfect emitter)ということができる．したがって，図4.24に同じ温度の黒体の単色放射能を書き加えると，図4.26のように，いずれの波長においても実在面の単色放射能は黒体のそれに比べて小さい．各波長におけるこの比が，すなわち，単色放射率ε_λである．

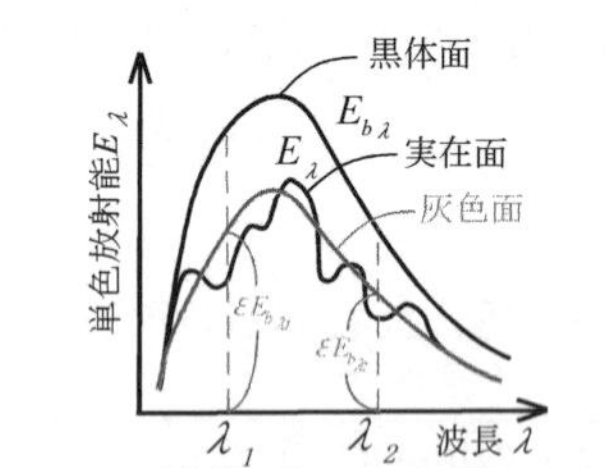

図4.27　黒体面，実在面，灰色面

4・3・2　黒体と灰色体および非灰色体 (blackbody, gray body and nongray body)

黒体の単色放射能$E_{b\lambda}$を波長0〜∞にわたって積分することによりステファン・ボルツマンの法則σT^4を得ることができた．しかしながら，実在面では単色放射率ε_λが波長に依存しているため，全ての波長でε_λの値がわかっていないと，これを波長にわたって積分することができない．そこで図4.27に示すように，実在面の放射率が波長に対して近似的に一定であると仮定する．このように放射率が波長に依存しない物体を灰色体(gray body)もしくは灰色面(gray surface)という．こうすることで放射率が積分の外に出て，

$$E = \int_0^\infty E_\lambda \mathrm{d}\lambda = \int_0^\infty \varepsilon_\lambda E_{b\lambda} \mathrm{d}\lambda = \varepsilon \int_0^\infty E_{b\lambda} \mathrm{d}\lambda = \varepsilon\sigma T^4 \tag{4.19}$$

と表現できる．一方，放射率が波長に依存しているような実在面を一般に非灰色体(nongray body) もしくは非灰色面(nongray surface)という．

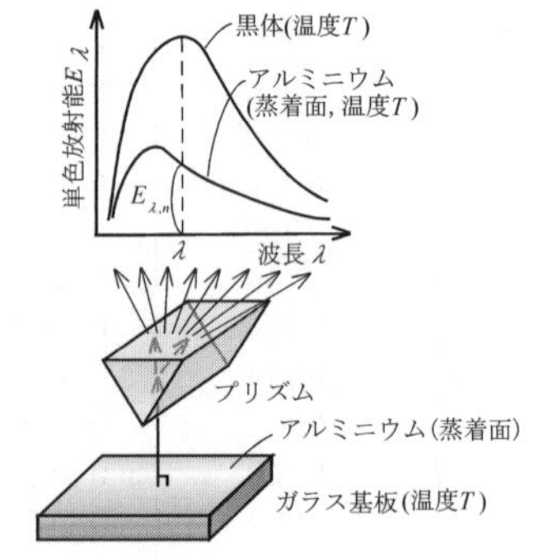

図 4.28　アルミニウム蒸着面の単色垂直放射率

4・3・3　実在面の放射率 (emissivity of real surfaces)

図4.28に示すように，例えばガラス基板にアルミニウム蒸気を付着させて製作した鏡面（アルミ蒸着面）をある温度まで加熱し，その表面から垂直方向(normal direction)に放射されたふく射の強さと，同じ温度の黒体から放射されたふく射の強さの比を各波長について描くと，垂直方向の放射率，すなわち単色垂直放射率（spectral normal emissivity) $\varepsilon_{\lambda,n}$が得られる．これを図4.29に示す．ステンレス鋼や電球のフィラメントに利用されるタングステンなどの金属についても同様に図4.29に示す．一般に金属などのような電気の良導体では波長が長くなるにつれて放射率は小さくなる．また，図4.29にはそれらの金属表面が酸化された場合の単色垂直放射率も示されている．このように同じ金属でも，いわゆる金属光沢面と酸化被膜面では放射率が大きく異なるので注意が必要である．一方，図4.30に示されるように，タイルや漆喰など非金属面の単色垂直放射率は可視光や1 ~ 2 μmまでの近赤外領域では小さいが，波長が3 μmや5 μm以上と長くなると，0.8以上と高い値を示す．キルヒホッフの法則から単色放射率は単色吸収率に等しい．このことから，白色タイルは可視光近くでは光を吸収しない，いわゆる“白”に近いが，波長の長い光（赤外線）に対しては吸収率が高く，むしろ“黒”に近い．

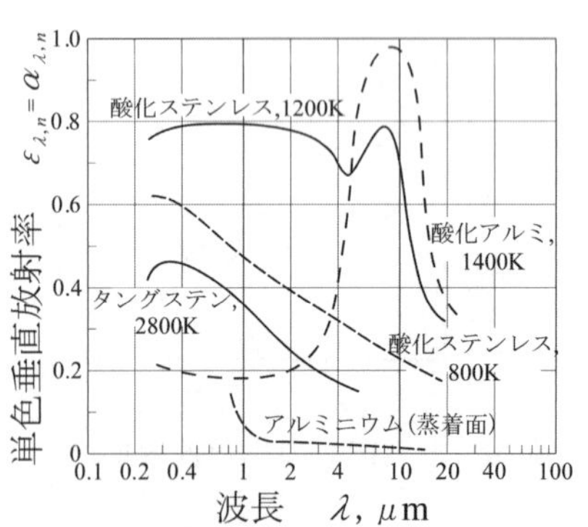

図 4.29　各種金属およびその酸化面の単色垂直放射率[4]

一方，図4.31は，研磨された白金を図に示すような温度まで加熱し，波長2 μmのふく射の強さと黒体のそれとの比を，各放射角(emission angle)について描いた単色指向放射率(directional spectral emissivity) $\varepsilon_{\lambda,\theta}$の理論値と測定値である．このように金属などの良導体では，垂直方向からおおよそ50ないし

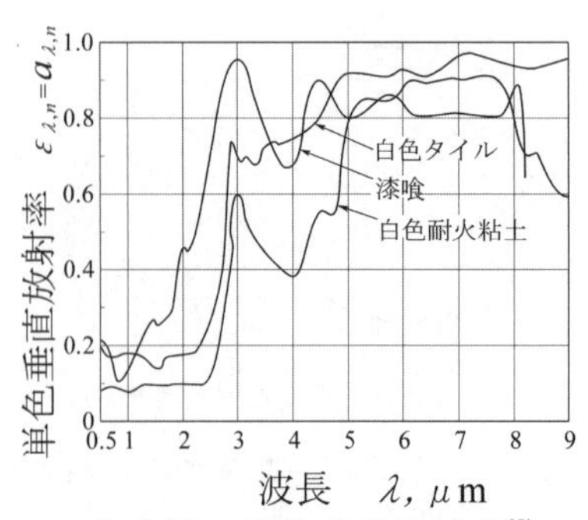

図4.30　非金属の単色垂直放射率[5]

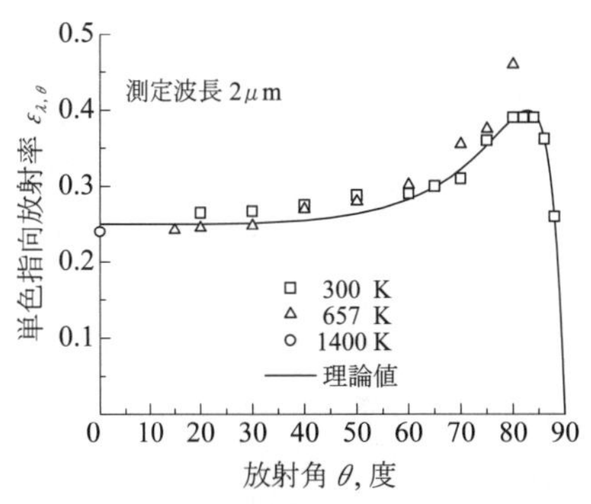

図 4.31　研磨された白金の単色指向放射率[(6)]

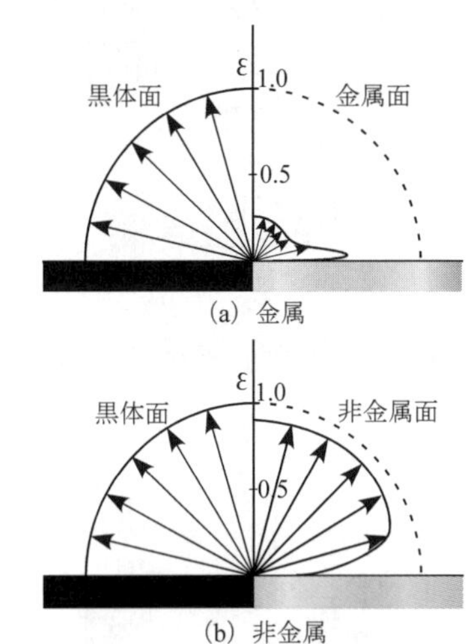

図 4.32　金属および非金属の単色指向放射率

は 60 度前後までは放射率が一定とみなすことができる．それ以上に角度が大きくなると一旦放射率が大きくなり，水平に近づくにつれ急激に小さくなる．一方，不良導体（非金属）では図 4.32 の模式図で比較しているように，その放射率は，おおよそ 70 度前後までは一定とみなすことができ，それ以上ではやはり急激に小さくなる．

このように，実在面の放射率は，図 4.29 や図 4.30 に示されるように波長に依存するとともに図 4.31 や図 4.32 に示されるように放射する角度にも依存する．

4･3･4　実在面の全放射率，全吸収率，全反射率と半球放射率 (total and hemispherical emissivity,total absorptivity and total reflectivity of real surfaces)

実在面の放射率，吸収率，反射率は 4･3･3 項にも記述されているように，波長や放射角（もしくは入射角）によっても異なるので，厳密なふく射伝熱を考えようとすると，きわめて複雑となる．工業的には，ある程度の精度で容易な見積もりを必要とする場合が多く，波長や角度に対して平均化された値を用いることが少なくない．このとき，ある波長 λ についての物理量を表す単色(spectral)に対して，全波長域（$\lambda = 0 \sim \infty$）にわたって平均化されたあるいは積分された物理量を全(total)という．したがって，単色放射率(spectral emissivity)を ε_λ とすると，全放射率(total emissivity) ε は以下のように求められる．

$$\varepsilon = \frac{\int_0^\infty E_\lambda(T_s)\mathrm{d}\lambda}{\int_0^\infty E_{b\lambda}(T_s)\mathrm{d}\lambda} = \frac{\int_0^\infty \varepsilon_\lambda(T_s)E_{b\lambda}(T_s)\mathrm{d}\lambda}{\sigma T_s^4} = \varepsilon(T_s) \tag{4.20}$$

すなわち，図 4.27 において，$E_\lambda(T_s)$ と横軸で囲まれた面積と，赤い線と横軸で囲まれた面積が等しくなるような放射率 $\varepsilon(T_s)$ を意味している．つまり，実在面と同じエネルギーを放射する灰色体の放射率となる．このように波長について平均化しておくと便利であるが，この値は，例題 4･4 に示されるように表面温度 T_s に依存することに注意を要する．

【例題 4・4】　＊＊＊＊＊＊＊＊＊＊＊＊＊＊＊＊＊＊＊＊＊＊＊

単色放射率が $\varepsilon_\lambda = 0\ (\lambda \le 3\ \mu\mathrm{m}), 1\ (3\ \mu\mathrm{m} \le \lambda)$ である実在面における全放射率 $\varepsilon(T_s)$ を表面温度 T_s が 1800 K および 500 K について求めよ．ただし，単色放射率は温度に依存しないものとする．

【解答】図 4.23 の黒体放射分率より，1800 K の黒体から放射されるふく射のうち波長 λ が 3 μm 以上のエネルギーの割合は 32% であり，その波長域での単色放射率は 1 であるから，全放射率は 0.32 となる．一方，500 K の黒体においては波長 λ が 3 μm 以上のエネルギーの割合は 99% であるから全放射率は 0.99 となる．このように単色放射率に温度依存性がなくても，表面温度によって全放射率は異なることになる．

＊＊＊＊＊＊＊＊＊＊＊＊＊＊＊＊＊＊＊＊＊＊＊＊＊＊＊＊＊

同様にある波長λのふく射が実在面に入射したとき，入射エネルギーに対する吸収エネルギーの比を**単色吸収率**(spectral absorptivity) α_λ という．これを全波長 ($\lambda = 0$〜∞) にわたって平均化したものを**全吸収率** (total absorptivity) α という．波長λの入射ふく射エネルギーを $E_{\lambda,i}$ とすると以下のように求められる．

$$\alpha = \frac{\int_0^\infty \alpha_\lambda E_{\lambda,i} \mathrm{d}\lambda}{\int_0^\infty E_{\lambda,i} \mathrm{d}\lambda} = \alpha(E_{\lambda,i}) \tag{4.21}$$

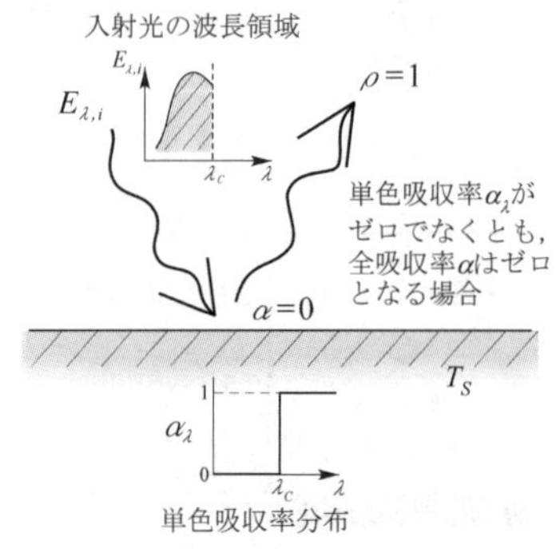

図 4.33　単色吸収率 α_λ と全吸収率 α

例えば，図 4.33 に示すように，表面温度 T_s の実在面の吸収率が $\alpha_\lambda = 0(\lambda \le \lambda_c), 1(\lambda_c \le \lambda)$ であり，入射ふく射が $E_{\lambda,i} = E_{b\lambda}(\lambda \le \lambda_c), 0(\lambda_c \le \lambda)$ である場合には，**全吸収率**(total absorptivity) α が 0 となる．したがって，**全反射率**(total reflectivity) ρ は 1 となる．このように，全吸収率は入射するふく射の波長分布に依存する．なお，全反射率 ρ も入射ふく射の波長分布に依存する．

一方，ふく射は実在面から半球状のあらゆる方向に放射されるので，本来ならばその半球状にわたって平均された**半球放射率** (hemispherical emissivity) ε_h が必要であるが，図 4.29 や図 4.30 に示されるように法線方向の**垂直放射率**(normal emissivity) ε_n などのデータが多い．図 4.31，図 4.32 に示されるように金属や非金属に関わらず法線方向からの角度 70 度前後まで**指向放射率**(directional emissivity) ε_θ がほぼ一定であるため，ε_h を ε_n で代用できる場合が多い．

4・4　ふく射熱交換の基礎 (fundamentals of radiative heat exchange)

4・4・1　平行平面間のふく射伝熱 (radiative heat exchange between parallel surfaces)

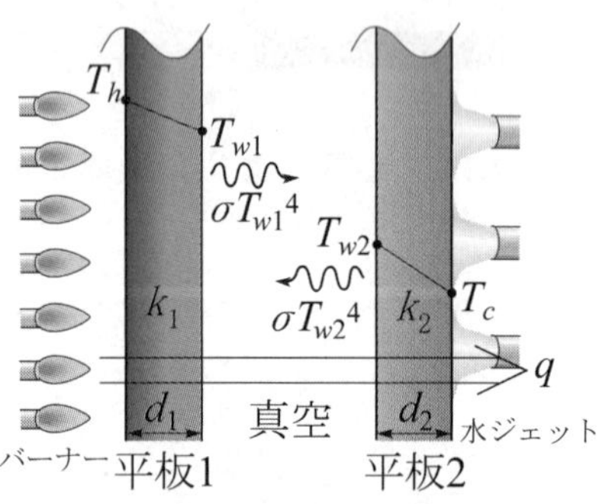

図 4.34　2 次元無限平板間のふく射熱交換

図 4.34 に示されるように平行に配置された 2 つの無限平板間の伝熱を考える．平板 1 はバーナなどにより加熱されて温度 T_h に，また，平板 2 は水冷されて温度 T_c に保たれているものとする．真空空間を隔てて向かい合う面を黒体面とし，それらの温度を T_{w1} と T_{w2} とする．単位面積あたり黒体面 1 から放射される**ふく射エネルギー**(radiant energy)は $\sigma T_{w1}{}^4$ であり，これは黒体面 2 に全て吸収される．一方，黒体面 2 から放射されるふく射エネルギーは $\sigma T_{w2}{}^4$ であり，これは黒体面 1 に全て吸収される．したがって，**正味のふく射熱流束**(net radiation flux) q (W/m^2) はそれらの差として以下のように求められる．

$$q = \sigma T_{w1}{}^4 - \sigma T_{w2}{}^4 \tag{4.22}$$

この熱流束は定常状態において各平板内の伝導伝熱による熱流束と等しく，

$$q = \frac{k_1(T_h - T_{w1})}{d_1} = \sigma(T_{w1}{}^4 - T_{w2}{}^4) = \frac{k_2(T_{w2} - T_c)}{d_2} \tag{4.23}$$

となる．

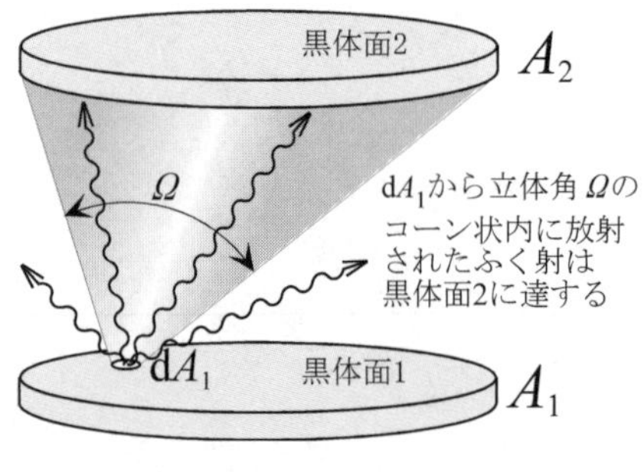

図 4.35　有限黒体円板間のふく射伝熱

次に図 4.35 に示すように 2 つの有限な広さの黒体円板を考える．このとき，黒体面 1 の任意の微小面積 dA_1 から**半球状**(hemispherical)に一様な強さでふく射が放射される．このうち，**立体角**(solid angle) Ω （sr; **ステラジアン**

(steradian)）の**円錐体**(solid cone)内に放射されたふく射のみ，黒体面 2 に到達できることになる．したがって，有限広さの円板間のふく射伝熱を記述するには，もはや式(4.22)のみでは不十分である．そこで 4･4･2 項に示すような，単位立体角当たりのふく射エネルギーであるふく射強度(radiation intensity)や，4･4･3 項に示すような，半球状に放射されたふく射のうち相手面に到達する割合である**形態係数**(view factor)を定義する．これによって，有限な広さの 2 平面間のふく射伝熱を取り扱うことができるようになる．

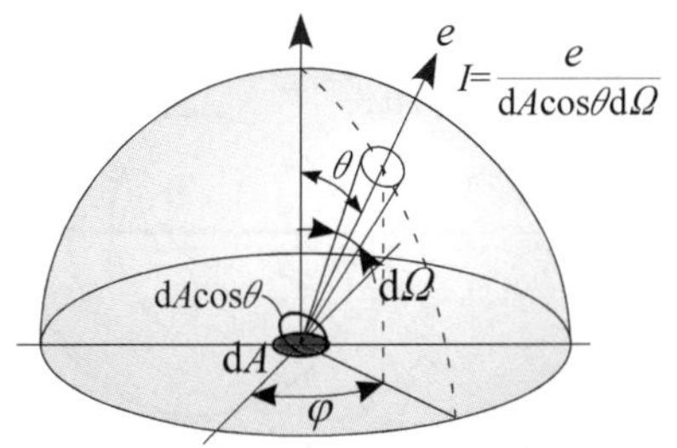

図 4.36　ふく射強度の定義

4・4・2　ふく射強度 (radiation intensity)

ふく射は微小な面積から常に半球状に放射される．そこで，図 4.36 に示すように，**天頂角**(zenithal angle, polar angle) θ，**方位角**(azimuthal angle) φ の方向へ，微小な面積 dA から，半球の一部である微小立体角 dΩ を通って放射される全ふく射エネルギーを e とする．このとき放射される方向への dA の微小投影面積(projected area)は d$A\cos\theta$ であるから，単位面積，単位時間，単位立体角あたりに放射される**ふく射強度** (radiation intensity) I (W/(m^2 · sr)) は以下のように定義される．

$$I = \frac{e}{dA\cos\theta d\Omega} = \frac{d^2\dot{Q}}{d\Omega dA\cos\theta} \tag{4.24}$$

ここで，分母が 2 つの微小量を含むことから $e = d^2\dot{Q}$ と表記した．言い換えると，このふく射強度が既知であれば，立体角 dΩ 内に放射されるふく射エネルギーは，

$$d^2\dot{Q} = IdA\cos\theta d\Omega \tag{4.25}$$

となる．ふく射強度がどの方向にも一定となる表面を**完全拡散放射面**(diffusely emitting surface)，または**ランバート面**(Lambert surface)という．黒体面や粗面がこの性質を持つ．これに対して，図 4.32 に示したようにふく射強度が放射角に依存する表面を**指向放射面**(directionally emitting surface)という．

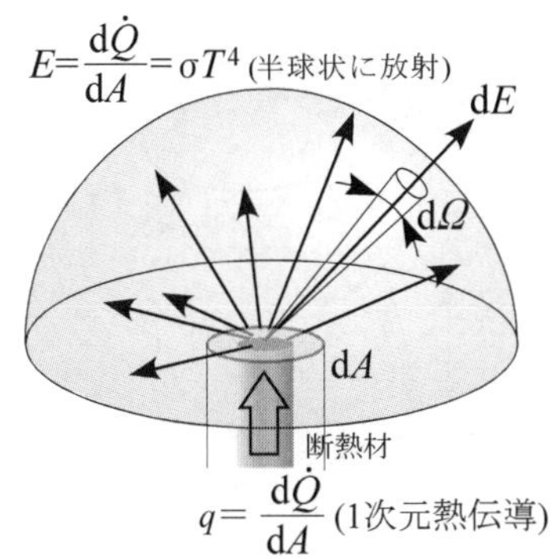

図 4.37　1 次元熱伝導とふく射の半球状放射

このふく射強度が一定となる完全拡散放射面について考える．図 4.37 に示すように熱流束 $q = d\dot{Q}/dA$ で固体内を伝わってきた熱は黒体面から半球状に放射される．この熱流束 $q = d\dot{Q}/dA$ は，そこから半球状に放射されるふく射エネルギー E $(= \sigma T^4$；黒体の場合）に等しい．すなわち，$E = d\dot{Q}/dA$ である．したがって，半球の一部である単位立体角 dΩ 当たりの全放射能 dE は以下のように天頂角 θ とともに小さくなる．

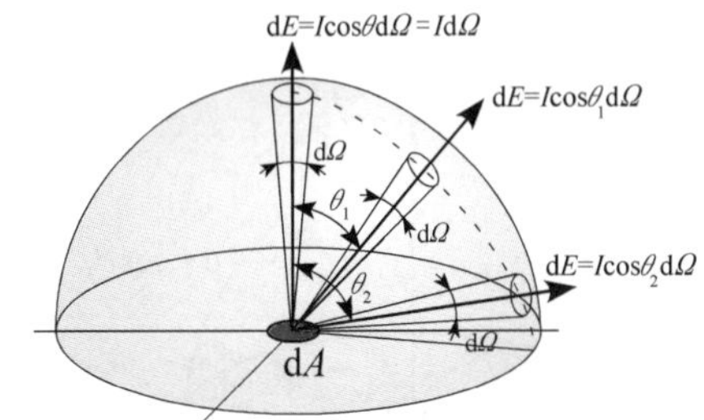

図 4.38　ランバートの余弦法則

$$\frac{dE}{d\Omega} = \frac{d^2\dot{Q}}{dAd\Omega} = I\cos\theta \tag{4.26}$$

すなわち，図 4.38 に示すように面積 dA から同じ立体角 dΩ 内を通過するふく射エネルギー（全放射能） dE は天頂角 θ とともに小さくなり，$\theta = 90°$ でゼロとなる．これを**ランバートの余弦法則**(Lambert's cosine law)という．これはふく射強度 I が半球状に一様であっても，図 4.39 に示すように，投影される面積 d$A\cos\theta$ が天頂角 θ とともに小さくなることによる．

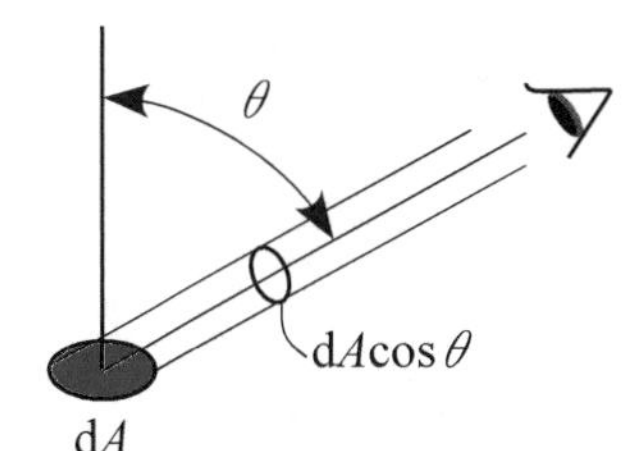

図 4.39　天頂角 θ による投影面積

次に単位立体角当たりのエネルギーであるふく射強度 I (W/(m^2 · sr)) と半球状に放射される全放射能 E (W/m^2)（黒体の場合には σT^4）との関係を完全拡散放射面について考える．図 4.40 に示すように放射面 dA を中心とする

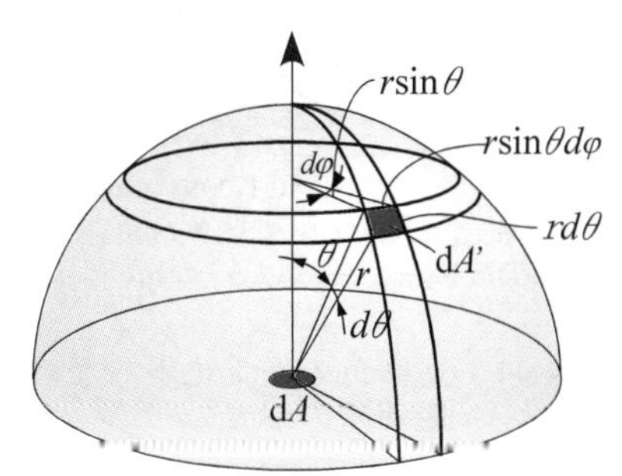

図 4.40　球面上の微小面積 dA'

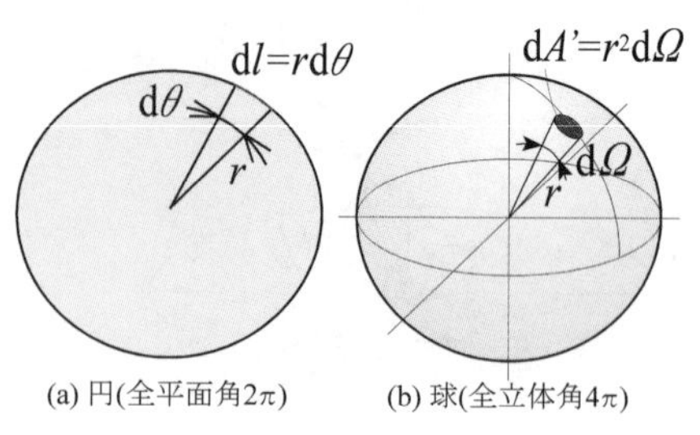

図 4.41　立体角の定義

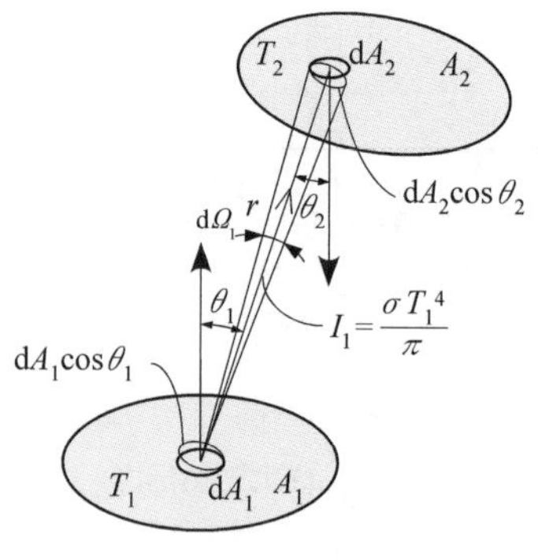

図 4.42　2 つの表面間の相対関係と立体角

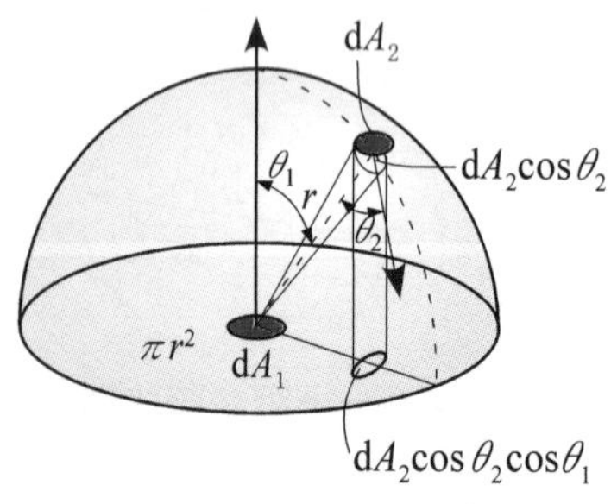

図 4.43　dA_2 の投影面積

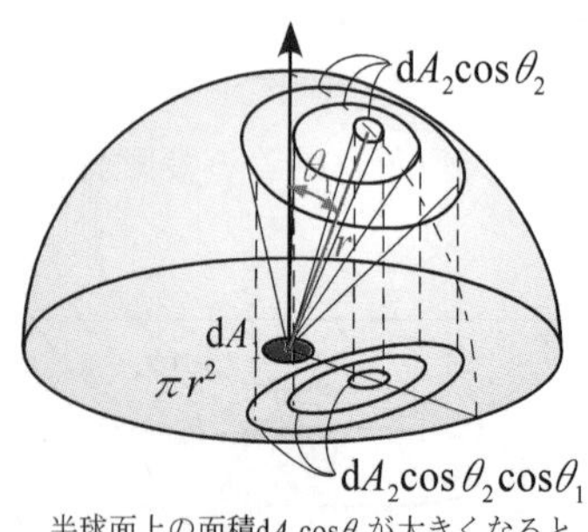

図 4.44　立体角の増大にともなう投影面積の増大

半径 r の半球面上に微小面積 dA' を考える．その横線分は半径 $r\sin\theta$ の円周上の一部であり，その長さは微小方位角 dφ との積 $r\sin\theta$dφ である．一方，縦線分は半径 r の円周上の一部であり，その長さは微小天頂角 dθ との積 rdθ である．したがって，

$$\mathrm{d}A' = (r\sin\theta\mathrm{d}\varphi)(r\mathrm{d}\theta) = r^2\sin\theta\mathrm{d}\theta\mathrm{d}\varphi \tag{4.27}$$

となる．図 4.41 に示すような立体角の定義から，

$$\mathrm{d}\Omega = \frac{\mathrm{d}A'}{r^2} = \sin\theta\mathrm{d}\theta\mathrm{d}\varphi \tag{4.28}$$

である．式(4.26)に代入し全半球面にわたって積分する．

$$E = \int_0^{2\pi} I\cos\theta\mathrm{d}\Omega = \int_0^{2\pi}\int_0^{\frac{\pi}{2}} I(\varphi,\theta)\sin\theta\cos\theta\mathrm{d}\theta\mathrm{d}\varphi \tag{4.29}$$

ここで，ふく射強度 $I(\varphi,\theta)$ が既知であれば積分できる．また，完全拡散放射面に対してはふく射強度 I が方向によらず一定であるから，式(4.29)を単純に積分することができ，次式を得る．

$$E = \pi I \tag{4.30}$$

したがって，黒体も散乱放射面であるから次式となる．

$$E_b = \pi I_b \tag{4.31}$$

言い換えると，黒体において，ふく射強度 I_b は，以下のように記述できる．

$$I_b = \frac{E_b}{\pi} = \frac{\sigma T^4}{\pi} \tag{4.32}$$

4･4･3　物体面間の形態係数 (view factor between black surfaces)

図 4.42 に示すように，水平に置かれた黒体平板 1（温度 T_1，面積 A_1）と任意方向を向いた黒体平板 2（温度 T_2，面積 A_2）の間における伝熱を考える．平板 1 の微小面積 dA_1 から天頂角 θ_1 方向へ放射されるふく射の強度は $I_1(=\sigma T_1^4/\pi)$ である．したがって，距離 r 離れた平板 2 の微小面積 dA_2 に到達するふく射エネルギー d^2Q_{1-2} は式(4.24)および立体角の定義 $\mathrm{d}\Omega_1 = \mathrm{d}A_2\cos\theta_2/r^2$ に基づいて以下のように求められる．

$$\mathrm{d}^2\dot{Q}_{1-2} = I_1\mathrm{d}A_1\cos\theta_1\mathrm{d}\Omega_1 = \sigma T_1^4\mathrm{d}A_1\frac{\mathrm{d}A_2\cos\theta_2\cos\theta_1}{\pi r^2} \tag{4.33}$$

ここで，dA_1 と dA_2 の距離 r を半径とする半球面を考えると，σT_1^4dA_1 はこの半球面状に放射される全放射量である．一方，図 4.43 に示すように d$A_2\cos\theta_2$ は任意方向を向いた dA_2 面が半径 r の半球面上へ投影された面積であり，さらに d$A_2\cos\theta_2\cos\theta_1$ は，d$A_2\cos\theta_2$ が dA_1 を含む面に投影された面積である．ここで，図 4.44 に示すように d$A_2\cos\theta_2$ が大きくなると，底面への投影面積も大きくなり，全半球面に放射されるエネルギー量 σT_1^4dA_1 は，底面の πr^2 の面積に投影される．つまり，式(4.33)の $\mathrm{d}A_2\cos\theta_2\cos\theta_1/(\pi r^2)$ は dA_1 から放射される全放射量 σT_1^4dA_1 のうち，この投影面積比に相当するエネルギーが dA_2 に達していることを意味している．

同様に dA_2 から dA_1 へ到達するふく射エネルギー d^2Q_{2-1} は

$$\mathrm{d}^2\dot{Q}_{2-1} = \frac{I_2\mathrm{d}A_2\cos\theta_2\mathrm{d}A_1\cos\theta_1}{r^2} = \frac{\sigma T_2^4\cos\theta_1\cos\theta_2\mathrm{d}A_1\mathrm{d}A_2}{\pi r^2} \tag{4.34}$$

したがって，これらの差し引きが dA_1 から dA_2 への正味のふく射エネルギーとなる．すなわち，

$$d^2\dot{Q}_{12} = d^2\dot{Q}_{1-2} - d^2\dot{Q}_{2-1} = dA_1(\sigma T_1^4 - \sigma T_2^4)\frac{\cos\theta_1\cos\theta_2 dA_2}{\pi r^2} \quad (4.35)$$

$$= dA_1(\sigma T_1^4 - \sigma T_2^4)dF_{dA_1-dA_2} \quad (4.36)$$

である．ここで，$dF_{dA_1-dA_2}$ を dA_1 から dA_2 への微小平面間の形態係数(view factor between elemental surfaces)という．物理的には dA_1 から放射される全エネルギーのうち，dA_2 に届く割合を意味している．黒体無限平板の式(4.22)と比較すると，絶対温度の4乗の差に形態係数を掛ければよいことになるが，式(4.36)は面積が特定されているので熱流束 q ではなく，伝熱量 $\dot{Q}$ で表現されていることに注意されたい．

面積 A_1 と A_2 の黒体平板間については式(4.35)を面積 A_1 および A_2 にわたって積分することによって次式が得られる．

$$\dot{Q}_{12} = A_1\sigma\left(T_1^4 - T_2^4\right)\left\{\frac{1}{A_1}\int_{A_1}\int_{A_2}\frac{\cos\theta_1\cos\theta_2 dA_1 dA_2}{\pi r^2}\right\} \quad (4.37)$$

ここで，

$$F_{12} = \frac{1}{A_1}\int_{A_1}\int_{A_2}\frac{\cos\theta_1\cos\theta_2 dA_1 dA_2}{\pi r^2} \quad (4.38)$$

とおいて，この F_{12} のことを一般に形態係数あるいは角関係(view factor, configuration factor, angle factor, geometrical factor)という．これは面積 A_1 の黒体平板1から放射されたふく射エネルギーのうち面積 A_2 の黒体平板2に到達するふく射エネルギーの割合を意味している．つまり，この形態係数が既知であれば，黒体2平面間のふく射伝熱，すなわち，平板1から2への伝熱量 $\dot{Q}_{12}$ は以下のように記述できる．

$$\dot{Q}_{12} = A_1\sigma\left(T_1^4 - T_2^4\right)F_{12} \quad (4.39)$$

2つの面の種々の形状や配置についての形態係数が，様々な方法で求められている．数式で表現できる3例を図4.45，図4.46，図4.47に示す．それぞれ面積 A_1 と A_2 の円板面もしくは長方形面が平行に向かい合った場合と，面積 A_1 と A_2 の長方形面が直角に置かれた場合の形態係数 F_{12} である．

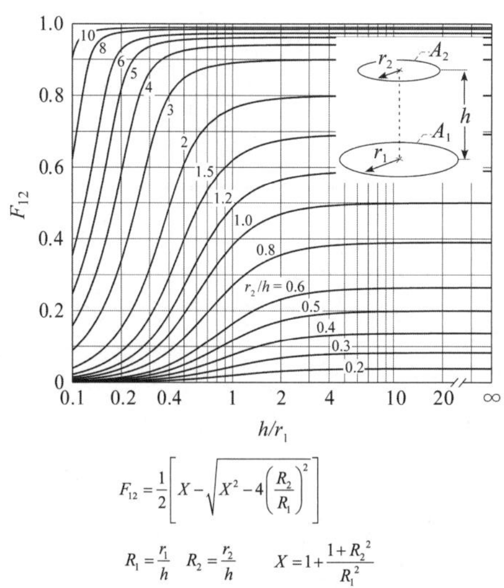

図4.45　向かい合う2つの円板の形態係数

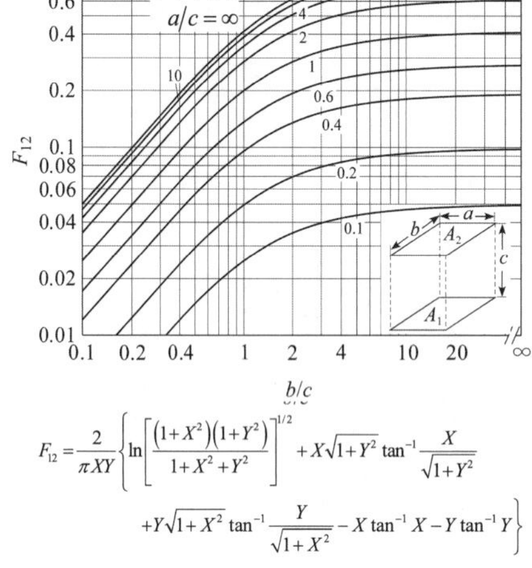

図4.46　向かい合う2つの長方形の形態係数

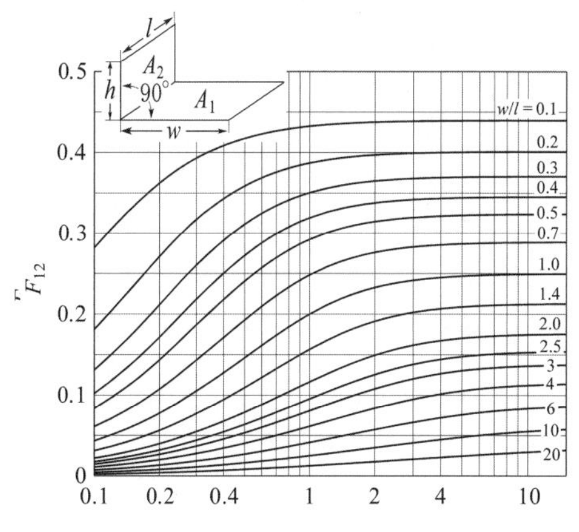

図4.47　直角に面する2つの長方形の形態係数

【例題 4・5】　＊＊＊＊＊＊＊＊＊＊＊＊＊＊＊＊＊＊＊＊＊＊＊＊

直径8 cmの黒体円板2枚が同心軸上に，ある隙間を隔てて平行に向かい合っている．隙間が2 cmの場合の形態係数を求めよ．また，その形態係数を1に近づけるにはどのようにすればよいか．

【解答】円板の半径，$r_1 = r_2 = 4$ cmと隙間，$h = 2$ cmから $h/r_1 = 0.5$，$h/r_2 = 2$ である．図4.45の線図もしくは数式より $F_{12} \cong 0.61$ である．形態係数を1に近づけるには隙間を狭くするか，円板の直径を大きくする．すなわち，4・4・1項の図4.31のような無限平板に近づける．

＊＊＊＊＊＊＊＊＊＊＊＊＊＊＊＊＊＊＊＊＊＊＊＊＊

式(4.37)の積分は平板 1 から 2 への伝熱においても，平板 2 から 1 への伝熱においても同じであるから，以下のようにも記述できる．

$$\dot{Q}_{12} = A_2\sigma\left(T_1^4 - T_2^4\right)\left\{\frac{1}{A_2}\int_{A_1}\int_{A_2}\frac{\cos\theta_1\cos\theta_2 \mathrm{d}A_1\mathrm{d}A_2}{\pi r^2}\right\} = A_2\sigma\left(T_1^4 - T_2^4\right)F_{21} \tag{4.40}$$

すなわち，式(4.39)と式(4.40)の右辺の項より，$A_1F_{12} = A_2F_{21}$ である．一般に 2 面間には次の相互関係(reciprocity law)が成立する．

$$A_iF_{ij} = A_jF_{ji} \tag{4.41}$$

また，形態係数の物理的な意味からその値は

$$F_{ij} \leq 1 \tag{4.42}$$

であり，平面もしくは凸面のように自分自身にふく射が届くことがない表面の自己形態係数(self view factor)は

$$F_{ii} = 0 \tag{4.43}$$

となる．さらに，n 個の面で閉ざされた閉空間系においては，次の総和関係(summation law)が成立する．

$$F_{i1} + F_{i2} + F_{i3} + \cdots + F_{in} = 1 \quad (i = 1, 2, \cdots, n) \tag{4.44}$$

なお，形態係数の定義および式(4.40)～(4.44)は黒体でなくても拡散面であれば成立する．

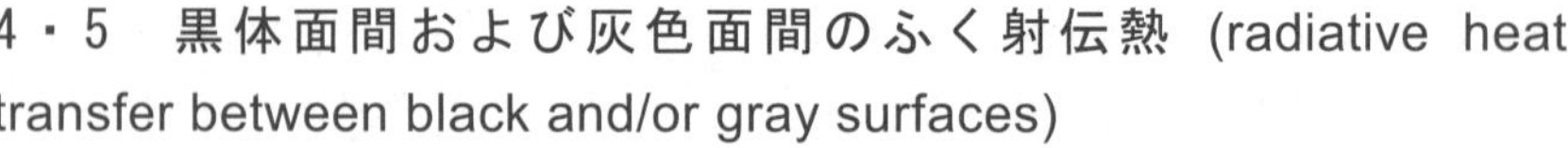

4・5　黒体面間および灰色面間のふく射伝熱 (radiative heat transfer between black and/or gray surfaces)

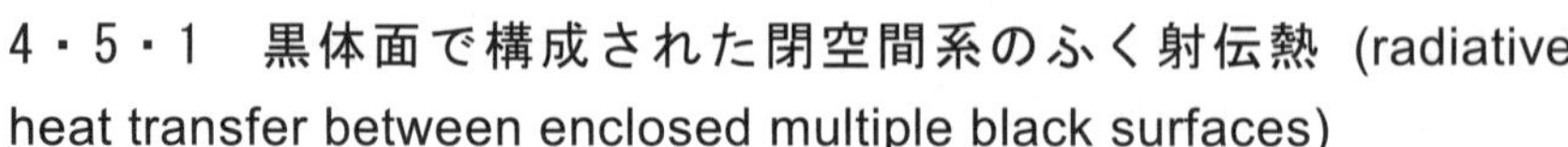

4・5・1　黒体面で構成された閉空間系のふく射伝熱 (radiative heat transfer between enclosed multiple black surfaces)

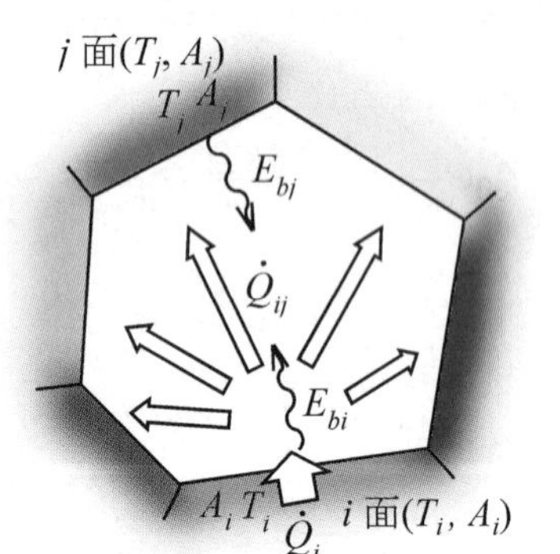

図 4.48　黒体面で構成された閉空間系のふく射伝熱

図 4.48 に示すような，温度が異なる n 個の黒体面で構成された閉空間系(enclosed system)におけるふく射伝熱を考える．閉空間系を構成する任意の 2 つの i 面（全放射能 E_{bi}，面積 A_i）と j 面（全放射能 E_{bj}，面積 A_j）において，i 面から j 面へのふく射熱交換量 $\dot{Q}_{ij}$ は，式(4.39)より，

$$\dot{Q}_{ij} = (E_{bi} - E_{bj})A_iF_{ij} \tag{4.45}$$

である．したがって，i 面からふく射が届く全ての j 面について足し合わせれば i 面から他の全面へ放射されるふく射熱交換量 $\dot{Q}_i$ が以下のように得られる．

$$\dot{Q}_i = \sum_{j=1}^{n} {}_{ij} = \sum_{j=1}^{n}(E_{bi} - E_{bj})A_iF_{ij} \quad (i = 1, 2, \cdots, n) \tag{4.46}$$

$$= \sum_{j=1}^{n}E_{bi}A_iF_{ij} - \sum_{j=1}^{n}E_{bj}A_iF_{ij} = E_{bi}A_i\sum_{j=1}^{n}F_{ij} - \sum_{j=1}^{n}E_{bj}A_iF_{ij} \tag{4.47}$$

ここで，右辺第 1 項に式(4.44)を，第 2 項に式(4.41)を用いて，

$$\dot{Q}_i = E_{bi}A_i - \sum_{j=1}^{n}E_{bj}A_jF_{ji} \quad (i = 1, 2, \cdots, n) \tag{4.48}$$

と記述することもできる．式(4.48)は，右辺第 1 項が i 面から放射される全放射能を表し，第 2 項が n 個の全ての表面から i 面に入射して吸収される全ふ

く射エネルギーを表していることから，その差し引きとして i 面における正味のふく射熱交換量 $\dot{Q}_i$ が得られることを意味している．ここで，正味のふく射熱交換量は，i 面を通って閉空間へ流入もしくは閉空間から流出する熱量に等しい．

i 面について正味のふく射熱交換量 $\dot{Q}_i$ と温度 T_i との 2 つの変数があるので，n 個の面で構成される閉空間全体での変数の数は $2n$ 個である．このうち，すべての形態係数と n 個の値が与えられれば，残りの n 個の未知数は式(4.48)に基づいた連立 n 元 1 次方程式を解くことによって求められる．

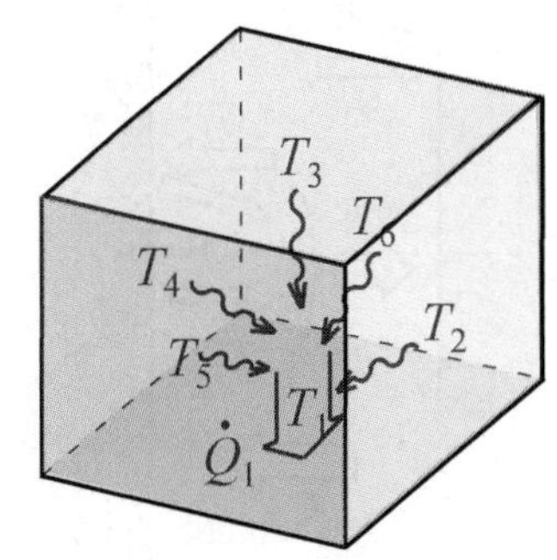

図 4.49　向かい合う正六面体内のふく射伝熱

【例題 4・6】　＊＊＊＊＊＊＊＊＊＊＊＊＊＊＊＊＊＊＊＊＊＊＊

図 4.49 に示されるように，向かい合う正六面体（1 辺 1 m）の内側の黒体表面温度が $T_1 = 400\ \mathrm{K}$，$T_2 = 800\ \mathrm{K}$，$T_3 = 1200\ \mathrm{K}$，$T_4 = 500\ \mathrm{K}$，$T_5 = 600\ \mathrm{K}$，$T_6 = 600\ \mathrm{K}$ であるとき，温度 T_1 の黒体面での正味のふく射熱交換量を求めよ．

【解答】各面から T_1 の面をみる形態係数は図 4.46 および図 4.47 より，$F_{21} = 0.2$，$F_{31} = 0.2$，$F_{41} = 0.2$，$F_{51} = 0.2$，$F_{61} = 0.2$ である．面積は全て $1\mathrm{m}^2$ である．したがって，式(4.48)より，

$$Q_1 = \sigma T_1^{\ 4} \times 1 - \sigma (T_2^{\ 4} + T_3^{\ 4} + T_4^{\ 4} + T_5^{\ 4} + T_6^{\ 4}) \times 1 \times 0.2 \qquad \text{(ex.9)}$$
$$= -30.3\ \mathrm{kW}$$

すなわち，正味のふく射熱交換量は $-30.3\mathrm{kW}$ であり，負符号は正味として，温度 T_1 の面に流入していることを表わしている．

＊＊＊＊＊＊＊＊＊＊＊＊＊＊＊＊＊＊＊＊＊＊

4・5・2　灰色面で構成された閉空間系のふく射伝熱 (radiative heat transfer between enclosed multiple gray surfaces)

黒体面で構成された閉空間系では入射したふく射が全て吸収されるので，各面間の形態係数が与えられれば，ふく射熱交換量を計算できる．しかしながら，灰色面においては入射したふく射の一部は反射され，他の面に達し，さらにその一部が反射される，といった多重反射を繰り返しながら吸収されるので複雑となる．この解析を黒体面の閉空間系の場合と同様な取り扱いにするために，図 4.50 に示すような，単位面積，単位時間あたりに表面に入射する全ふく射エネルギーである**外来照射量**(irradiation, arriving flux) $G\ (\mathrm{W/m^2})$ と，単位面積，単位時間あたりに表面を出て行く全ふく射エネルギーである**射度**(radiosity, leaving flux) $J\ (\mathrm{W/m^2})$ を導入する．したがって，灰色面の射度は表面自身の全放射能とその面での反射エネルギー量との和として以下のように表現される．

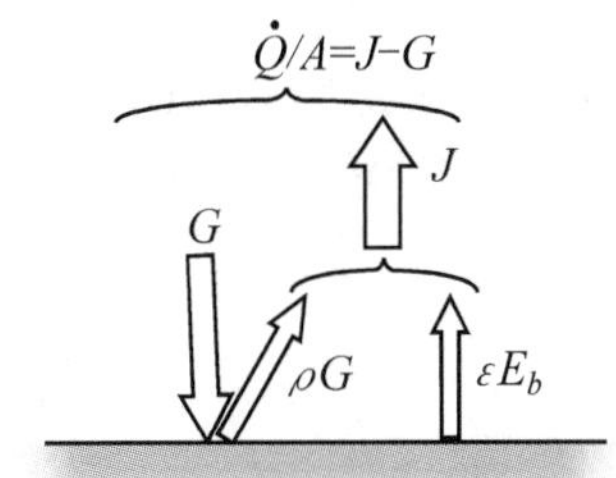

図 4.50　射度と外来照射量

$$J = \varepsilon E_b + \rho G = \varepsilon E_b + (1-\varepsilon) G \qquad (4.49)$$

したがって，その面における正味のふく射熱交換量を $\dot{Q}$，面積を A とすると，熱流束 $\dot{Q}/A$ は射度と外来照射量の差に等しい．

$$\frac{\dot{Q}}{A} = J - G = \varepsilon (E_b - G) \qquad (4.50)$$

もしくは，式(4.49)の左辺と右辺から，G について解いて，式(1.50)に代入することにより，以下のように求められる．

$$\frac{\dot{Q}}{A}=\frac{\varepsilon}{1-\varepsilon}(E_b-J)=\frac{(E_b-J)\varepsilon}{1-\varepsilon} \tag{4.51}$$

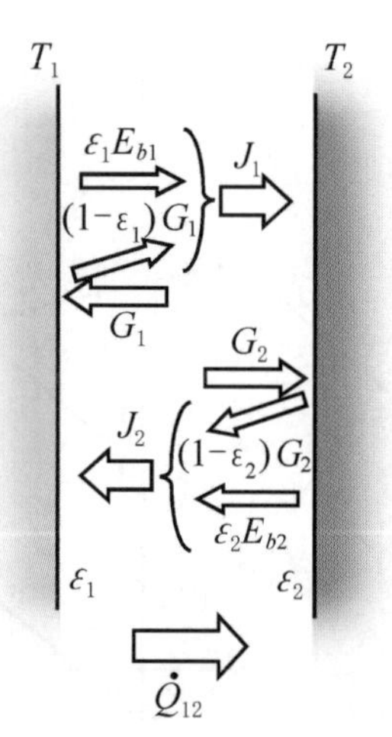

図 4.51　2つの無限灰色平面におけるふく射伝熱

【例題 4・7】　＊＊＊＊＊＊＊＊＊＊＊＊＊＊＊＊＊＊＊＊＊＊＊＊
図 4.51 に示されるような平行な無限 2 灰色平面がそれぞれ温度 $T_1=1200\,\mathrm{K}$，$T_2=600\,\mathrm{K}$ に保たれ，放射率がそれぞれ $\varepsilon_1=0.8$，$\varepsilon_2=0.6$ であるとき，平面 1 から 2 への正味のふく射熱流束 $\dot{Q}_{12}/A$ を求めよ．

【解答】面 1 と 2 における射度および外来照射量をそれぞれ J_1，J_2 および G_1，G_2 とする．式(4.49)より，

$$J_1=\varepsilon_1 E_{b1}+(1-\varepsilon_1)G_1 \qquad J_2=\varepsilon_2 E_{b2}+(1-\varepsilon_2)G_2 \tag{ex.4.10}$$

このとき，$G_1=J_2$ および $G_2=J_1$ であるから，

$$J_1=\varepsilon_1 E_{b1}+(1-\varepsilon_1)\{\varepsilon_2 E_{b2}+(1-\varepsilon_2)J_1\} \tag{ex.4.11}$$

となる．これを J_1 について解くと，

$$\{1-(1-\varepsilon_1)(1-\varepsilon_2)\}J_1=\varepsilon_1 E_{b1}+(1-\varepsilon_1)\varepsilon_2 E_{b2} \tag{ex.4.12}$$

となる．同様に G_1 についても解くと，

$$\{1-(1-\varepsilon_1)(1-\varepsilon_2)\}G_1=\varepsilon_2 E_{b2}+(1-\varepsilon_2)\varepsilon_1 E_{b1} \tag{ex.4.13}$$

であるから，正味の熱流束 $\dot{Q}_{12}/A$ は以下のようになる．

$$\frac{\dot{Q}_{12}}{A}=J_1-G_1=\frac{E_{b1}-E_{b2}}{\dfrac{1}{\varepsilon_1}+\dfrac{1}{\varepsilon_2}-1}=57.5\,\mathrm{kW/m^2} \tag{ex.4.14}$$

＊＊＊＊＊＊＊＊＊＊＊＊＊＊＊＊＊＊＊＊＊＊＊＊

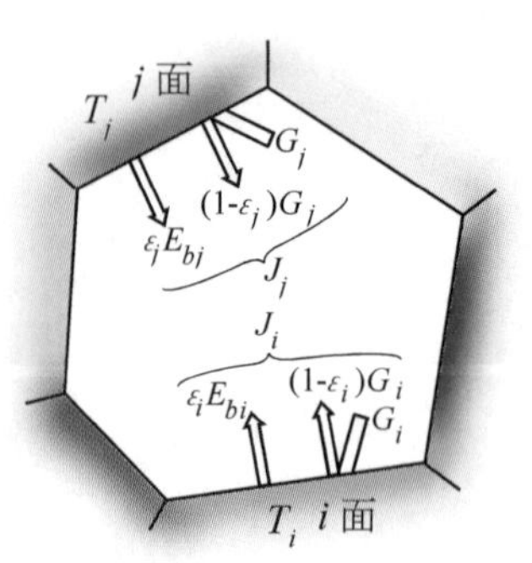

図 4.52　灰色面で構成された閉空間内系のふく射伝熱

次に図 4.52 に示すような，温度が異なる n 面で構成された灰色面閉空間の伝熱を考える．任意の i 面における射度を J_i，外来照射量を G_i とすると，式(4.49)より次のように記述できる．

$$J_i=\varepsilon_i E_{bi}+(1-\varepsilon_i)G_i \tag{4.52}$$

一方，j 面を出ていく全放射能は $A_j J_j$ であり，拡散放射面を仮定すると，このうち i 面に入射するのは $A_j J_j F_{ji}$ である．これを $j=1,2,\cdots,n$ について加算することにより，i 面に入射する全放射能が次のように得られる．

$$G_i A_i=\sum_{j=1}^{n}A_j F_{ji} J_j \tag{4.53}$$

相互関係の式 $A_i F_{ij}=A_j F_{ji}$ を用いると，

$$G_i=\sum_{j=1}^{n}F_{ij} J_j \tag{4.54}$$

となり，式(4.52)に代入すると，射度は次のように求められる．

$$J_i=\varepsilon_i E_{bi}+(1-\varepsilon_i)\sum_{j=1}^{n}F_{ij} J_j \tag{4.55}$$

また，i 面に関して式(4.51)に式(4.55)を代入すると，i 面から他の全ての面へ向かうふく射熱交換量 $\dot{Q}_i$ は以下のように求められる．

$$\dot{Q}_i=\frac{\varepsilon_i}{1-\varepsilon_i}(E_{bi}-J_i)A_i=\varepsilon_i E_{bi} A_i-\varepsilon_i A_i\sum_{j=1}^{n}F_{ij} J_j \tag{4.56}$$

この式(4.56)と式(4.55)を用いれば，式(4.48)で表現された黒体閉空間の場合と

同様に，すべての形態係数とn個の値とが与えられれば，温度やふく射熱交換量などn個の未知数が連立方程式により求められる．なお，式(4.56)において$\varepsilon_i = 0$とすれば完全反射面を，また，$\varepsilon_i = 1$とすれば黒体面を表現できることになる．ただし，$\varepsilon_i \neq 1$の場合，鏡面反射ではなく，拡散反射でないと上記の議論ができないことに注意が必要である．

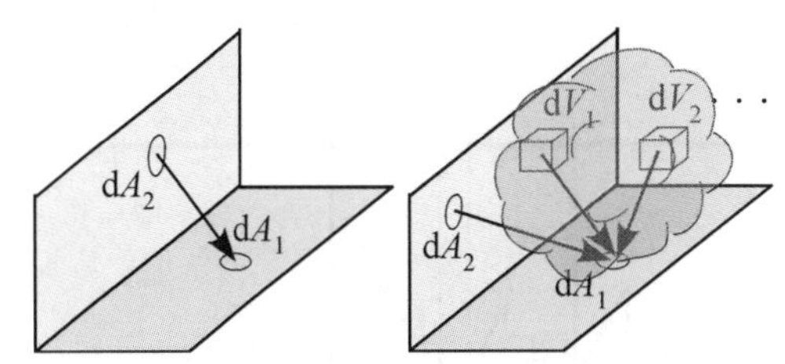

図 4.53　固体表面間とガス体のふく射伝熱

4・6　ガスふく射 (gaseous radiation)

4・6・1　ガスにおけるふく射の吸収・放射機構 (mechanism of absorption and emission of radiation by gases)

炭酸ガスや水蒸気などの気体はふく射を吸収および放射する．ここで，固体や液体によるふく射の吸収や放射が主にそれらの表面のみで生じていたのに対して，気体では，ふく射がその中を通過する間に吸収されること，また，気体のいたる所から放射されたふく射を加算しなければならないことに注意が必要である．すなわち，固体や液体では面的なふく射熱交換であったのに対し，気体では体積的な取り扱いが要求される（図 4.53）．

また，固体や液体における放射率，吸収率，透過率といった値は波長に依存するものの，連続スペクトル(continuous spectrum)を示すが，気体では図 4.54 に示された炭酸ガスの吸収率に代表されるように，特定の波長領域でのみ吸収が生ずる，きわだった選択吸収(selective absorption)性を示す．これは，図 4.2 に示したように固体では原子が格子状に繋がって振動しているので無数の振動モードが存在するのに対して，気体では分子間距離が長く，互いに干渉しないで独立に振動しているので，分子 1 個で考えられる振動モードの数が限られるためである．炭酸ガスの基準振動は図 4.55 に示す 4 種類で，その中の(b)と(c)は見方を変えれば同じであるので実質的には 3 種類である．さらに，対称な振動(a)は分子内の電荷分布が時間的に変化しないので，ふく射の吸収や放射に関与する基準振動は 2 種類であり，その波長は図 4.54 の 4.3 μm と 15 μm に対応する．大気圧下で，ガス体の厚みが薄い場合にはこの 2 つのみ重要となる．この他に 3 種類の基準振動の重ねあわせ(superposition)による振動モードに対応する波長1.9 μm と 2.7 μm においても吸収が生ずる．なお，実際には，これらの波長を中心として数多くのエネルギー準位差が存在し，例えば4.3 μm 近傍を拡大すると，図 4.56 のように，多くの吸収線の集まりであることがわかる．したがって，図 4.54 に示すようにそれぞれの波長を中心にある幅をもった吸収帯もしくは吸収バンド(absorption band)を形成する．このように気体ではこれらの波長のふく射が入射するときに限り吸収され，逆に気体の温度が上昇するとこの波長のふく射のみが放射されることになる．なお，空気に含まれる窒素 (N_2) や酸素 (O_2) といった対称 2 原子分子は図 4.55(a)のような対称振動のみであるため，図 4.6 のような電荷分布の時間変化がないので，熱ふく射を吸収もせず，放射もしない．さらにヘリウム (He) やアルゴン (Ar) といった 1 原子分子は原子間振動そのものがなく，やはり熱ふく射を吸収せず，放射もしない．

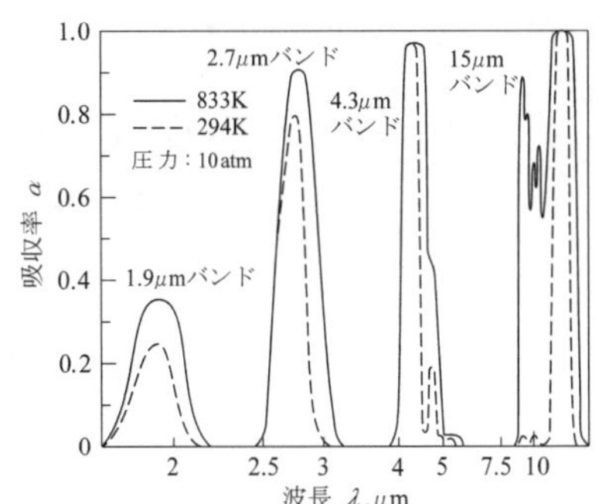

図 4.54　炭酸ガスの吸収率[3]

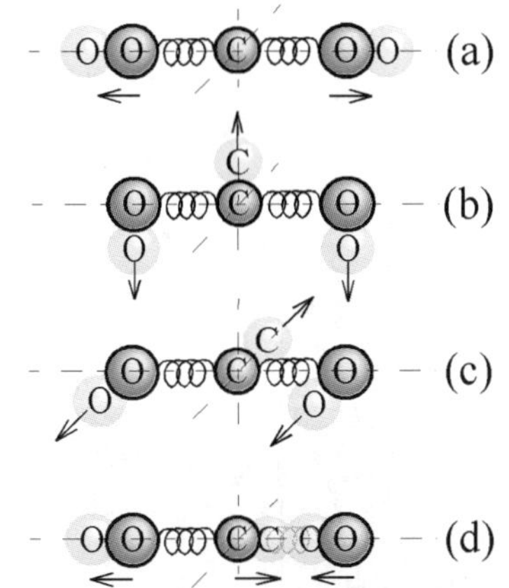

図 4.55　炭酸ガスの基準振動モード

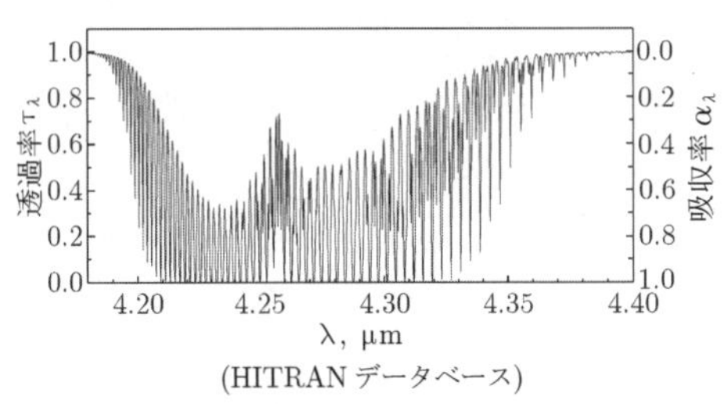

図 4.56　炭酸ガス 4.3 μ m バンド近傍の高解像度吸収率[7]

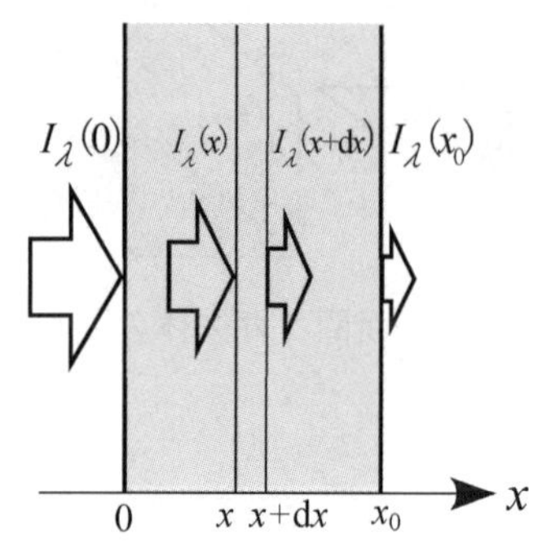

図 4.57　ガス層によるふく射の減衰

4・6・2　ガス層によるふく射の吸収（ビアの法則）(absorption of radiation by gaseous layer; Beer's law)

図 4.57 に示すように，波長 λ，ふく射強度 $I_\lambda(0)$ の単色ふく射が厚み x_o のガス層に入射する場合を考える．任意の位置 x におけるふく射強度を $I_\lambda(x)$ とすると，微小厚さ $\mathrm{d}x$ を通過する間に減少するふく射強度 $\mathrm{d}I_\lambda(x)$ は，$I_\lambda(x)$ と $\mathrm{d}x$ に比例する．

$$\mathrm{d}I_\lambda = I_\lambda(x+\mathrm{d}x) - I_\lambda(x) = -\kappa_\lambda I_\lambda(x)\mathrm{d}x \tag{4.57}$$

ここで係数 κ_λ は**単色吸収係数**(spectral absorption coefficient)であり，その単位は m^{-1} である．これを 0 から x_o まで積分することにより厚さ x_o のガス層を通過後のふく射強度 $I_\lambda(x_o)$ が求まる．

$$\frac{I_\lambda(x_o)}{I_\lambda(0)} = e^{-\kappa_\lambda x_o} \tag{4.58}$$

すなわち，ガス層に入射したふく射の強度は，その厚さとともに指数関数的に減少することを表している．これを**ビアの法則**(Beer's law)という．ここで，$\tau_{\lambda o} = \kappa_\lambda x_o$ を**光学厚さ**(optical thickness)という．吸収係数が大きい場合には幾何学厚さ x_o が薄くても，光学的な厚さ $\tau_{\lambda o}$ が厚いことになり，ふく射強度は大きく減衰されることを意味する．

また，厚さ x_o のガス層の吸収率 α_λ は吸収エネルギーと入射エネルギーの比として，次のように定義できる．

$$\alpha_\lambda = \frac{I_\lambda(0) - I_\lambda(x_o)}{I_\lambda(0)} = 1 - e^{-\kappa_\lambda x_o} \tag{4.59}$$

このとき，$x_o \to \infty$ においては $\alpha_\lambda = 1$ となり黒体となる．また，吸収帯以外の波長のふく射が入射した場合には，$x_o \to \infty$ においても $\alpha_\lambda = 0$ となる．

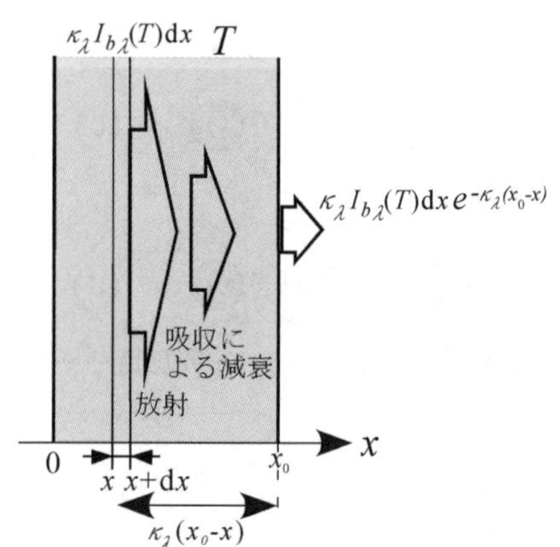

図 4.58　一様温度のガス層からの放射

4・6・3　ガス層からの放射と放射率 (emission of radiation from gaseous layer and emissivity)

図 4.58 に示すように，一様温度 T で厚み x_o のガス層から x 方向への放射を考える．微小な厚さ $\mathrm{d}x$ から放射される，波長 λ のふく射強度 $\mathrm{d}I_\lambda(x)$ は，その温度での黒体ふく射強度 $I_{b\lambda}(T)$ と単色吸収係数 κ_λ に比例する．

$$\mathrm{d}I_\lambda(x) = \kappa_\lambda I_{b\lambda}(T)\mathrm{d}x \tag{4.60}$$

ここで放射現象にもかかわらず，比例係数として吸収係数 κ_λ が用いられるのは，ふく射を多く吸収するものはふく射を多く放射する，キルヒホッフの法則が適用されているためである．このふく射がガス層内 x の位置から右端 x_o へ出るまで，$\kappa_\lambda(x_o - x)$ の光学距離を通過することによって式(4.58)のように減衰される．したがって，ガス層全体から右端へ放射されるふく射強度 $I_\lambda(x_o)$ は以下のように求められる．

$$\begin{aligned} I_\lambda(x_o) &= \int_0^{x_o} \kappa_\lambda I_{b\lambda}(T)\, e^{-\kappa_\lambda(x_o-x)}\mathrm{d}x \\ &= \left[I_{b\lambda}(T)e^{-\kappa_\lambda(x_o-x)} \right]_0^{x_o} = I_{b\lambda}(T)(1-e^{-\kappa_\lambda x_o}) \end{aligned} \tag{4.61}$$

放射率はガス層表面から x 方向に放射されるふく射強度と黒体ふく射強度との比であるから，以下のように定義される．

$$\varepsilon_\lambda = \frac{I_\lambda(x_o)}{I_{b\lambda}(T)} = 1 - e^{-\kappa_\lambda x_o} \tag{4.62}$$

次に，式(4.61)を全波長にわたって積分すると，

$$I(x_o) = \int_0^\infty I_\lambda(x_o)\mathrm{d}\lambda = \int_0^\infty I_{b\lambda}(T)(1 - e^{-\kappa_\lambda x_o})\mathrm{d}\lambda = I_b(T) - \int_0^\infty I_{b\lambda}(T)e^{-\kappa_\lambda x_o}\mathrm{d}\lambda \tag{4.63}$$

であるから，全放射率$\varepsilon_G(x_o)$は以下のように記述される．

$$\varepsilon_G(x_o) = \frac{I(x_o)}{I_b(T)} = 1 - \frac{1}{I_b(T)}\int_0^\infty I_{b\lambda}(T)e^{-\kappa_\lambda x_o}\mathrm{d}\lambda \tag{4.64}$$

吸収係数が波長に依存しない，いわゆる**灰色ガス**(gray gas)の場合には，

$$\varepsilon_G(x_o) = 1 - e^{-\kappa x_o} \tag{4.65}$$

と記述でき，キルヒホッフの法則から$\alpha_G(x_o) = \varepsilon_G(x_o)$である．なお，これらは$x$方向へのふく射の伝ぱを考えたものであることから，それぞれ**指向放射率**(directional emissivity), **指向吸収率**(directional absorptivity)という．さらに$\tau_G(x_o) = 1 - \alpha_G(x_o)$を**指向透過率**(directional transmittivity)という．

次に，図4.59に示すような一様温度Tで任意形状のガス体からの放射を考える．このときガス体の任意の微小表面dAから放射されるふく射はガス体のあらゆる方向から到達したふく射エネルギーの和となる．その中の一つの方向sについて考える．つまり，dAからガス体内部を通って距離s離れたもう一方のガス体表面に面積dA_jがあり，それぞれ天頂角θとθ_jで向かい合っているものとする．したがって，ガス体表面の仮想的な微小面積dA_jからdAに向かうふく射エネルギーは，式(4.37)の形態係数の考え方から，

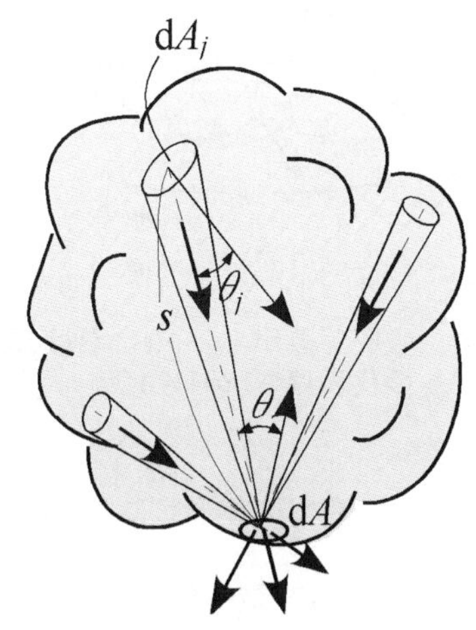

図 4.59　任意形状のガス体から微小面積dAを通って放射されるふく射

$$\mathrm{d}^2\dot{Q}_{\mathrm{d}A_j-\mathrm{d}A} = I(s)\mathrm{d}A\cos\theta\mathrm{d}\Omega_j = E(s)\mathrm{d}A\frac{\mathrm{d}A_j\cos\theta_j\cos\theta}{\pi s^2} \tag{4.66}$$

となる．このs線上に上記ガス層の指向放射率を適用すると，dAから外部へ放射されるふく射エネルギーは式(4.64)より$I(s) = \varepsilon_G(s)I_b(T)$，つまり$E(s) = \varepsilon_G(s)E_b(T)$である．また，熱流束を$E = \mathrm{d}\dot{Q}\ /\mathrm{d}A$とすると，

$$\mathrm{d}E = \mathrm{d}\left(\frac{\mathrm{d}\dot{Q}}{\mathrm{d}A}\right) = \varepsilon_G(s)E_b(T)\frac{\mathrm{d}A_j\cos\theta_j\cos\theta}{\pi s^2} \tag{4.67}$$

となる．仮に図4.60に示すように，ガス体が半径Rの半球状でdAがその中心にある場合を考えると，$s = R$，$\cos\theta_j = 1$，$dA_j = 2\pi R^2\sin\theta\mathrm{d}\theta$であるから，

$$\mathrm{d}E = \varepsilon_G(R)E_b(T)2\sin\theta\cos\theta\mathrm{d}\theta \tag{4.68}$$

となる．半球全体にわたって積分すると，$E(R) = \varepsilon_G(R)E_b(T)$となる．すなわち，半球状のガス体からその中心にあるdAに向かうふく射エネルギーを考える場合には半径Rを代表厚さとする指向放射率$\varepsilon_G(R)$を用いればよいことになる．つまり，任意形状のガス体を半球状のガス体に置き換えた場合の代表寸法である半径Rを見積もれば，それを代表厚さとする指向放射率を用いて，ガス体から放射されるふく射エネルギーを算出できることになる．

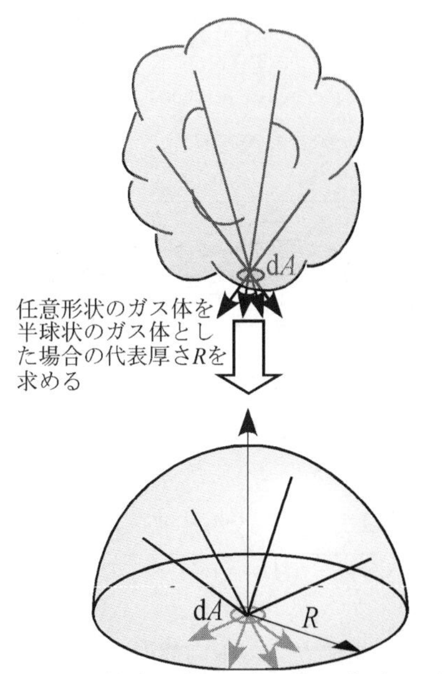

図 4.60　任意形状のガス体の代表寸法R

この代表厚さRの見積もり方を吸収係数κ_λが小さい場合について考える．図4.60に示すように，任意形状のガス体を代表厚さRの半球状とみなして，$\kappa_\lambda \to 0$とすると，$\varepsilon_G(R) = 1 - e^{-\kappa_\lambda R} \cong \kappa_\lambda R$であるから，

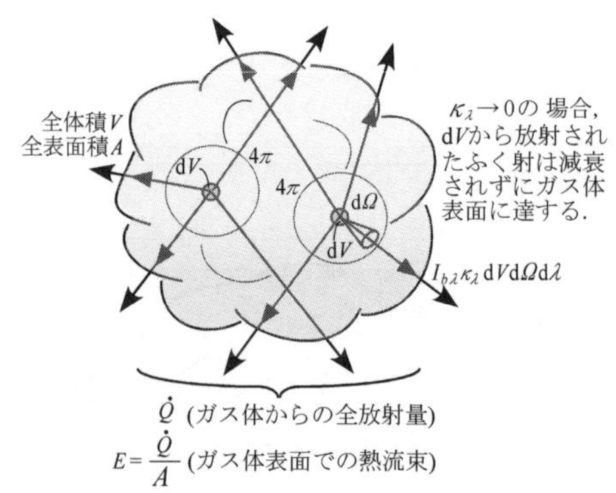

図 4.61　吸収係数が $\kappa_\lambda \to 0$ におけるガス体の代表厚さ $R=4V/A$

表 4.4　各ガス体形状における代表厚さ

ガス体の形状	表面の位置	有効厚さ $R[K_\lambda s \to 0]$
球(直径 d)	球　面	$2/3d$
無限円柱(直径 d)	円周面	d
半無限円柱(直径	底面中央	d
	底　面	$0.81d$
立方体(辺長 L)	全面, 1 面	$2/3l$

$$E(R)=\varepsilon_G(R)E_b(T)=R\int_0^\infty E_{b\lambda}(T)\kappa_\lambda d\lambda \tag{4.69}$$

となる．一方，図 4.61 に示すように，体積 V，全表面積 A のガス体内部の微小体積 dV から立体角 $d\Omega$ の任意方向へ放射されるふく射エネルギーは式(4.60)に基づいて $d^3\dot{Q}=I_{b\lambda}(T)\kappa_\lambda dVd\Omega d\lambda$ である．ここで，$\kappa_\lambda \to 0$ とすると，それぞれの dV から放射されたふく射はガス体によって減衰されることなく表面に到達するので，単純に全体積 V および全立体角 4π にわたって積分できる．したがって，ガス体の全表面から放出される全ふく射エネルギー $\dot{Q}$ は以下のように表現される．

$$\dot{Q}=4\pi V\int_0^\infty I_{b\lambda}(T)\kappa_\lambda d\lambda=4V\int_0^\infty E_{b\lambda}(T)\kappa_\lambda d\lambda \tag{4.70}$$

また，熱流束 $E=\dot{Q}/A$ は以下のように表現される．

$$E=\frac{\dot{Q}}{A}=\frac{4V}{A}\int_0^\infty E_{b\lambda}(T)\kappa_\lambda d\lambda \tag{4.71}$$

したがって，式(4.69)と(4.71)を比較すると，

$$R=\frac{4V}{A} \tag{4.72}$$

であることがわかる．表 4.4 には，各ガス体形状において，吸収係数が小さいと仮定した場合の代表厚さ R が示されている．多くの工業的な状況ではこの仮定が有効である．

一方，κ_λ が大きい場合には近似的に $R=0.9\times 4V/A$ として求められる．

4・6・4　実在ガスの放射率と吸収率 (emittance and absorptance of real gases)

ガスの放射率や吸収率は，吸収係数，波長選択性（吸収帯），ガスの厚み，ふく射の吸収や放射に関与するガスの濃度（分圧），さらに吸収率については入射ふく射の波長特性，放射についてはガス温度に依存し，多少複雑である．そこで，ホッテル（H.C.Hottel）らによって得られた図 4.62(炭酸ガス)と図 4.63(水蒸気)に示すように、指向放射率 ε_G（指向吸収率 a_G）を、それぞれのガスについて，分圧 p_{CO2}, p_{H2O} とふく射が通過する距離 R の積をパラメーターとして，ガス温度を横軸に整理した線図が利用できる．なお，炭酸ガスと水蒸気の混合気の場合には、吸収帯の波長が一部重なるので，その補正を以下のように行う．

$$\varepsilon_G=\varepsilon_{G,CO2}+\varepsilon_{G,H2O}-\Delta\varepsilon_G=C_{CO2}\cdot\varepsilon_{G,CO2}+C_{H2O}\cdot\varepsilon_{G,H2O}-\Delta\varepsilon_G \tag{4.73}$$

ここで，C_{CO2}，C_{H2O}，$\Delta\varepsilon_G$ の値は図 4.64，図 4.65, 図 4.66 に線図として表されている．

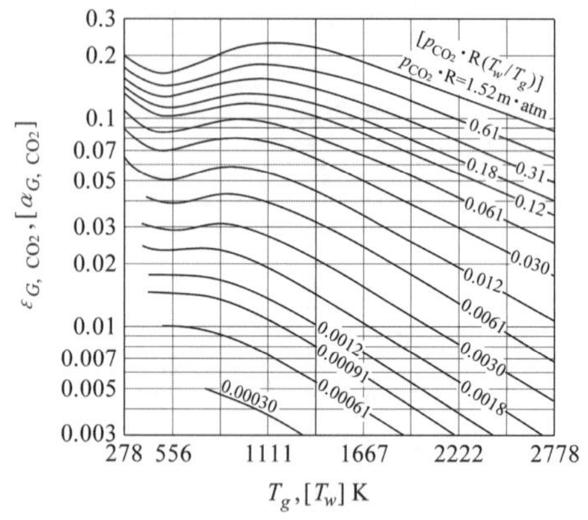

図 4.62　炭酸ガスの指向放射率[8]

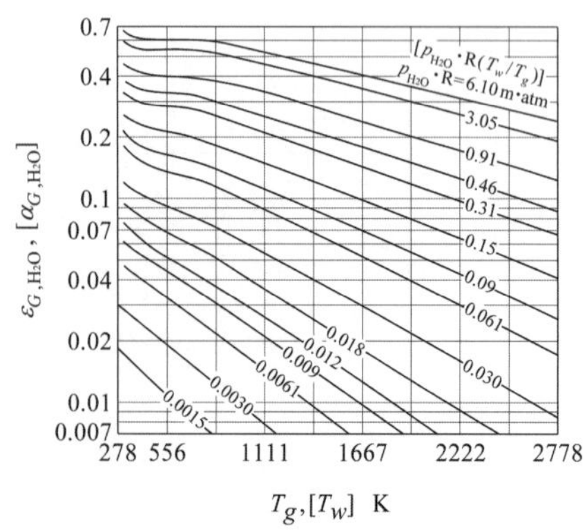

図 4.63　水蒸気の指向放射率

4・6・5　実在ガスを含むふく射伝熱 (radiative heat exchange including real gases)

図 4.62，図 4.63，図 4.64，図 4.65，図 4.66 の線図を用いて指向放射率や指向吸収率がわかれば，4・5 節で示された黒体面や灰色面で囲まれた閉空間に実在ガスが封入されている場合も，射度や外来照射量に，ガスによる吸収およ

びそのガスから放射されるエネルギーを考慮することで，基礎式が記述できる．

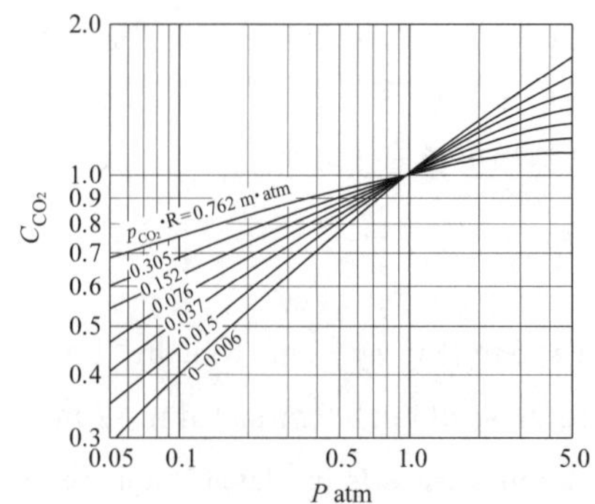

図 4.64 炭酸ガスの指向放射率に対する全圧 p の補正係数

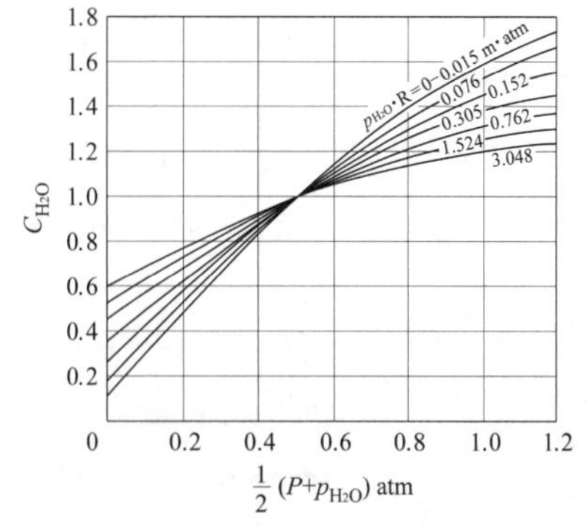

図 4.65 水蒸気の指向放射率に対する全圧 p と分圧 p_{H2O} の係数

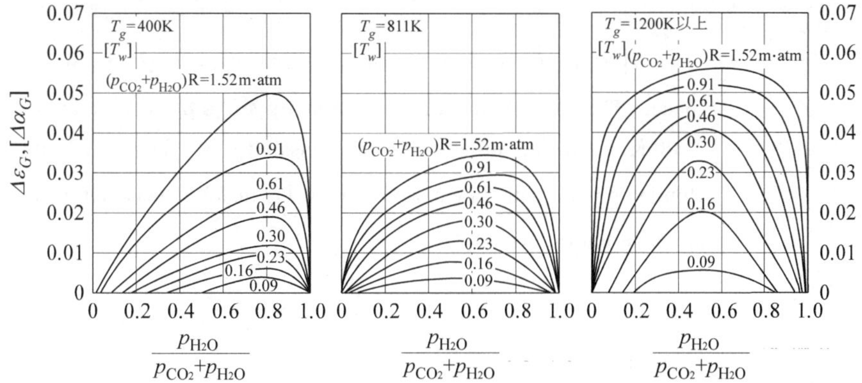

図 4.66 炭酸ガスと水蒸気が存在する場合の補正値

＝＝＝＝＝ **練習問題** ＝＝＝＝＝＝＝＝＝＝＝＝＝＝＝＝＝＝＝＝＝＝＝＝

【4・1】宇宙服の表面は白色である．これと同じ素材に覆われた球体が宇宙空間にあり太陽からの熱ふく射を受け，同時に宇宙空間へ放熱しているものとする．この表面の単色放射率が $\varepsilon_\lambda = 0.2\ (\lambda \leqq 1.5\,\mu\mathrm{m})$，$0.8\ (1.5\,\mu\mathrm{m} \leqq \lambda)$ であるとき，その表面温度は何度になるか．このとき太陽から平行光として入射するふく射熱流束（太陽定数）は $1.37\ \mathrm{kW/m^2}$ であり，吸収率の角度依存性はないものとする．さらに，宇宙空間の絶対温度を 3 K とし，熱ふく射は宇宙空間に向かって全表面から放射されるものとする．なお，球体の内側は断熱されているものとする．

【4・2】熱電対(7·6·1 項)を使って炎の温度を測定した．その検出温度は 1300 K であった．炎と熱電対の熱伝達係数と，$250\ \mathrm{W/m^2K}$ とすると，炎そのものの温度はいくらか．炎からのふく射は無視できるものとし，熱電対の全放射率は $\varepsilon = 0.8$ とする．周囲壁面は 300 K の黒体とする．

【4・3】Calculate the ground surface temperature under an condition of atmospheric temperature of 5 ℃ on a windy night without clouds. Assume that the convective heat transfer coefficient is $10\ \mathrm{W/(m^2 \cdot K)}$,the directional emissivity of the atmosphere including CO_2 and H_2O is 0.6,the ground surface is black, and the back side is insulated. Furthermore, the gas temperature for the gaseous radiation is kept at the atmospheric temperature, and the temperature of the space is 3K.

【4・4】真空魔法瓶は，密閉されたステンレス製の二重管内を真空とした断熱法を用いている．いま，内径 50 mm，外径 56 mm，長さ 250 mm の真空魔法瓶の内壁温度を 100 ℃，外壁を 20 ℃ にした場合の熱損失量を求めよ．このとき，向かい合う 2 重管壁面の放射率を 0.15 とする．また，同じ内外径で肉厚 3 mm のステンレス壁の場合の熱損失量と比較せよ．このステンレスの熱伝導率を 43 W/(m·K) とする．

【4・5】In a rectangular heating-furnace 5 m long by 2 m wide by 1 m high, the side black-surface temperatures of the areas of 1 m × 5 m ,and 1 m ×2 m are, respectively, 1000 K and 800 K. The top surface is insulated, and the bottom black-surface temperature is 600 K. Calculate the radiation flux at the bottom surface.

【4・6】Consider two black infinite parallel plates that are separated by a vacuum space. The one plate with an emissivity of 0.8 is kept at a temperature of 1000 K, and the other with an emissivity of 0.6 is at 500 K. Now, an aluminum plate with an emissivity of 0.1 is installed between them. How much is the radiation flux decreased?

【解答】

1. 253 K
2. 1817 K
3. 269 K (-4℃)
4. 2.17 W （真空魔法瓶）, 47.7 kW （ステンレス管）
5. 15 kW/m^2
6. 27.7 kW/m^2 （挿入前）, 2.54 kW/m^2 （挿入後）

第 4 章の文献

(1) 国立天文台編，理科年表，(2000).
(2) 和田正信，放射の物理，(1985)，共立出版.
(3) R. Siegel and J.R. Howell, *Thermal Radiation Heat Transfer*, 3rd Ed., (1992), Taylor & Francis.
(4) F.P. Incropera and D.P. Dewitt, *Fundamentals of Heat and Mass Transfer*, 2nd Ed., (1985), John Wiley & Sons.
(5) W.Z. Seiber, *Technical Physics*, 22, (1941), 130.
(6) D.J. Price, *Proceeding of Physical Society* (London), Series A, 142-847, (1947), 466.
(7) 円山重直，光エネルギー工学，(2004)，養賢堂.
(8) H.C. Hottel and J.D. Keller, *Transaction of ASME*, 63, (1941), 297.

第 5 章

相変化を伴う伝熱

Heat Transfer with Phase Change

5・1　相変化と伝熱 (phase change and heat transfer)

物質が固体・液体・気体の間で状態変化することを相変化(phase change)といい，図 5.1 に示すように，それぞれの状態間の相変化を沸騰(boiling)・蒸発(evaporation)，凝縮(condensation)，融解(melting)，凝固(solidification)，昇華(sublimation)と呼ぶ．一般に液体から気体への相変化を蒸発といい，液体中から気泡の発生(generation of bubble)を伴う相変化を沸騰(boiling)という．伝熱学では自由液面から気体への相変化を蒸発伝熱(evaporation heat transfer)といい，沸騰とは区別して取り扱うことが多い．

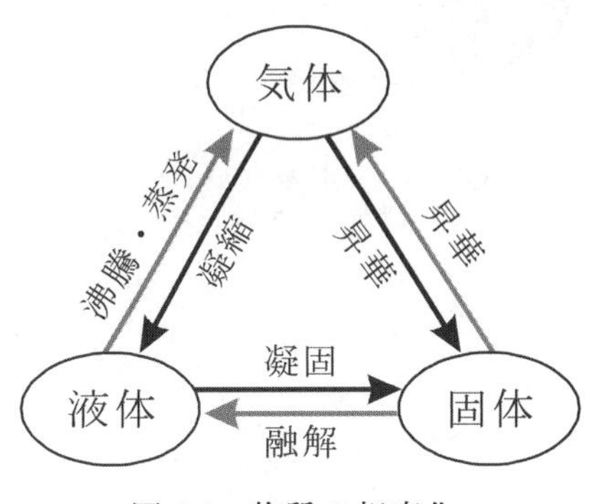

図 5.1　物質の相変化

物質が相変化をするとき，熱を吸収したり，放出したりするが，図 5.1 の赤い矢印は物質を加熱した場合に，黒い矢印は冷却した場合に，それぞれ相変化する方向を表している．このような相変化を伴う伝熱の特徴は，通常の温度変化時に出入りする熱量，すなわち顕熱(sensible heat)に比べて非常に大きな潜熱(latent heat)により熱輸送が行われるため，小さな温度差で多量の熱を運ぶことができる．

図 5.1 に示した種々の相変化現象は，我々の生活の中で，身近に体験できる現象である．たとえば，やかんや鍋の中の沸騰，洗濯物の乾燥などの蒸発は液体から気体への相変化である．雲や降雨，メガネや窓ガラスに付く曇り，冷えた飲み物を満たしたグラスの表面に付く水滴などは自然界で生じる凝縮現象の代表的な例である．冷蔵庫は水を凝固させて氷を作り，我々はそれを口の中で融解させて冷たさを実感する．昇華の代表的な例はドライアイスであり，二酸化炭素が固体から気体へと相変化する際に潜熱による熱輸送が行われる．

相変化を伴う伝熱の中で，最も広く利用されている伝熱形態は沸騰と凝縮

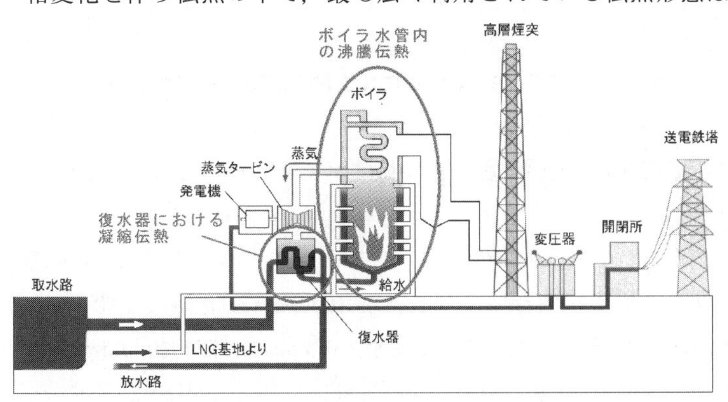

図 5.2　火力発電所における沸騰と凝縮
（提供　東北電力(株)）

図 5.3　エアコンの室内器と室外機
室内器（冷房時：蒸発器，暖房時：凝縮器）
室外機（冷房時：凝縮器，暖房時：蒸発器）
（提供　ダイキン工業株式会社）

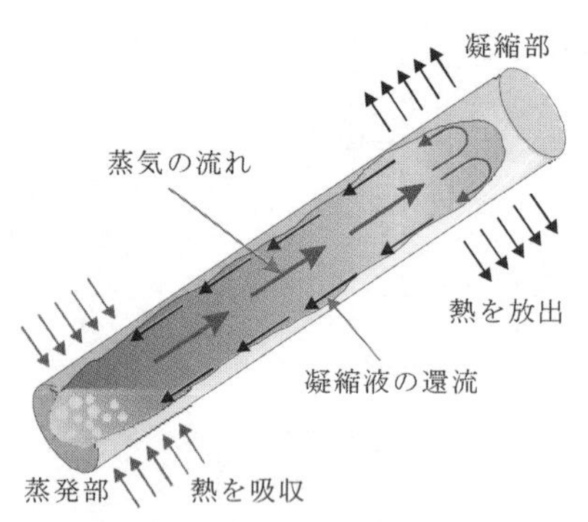

図 5.4 ヒートパイプの動作原理

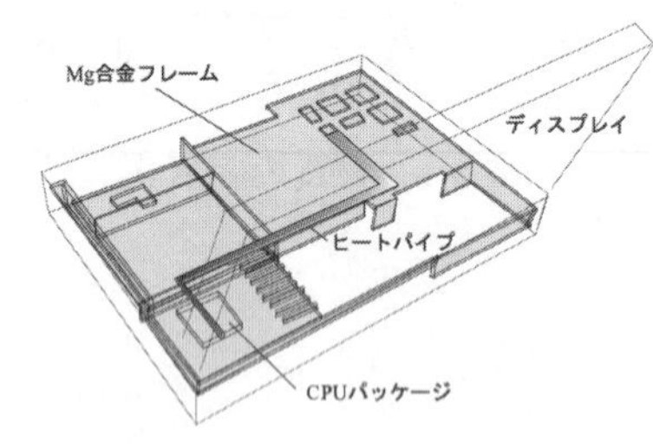

図 5.5 ヒートパイプの応用例（ノートパソコン）

である．たとえば，火力発電所(図 5.2)では，ボイラの水管内部で沸騰が，復水器では凝縮が生じている．

空調機(エアコン，air conditioner)(図 5.3)には，蒸発器と凝縮器があり，冷媒(refrigerant)が沸騰・凝縮を行うことにより，熱を移動させる．暖房運転と冷房運転で室内機と室外機の役割が逆転する．冷房運転の場合，室内機は蒸発器となり熱を吸収し，室外機は凝縮器となり，環境へ熱を捨てることにより，室内を快適な温度に保っているのである．

ヒートパイプ(heat pipe)は気液相変化現象を利用した熱輸送デバイスである．その動作原理は図 5.4 に示すように，パイプの中に封入された作動流体が蒸発部で外部から熱を吸収して蒸発し，蒸気が管中心部を通って凝縮部で凝縮することにより熱を放出する．小さな温度差で多量の熱を輸送することができるため，宇宙用，電子機器用など様々なヒートパイプが開発されている．最近では，ノートパソコンの CPU の冷却(図 5.5)などにも使用されている．ヒートパイプについては，第 7 章で詳しく説明する．

その他，金属の焼入れ，工業用ボイラ，電子機器の冷却，沸騰水型原子炉，超伝導コイルの冷却など，様々な分野で沸騰伝熱が利用されている．ある種のインクジェットプリンタでは急速加熱時の気泡成長によりノズルからインクを噴出させ，一種のアクチュエータとして沸騰現象を利用している．

沸騰および凝縮伝熱の特徴は，気液相変化に伴う潜熱により熱輸送が行われるため，他の伝熱形態に比べて格段に優れた伝熱性能を有しているという点にある．大気圧下における水の沸騰伝熱の場合，熱伝達率が 10^4～10^5 W/(m^2·K) と非常に大きい．また，気泡の発生を伴うため複雑であり，現象の理論的取り扱いが困難であって，未知の部分も多い．熱伝達率を予測するには実験式，経験式に頼らざるを得ない．沸騰伝熱における熱伝達率の予測は難しく，1.5～2 倍程度の誤差が出る場合もある．しかしながら，その良好な熱伝達のために他の伝熱形態との組み合わせで沸騰が大きな熱抵抗となることは少ない．一方，大気圧における水蒸気の凝縮伝熱の熱伝達率も 10^5 W/(m$\cdot^2$ K) 程度であり，沸騰と同様に非常に大きい．

本章では，相変化を伴う熱伝達を理解する上で重要な物質の相変化の基礎に始まり，沸騰および凝縮の特徴とメカニズム，熱伝達率の推算方法などを解説する．また，融解，凝固および昇華についても概略を述べる．

5・2 相変化の熱力学 (thermodynamics for phase change)

5・2・1 物質の相と相平衡 (phase of substance and phase equilibrium)

一般に物質には固体・液体・気体の三つの状態が存在する．この三つの状態のうち，二つ以上の状態が共存する場合，**界面**(interface)を隔てて**相**(phase)が存在する．固体・液体・気体に対応して，**固相**(solid phase)，**液相**(liquid phase)，**気相**(vapor phase)と呼び，二相が共存する場合には，固液，固気，気液の三つの組み合わせが存在する．二相共存状態において，一方の相からもう一方の相へと状態が変化することを**相変化**(phase change)といい，固液相変化，気液相変化，固気相変化などという．

金属の常磁性と強磁性，常伝導と超伝導，ヘリウムⅠとヘリウムⅡ(超流動ヘリウム)なども物質の物理状態で区別される相であるが，伝熱と直接的な関わりが少ないためここでは扱わない．

気液が共存する系における両相の界面を微視的に見ると，物質の分子は気相から液相へ入射するものと，液相から気相へ放出されるものの双方が常に存在する(図 5.6)．いま，単位時間，単位面積あたり気液界面に気相から入射する分子数を N_c，液相から放出される分子数を N_e とすると，$N_c > N_e$ の時は凝縮が進行し，逆に $N_c < N_e$ の場合には蒸発が進行している．$N_c = N_e$ の状態は双方の分子数が釣り合う状態，すなわち両相は**相平衡**(phase equilibrium)の状態にある．

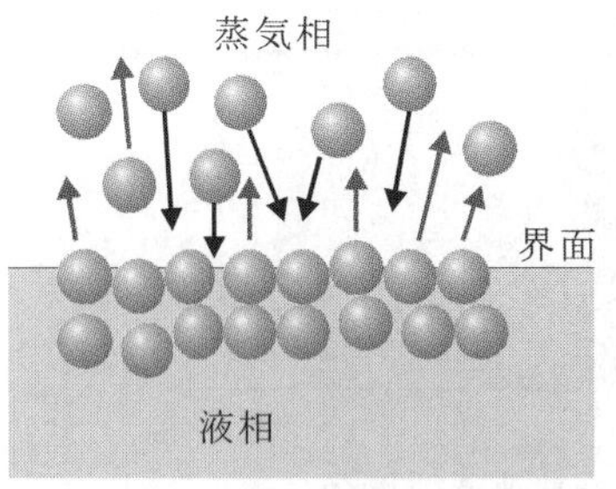

図 5.6　気液界面における分子の動き

熱力学で学んだように，**ギブスの相律**(Gibbs's phase rule)によると，純粋物質の系において，二つの相が存在する場合の**示強性状態量**(intensive property)の自由度は 1 であり，圧力が決まるとそれに対応する温度が決定される．気液が共存する場合には，この温度は**飽和温度**(saturation temperature)であり，固液共存の場合は**融解温度**(melting temperature)または**凝固温度**(solidification temperature)，固気共存の場合は**昇華温度**(sublimation temperature)である．

表 5.1　主な物質の大気圧における飽和温度および蒸発潜熱

物質	飽和温度 T_{sat} (K)	蒸発潜熱 L_{lv} (kJ/kg)
ヘリウム	4.22	20.42
水素	20.39	451.47
窒素	77.35	198.64
酸素	90.18	211.99
メタン	111.63	510.43
FC-14	145.11	134.42
HFC-23	191.08	295.28
プロパン	231.51	433.37
アンモニア	239.87	1369.4
HFC-134a	246.97	216.39
イソブタン	261.36	367.06
水	373.15	2256.9

温度と圧力が一定の系では，不可逆変化により**ギブス自由エネルギー**(Gibbs free energy)

$$g = h - Ts \tag{5.1}$$

は減少する．ここで，h と s はそれぞれ比エンタルピー(J/kg)と比エントロピー(J/(kg·K))である．したがって，安定な平衡状態においては，ギブス自由エネルギーは最低の値をとる．すなわち，

$$\mathrm{d}g = \mathrm{d}h - T\mathrm{d}s = 0 \tag{5.2}$$

である．気液両相が安定な平衡状態，すなわち気液相平衡においては，

$$g_l(p,T) = g_v(p,T) \tag{5.3}$$

が成り立つ．この関係を利用して，**クラペイロン・クラウジウスの式**(Clapeyron-Clausius equation)を導くことができる．(導出の詳細は熱力学のテキストを参照のこと)

$$\frac{\mathrm{d}p}{\mathrm{d}T_{sat}} = \frac{\rho_l \rho_v L_{lv}}{T_{sat}(\rho_l - \rho_v)} \tag{5.4}$$

ここに，L_{lv} は蒸発潜熱(J/kg)，T_{sat} は飽和温度(K)，ρ_v, ρ_l はそれぞれ気液の密度(kg/m^3)である．この式は，圧力と飽和温度の関係，すなわち**蒸気圧曲線**(vapor pressure curve)の接線の勾配 $\mathrm{d}p/\mathrm{d}T_{sat}$ が，飽和温度，蒸発潜熱および気液の密度により決定されることを意味する．固液および固気相変化においても式(5.4)と同じ関係が成り立つ．

式(5.4)を積分すれば蒸気圧曲線が得られる．図 5.7 に主な純粋物質に対する蒸気圧曲線を，表 5.1 に大気圧における飽和温度と蒸発潜熱の値を示す．

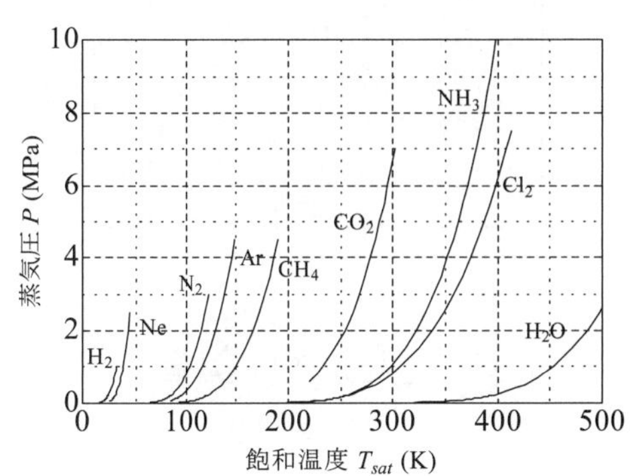

図 5.7　種々の物質の蒸気圧曲線

5・2・2　過熱度と過冷度(degrees of superheating and subcooling)

気液相変化を例にとると，気液平衡状態における相変化は系の圧力に対応する飽和温度で生じる．しかし，実際の沸騰や凝縮は非一様な温度場で生じ，伝熱面に対し垂直方向の温度分布は図 5.8 のようになっている．気液界面は飽和温度とみなしてもよいが，伝熱面は飽和温度ではないし，液体および蒸

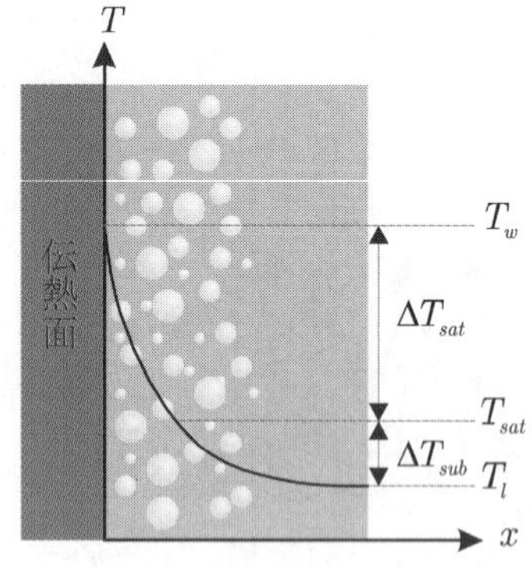

(a) 沸騰の場合

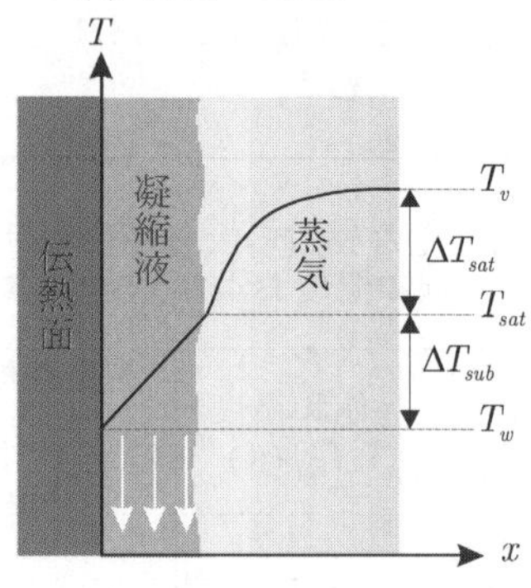

(b) 凝縮の場合

図 5.8　過冷度と過熱度

気の温度も必ずしも飽和温度とは限らない．すなわち，沸騰の場合，伝熱面温度およびその近傍の液体の温度は飽和温度よりも高い**過熱状態**(superheating)にあり，凝縮の場合は飽和温度よりも低い**過冷状態**(subcooling)にある．

沸騰の場合，伝熱面温度 T_w と飽和温度 T_{sat} の差を**過熱度**(degree of superheating)，飽和温度 T_{sat} と液体温度 T_l の差を**過冷度**(degree of subcooling)といい，それぞれ次式で与えられる．

過熱度：　$$\Delta T_{sat} = T_w - T_{sat} \tag{5.5}$$

過冷度：　$$\Delta T_{sub} = T_{sat} - T_l \tag{5.6}$$

後述するように，沸騰伝熱における熱伝達率は，伝熱面温度と液体温度の差ではなく，過熱度に対して定義される．したがって，沸騰の熱伝達率を用いて熱流束を計算するには，温度差として過熱度を使用しなければならない．

一方，凝縮の場合の過熱度と過冷度は，それぞれ次式で定義される．

過熱度：　$$\Delta T_{sat} = T_v - T_{sat} \tag{5.7}$$

過冷度：　$$\Delta T_{sub} = T_{sat} - T_w \tag{5.8}$$

ここに，T_v は蒸気温度であり，凝縮の場合の熱伝達率は，蒸気温度と伝熱面温度の差ではなく，過冷度に対して定義される．

表 5.2 相変化伝熱で使用するいろいろな温度

液体温度：T_l
蒸気温度：T_v
飽和温度：T_{sat}
伝熱面温度：T_w
＜沸騰の場合＞
　過熱度：$\Delta T_{sat} = T_w - T_{sat}$
　過冷度：$\Delta T_{sub} = T_{sat} - T_l$
＜凝縮の場合＞
　過熱度：$\Delta T_{sat} = T_v - T_{sat}$
　過令度：$\Delta T_{sub} = T_{sat} - T_w$

5・2・3　表面張力 (surface tension)

相変化が生じている気液界面は必ずしも平面ではなく，曲面を形成することが多い．たとえば，沸騰気泡は球形に近く，窓ガラスに付着する凝縮液滴は半球状である．このような曲面形状を持つ気液界面においては，**表面張力**(surface tension)の効果を考慮しなければならない．表面張力は，［力／距離］または［仕事／面積］の次元を持っており，表面を単位長さだけ引き伸ばすのに要する力，あるいは表面を単位面積だけ広げるのに要する自由エネルギーとして定義される．液滴や気泡が球形となるのは，この表面張力により表面積をできるだけ小さくしようとする力が働くからである．

表面張力は固体表面や固液界面にも存在する．厳密な言い方をすると，気液，固気，固液の界面に働く張力であるから，**界面張力**(interfacial tension)と呼ぶべきである．図 5.9 は固体表面に液滴をおいた時の界面張力の釣り合いを表わしている．気液，固気および固液界面に働く界面張力をそれぞれ σ_{lv}，σ_{sv} および σ_{sl} (N/m) とすると，水平方向の力の釣り合いから次式が成り立つ．

$$\sigma_{sv} = \sigma_{sl} + \sigma_{lv}\cos\theta \tag{5.9}$$

この式は**ヤングの式**(Young's equation)と呼ばれる．ここに，θ は**接触角**(contact angle)といい，液体側から測った固体面と気液界面とのなす角度である．ヤングの式はギブス自由エネルギーを用いて熱力学的に導くことも可能である．通常，σ_{lv} を液体の表面張力といい，単に σ と記すことが多い．本書でも特に断らない限り σ を使用する．

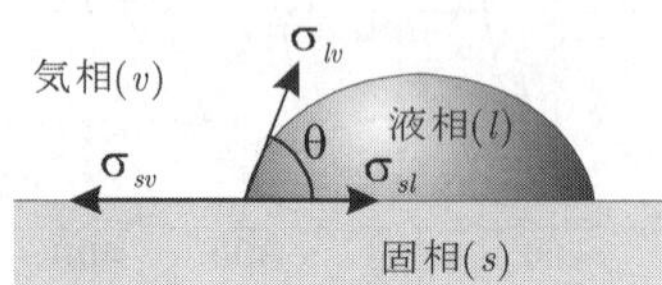

図 5.9　液滴に作用する界面張力と接触角

表面張力は**ぬれ**(wetting)の問題と密接な関係があり，固体表面をぬらしやすい液体の接触角は小さく，ぬらしにくい液体の接触角は大きい．ぬれは大別すると，図 5.10 に示すように拡張ぬれ(spreading wetting)，付着ぬれ(adhesional wetting)，浸漬ぬれ(immersion wetting)に分類できる．それぞれのぬれに対して単位面積あたりの拡張仕事 W_s，付着仕事 W_a および浸漬仕事 W_i (J/m^2) は

拡張ぬれ：　$W_s = \sigma_{sv} - \sigma_{sl} - \sigma$　(5.10)

付着ぬれ：　$W_a = \sigma_{sv} + \sigma - \sigma_{sl}$　(5.11)

浸漬ぬれ：　$W_i = \sigma_{sv} - \sigma_{sl}$　(5.12)

のように表され，$W_s > 0,\ W_a > 0,\ W_i > 0$ の時にぬれが生じる．

ぬれは相変化を伴う伝熱現象に大きな影響を及ぼす．たとえば凝縮の場合，ぬれ性の違いにより凝縮液が滴状になったり膜状になったりするし，凝縮の特性にも大きく影響を与える．

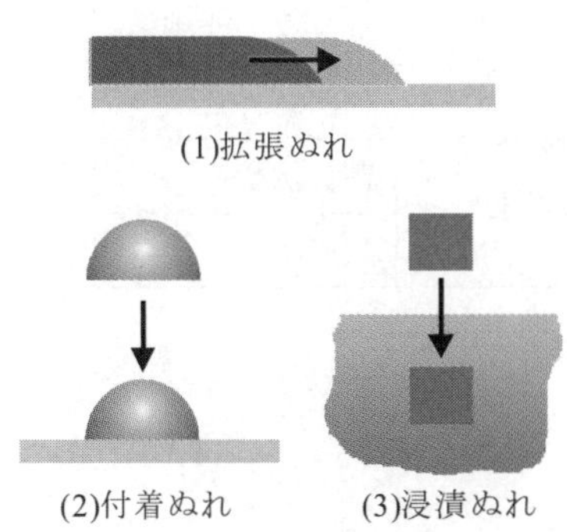

図 5.10　ぬれの分類

液体中に気泡が存在する時，気泡の内側と外側には表面張力による圧力差が生じる．この圧力差 Δp は気泡の半径を r とすると**ラプラスの式**(Laplace's equation)より，

$$\Delta p = p_v - p_l = \frac{2\sigma}{r} \tag{5.13}$$

で与えられる．ここに，σ は表面張力 (N/m) である．つまり，気泡内の圧力は液体側の圧力よりも高くなっており，気泡が蒸発により成長するためには周囲液体と気泡内蒸気は気泡内部の圧力に対する飽和温度になる必要がある．

ここで，図 5.11 に示すように，過熱液中に半径 r の気泡が存在するとき，気泡内部の蒸気温度が液体側の圧力に対する飽和温度よりもどのくらい高いかを求めてみる．式(5.4)から気泡内外の圧力差 Δp に対応する過熱度 ΔT_{sat} は

$$\Delta T_{sat} = \frac{(\rho_l - \rho_v)T_{sat}}{\rho_l \rho_v L_{lv}} \Delta p \tag{5.14}$$

で与えられる．上式に式(5.13)を代入し，$\rho_l \gg \rho_v$ の場合を考えると，

$$\Delta T_{sat} = \frac{(\rho_l - \rho_v)T_{sat}}{\rho_l \rho_v L_{lv}} \cdot \frac{2\sigma}{r} \approx \frac{2\sigma T_{sat}}{\rho_v L_{lv} r} \tag{5.15}$$

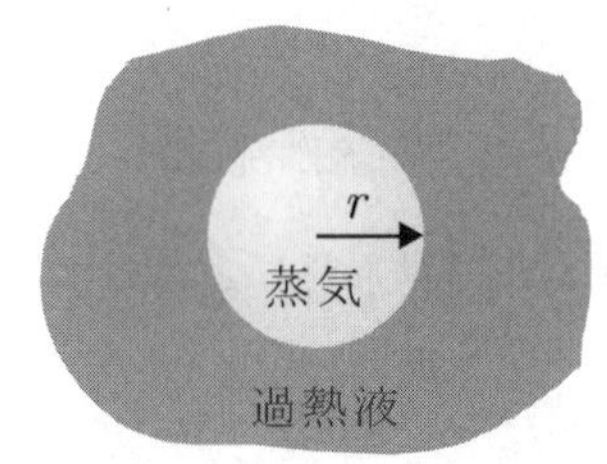

図 5.11　過熱液中の気泡

となる．この式から，気泡半径が小さくなるほど大きな過熱度を必要とすることがわかる．式(5.15)を r について解くと，

$$r = \frac{2\sigma T_{sat}}{\rho_v L_{lv} \Delta T_{sat}} \tag{5.16}$$

となる．式(5.16)で計算される r を**臨界半径**(critical radius)という．ΔT_{sat} が与えられたとき，臨界半径以下の気泡は不安定となり，存在できない．

【例題 5・1】　＊＊＊＊＊＊＊＊＊＊＊＊＊＊＊＊＊＊＊＊＊＊＊

大気圧の水の中に，半径 10 μm の蒸気泡が存在する時の過熱度を計算せよ．ただし，大気圧における蒸発潜熱は 2256.9 kJ/kg，飽和蒸気の密度 0.5977 kg/m^3，表面張力 58.93 mN/m とする．

【解答】大気圧における飽和温度は 100 ℃ = 373.15 K であることに留意して，式(5.15)最右辺に与えられた数値を代入して計算する．

$$\Delta T_{sat} = \frac{2\sigma T_{sat}}{\rho_v L_{lv} r} = \frac{2 \times (58.93 \times 10^{-3}) \times 373.15}{0.5977 \times (2256.9 \times 10^3) \times (10 \times 10^{-6})} = 3.26\ \text{K} \tag{ex5.1}$$

＊＊＊＊＊＊＊＊＊＊＊＊＊＊＊＊＊＊＊＊＊＊＊

5・3 沸騰伝熱の特徴(characteristic of boiling heat transfer)

表 5.3 沸騰の分類

①流動形態による分類	プール沸騰
	流動沸騰
②液体の温度による分類	飽和沸騰
	サブクール沸騰
③沸騰様式による分類	核沸騰
	遷移沸騰
	膜沸騰

5・3・1 沸騰の分類 (classification of boiling)

沸騰現象は液体の流動形態，液温，沸騰様式などにより表 5.3 のように分類することができる．①は沸騰を生じる伝熱面に対して，周囲の流体が静止しているか，強制的に流動しているかによる分類である(図 5.12)．鍋ややかんの中の沸騰は**プール沸騰**(pool boiling)であり，ボイラの蒸発管や家庭用瞬間湯沸かし器などでは**流動沸騰**(flow boiling)が生じている．プール沸騰は自然対流沸騰(natural convective boiling)，流動沸騰は強制対流沸騰(forced convective boiling)または強制流動沸騰(forced flow boiling)と呼ぶこともある．

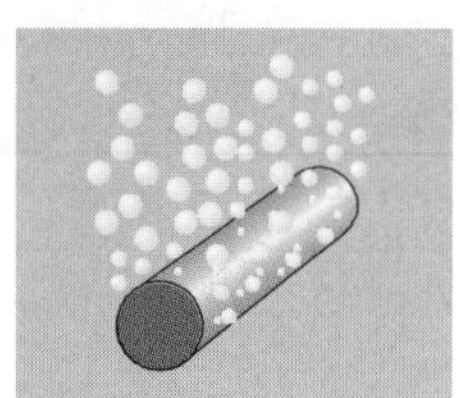

(a) プール沸騰

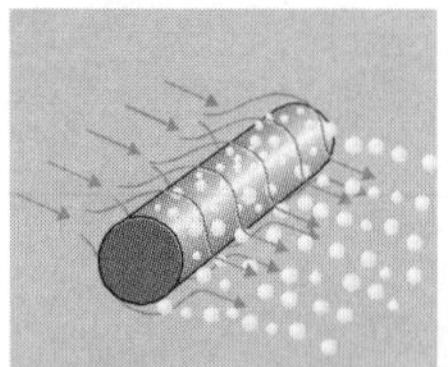

(b) 強制流動沸騰

図 5.12 流動形態による分類

②の分類では周囲の液体温度が，系の圧力に対する飽和温度に達している場合を**飽和沸騰**(saturated boiling)と呼び，飽和温度より低い**過冷却**(subcooling)の状態にある場合を**サブクール沸騰**(subcooled boiling)という(図 5.13)．式(5.6)で定義される過冷度は**サブクール度**(degree of subcooling)とも呼ばれ，過冷却の強さを示すパラメータとして使用される．サブクール沸騰では，沸騰現象が伝熱面の表面のみで生じているために**表面沸騰**(surface boiling)ともいう．飽和沸騰の場合，発生した気泡は伝熱面から離脱，上昇し，液面まで到達するが，サブクール沸騰の場合は伝熱面近傍で凝縮し気泡は消滅する．やかんを火にかけた直後激しい音がするのは気泡が消滅する際に生じる音である．

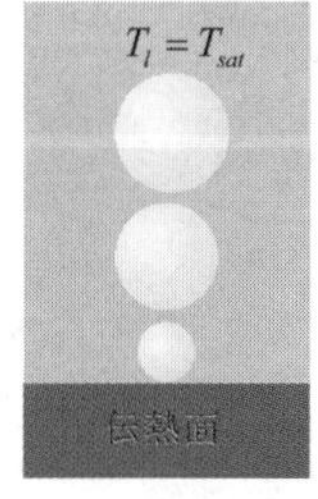

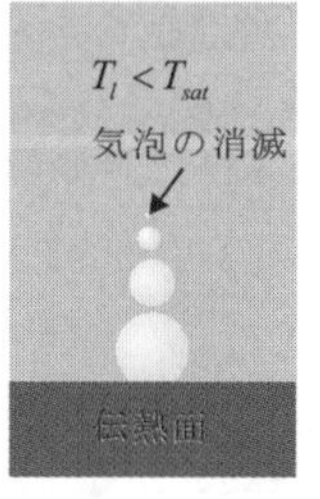

(a)飽和沸騰 (b)サブクール沸騰

図 5.13 液体の温度による分類

③の分類の仕方は，沸騰様式による分類であり，伝熱面表面の小さなキズなどを核(nuclei)にして周期的に気泡が発生するような沸騰を**核沸騰**(nucleate boiling)と呼び，伝熱面が完全に蒸気膜で覆われ，蒸気膜を介して蒸発が生じるような沸騰を**膜沸騰**(film boiling)という(図 5.14)．核沸騰と膜沸騰の間には**遷移沸騰**(transition boiling)と呼ばれる領域がある．

①②③の組み合わせにより，沸騰現象をさらに細かく表現することができる．たとえば，やかんの中の沸騰では，液温が低いうちはサブクールプール核沸騰が生じており，湯が沸いた頃には飽和プール核沸騰が生じている．また家庭用瞬間湯沸かし器では，サブクール流動核沸騰が生じている．

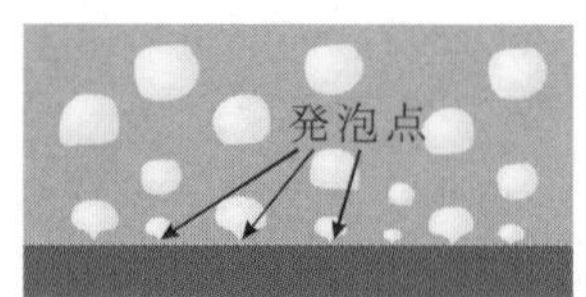

(a) 核沸騰

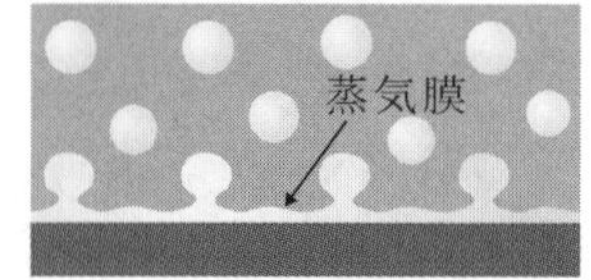

(b) 膜沸騰

図 5.14 沸騰様式による分類

5・3・2 沸騰曲線 (boiling curve)

まず，図 5.15 に示す**沸騰曲線**(boiling curve)で沸騰現象の概略を説明する．沸騰曲線は，東北大学の抜山により世界で初めて明らかにされた．図の縦軸は熱流束 q，横軸は過熱度 ΔT_{sat} である．対応する沸騰の様相を写真(a)～(f)で示している．沸騰では伝熱面の加熱の仕方によって得られる沸騰曲線が異なる．すなわち，図 5.16 に示すように，流体加熱によって伝熱面の温度を制御するのか，あるいはヒータへの電気入力などで熱流束を制御するのかによって特性が異なるのである．ここではまず熱流束を制御する場合の特性について説明しよう．

熱流束を徐々に上げていくと，**発泡**(incipience of boiling)を開始するまでは，自然対流による伝熱(図の AC 間)となる．C 点において沸騰が始まると(写真(a))，沸騰は自然対流に比べて高い熱伝達率を有するため，過熱度は D 点まで減少する．いったん発泡を開始すると，熱流束を下げても B 点まで沸騰は停止しない．BF 間は**核沸騰領域**(nucleate boiling region)と呼ばれ，気泡は伝熱面上の小さなキズを核とする**気泡核**(bubble nuclei)から発生する．過熱度があまり高くない BE 間は**孤立泡領域**(region of isolated bubble)(写真(b))と呼ばれ，気泡は単独で成長・離脱を繰り返すことにより，液体を撹拌する．EF 間(写真(c))は**干渉領域**(region of interference)であり，熱流束の増大とともに**発泡点**(nucleation site)の数が増加し，発生気泡が互いに干渉するようになり，隣接する発泡点からの気泡は離脱後に**合体**(bubble coalescence)するようになる．

さらに高熱流束になると，たくさんの発泡点から蒸気が噴出しているような状態の**蒸気柱**(vapor column)を形成する．このような状況になると蒸発にともなう上向きの蒸気流が伝熱面への液体の供給を妨げるようになり，ついには F 点で核沸騰の限界(写真(d))を迎え，短時間のうちに伝熱面が完全に乾き，伝熱面温度が急上昇し，H 点へと遷移する．この現象を**沸騰遷移**(transition of boiling)という．H 点の温度が伝熱面の材質の融点よりも高い場合は，焼き切れてしまうために，この沸騰遷移を**バーンアウト**(burnout)ともいう．F 点を**限界熱流束点**(critical heat flux point, CHF point)，あるいは**バーンアウト点**(burnout point)といい，沸騰現象を伴う各種の伝熱機器において伝熱面熱負荷の上限を与えるために実用上非常に重要である．図 5.17 は直接通電加熱の白金細線がバーンアウトした瞬間の写真である．

H 点の沸騰様式は**膜沸騰**(film boiling)と呼ばれ，伝熱面と液体の間に蒸気膜が形成され，伝熱面からの熱輸送は蒸気膜を介しての熱伝導支配となる．蒸気の熱伝導率は液体に比べて非常に小さいので，同じ熱流束を維持するためには，非常に大きな温度差を必要とする．このため熱流束制御型の加熱の場合には伝熱面温度が急上昇するのである．膜沸騰状態において熱流束をさらに上昇させると伝熱面が赤熱するほどの高温になり，ふく射伝熱の寄与も大きくなる．逆に I 点から徐々に熱流束を下げていくと H 点を通り過ぎ，G 点までは膜沸騰状態が維持される．G 点を**極小熱流束点**(minimum heat flux

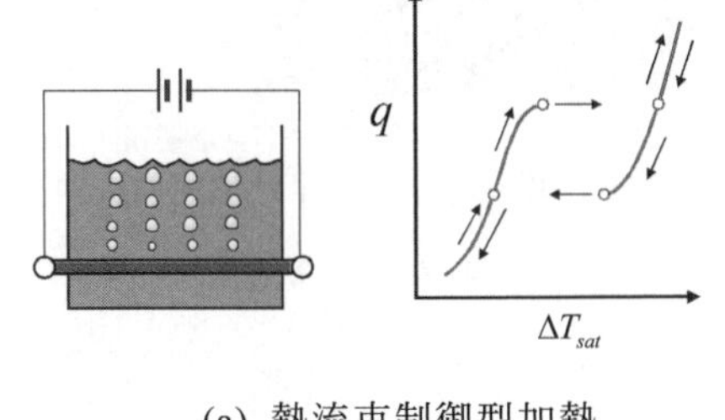

(a) 熱流束制御型加熱
(電気による加熱)

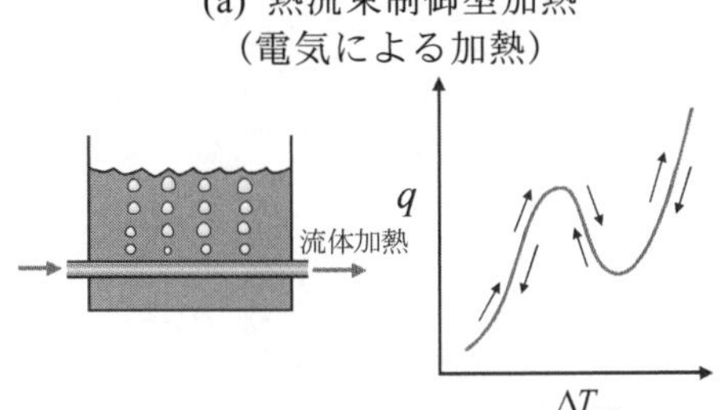

(b)温度制御型加熱
(高温流体による加熱)

図 5.16 加熱方式と沸騰特性曲線の違い

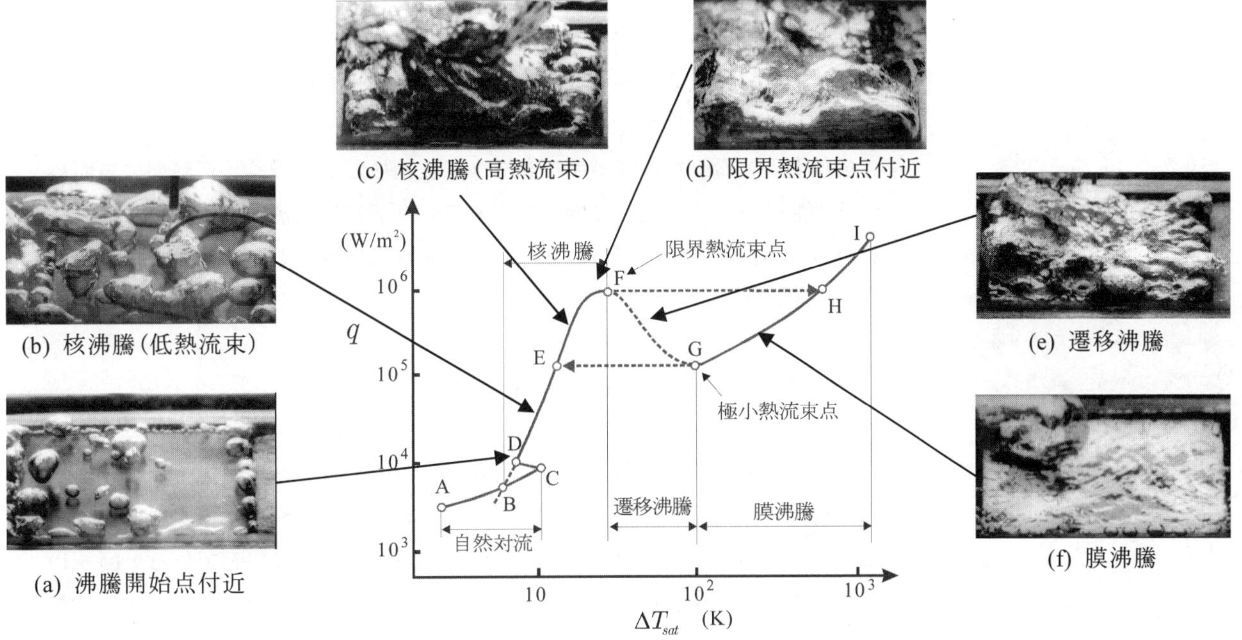

図 5.15　沸騰特性曲線と沸騰の様相
写真は水平上向き銅伝熱面(20mm×20mm)における水の沸騰（写真提供　森英夫(九州大学)）

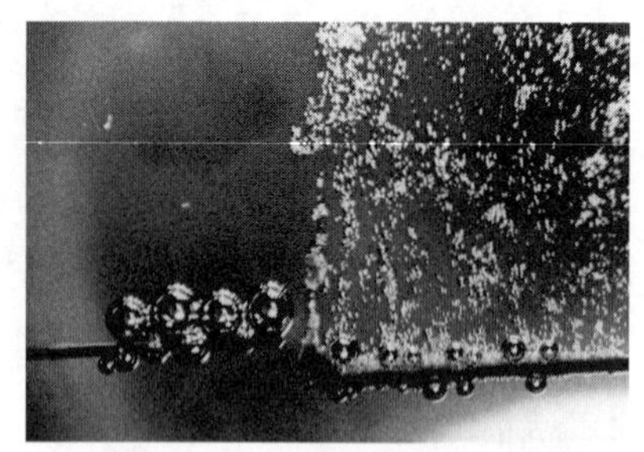

図 5.17　バーンアウトの瞬間
(写真提供　井上利明(久留米工大))

point, MHF)といい，これよりも熱流束を下げると，こんどは膜沸騰から核沸騰への遷移(GE 間)が起こる．このように，核沸騰と膜沸騰の間の遷移には熱流束の上昇時と下降時で経路が異なる**ヒステリシス**(hysteresis)が存在する．

沸騰曲線のヒステリシスは抜山により初めて発見された現象である．彼は白金線に通電加熱して沸騰曲線を得たが，この時 FG 間を破線で結んでその特性を予測した．FG 間は**遷移沸騰領域**(transition boiling region)と呼ばれる．遷移沸騰領域は，非常に不安定な沸騰領域であり，熱流束制御型の加熱方式(図 5.16(a))では定常状態を実現するのは困難である．温度制御型の加熱方式(図 5.16(b))あるいは金属の**焼き入れ**(quenching)などの過渡的状態で観察される現象である．遷移沸騰領域における沸騰のメカニズムは，核沸騰と膜沸騰が時間・空間的に混在していると考えられているが，未知の部分が非常に多い．

5・3・3　沸騰伝熱に影響を及ぼす主要因子 (dominant parameters influencing boiling heat transfer)

沸騰伝熱に影響を及ぼすパラメータは種々存在するが，液体側に起因するものと伝熱面側に起因するものに分けられる．液体側の主要因子は，サブクールの効果，系圧力，流速，重力加速度である．一方，伝熱面側の主要因子は，伝熱面の熱物性，表面粗さなどが挙げられる．これらの及ぼす効果を図 5.18 に示す．赤線がベースになるプール飽和沸騰曲線であり，各パラメータの影響で沸騰曲線がどの方向に変化するかを矢印で示している．

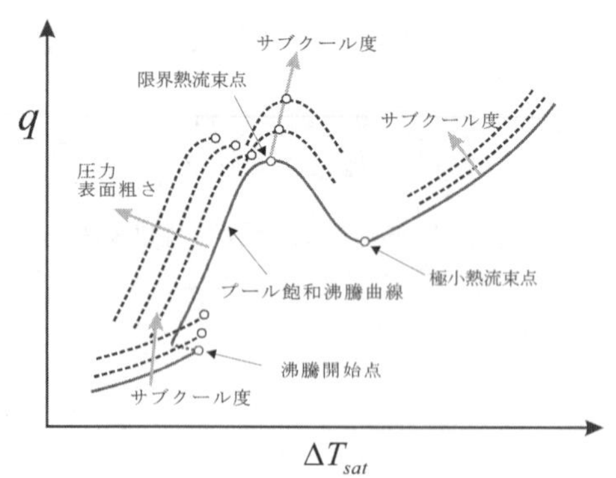

図 5.18　沸騰伝熱に及ぼす主要パラメータの効果

まず，サブクールの効果であるが，サブクール度が大きくなるにつれて沸騰開始過熱度が大きくなる，限界熱流束が増加する，膜沸騰域において熱伝達率が増加するなどの効果が現れる．バルク液体の流速や重力加速度もサブクール度と同様の効果をもたらす．

系圧力が増加すると表面張力が小さくなり，気泡径が小さくなるとともに，沸騰開始過熱度が低下する．このため同じ過熱度で発泡点の数が増加し，核沸騰における熱伝達が良くなる．また限界熱流束も圧力とともに増加し，臨界圧の約 1/3 の圧力で最大となる．

伝熱面上の微細なキズやキャビティは気泡核として働く．伝熱面の表面粗さは気泡核の形成に大いに関係しており，一般には核沸騰域においては表面が粗い方が熱伝達は良好になる．一方，膜沸騰領域において表面粗さは伝熱特性に影響を及ぼさない．

5・4　核沸騰 (nucleate boiling)

5・4・1　気泡の成長と離脱 (bubble formation and departure) *

核沸騰は伝熱面上の微細なキズなどを核として気泡を発生する沸騰形式であるので，その伝熱のメカニズムには気泡の運動が密接に絡んでいる．図 5.19 に示すように，核沸騰における気泡は休止期間をはさんで，発生，成長，離脱を繰り返す．これを**気泡サイクル**(bubbling cycle)という．

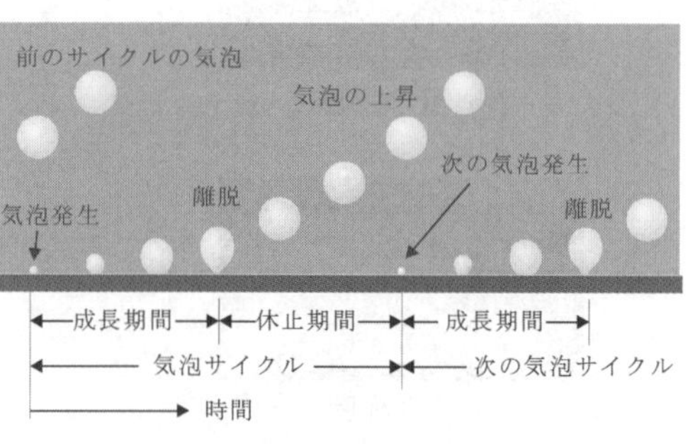

図 5.19　気泡の発生・成長・離脱のサイクル

(a)　核沸騰開始条件(onset of nucleate boiling)

沸騰を開始するには，気泡核が成長して初期気泡を発生する必要があるが，過熱液体中から発生する場合と固体表面（または他の液体との界面）から発生する場合がある．前者の場合を**均質核生成**(homogeneous nucleation)といい，後者を**不均質核生成**(heterogeneous nucleation)という．減圧時や急速加熱時の液体中からの沸騰，突沸現象などは，均質核生成によるものであり，不均質核生成に比べて高い過熱度を必要とする．一方，通常の核沸騰における気泡発生は不均質核生成によるものであり，伝熱面の表面に存在する微細なキズやキャビティ(cavity)と呼ばれるくぼみが気泡核となる．

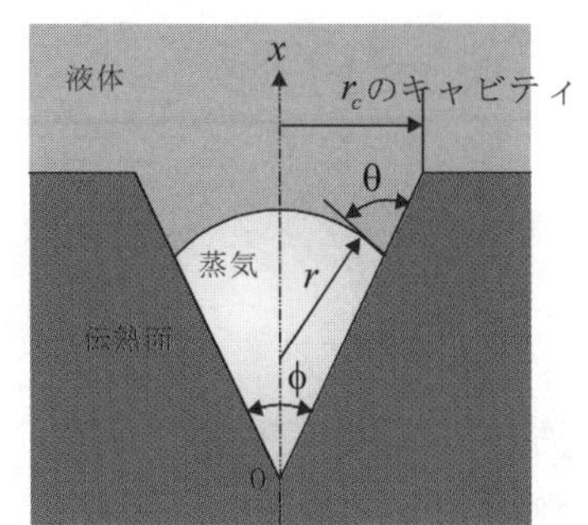

図 5.20　円錐キャビティ内の気泡核

いま，図 5.20 のような開口半径 r_c の円錐キャビティを考え，その中から気泡が成長する場合を考える．気泡が成長するためには，気泡内部の蒸気温度 T_v は式(5.15)から，

$$T_v \geq T_{sat} + \frac{2\sigma T_{sat}}{\rho_v L_{lv} r_c} \tag{5.17}$$

を満足しなければならない．

伝熱面上には様々なサイズのキャビティが存在するので，過熱度が与えられた時にすべてのキャビティから気泡が発生する訳ではなく，気泡を発生するキャビティを**活性なキャビティ**(active cavity)という．それでは与えられた伝熱面過熱度に対して，どのような範囲の大きさのキャビティが活性化するのであろうか．図 5.21 を用いて核沸騰開始条件を理論的に導いてみる．

伝熱面近傍の液体は次のような高さ方向に直線的な温度分布をしているものと仮定する．

$$T_l = T_{sat} + \Delta T_{sat}\left(1 - \frac{x}{\delta}\right) \tag{5.18}$$

ここに，δ は**過熱液層**(superheated liquid layer)の厚さであり，熱流束 q との関係により，次式で与えられる．

$$\delta = \frac{k_l \Delta T_{sat}}{q} \tag{5.19}$$

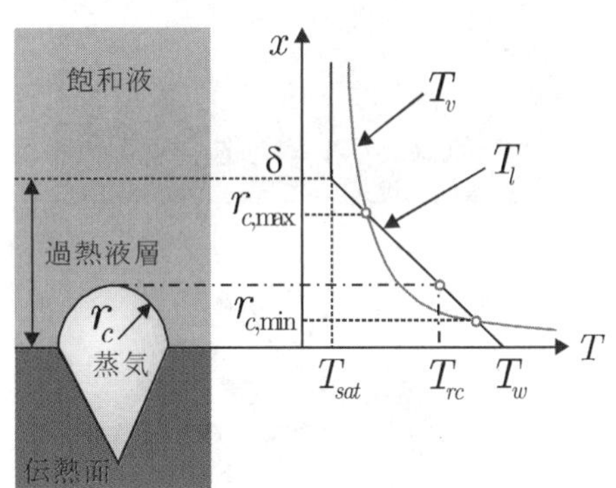

図 5.21　核沸騰開始条件

ここで k_l は液体の熱伝導率(W/(m·K))である．式(5.19)は

$$q = \frac{k_l}{\delta}\Delta T_{sat} = h\Delta T_{sat} \tag{5.20}$$

と書き換えることができ，過熱度 ΔT_{sat} で未沸騰状態の伝熱面が熱伝達率 h で冷却されていることを意味する．

半径 r_c の気泡を維持するためには，少なくとも図 5.21 の気泡の頂部 $x = r_c$ で $T_l = T_v$ を満たすものとすると，式(5.17)，(5.18)および(5.19)から，

$$r_c^2 - \frac{k_l \Delta T_{sat}}{q} r_c + \frac{2\sigma k_l T_{sat}}{\rho_v L_{lv} q} \leq 0 \tag{5.21}$$

が得られる．上式を解くことにより r_c の範囲が求まる．

$$(r_c)_{\min}^{\max} = \frac{k_l \Delta T_{sat}}{2q}\left[1 \pm \sqrt{1 - \frac{8\sigma T_{sat} q}{\rho_v L_{lv} k_l \Delta T_{sat}^2}}\right] \tag{5.22}$$

ただし，複号は max, min の順序に対応する．与えられた過熱度 ΔT_{sat} に対し $r_{c,\min}$ と $r_{c,\max}$ の間の大きさのキャビティが活性可能な気泡核となる．

式(5.22)のルートの中は正かゼロでなければならないから，活性な核の限界を与える過熱度と熱流束の関係は

$$\Delta T_{sat}=\sqrt{\frac{8\sigma T_{sat}q}{\rho_v L_{lv}k_l}} \tag{5.23}$$

となり，この場合の r_c の値は次のようになる．

$$r_c=\frac{k_l\Delta T_{sat}}{2q}=\frac{\delta}{2} \tag{5.24}$$

すなわち，過熱液層の厚さ δ の $1/2$ の大きさの核が最初に活性化する．

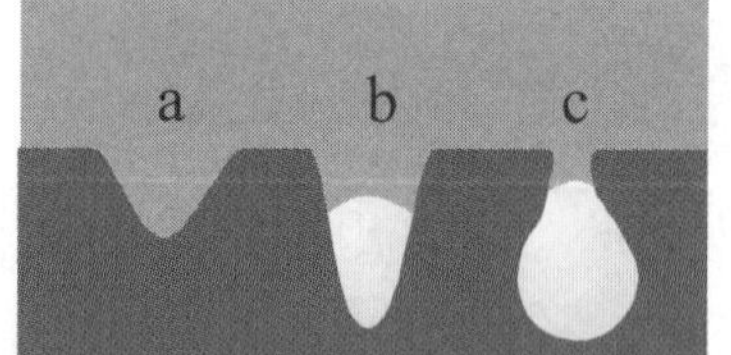

図 5.22　キャビティの形状と
キャビティ内部の蒸気

【例題 5・2】　＊＊＊＊＊＊＊＊＊＊＊＊＊＊＊＊＊＊＊＊＊＊＊

大気圧の水が 30 kW/m^2 の熱流束で加熱されており，過熱度は 3.5 K であった．この時活性化する気泡核の大きさの範囲を求めよ．

ただし，大気圧における蒸発潜熱は 2256.9 kJ/kg，飽和蒸気の密度 0.5977 kg/m^3，表面張力 58.93 mN/m，液体の熱伝導率 0.6778 W/(m·K) である．

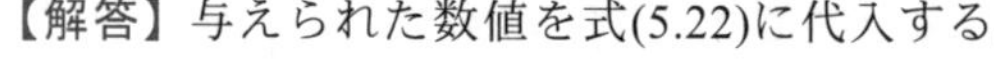

【解答】与えられた数値を式(5.22)に代入する．

$$\left(r_c\right)_{\min}^{\max}=\frac{k_l\Delta T_{sat}}{2q}\left[1\pm\sqrt{1-\frac{8\sigma T_{sat}q}{\rho_v L_{lv}k_l\Delta T_{sat}{}^2}}\right]$$

$$=\frac{0.6778\times 3.5}{2\times\left(30\times 10^3\right)}\left[1\pm\sqrt{1-\frac{8\times\left(58.93\times 10^{-3}\right)\times 373.15\times\left(30\times 10^3\right)}{0.5977\times\left(2256.9\times 10^3\right)\times 0.6778\times\left(3.5\right)^2}}\right]$$

$$=\begin{cases}68.29\times 10^{-6}\,\mathrm{m}\\10.79\times 10^{-6}\,\mathrm{m}\end{cases} \tag{ex5.2}$$

したがって，$10.79\le r_c\le 68.29$ (μm) の範囲のキャビティが活性な気泡核となる．

＊＊＊＊＊＊＊＊＊＊＊＊＊＊＊＊＊＊＊＊＊＊

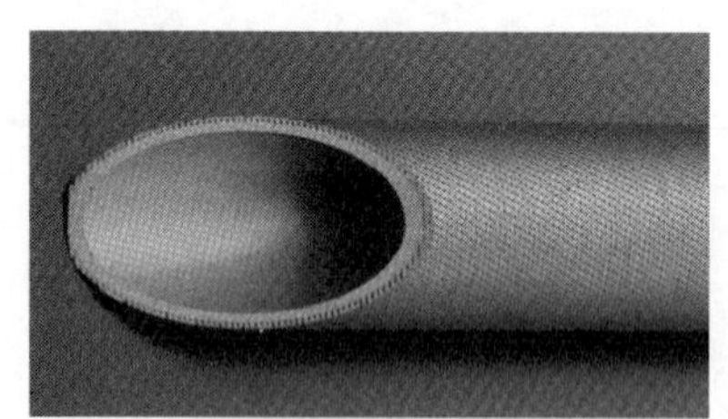

図 5.23　熱交換器用高性能沸騰伝
熱面とその構造
（提供　(株)日立製作所）

実際の伝熱面のキャビティは図 5.20 のような円錐形ではなく，非常に複雑な形状をしている．キャビティの中には，液体の注入時に閉じ込められた空気やガスが存在しており，沸騰の初期においてはそのようなガスが気泡核となるが，沸騰が進行するにつれてキャビティ内のガスは蒸気と完全に入れ替わる．ここで，図 5.22 のような 3 種類の形状のキャビティを考えてみよう．伝熱面のぬれ性にも依存するが，一般に開口角の大きな a のようなキャビティは液体注入時に内部の空気を排除してしまい活性化しにくく，初期の気泡を発生するには大きな過熱度を必要とする．b のようなキャビティは一旦沸騰を停止して温度が下がると内部の蒸気が凝縮してしまい，再び活性化させるにはやはり大きな過熱度を必要とする．c は沸騰が停止しても内部の蒸気は凝縮しにくく，再沸騰の時は低過熱度で活性化するので望ましい安定なキャビティ形状である．c のようなキャビティを**リエントラント・キャビティ** (re-entrant cavity)と呼ぶ．現在実用化されている高性能沸騰伝熱面（図 5.23）は，人工的に作られたリエントラント・キャビティの構造を有している．

(b) 気泡離脱直径(bubble diameter at departure)

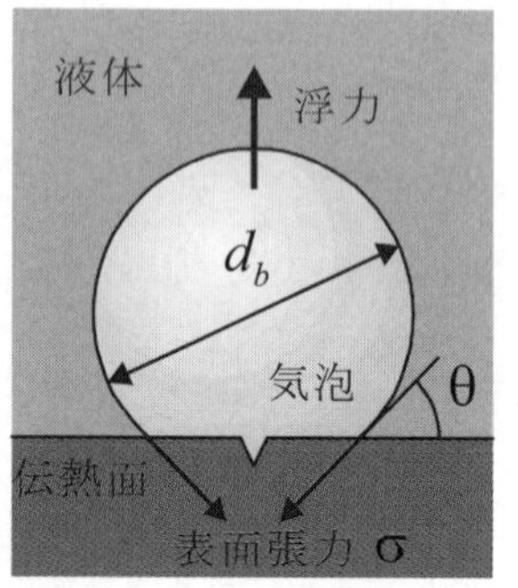

図 5.24　気泡に働く力

気泡はある程度の大きさまで成長すると伝熱面から離脱する．気泡の成長速度が小さい場合は，図 5.24 に示すように気泡に働く浮力と伝熱面に付着しようとする表面張力が静的に釣り合っていると考えることができる．Fritz は気泡の接触角が離脱まで変わらないと仮定し，実験データから離脱直径 d_b の整理式を次のように決定した．

$$d_b = 0.0209\theta\sqrt{\frac{\sigma}{g(\rho_l - \rho_v)}} \tag{5.25}$$

または

$$Bo^{1/2} = 0.0209\theta \tag{5.26}$$

ただし，Bo はボンド数(Bond number)であり，次式で定義される浮力と表面張力の比を表す無次元数である．

$$Bo = \frac{d_b{}^2 g(\rho_l - \rho_v)}{\sigma} \tag{5.27}$$

また θ は接触角であり，式(5.26)における単位は(deg)である．通常の沸騰気泡の場合は平均値として θ=50° をとれば十分である．

気泡離脱直径を与える整理式は，Fritz の式以外にも数多くの研究者により提案されている．ここでは Cole の式を示しておく．

$$Bo^{1/2} = 0.04Ja \tag{5.28}$$

ここに Ja はヤコブ数(Jakob number)であり，次式で与えられる．

$$Ja = \frac{\rho_l c_{pl} \Delta T_{sat}}{\rho_v L_{lv}} \tag{5.29}$$

c_{pl} は液体の定圧比熱 (J/(kg·K)) である．

(c) 気泡の離脱周期(time period of bubble departure)

図 5.19 に示すように，気泡サイクルには気泡が発生，成長，離脱を行う**成長期間**(growth period)と次の気泡の発生までの**休止期間**(waiting period)がある．この休止期間は，気泡の離脱により冷たい液体が入り込むために過熱液層の温度場が回復するのに要する時間である．成長期間を t_g，休止期間を t_w とすると，気泡の離脱周期 t_b は

$$t_b = \frac{1}{f} = t_w + t_g \tag{5.30}$$

ここに，f は気泡の**離脱頻度**(frequency of bubble departure)である．Jakob は核沸騰の気泡の離脱頻度と離脱直径の間に

$$d_b f = 一定 \tag{5.31}$$

なる関係があることを報告している．f と d_b の関係については Jakob の他に多くの研究者が整理式を提案している．たとえば，Zuber は気泡の上昇速度が一定であると仮定して導いた次式を提案している．

$$d_b f = 0.59\left[\frac{\sigma g(\rho_l - \rho_v)}{\rho_l{}^2}\right]^{1/4} \tag{5.32}$$

【例題 5・3】　＊＊＊＊＊＊＊＊＊＊＊＊＊＊＊＊＊＊＊＊＊＊＊

大気圧の水が過熱度 15 K で沸騰している場合の気泡の離脱直径および離脱頻度を求めよ．離脱直径および離脱頻度は，式(5.28)および(5.32)を用いて計算せよ．

【解答】計算に使用する大気圧の水の物性値をそろえておく

ρ_l=958.3 kg/m^3， ρ_v=0.5977 kg/m^3， L_{lv}=2256.9 kJ/kg，
c_{pl}=4.217 kJ/(kg·K)， σ=58.93 mN/m

つぎに，式(5.29)を使ってヤコブ数を計算する．

$$Ja = \frac{\rho_l c_{pl} \Delta T_{sat}}{\rho_v L_{lv}} = \frac{958.3 \times (4.217 \times 10^3) \times 15}{0.5977 \times (2256.9 \times 10^3)} = 44.94 \qquad \text{(ex5.3)}$$

よって，式(5.28)から

$$Bo = (0.04 \times 44.94)^2 = 3.233 \qquad \text{(ex5.4)}$$

式(5.27)から，離脱気泡直径は

$$d_b = \left[\frac{\sigma Bo}{g(\rho_l - \rho_v)} \right]^{1/2} = \left[\frac{(58.93 \times 10^{-3}) \times 3.233}{9.807 \times (958.3 - 0.5977)} \right]^{1/2}$$
$$= 4.313 \times 10^{-3}\,\text{m}=4.504\ \text{mm} \qquad \text{(ex5.5)}$$

離脱頻度は式(5.32)から

$$f = \frac{0.59}{d_b} \left[\frac{\sigma g(\rho_l - \rho_v)}{\rho_l^2} \right]^{1/4}$$
$$= \frac{0.59}{(4.313 \times 10^{-3})} \left[\frac{(58.93 \times 10^{-3}) \times 9.807 \times (958.3 - 0.5977)}{(958.3)^2} \right]^{1/4}$$
$$= 20.52\,\text{s}^{-1} \qquad \text{(ex5.6)}$$

＊＊＊＊＊＊＊＊＊＊＊＊＊＊＊＊＊＊＊＊＊＊＊＊

5・4・2 核沸騰伝熱のメカニズム (mechanism of nucleate boiling heat transfer)

核沸騰伝熱は他の伝熱形態に比べて著しく熱伝達率が大きい．この良好な伝熱のメカニズムとして，多くの伝熱機構が提案されているが，大別すると以下の 3 つの機構が考えられる．

(a) **気泡撹乱機構**(bubble agitation)

(b) **顕熱輸送機構**(sensible heat transport)

(c) **薄液膜蒸発機構**(microlayer evaporation)

これらの伝熱機構を図 5.25 に示す．

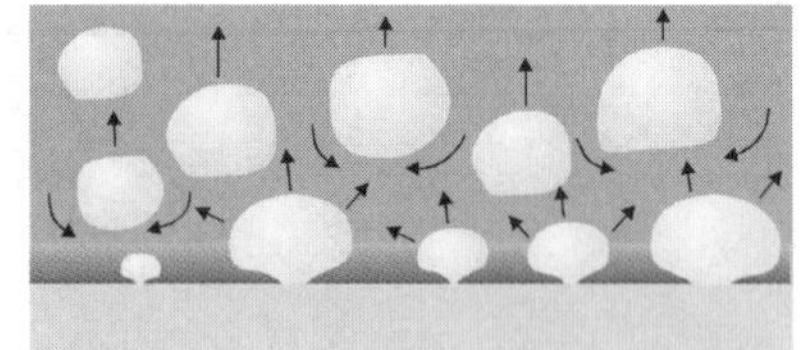

(a) 気泡撹乱機構

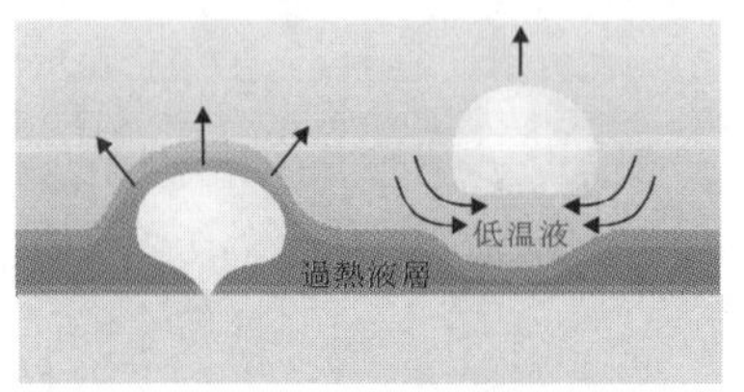

(b) 顕熱輸送機構

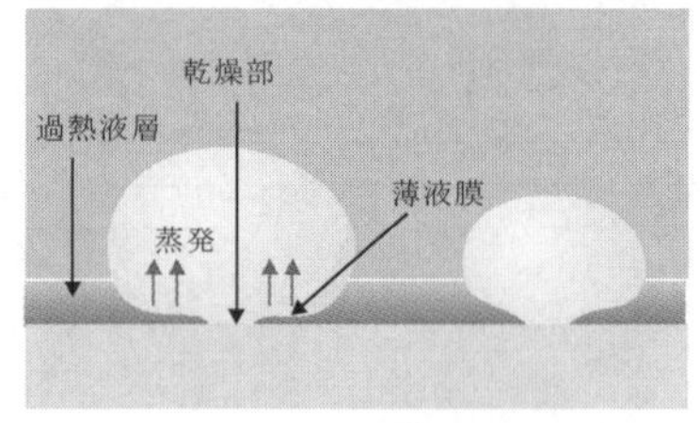

(c) 薄液膜蒸発機構

図 5.25 核沸騰伝熱の機構

(a)は気泡の成長，離脱，上昇に伴い発泡点周辺の過熱液層が押しのけられ，撹乱されることにより伝熱が促進されるというモデルであり，多くの伝熱整理式の基礎となるモデルである．後述の Rohsenow の伝熱整理式もこのモデルが基礎となっている．

(b)は気泡の成長，離脱によって，気泡の体積に相当する液体を周囲に押しのけ，さらに伝熱面を離脱する際に上昇する気泡の後流に過熱液が同伴されて上方へ運ばれるのと入れ替わりに周囲の低温液が伝熱面近傍に入り込むことによって大量の熱が輸送されるとするモデルである．この気泡撹乱機構と類似なモデルを提案した Forster-Greif は，**気液交換機構**(vapor liquid exchange)と名づけた．

(c)は**潜熱輸送機構**(latent heat transport)とも呼ばれる．伝熱面上で成長する気泡の底部に存在する薄液膜の蒸発により熱が輸送されるとするモデルである．この薄液膜は**ミクロ液膜**(microlayer)とも呼ばれており，厚さはおよそ 1～10 μm 程度と推定されている．この液膜の表面は飽和温度であり，下部は伝熱面温度であるから，液膜内の熱伝導により非常に大量の熱が輸送される

ことになる．低熱流束域の核沸騰の伝熱機構は(a)や(b)が支配的であるが，高熱流束域になると(c)の機構になると考えられている．

5・4・3　核沸騰伝熱の整理式 (correlation of nucleate boiling heat transfer)

核沸騰の伝熱特性は一般に次の形で整理することができる．

$$q = C'\Delta T_{sat}{}^{m} \tag{5.33}$$

ここに，q は熱流束，C' および m は定数である．熱伝達率を

$$h = \frac{q}{\Delta T_{sat}} \tag{5.34}$$

で定義すると，式(5.33)は次の形に書き直すことができる．

$$h = Cq^{n} \tag{5.35}$$

式(5.33)と(5.35)を比較することにより，$C = (C')^{1/m}$，$n = (m-1)/m$ となる．一般に，n=0.6～0.8程度の値をとる．定数 C は流体の熱物性値，伝熱面の表面性状，ぬれ性などに依存する．

数多くの研究者が式(5.35)の形式の整理式を提案しているが，ここでは広範囲に使用されているいくつかの代表的な整理式を示しておく．以下に示す整理式の熱伝達率 h は過熱度 ΔT_{sat} に対して定義されていることに注意する必要がある．すなわち，サブクール沸騰の場合においても伝熱面温度とバルク液温の差を温度差として用いるのではなく過熱度を使用しなければならない．

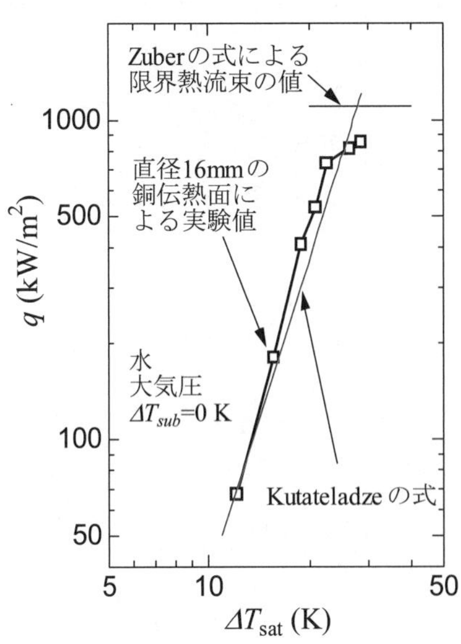

図 5.26　核沸騰の伝熱特性

<u>Kutateladze の式</u>

$$\frac{hl_a}{k_l} = 7.0\times10^{-4}\cdot Pr_l^{0.35}\cdot\left(\frac{ql_a}{\rho_v L_{lv}\nu_l}\right)^{0.7}\left(\frac{pl_a}{\sigma}\right)^{0.7} \tag{5.36}$$

ここに，h：熱伝達率 (W/(m$^2\cdot$K))，L_{lv}：蒸発潜熱 (J/kg)，p：系の圧力 (Pa)，Pr_l：液体のプラントル数(-)，ρ_l：液体の密度 (kg/m^3)，ρ_v：蒸気の密度 (kg/m^3)，k_l：液体の熱伝導率 (W/(m$\cdot$K))，ν_l：液体の動粘度 (m^2/s)，σ：表面張力 (N/m) である．l_a は**ラプラス係数**(Laplace coefficient)または**毛管定数**(capillary constant)と呼ばれ，次式で与えられる．

$$l_a = \sqrt{\frac{\sigma}{g(\rho_l - \rho_v)}} \tag{5.37}$$

l_a は長さの次元を持ち，その値は伝熱面から離脱する気泡の直径と近いオーダーである．したがって，式(5.36)の左辺は Nusselt 数とみなすことができる．参考までに，Kutateladze の式により計算される $q-\Delta T_{sat}$ の関係と，実験値との比較を図 5.26 に示す．

<u>Rohsenow の式</u>

$$\frac{hl_a}{k_l} = \frac{Pr_l^{-0.7}}{C_{sf}}\left(\frac{ql_a}{\rho_v\nu_l L_{lv}}\right)^{0.67}\left(\frac{\rho_v}{\rho_l}\right)^{0.67} \tag{5.38}$$

C_{sf} は液体と伝熱面の組み合わせによって決まる係数であり，表 5.4 に示すように C_{sf}=0.0025～0.015 の範囲の値である．その他の記号は Kutateladze の式(5.36)と同様である．

表 5.4　Rohsenow の式の係数

液体と伝熱面の組み合わせ	C_{sf}
水－ニッケル	0.006
水－白金	0.013
水－銅	0.013
水－黄銅	0.0060
水－ステンレス	0.014
ベンゼン－クロム	0.010
エタノール－クロム	0.0027
n ペンタン－クロム	0.015
イソプロピルアルコール－銅	0.0025
n ブチルアルコール－銅	0.0030

【例題 5・4】 ＊＊＊＊＊＊＊＊＊＊＊＊＊＊＊＊＊＊＊＊＊＊＊

大気圧の飽和水を 250 kW/m^2 の熱流束で加熱するとき，過熱度および熱伝達率はいくらになるか．Kutateladze の式を使って求めよ．

【解答】物性値は例題 5・3 で使用したものの他に，新たに必要なものは次の 3 つである．$k_l = 0.6778$ W/(m·K)，$\nu_l = 0.2944\times10^{-6}$ m^2/s，$Pr_l = 1.756$

まず，式(5.37)を使ってラプラス係数を計算する．

$$l_a = \sqrt{\frac{\sigma}{g(\rho_l - \rho_v)}} = \sqrt{\frac{58.93\times10^{-3}}{9.807\times(958.3-0.5977)}} = 2.505\times10^{-3}\ \mathrm{m} \quad \text{(ex5.7)}$$

式(5.36)より，熱伝達率は

$$h = 7.0\times10^{-4}\cdot Pr_l^{0.35}\cdot\left(\frac{ql_a}{\rho_v L_{lv}\nu_l}\right)^{0.7}\left(\frac{pl_a}{\sigma}\right)^{0.7}\cdot\frac{k_l}{l_a}$$

$$= 7.0\times10^{-4}\times1.756^{0.35}\cdot\left(\frac{250\times10^3\times2.505\times10^{-3}}{0.5977\times2256.9\times10^3\times0.2944\times10^{-6}}\right)^{0.7}$$

$$\times\left(\frac{101.325\times10^3\times2.505\times10^{-3}}{58.93\times10^{-3}}\right)^{0.7}\times\frac{0.6778}{2.505\times10^{-3}}$$

$$= 1.398\times10^4\ \mathrm{W/(m^2\cdot K)} \quad \text{(ex5.8)}$$

過熱度は，

$$\Delta T_{sat} = \frac{q}{h} = \frac{250\times10^3}{1.398\times10^4} = 17.88\,\mathrm{K} \quad \text{(ex5.9)}$$

【例題 5・5】 ＊＊＊＊＊＊＊＊＊＊＊＊＊＊＊＊＊＊＊＊＊＊＊

Calculate the heat flux and the heat transfer coefficient for pool boiling of saturated water at 10 K in degree of superheating under atmospheric pressure. Use the Rohsenow's correlation and the surface material is stainless steel.

【解答】The thermophysical properties and the Laplace coefficient are the same as in example 5.4. Substituting $q = h\cdot\Delta T_{sat}$ into the right-hand-side of equation (5.38),

$$\frac{hl_a}{k_l} = \frac{Pr_l^{-0.7}}{C_{sf}}\left(\frac{h\Delta T_{sat}l_a}{\rho_v\nu_l L_{lv}}\right)^{0.67}\left(\frac{\rho_v}{\rho_l}\right)^{0.67} \quad \text{(ex5.10)}$$

Solving above equation for h, the heat transfer coefficient is obtained as below.

$$h = \left[\frac{k_l Pr_l^{-0.7}}{l_a C_{sf}}\left(\frac{\Delta T_{sat}l_a}{\rho_l\nu_l L_{lv}}\right)^{0.67}\right]^{1/0.33}$$

$$= \left[\frac{0.6778\times1.756^{-0.7}}{2.505\times10^{-3}\times0.014}\cdot\left(\frac{10\times2.505\times10^{-3}}{958.3\times2256.9\times10^3\times0.2944\times10^{-6}}\right)^{0.67}\right]^{1/0.33}$$

$$= 3.357\times10^3\ \mathrm{W/(m^2\cdot K)} \quad \text{(ex5.11)}$$

The heat flux is

$$q = h\Delta T_{sat} = 3.357\times10^3\times10 = 3.357\times10^4\ \mathrm{W/m^2} = 33.57\ \mathrm{kW/m^2} \quad \text{(ex5.12)}$$

＊＊＊＊＊＊＊＊＊＊＊＊＊＊＊＊＊＊＊＊＊＊＊

5・5　プール沸騰の限界熱流束 (critical heat flux in pool boiling)

核沸騰は伝熱面からの発泡により生じる沸騰形式であるから，核沸騰状態を維持するには，蒸気泡が伝熱面から離脱するのと入れ替わりに液体が供給されなければならない．高熱流束域において蒸発と伝熱面への液体供給のバランスが崩れたときに膜沸騰への遷移が生じる．5･3･2 項でも述べたように，限界熱流束は沸騰伝熱を利用する機器の熱負荷の上限を与えるため実用上非常に重要であり，特に限界熱流束の予測に関し，今日までに数多くの研究がなされている．ここでは，流体力学的不安定モデル(hydrodynamic instability model)による Zuber の式を示す．

$$q_c = 0.131\rho_v L_{lv}\left[\frac{\sigma g(\rho_l-\rho_v)}{\rho_v^{\,2}}\right]^{1/4} \tag{5.39}$$

参考までに Zuber の式により計算した各種流体の大気圧における限界熱流束の値を表 5.5 に示す．水の限界熱流束が他の流体に比べていかに大きいか，またヘリウムの限界熱流束がいかに小さいかがわかるであろう．ヘリウムの場合，限界熱流束における伝熱面過熱度は 1K 以下である．

表 5.5　各種流体の限界熱流束

流体	限界熱流束 (kW/m^2)
ヘリウム	6.353
窒素	161.7
メタン	245.9
アンモニア	657.4
CFC-12	212.6
HFC-134a	244.3
水	1109

大気圧，Zuber の式により計算

限界熱流束の値は，サブクール度，伝熱面の材質や性状，系の圧力，重力加速度などにより変化する．ここでは，水のプール沸騰の限界熱流束値に及ぼす圧力の効果を図 5.27 に示す．臨界圧力 (22.12MPa) の約1/3で最大値をとることがわかる．

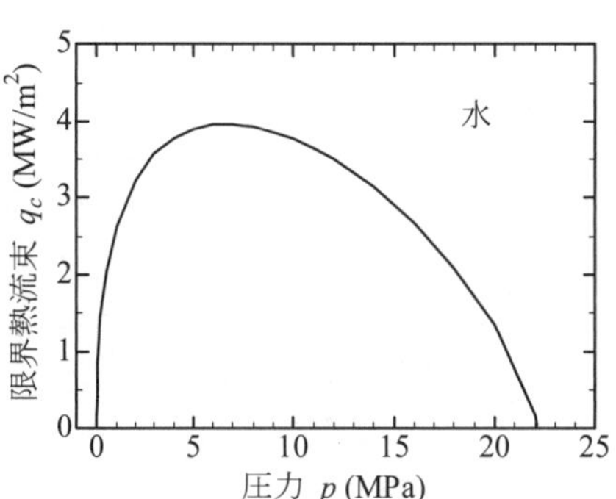

図 5.27　プール沸騰の限界熱流束の圧力依存性（Zuber の式により計算）

【例題 5・6】　＊＊＊＊＊＊＊＊＊＊＊＊＊＊＊＊＊＊＊＊＊＊＊

Zuber の式を用いて，大気圧の水に対する限界熱流束を求めよ．

【解答】物性値は例題 5･3 の値を利用して計算する．式(5.39)から

$$\begin{aligned}q_c &= 0.131\rho_v L_{lv}\left[\frac{\sigma g(\rho_l-\rho_v)}{\rho_v^{\,2}}\right]^{1/4}\\ &= 0.131\times 0.5977\times 2256.9\times 10^3\\ &\quad\times\left[\frac{58.93\times 10^{-3}\times 9.807\times(958.3-0.5977)}{0.5977^2}\right]^{1/4}\\ &= 1.109\times 10^6\ \mathrm{W/m^2} = 1109\ \mathrm{kW/m^2}\end{aligned} \tag{ex5.13}$$

図 5.26 に上の値がプロットしてある．

＊＊＊＊＊＊＊＊＊＊＊＊＊＊＊＊＊＊＊＊＊＊＊

5・6　膜沸騰 (film boiling)

伝熱面が高温になると固体表面は完全に蒸気に覆われ，液体との間に連続した蒸気膜(vapor film)が形成される．膜沸騰状態では，主に蒸気膜内の熱伝導により固体面からの熱が気液界面に輸送され，そこで蒸発が生じる．蒸気の熱伝導率は液体に比べて非常に小さく，したがって蒸気膜内部で大きな温度差が生じている．しかしながら，実際の膜沸騰では気液界面は不安定に波打っており，膜沸騰状態においても間欠的な固液接触が生じていることが実験的に明らかにされている．また，高温域ではふく射伝熱の寄与も無視できない．

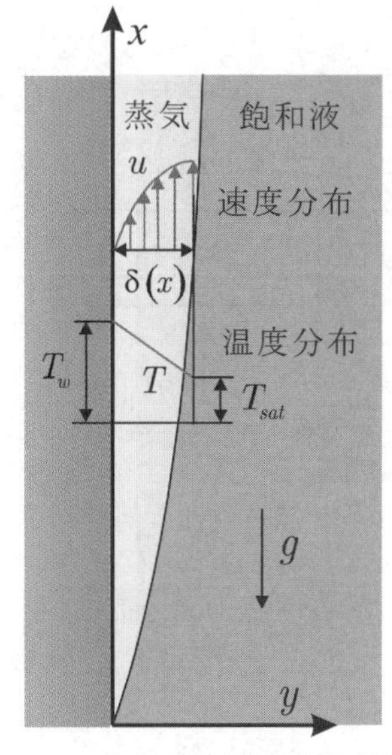

図 5.28　垂直平板層流自然対流膜沸騰の解析モデル

膜沸騰は核沸騰に比べると理論的な取り扱いが容易であり，たとえば Bromley の理論的研究に代表されるように，これまでに垂直平板および水平

円柱周りの自然対流あるいは強制対流膜沸騰がプロフィール法や数値計算により解かれている．ここでは，解析の容易な垂直平板に対する層流自然対流膜沸騰の熱伝達率を導いてみる．図 5.28 に解析モデルを示す．解析を容易にするために以下の仮定を設ける．

(1) 壁温は T_w で垂直方向に一様であり，かつ気液界面の温度は飽和温度 T_{sat} である．
(2) 蒸気膜内の流れは層流で，蒸気の流動による粘性力と浮力が釣り合う．慣性力は小さいものとして無視する．
(3) 伝熱面からの熱は蒸気膜内の熱伝導により気液界面に輸送され，すべて蒸発のため使用される．したがって蒸気膜内の温度分布は直線的である．
(4) 気液界面は滑らかであり，曲率は無視できるものとする．またせん断力は働かず，蒸気側速度こう配はゼロである．

現時点ではふく射伝熱は考慮せずに，蒸気膜内の熱伝導のみによる熱伝達率 h_{co} を求める．ふく射伝熱の寄与の取り扱いについては後述する．

以上の仮定に基づくと，この問題の蒸気膜内の流動に対する基礎式および境界条件は次のようになる．

$$\frac{\mathrm{d}^2 u}{\mathrm{d} y^2} = -\frac{g(\rho_l - \rho_v)}{\mu_v} \tag{5.40}$$

$$y = 0: \quad u = 0 \tag{5.41}$$

$$y = \delta: \quad \frac{\mathrm{d} u}{\mathrm{d} y} = 0 \tag{5.42}$$

式(5.40)を 2 回積分し，式(5.41)および(5.42)を適用すると，蒸気膜内の速度分布として次式が得られる．

$$u(y) = \frac{g(\rho_l - \rho_v)\delta^2}{\mu_v}\left[\frac{y}{\delta} - \frac{1}{2}\left(\frac{y}{\delta}\right)^2\right] \tag{5.43}$$

伝熱面単位幅当たりの蒸気流量を $\dot{m}_v$ (kg/(m·s)) とすると，

$$\dot{m}_v = \int_0^\delta \rho_v u(y) dy = \frac{g\rho_v(\rho_l - \rho_v)\delta^3}{3\mu_v} \tag{5.44}$$

となる．

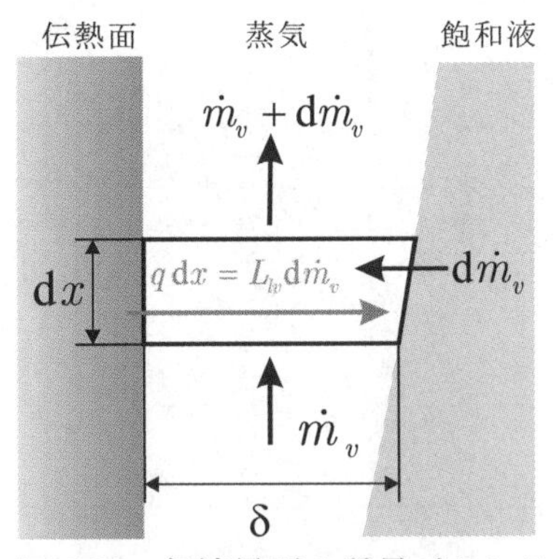

図 5.29　気液界面の質量バランス

ここで，図 5.29 を用いて垂直方向の $\mathrm{d}x$ 区間の気液界面における質量バランスを考える．$\mathrm{d}x$ 区間で $q\,\mathrm{d}x$ の熱量が気液界面に入ってくるので，その熱がすべて蒸発に使われるとすると蒸気流量は $\mathrm{d}\dot{m}_v$ だけ増加する．したがって，

$$q\,\mathrm{d}x = L_{lv}\,\mathrm{d}\dot{m}_v \tag{5.45}$$

なる関係があることが分かる．仮定(3)より，

$$q = \frac{k_v \Delta T_{sat}}{\delta} \tag{5.46}$$

で与えられるから，式(5.44)，(5.45)および(5.46)から次の微分方程式が導かれる．

$$\delta^3\,\mathrm{d}\delta = \frac{k_v \mu_v \Delta T_{sat}}{g\rho_v(\rho_l - \rho_v)L_{lv}} \cdot \mathrm{d}x \tag{5.47}$$

これを $x = 0 \to x$，$\delta : 0 \to \delta$ まで積分すれば，垂直方向位置 x における蒸気膜の厚さが求まる．

$$\delta = \left[\frac{4k_v \mu_v \Delta T_{sat} x}{g\rho_v(\rho_l - \rho_v) L_{lv}} \right]^{1/4} \tag{5.48}$$

したがって，局所熱伝達率 $h_{co,x}$ は

$$h_{co,x} = \frac{k_v}{\delta} = \left[\frac{g\rho_v(\rho_l - \rho_v) k_v^3 L_{lv}}{4\mu_v \Delta T_{sat} x} \right]^{1/4} \tag{5.49}$$

となり，高さ l までの平均熱伝達率 $\overline{h}_{co}$ は，等温面であることを考慮して，

$$\overline{h}_{co} = \frac{1}{l}\int_0^l h_{co,x} dx = \frac{4}{3}[h_{co,x}]_{x=l} \tag{5.50}$$

となる．Bromley は蒸発潜熱 L_{lv} の代わりに過熱蒸気の顕熱を含んだ修正潜熱 L'_{lv} を用いて，最終的に平均熱伝達率を次式で与えた．

$$\overline{h}_{co} = 0.943 \left[\frac{g\rho_v(\rho_l - \rho_v) k_v^3 L'_{lv}}{\mu_v \Delta T_{sat} l} \right]^{1/4} \tag{5.51}$$

ただし，

$$\frac{L'_{lv}}{L_{lv}} = 1 + \frac{c_{pv}\Delta T_{sat}}{2L_{lv}} \tag{5.52}$$

である．

水平円柱周りの膜沸騰についても，極座標で同様の解析をすることにより理論的に熱伝達率を求めることができる．

一方，水平上向き面については Berenson の蒸気膜ユニットモデルによる理論解析が有名であるが，テキストとしての範囲を超えているのでここでは導出の過程を省略する．

以上を総合すると，層流自然対流膜沸騰熱伝達の理論および半理論式は以下のように表わすことができる．定数や代表寸法については表 5.6 に示す．

表 5.6　式(5.53)の係数と代表寸法

形状	C	代表寸法 l
垂直壁	0.667 ～ 0.943	壁の高さ
水平上向き面	0.425	$\sqrt{\frac{\sigma}{g(\rho_l - \rho_v)}}$ ラプラス係数
水平円柱	0.62	円柱の直径

$$\frac{\overline{h}_{co} l}{k_v} = C\left(\frac{Gr^*}{S_p^*}\right)^{1/4} \tag{5.53}$$

$$Gr^* = \frac{g\rho_v(\rho_l - \rho_v) l^3}{\mu_v^2} \tag{5.54}$$

$$S_p^* = \frac{c_{pv}\Delta T_{sat}}{L'_{lv} Pr_v} \tag{5.55}$$

ここで h_{co} は蒸気膜内の熱伝導のみによる熱伝達率である．なお，上式において蒸気の物性値は膜温度 $(T_w + T_{sat})/2$ における値を用いる．

高さ l が大きい時は，式(5.51)から計算される熱伝達率は実際の値よりもかなり小さい．これは，実際の膜沸騰では伝熱面下端から成長する蒸気膜は上方で不安定となり，波状界面となるからである．また，実際の水平円柱周りの膜沸騰は図 5.30 のように，軸方向に一定の間隔で気泡の周期的な離脱が生じる．蒸気の流れが層流でない場合や境界層近似が成立しない場合は，式(5.53)が使えなくなる．

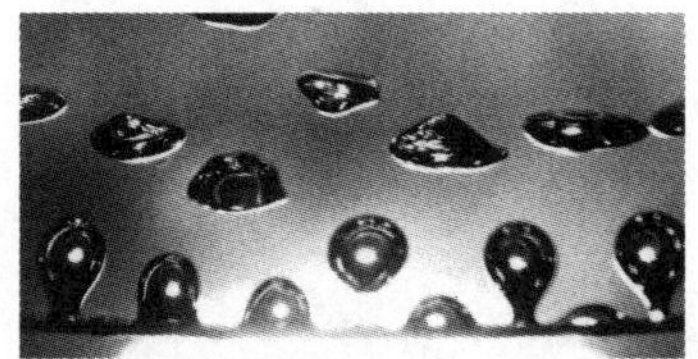

図 5.30　水平細線周りの膜沸騰
流体：CFC-11，圧力：0.7MPa
熱流束：0.56MW/m^2
白金細線：直径 0.3mm
(写真提供　井上利明(久留米工大))

次に，ふく射伝熱の効果について検討する．式(5.44)から，蒸気流量は蒸気膜厚さの 3 乗に比例する．熱伝達率は蒸気膜厚さに逆比例するから，言い換

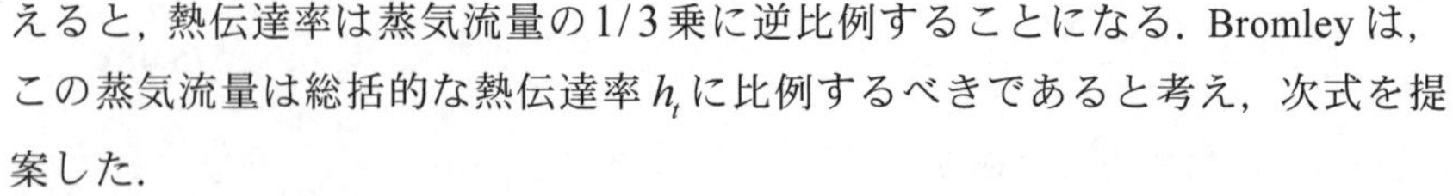

えると，熱伝達率は蒸気流量の1/3乗に逆比例することになる．Bromleyは，この蒸気流量は総括的な熱伝達率 h_t に比例するべきであると考え，次式を提案した．

$$h_t = \bar{h}_{co}\left(\frac{h_{co}}{h_t}\right)^{1/3} + h_r \tag{5.56}$$

ここに h_r は式(5.58)で定義される有効ふく射熱伝達率である．式(5.56)は h_t に対して超越方程式になっていて使いにくい．$(h_r/\bar{h}_{co})$ が小さい場合には，次の近似式が適用できる．

$$h_t = \bar{h}_{co} + \frac{3}{4}h_r \tag{5.57}$$

h_r は次式で計算される．

$$h_r = \frac{\varepsilon\sigma\left(T_w{}^4 - T_{sat}{}^4\right)}{T_w - T_{sat}} \tag{5.58}$$

ここに，σ はステファン・ボルツマン定数，ε は伝熱面の放射率である．図5.31はBromleyが液体窒素の飽和膜沸騰の実験データと式(5.56)を比較した結果を示したものである．

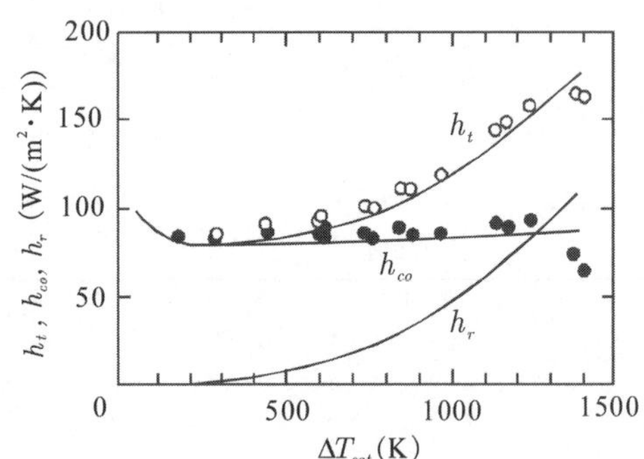

図5.31　水平円柱周りの膜沸騰特性（大気圧における液体窒素の飽和膜沸騰）

【例題 5・7】　＊＊＊＊＊＊＊＊＊＊＊＊＊＊＊＊＊＊＊＊＊＊＊

大気圧の飽和水が直径2 mmの水平円柱の表面で膜沸騰をしている．伝熱面温度が800 ℃の時の熱伝達率を求めよ．ただし，伝熱面の放射率は0.73とし，ふく射の影響も考慮せよ．

【解答】　まず計算に必要な物性値を準備しておく．液体の物性値は大気圧での飽和液の値を使用する．

ρ_l=958.3 kg/m^3, L_{lv}=2256.9 kJ/kg

一方，蒸気の物性値は膜温度 $(T_w + T_{sat})/2 = (800+100)/2 = 450$ ℃における値を使う．

ρ_v=0.3039 kg/m^3, c_{pv}=2.099 kJ/(kg·K), k_v=60.69 mW/(m·K),

μ_v=26.52 μPa·s, Pr_v=0.9173

式(5.54)から，

$$Gr^* = \frac{g\rho_v(\rho_l - \rho_v)l^3}{\mu_v{}^2} = \frac{9.806\times0.3039\times(958.3-0.3039)\times(2\times10^{-3})^3}{(26.52\times10^{-6})^2}$$

$$= 3.248\times10^4 \tag{ex5.14}$$

式(5.52)から修正潜熱は

$$L'_{lv} = L_{lv} + \frac{c_{pv}\Delta T_{sat}}{2} = 2256.9 + \frac{2.099\times700}{2} = 2992\,\text{kJ/kg} \tag{ex5.15}$$

式(5.55)から

$$S_p{}^* = \frac{c_{pv}\Delta T_{sat}}{L'_{lv}Pr_v} = \frac{2.099\times700}{2992\times0.9173} = 0.5353 \tag{ex5.16}$$

伝熱面は円柱であるから，表5.6から $C = 0.62$ を式(5.53)に代入し，

$$\overline{h}_{co} = C\frac{k_v}{l}\left(\frac{Gr^*}{S_p^*}\right)^{1/4} = 0.62\times\frac{60.69\times10^{-3}}{2\times10^{-3}}\times\left(\frac{3.248\times10^4}{0.5353}\right)^{1/4}$$

$$= 295.3\ \mathrm{W/(m^2\cdot K)} \qquad \text{(ex5.17)}$$

つぎに，ふく射の影響を考慮する．式(5.58)から，

$$h_r = \frac{\varepsilon\sigma\left(T_w^{\ 4} - T_{sat}^{\ 4}\right)}{T_w - T_{sat}} = \frac{0.73\times5.67\times10^{-8}\times\left(1073.15^4 - 373.15^4\right)}{800-100}$$

$$= 77.28\ \mathrm{W/(m^2\cdot K)} \qquad \text{(ex5.18)}$$

ここで，分子の T_w, T_{sat} には絶対温度を使わねばならないことに注意せよ．
全熱伝達率は式(5.57)から次のように求まる．

$$h_t = \overline{h}_{co} + \frac{3}{4}h_r = 295.3 + \frac{3}{4}\times77.28 = 353.3\ \mathrm{W/(m^2\cdot K)} \qquad \text{(ex5.19)}$$

ちなみに，h_r/h_{co} が小さくないと考えて，上で求めた値を第一近似とし，式(5.56)の右辺の h_t に代入して計算すると，

$$h_t = \overline{h}_{co}\left(\frac{h_{co}}{h_t}\right)^{1/3} + h_r = 295.3\times\left(\frac{295.3}{353.3}\right)^{1/3} + 77.28$$

$$= 355.4\ \mathrm{W/(m^2\cdot K)} \qquad \text{(ex5.20)}$$

となる．これを再度右辺に代入し，値が変化しなくなるまで繰り返すと，最終的に $h_t = 355.0\ \mathrm{W/(m^2\cdot K)}$ が得られる．したがって，この場合には式(5.57)を使っても実用上差し支えない．

＊＊＊＊＊＊＊＊＊＊＊＊＊＊＊＊＊＊＊＊＊＊＊

5・7　流動沸騰 (flow boiling)

流動沸騰系を大別すると**外部沸騰流**(external boiling flow)と**内部沸騰流**(internal boiling flow)に分類できる．なかでも各種の工業プロセスで頻繁に現れる流動沸騰系はボイラの蒸発管に代表される**管内沸騰**(flow boiling in tube)であろう．管内沸騰では，蒸気と液体が混合して流れる**気液二相流**(two-phase flow)となっており，管断面を占める気液の割合，流速，流動方向と重力方向の関係などにより，様々な**流動様式**(flow pattern)が現れる．流動様式の違いにより，管路の圧力損失や伝熱のメカニズムも異なってくるので，管内の流れがどのような流動様式かを把握することは，熱伝達率を推定する上できわめて重要である．

5・7・1　気液二相流動様式 (two-phase flow pattern)

管内沸騰では，蒸発が進行するに従って，流動方向に気液の混合比が変化するため，それに伴って流動様式も変化する．ここでは管内沸騰流で現れる主な流動様式を，垂直上昇流と水平流に分けて説明する．

(a)　垂直上昇流の流動様式(flow patterns in vertical upflow)

図 5.32 に垂直上昇流の主な 4 つの流動様式を示す．

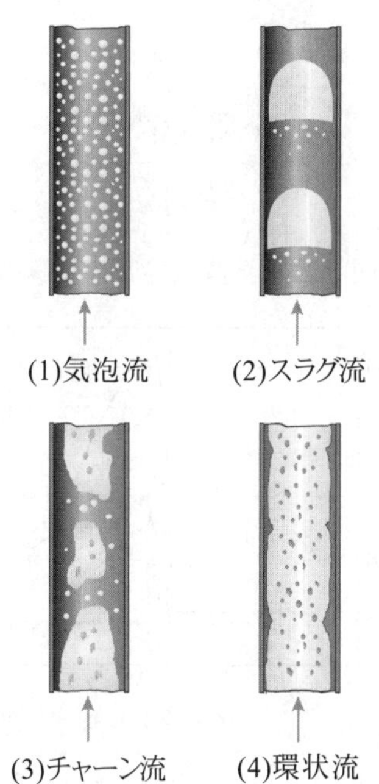

図 5.32　垂直上昇流の流動様式

(1)　**気泡流**(bubbly flow)　管の直径に比べて小さな直径の気泡が液相に分散して流れる流動様式である．この流動様式は核沸騰が始まると現れる．

(2)　**スラグ流**(slug flow)　**プラグ流**(plug flow)ともいう．垂直上昇流では管壁

で発生した気泡は中心部に集まり，いくつかの気泡が合体して管断面全域を占めるような弾丸状の気体プラグ(vapor plug)を形成する．この気体プラグと小さな気泡を含む液体スラグ(liquid slug)が交互に流れる．

(3) チャーン流(churn flow) 液相流量が多い場合，気体プラグは変形し，液体スラグ内に多数の気泡が取り込まれるようになり，脈動を伴った流れとなる．

(4) 環状流(annular flow) 気相流量が多くなると，液相は壁面で環状液膜を形成するようになり，中心部を気相が流れる．液相流量が多い場合には，中心部の気相に多数の液滴が同伴される環状噴霧流(drop-annular flow)となる．

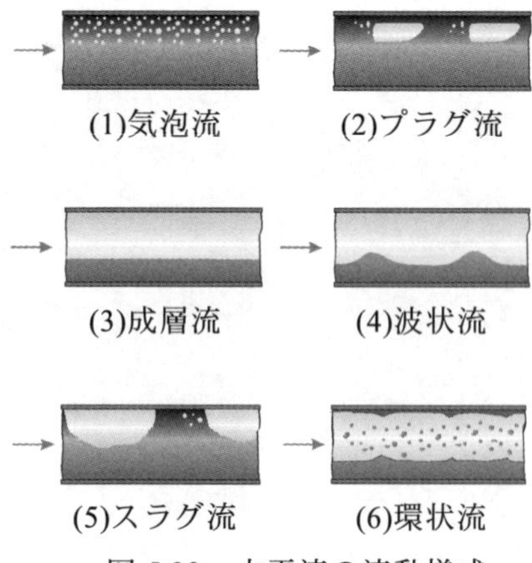

図 5.33 水平流の流動様式

(b) 水平流の流動様式(flow patterns in horizontal flow)

水平流の場合には，流動方向と重力の作用する方向が異なるため，気相は管の上側に偏って流れ，垂直上昇流の場合よりも多様な流動様式が現れる．主な流動様式を図 5.33 に示す．

(1) 気泡流 気泡が管頂部に偏って流れる以外は垂直上昇流の場合と同じである．

(2) プラグ流 垂直上昇流のスラグ流に対応する．気体プラグは管上部に偏って流れる．

(3) 成層流(stratified flow) 全流量が小さい場合は，気相と液相が上下に分離して流れる．この時の気液界面は比較的なめらかである．

(4) 波状流(wavy flow) 気相流量が大きくなると，気液界面に不安定が発生し，波立つようになる．しかし，波頭が管頂部に付着するには至らない．

(5) スラグ流 波状流からさらに気相流量が増加すると，波頭が管頂部に達し，液体が管路を塞ぐようになる．気液界面は乱れており，垂直上昇流のチャーン流に近い流れである．

(6) 環状流 垂直上昇流の場合と同様であるが，液膜は管底部で厚く，管頂部で薄くなる．

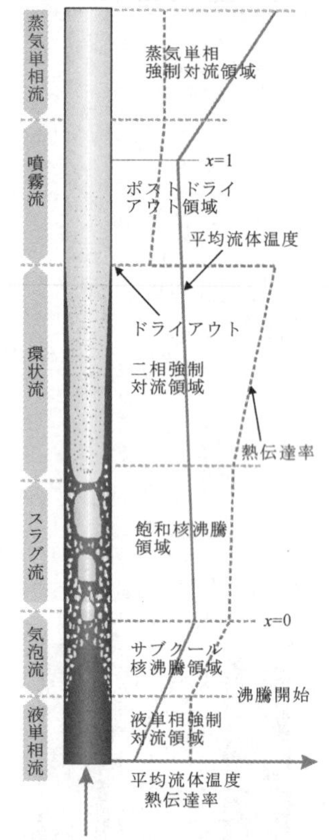

図 5.34 垂直上昇管の沸騰様相

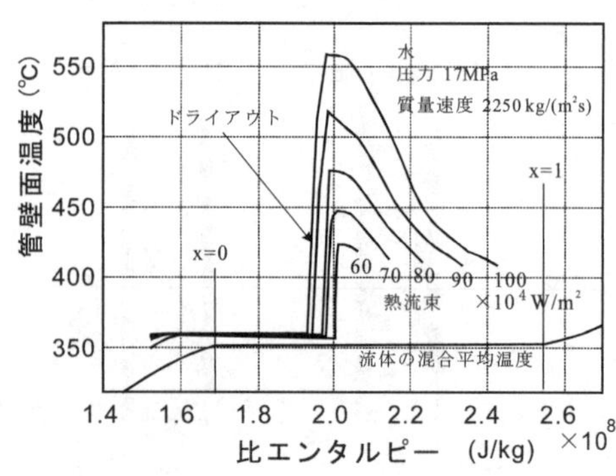

図 5.35 蒸発管内の壁温分布の例（Herkenrath[7]の測定結果）

5・7・2 管内沸騰伝熱 (flow boiling heat transfer in tube)

管内流動沸騰系では，実用上加熱条件として熱流束が与えられて，流動方向に沿って壁温がどのように変化するかを推定しなければならない場合が多い．壁温分布を推定するには，まず熱伝達率分布を推定する必要があるが，サブクール液で流入し，過熱蒸気となって流出する間に，流動方向に沿って流動様式も伝熱機構も変化することになるため，熱伝達率の推定はプール沸騰のように単純ではない．詳細については専門書[6]に委ねることにして，ここでは管内沸騰伝熱の特徴を垂直上昇流で説明しよう．

図 5.34 には流動様式，伝熱機構，熱伝達率および平均流体温度の高さ方向の分布が示してある．また，参考までに垂直上昇蒸発管の壁温分布の測定例を図 5.35 に示す．横軸の比エンタルピーは管入口からの距離に比例する量である．流動沸騰系の熱伝達率分布を推定するには，(a)液単相強制対流領域，(b)サブクール核沸騰領域，(c)飽和核沸騰領域，(d)二相強制対流領域，(e)ポストドライアウト領域，(f)蒸気単相強制対流領域，に区分してそれぞれの領

域で適用可能な伝熱整理式を用いて計算を行うことになる．図中xは流体平均エンタルピーから算出した乾き度(quality)を表しているが，$x=0$〜1の間で平均流体温度が下がっているのは，この区間の圧力損失により飽和温度が減少するためである．一般に気液二相流の圧力損失は，単相流の圧力損失に比べて大きい．

管入口からサブクール状態で入ってきた液体は，液単相強制対流伝熱により加熱され，ある高さになると管内壁面でサブクール核沸騰が始まる．核沸騰開始から飽和沸騰に入るまでの流動様式は気泡流である．飽和核沸騰領域に入るとクオリティが増加し，流動様式はスラグ流となる．さらにクオリティが増すと，流動様式は環状流あるいは環状噴霧流となる．この時の伝熱は管壁に形成された液膜を介して行われるため，蒸発の進行に伴い液膜の厚さが減少するにつれて熱伝達率は増加する．やがて液膜の破断が生じ，ついには完全に消滅してしまう．この現象を**ドライアウト**(dryout)といい，この直前の熱流束が流動沸騰における限界熱流束となる．この時のクオリティを**限界クオリティ**(critical quality)という．

ドライアウトが発生すると，壁面は蒸気と直接接触するようになるので，熱伝達率が急激に減少し，壁温が急上昇する．図5.35を見ると，熱流束の大きさに応じて，壁温が70〜200℃の範囲で急激に上昇しているのがわかる．ドライアウト発生後の流動様式は**噴霧流**(mist flow)と呼ばれ，管中央部分を液滴が噴霧状で流れる．この領域は**ポストドライアウト領域**(post dryout region)と呼ばれ，この領域で液滴が完全に蒸発してしまうと，蒸気単相強制対流領域になる．

熱流束が大きい場合の限界熱流束のメカニズムは，ドライアウトではなく，核沸騰から膜沸騰への遷移である．これをDNB(departure from nucleate boiling)という．DNBの場合の限界クオリティは，ドライアウトの場合よりも低い値となる．熱流束が非常に大きい場合には，サブクール状態でもDNBが発生することがある．DNBが発生すると，管壁面は蒸気膜で覆われ，管中央部を液相が流れる**逆環状流**(inverted annular flow)と呼ばれる流動様式が現れる．

水平流の場合も，伝熱機構は基本的に垂直上昇流と同様であるが，重力の影響で管頂部が乾き，管底部がぬれている場合には管周方向の熱伝達率分布は大きく変化する．

図5.36 膜状凝縮

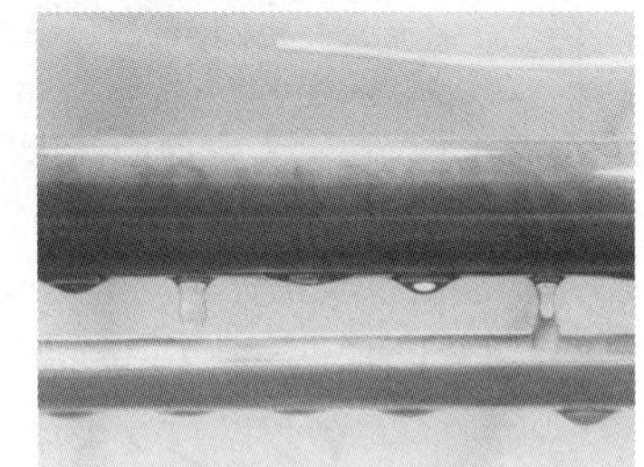
図5.37 水平冷却管表面の膜状凝縮
(写真提供：小山繁(九州大学))

5・8 凝縮を伴う伝熱 (heat transfer with condensation)

5・8・1 凝縮の分類とメカニズム (classification and mechanism of condensation)

5・1節および5・2節における相変化に関する説明で述べたように，凝縮(condensation)とは，一定圧力の気体の温度が，その圧力に対応した飽和温度よりも低下すると，気体から液体への相変化を生じる現象である．

伝熱工学では，通常，飽和温度以下の低温固体面における凝縮現象を扱うが，凝縮液相を形成し，伝熱面を流下する際の形態から，凝縮を大きく二つに分類している．一つは，図5.36および図5.37に示すように，凝縮した液

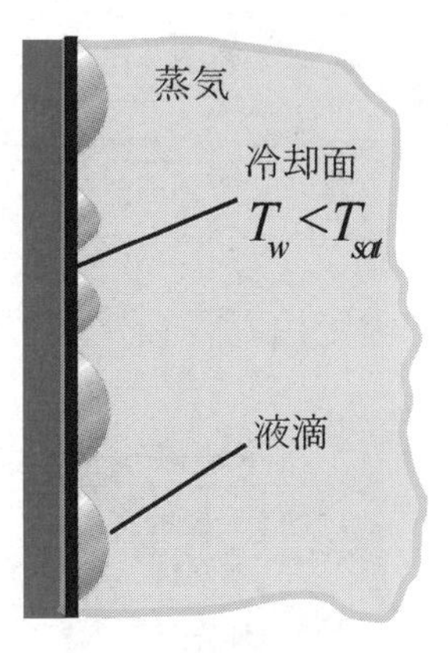

図5.38 滴状凝縮

体が冷却固体面上に連続した液膜を形成する，**膜状凝縮**(film-wise condensation)と呼ばれる形態，もう一方の形態は，図 5.38 および図 5.39 に示すように，凝縮液体が固体面上に液滴を形成するものであり，これを**滴状凝縮**(drop-wise condensation)という．凝縮現象が生じている領域の大きさによっては，双方の形態が混在している**混合凝縮**(mixed condensation)として扱わなければならない場合もある．

また，蒸気が飽和温度以下の液体に直接接触して凝縮が生じるものを**直接接触凝縮**(direct contact condensation)（図 5.40）という．

冷却面などの固体表面で発生する凝縮（表面凝縮）に対して，雲や霧などのように空気中で凝縮が生成するものを空間凝縮と呼ぶ．さらに，空間凝縮では，空気中の塵埃などを核として凝縮が発生する**不均質凝縮**(heterogeneous condensation)と，そのような異物質の核が無く**自己核生成**(spontaneous nucleation)で凝縮が発生する場合を**均質凝縮**(homogeneous condensation)という．以上の分類をまとめると，表 5.7 に示すようになる．

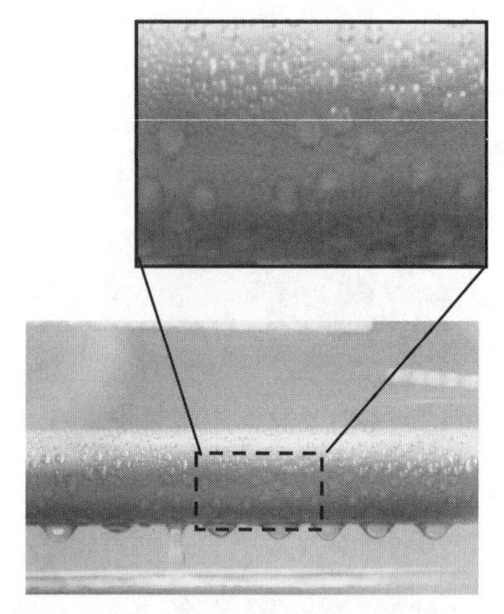

図 5.39　水平冷却管表面の滴状凝縮（写真提供：小山繁(九州大学)）

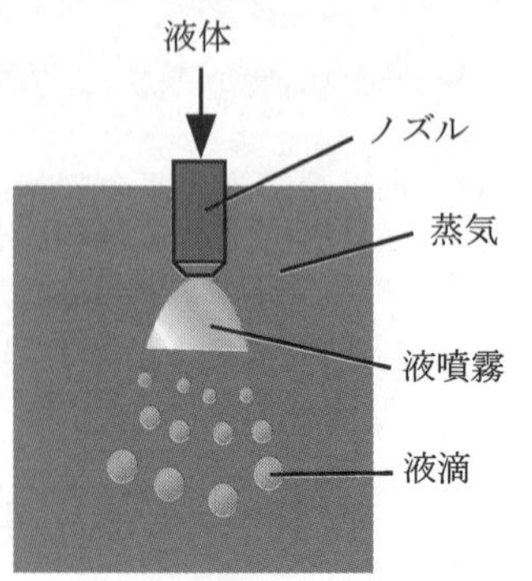

図 5.40　直接接触凝縮

表 5.7　凝縮の分類

凝縮発生の場所			
表面凝縮		空間凝縮	
凝縮液の形態		凝縮核生成の形態	
膜状凝縮	滴状凝縮	均質凝縮	不均質凝縮

5・8・2　層流膜状凝縮理論 (theory of laminar film-wise condensation)

図 5.41 に示すように，飽和蒸気中に垂直冷却平板を設置して，凝縮液膜が冷却平板上端より面上に連続して生成される理想的な状態を考える．液膜は重力により冷却面の上端から生成し流下する．したがって，液膜厚さδは，冷却面上端より次第に大きくなる．またここでは，液膜厚さ，温度，流速は，いずれも冷却平板に沿う水平方向，すなわち図の奥行き方向への変化が無いものと仮定する．

図 5.41 のように，冷却面上端より鉛直下方にx軸を，冷却面に垂直方向にy軸を設定する．凝縮気体（蒸気）は飽和状態（飽和温度T_s）で，一様流速u_∞で鉛直下向きに流れているものとする．xおよびy方向の速度をそれぞれuおよびv，添え字は，lは液膜を，vは蒸気を表わす．

この場合，質量，運動量，エネルギーの各保存則は，以下のように表される．

$$\text{質量保存：}\ \frac{\partial u_i}{\partial x}+\frac{\partial v_i}{\partial y}=0 \qquad i=l,v \tag{5.59}$$

$$\text{運動量保存：}\ u_i\frac{\partial u_i}{\partial x}+v_i\frac{\partial u_i}{\partial y}=\upsilon_i\frac{\partial^2 u_i}{\partial y^2}+C \qquad i=l,v \tag{5.60}$$

$$C=\begin{cases}0 & i=v\\ g\dfrac{(\rho_l-\rho_v)}{\rho_l} & i=l\end{cases} \tag{5.61}$$

エネルギー保存：

$$\text{（液膜）}\quad u_l\frac{\partial T_l}{\partial x}+v_l\frac{\partial T_l}{\partial y}=\alpha_l\frac{\partial^2 T_l}{\partial y^2} \tag{5.62}$$

$$\text{（蒸気）}\quad T=T_{sat}=\text{一定} \tag{5.63}$$

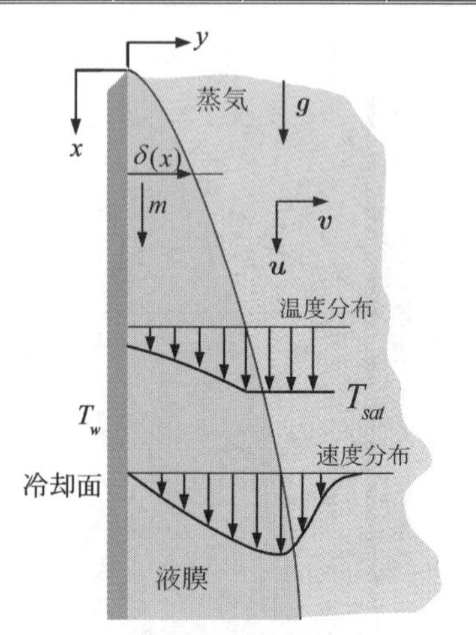

図 5.41　層流膜状凝縮モデル

気液界面（凝縮液膜面）においては，液膜温度T_lは飽和温度T_{sat}に等しいものとする．また，気液界面では液膜の流速u_lと蒸気の流速u_vが等しい（滑り無し条件）と仮定し，下記の境界条件を設定する．

$$y=\delta:\quad T_l=T_{sat},\ u_l=u_v \tag{5.64}$$

さらに，気液界面における剪断力の釣り合い条件から，

$$y=\delta:\quad \mu_l\frac{\partial u_l}{\partial y}=\mu_v\frac{\partial u_v}{\partial y} \tag{5.65}$$

次に，気液界面における質量の流入と流出の釣り合いを考える．図 5.42 に示すように，気液界面を含む大きさ $\mathrm{d}\delta\times\mathrm{d}x$，奥行き単位長さの微小検査体積を考える．微小検査体積の各面を通過して微小検査体積内に流入・流出する質量の釣り合い条件から，

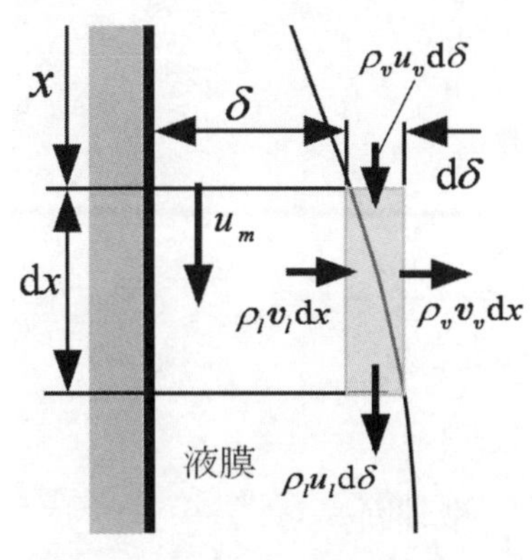

図 5.42　気液界面の質量釣り合い

$$\rho_v u_v\,\mathrm{d}\delta+\rho_l v_l\,\mathrm{d}x-\rho_v v_v\,\mathrm{d}x-\rho_l u_l\,\mathrm{d}\delta=0 \tag{5.66}$$

従って，

$$\rho_l v_l-\rho_l u_l\frac{\mathrm{d}\delta}{\mathrm{d}x}=\rho_v v_v-\rho_v u_v\frac{\mathrm{d}\delta}{\mathrm{d}x} \tag{5.67}$$

この他，冷却面上の速度および温度の条件から，

$$y=0:\quad u_l=0,\ v_l=0,\ T_l=T_w \tag{5.68}$$

蒸気が一様流の場合：　$y=\infty:\quad u_v=u_\infty$　(5.69)

蒸気が静止している場合：　$y=\infty:\quad u_v=0$　(5.70)

式(5.59)～(5.63)の連立偏微分方程式を基礎式として，式(5.64)～(5.70)で与えられる境界条件のもとで解く．その結果，液膜層およびその上に形成される蒸気流の境界層に対して温度および速度分布が得られる．

このような，液膜内と蒸気中の二層境界層問題に対して，相似変数を導入して偏微分方程式を常微分方程式に変換し数値解を求める方法や，プロフィール法による近似解法などを用いた解が求められている．

静止飽和蒸気の場合，液膜と水蒸気の界面における摩擦力の影響で液膜流速が遅くなり，液膜が厚くなるためこれが熱抵抗となり熱伝達が低下する．ただし，液体のプラントル数が大きい場合にはその影響はほとんど無視して良く，液体金属などのようにプラントル数が非常に小さい場合に液膜と水蒸気の界面における摩擦の影響が大きく現れることが知られている．

5・8・3　ヌセルトの解析　(Nusselt's analysis)

ヌセルト(W. Nusselt)は，5･8･2 項で述べた垂直冷却面上の飽和蒸気の凝縮に関して，凝縮液膜の周囲の飽和蒸気が静止している($u_v=v_v=0$)とすることにより問題を簡略化して解析を行った．ヌセルトはさらにその解析において，凝縮液膜の流下速度がきわめて小さいと仮定することで，液膜内の慣性力項を無視し，界面の剪断力の効果を無視した．この，ヌセルトによる解析を**ヌセルトの水膜理論**(Nusselt's liquid-film theory)といい，基本的な考え方は 5・6 節で述べた膜沸騰の解析と同じである．

上記の仮定および $\rho_v \ll \rho_l$ であるとすることにより，液膜の運動方程式(5.60)および式(5.61)は，以下のように簡略化される．

$$\frac{\partial^2 u_l}{\partial y^2}=-\frac{g}{\nu_l} \tag{5.71}$$

このとき，液膜流に対する境界条件は

$$y=0:\quad u_l=0 \tag{5.72}$$

$$y=\delta: \quad \mu_l \frac{\partial u_l}{\partial y}=0 \tag{5.73}$$

となる．式(5.71)を積分して以下の液膜流速の式を得る．

$$u_l=-\frac{g}{\nu_l}\left(\frac{y^2}{2}-\delta y\right) \tag{5.74}$$

従って，液膜内水平断面（液膜厚さ δ）内の平均流速 u_m は，次式で表される．

$$u_m=\frac{1}{\delta}\int_0^{\delta} u_l\,\mathrm{d}y=\frac{g\delta^2}{3\nu_l} \tag{5.75}$$

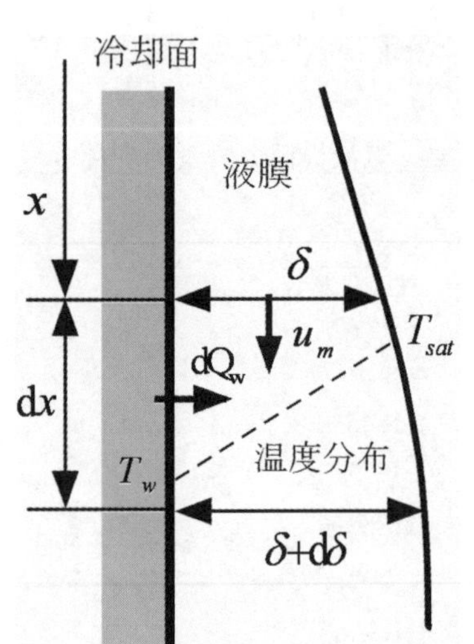

図 5.43　凝縮熱量の釣り合い

一方，液膜のエネルギー方程式(5.62)は，対流項が無視できることから下記の通り簡略化される．

$$\frac{\partial^2 T_l}{\partial y^2}=0 \tag{5.76}$$

ここで，下記の境界条件

$$\begin{aligned} y=0&: \ T_l=T_w \\ y=\delta&: \ T_l=T_{sat} \end{aligned} \tag{5.77}$$

を適用して，式(5.76)を積分することで，液膜内の温度分布が次式のように得られる．

$$T_l=(T_{sat}-T_w)\frac{y}{\delta}+T_w \tag{5.78}$$

このように，ヌセルトの解析では，まず，液膜内の流速分布，温度分布が，x 断面における液膜厚さ δ の関数として表される．次に，x 断面における液膜厚さ $\delta(x)$ を求めるため，凝縮潜熱量の釣り合いを考える．

図 5.43 に示すように，液膜の x から $x+\mathrm{d}x$ までの，長さ $\mathrm{d}x$ の区間におけるエネルギー収支を考える．単位質量あたりの凝縮潜熱を L_{1v} とし，液膜厚さ δ の位置における平均流速を u_m とすれば，液膜流量 $u_m\delta$ に相当する凝縮潜熱量 $\dot{Q}(\delta)$ は，

$$\dot{Q}(\delta)=L_{1v}\rho_l \mathrm{u}_m\delta=L_{1v}\frac{\rho_l g\delta^2}{3\nu_l}\delta=\frac{\rho_l L_{1v} g\delta^3}{3\nu_l} \tag{5.79}$$

で表される．従って，液膜厚さ δ の微小変化に対する凝縮潜熱の変化 $\mathrm{d}\dot{Q}$ は，

$$\mathrm{d}\dot{Q}=\dot{Q}\ (\delta+\mathrm{d}\delta)-\dot{Q}\ (\delta)=\frac{\rho_l g L_{1v}}{3\nu_l}\left[(\delta+\mathrm{d}\delta)^3-\delta^3\right]=\frac{\rho_l g L_{1v}}{\nu_l}\delta^2\,\mathrm{d}\delta \tag{5.80}$$

となる．ただし，上式の最右辺において $\mathrm{d}\delta$ に関する 2 次以上の微小項は無視した．一方，上式で表される凝縮潜熱量の変化分 $\mathrm{d}\dot{Q}$ とは，図 5.43 に示す区間 $\mathrm{d}x$ で凝縮する水蒸気の潜熱量であり，区間 $\mathrm{d}x$ で液膜から冷却面に移動する伝熱量 $\mathrm{d}\dot{Q}_w$ に相当する．液膜内の温度分布は直線分布として，

$$\mathrm{d}\dot{Q}_w=-k_l\left.\frac{\partial T}{\partial y}\right|_{y=0}\mathrm{d}x=-k_l\frac{T_{sat}-T_w}{\delta}\mathrm{d}x \tag{5.81}$$

式（5.80）と式（5.81）より，$\mathrm{d}\dot{Q}_w+\mathrm{d}\dot{Q}=0$ を考慮すると，

$$k_l\frac{T_{sat}-T_w}{\delta}\mathrm{d}x=\frac{\rho_l g L_{lv}}{\nu_l}\delta^2\,\mathrm{d}\delta \tag{5.82}$$

となる．式(5.82)を，境界条件 $x=0$： $\delta=0$ のもとで積分すると，液膜厚さ δ は以下のように求められる．

$$\delta = \left[\frac{4k_l \nu_l (T_{sat} - T_w) x}{\rho_l g L_{1v}} \right]^{1/4} \tag{5.83}$$

ここで求めた液膜厚さ δ を式(5.74)や式(5.78)に代入して，液膜内の流速分布や温度分布を求めることができる．さらに，液膜内の温度分布が直線分布になることから，壁面と液膜間の局所熱伝達率 h_x を次式のように定義する．

$$\mathrm{d}\dot{Q}_w = h_x (T_{sat} - T_w)\,\mathrm{d}x = k_l \frac{T_{sat} - T_w}{\delta}\,\mathrm{d}x \tag{5.84}$$

従って，局所熱伝達率は $h_x = \dfrac{k_l}{\delta}$ となり，これに(5.83)式を代入して，

$$h_x = k_l \left[\frac{\rho_l g L_{1v}}{4k_l \nu_l (T_{sat} - T_w) x} \right]^{1/4} \tag{5.85}$$

図 5.44 に，大気圧の飽和水蒸気中に温度 80 °C の垂直平板を置いた場合の板表面における局所熱伝達率 h_x を示す．x の増加に伴い，すなわち板の下方になるに従って液膜厚さが増加し，局所熱伝達率 h_x が小さくなる．

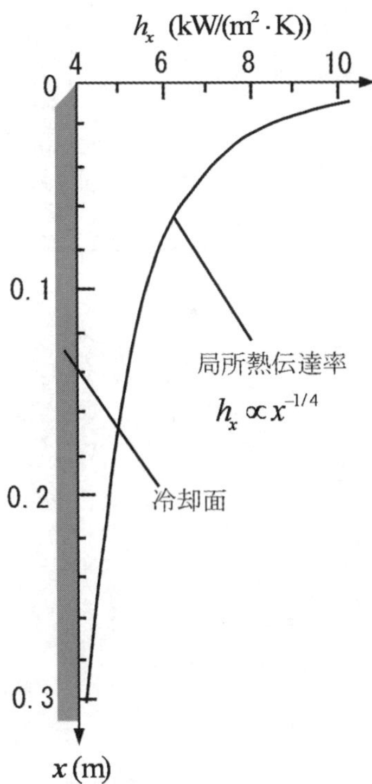

図 5.44　局所熱伝達率

また，液膜流の局所ヌセルト数 Nu_x は次式で与えられる．

$$Nu_x = \frac{h_x x}{k_l} = \left[\frac{x^4 \rho_l g L_{1v}}{4k_l \nu_l (T_{sat} - T_w) x} \right]^{1/4} = 0.707 \left[\frac{g x^3 / \nu_l^2 \cdot \nu_l / \alpha_l}{c_{pl} (T_{sat} - T_w) / L_{1v}} \right]^{1/4}$$
$$= 0.707 \left[\frac{Ga_x \cdot Pr_l}{H} \right]^{1/4} \tag{5.86}$$

ここで，式(5.86)における無次元数は，それぞれ次の通り定義される．

$$Nu_x = \frac{h_x x}{k_l},\quad Ga_x = \frac{x^3 g}{\nu_l^2},\quad Pr_l = \frac{\nu_l}{\alpha_l},\quad H = \frac{c_{pl}(T_{sat} - T_w)}{L_{1v}} \tag{5.87}$$

これらの無次元数における物性値は，液膜表面温度（蒸気の飽和温度）と冷却面温度の平均温度として定義される**膜温度**(film temperature)における値を用いる．式 (5.87) で，Ga_x を局所**ガリレオ数**(Galileo number)といい，また，H は凝縮に関する**顕潜熱比**(ratio of sensible and latent heat)と呼ばれるものであり，飽和凝縮液が冷却面温度まで過冷却する場合の顕熱量と凝縮潜熱の比を表しており，凝縮に限らず相変化を伴う伝熱では重要な概念である．

垂直冷却平板の場合，板の長さ $x = x_0$ にわたる平均熱伝達率 $\overline{h}$ は，温度差が場所によらず一定であるから，局所熱伝達率の平均で与えられる．

$$\overline{h} = \frac{1}{x_0} \int_0^{x_0} h_x \,\mathrm{d}x = \frac{4}{3} h_{x=x_0} \tag{5.88}$$

従って，$x = x_0$ の垂直冷却板における平均ヌセルト数 Nu_m は，

$$Nu_m = 0.943 \left(\frac{Ga_{x=x_0} Pr_l}{H} \right)^{1/4} \tag{5.89}$$

膜状凝縮では，式(5.75)で与えられる液膜内の平均流速 u_m を用いて，凝縮液膜流に対して，**膜レイノルズ数**(film Reynolds number) Re_f を以下のように定義する．

$$Re_f = \frac{4\delta u_m}{\nu_l} \tag{5.90}$$

一般に，$Re_f \leqq 1400$ の条件では，液膜流は層流であるとされるが，$Re_f \geqq 30$ の条件でも凝縮液膜上にさざ波が発生することが報告されている．

表 5.8 凝縮伝熱における無次元数

局所ヌセルト数

$$Nu_x = \frac{h_x x}{k}$$

局所ガリレオ数

$$Ga_x = \frac{x^3 g}{\nu^2}$$

プラントル数

$$Pr = \frac{\nu}{\alpha}$$

顕潜熱比

$$H = \frac{c_p (T_{sat} - T_w)}{L_{lv}}$$

膜レイノルズ数

$$Re_f = \frac{4\delta u_m}{\nu_l}$$

凝縮数

$$\frac{\overline{h}(\nu_l^2 / g)^{1/3}}{\lambda_l}$$

ヌセルトの解析によって求められた膜状凝縮の熱伝達率は，実測値と比較すると30％ほど小さくなることが知られている．その原因として，①ヌセルトの解析では液膜流内の対流項を無視したが，実際にはその影響が無視できないこと，②液膜流においてさざ波などが発生し，その乱れの影響があること，③実際の凝縮では，純粋な膜状凝縮のみは実現されず，滴状凝縮との混合凝縮(mixed condensation)になっている場合があることなどが挙げられる．

式(5.79)と(5.90)より，

$$\dot{Q} = L_{lv}\rho_l \frac{\nu_l}{4} Re_f \tag{5.91}$$

ここで，$\dot{Q}$は，平板上xの位置までの全伝熱量を表す．また，同時に$\dot{Q}$は平均熱伝達率$\bar{h}$を用いると，

$$\dot{Q} = x\bar{h}(T_{sat} - T_w) \tag{5.92}$$

と表されることから，

$$Re_f = \frac{4x\bar{h}(T_{sat} - T_w)}{L_{lv}\mu_l} \tag{5.93}$$

式(5.93)および式(5.89)から$(T_{sat} - T_w)$を消去すると，次式が得られる．

$$\frac{\bar{h}(\nu_l^2 / g)^{1/3}}{k_l} = 1.47 Re_f^{-1/3} \tag{5.94}$$

上式の左辺分子の$(\nu_l^2 / g)^{1/3}$は長さの次元を有している．ν_lは液膜の動粘度であり，gは液膜に作用する力を表すものであることから，$(\nu_l^2 / g)^{1/3}$は液膜の厚さに関わる物理量であると考えられる．また，左辺全体はヌセルト数と同形の無次元数になり，これを凝縮数(condensation number)という．

図 5.41に示した垂直平板が，垂直とϕの角度をなす場合（傾斜平板の場合）には，平板に沿う方向の重力加速度成分は$g\cos\phi$となる．従って，式(5.60)および式(5.61)の運動方程式において，$g \to g\cos\phi$の置き換えをすればよい．

【例題 5・8】 ＊＊＊＊＊＊＊＊＊＊＊＊＊＊＊＊＊＊＊＊＊＊＊＊

大気圧の飽和水蒸気が，垂直よりの傾斜角30度の平板冷却面上（冷却面温度$T_w = 20$°C）で膜状凝縮している．この場合の，板上端から15 cmの位置における，(1)液膜厚さδ，(2)平均流速u_m，(3)局所熱伝達率h_xを求めなさい．ただし，水の物性値は膜温度における以下の値を用いること．

動粘度：$\nu_l = 0.475\times10^{-6}$ m²/s，熱伝導率：$k_l = 0.652$ W/(m·K)，

比熱：$c_l = 4.192$ kJ/(kg·K)，密度：$\rho_l = 981.9$ kg/m³，

凝縮潜熱：$L_{lv} = 2256.9$ kJ/kg

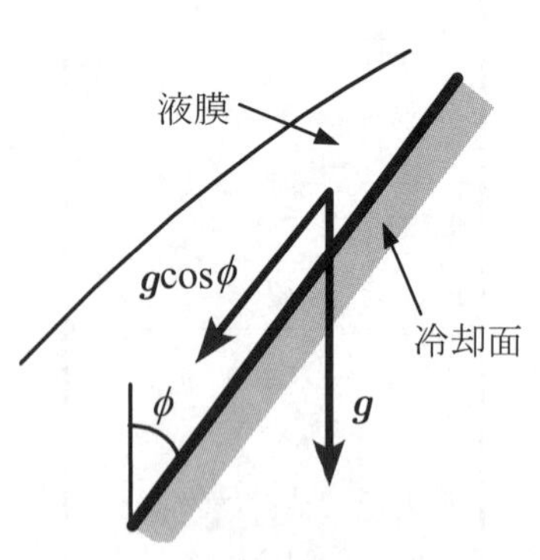

図 5.45 傾斜平板における重力の作用成分

【解答】冷却平板が水平と角度ϕをなす場合，図 5.45に示すように，冷却面に沿う方向の重力加速度の成分は，$g\cos\phi$であるから，式(5.74)より，

$$u_l = -\frac{g\cos\phi}{\nu_l}\left(\frac{y^2}{2} - \delta y\right) \tag{ex.5.21}$$

また，x断面における液膜厚さδは，式(5.83)を同様に修正して，

$$\delta = \left[\frac{4k_l\nu_l(T_{sat} - T_w)x}{\rho_l g\cos\phi L_{lv}}\right]^{1/4} = \left(\frac{4\times0.652\times0.475\times10^{-6}\times(100-20)\times0.15}{981.9\times9.807\times\cos30\times2.257\times10^6}\right)^{1/4}$$

$$= 1.68 \times 10^{-4}\ \text{m} \tag{ex.5.22}$$

従って，液膜内 x 断面（液膜厚さ δ ）の平均流速 u_m は，

$$u_m = \frac{1}{\delta}\int_0^{\delta} u_l\,\mathrm{d}\,y = \frac{g\cos\phi\delta^2}{3\nu_l} = \frac{9.807\times\cos 30\times(1.68\times10^{-4})^2}{3\times0.475\times10^{-6}}$$

$$= 0.168\ \text{m/s} \tag{ex.5.23}$$

この u_m に対する膜レイノルズ数 Re_f を確認すると，

$$Re_f = \frac{4\delta u_m}{\nu_l} = \frac{4\times1.68\times10^{-4}\times0.168}{0.475\times10^{-6}} = 237.7 < 1400 \tag{ex.5.24}$$

従って，液膜流は層流とみなせる．

局所熱伝達率 h_x は

$$h_x = \frac{k_l}{\delta} = \frac{0.652}{1.68\times10^{-4}} = 3881\quad \text{W/(m}^2\cdot\text{K)} \tag{ex.5.25}$$

＊＊＊＊＊＊＊＊＊＊＊＊＊＊＊＊＊＊＊＊＊＊

5・8・4　水平円管表面の膜状凝縮 (film-wise condensation on a horizontal cooled tube)

図 5.46 に示すように，水平円管の表面上で膜状凝縮が生じている場合，円管の曲率が小さく，円管表面に沿う方向の距離が短い場合には，層流液膜として扱って差し支え無い．前項におけるヌセルトの解析を図 5.46 の水平円管に適用すると，質量保存および運動量保存の式はそれぞれ以下のようになる．

$$\frac{1}{r_0}\frac{\partial u_l}{\partial \phi} + \frac{\partial v_l}{\partial y} = 0 \tag{5.95}$$

$$\nu_l \frac{\partial^2 u_l}{\partial y^2} + g\sin\phi = 0 \tag{5.96}$$

ここで，r_0 は円管半径，ϕ は頂部からの角度を示す．また，境界条件は次の通りである．

$$y = 0:\quad u_l = 0$$
$$y = \delta:\quad \frac{\partial u_l}{\partial y} = 0 \tag{5.97}$$

式(5.96)を式(5.97)の境界条件で積分すると，液膜の平均流速 u_m および液膜流量 $\dot{m}$ は次式で与えられる．

$$u_m = \frac{g\delta^2}{3\nu_l}\sin\phi \tag{5.98}$$

$$\dot{m} = \rho_l u_m \delta = \frac{\rho_l g\sin\phi}{3\nu_l}\delta^3 \tag{5.99}$$

従って，液膜厚さを求める微分方程式は

$$\frac{k_l}{\delta}(T_{sat} - T_w) r_0\,\mathrm{d}\,\phi = \frac{\rho_l g L_{lv}}{3\nu_l}\mathrm{d}(\delta^3\sin\phi) \tag{5.100}$$

となる．ここで，$\delta\sin^{1/3}\phi = t$ と変数置換をすると，

$$k_l(T_{sat} - T_w) r_0 \frac{\sin^{1/3}\phi}{t}\mathrm{d}\phi = \frac{\rho_l g L_{lv}}{3\nu_l}\mathrm{d}(t^3) \tag{5.101}$$

$$k_l(T_{sat} - T_w) r_0 \int_0^{\phi}\sin^{1/3}\phi\,\mathrm{d}\,\phi = \frac{\rho_l g L_{lv} t^4}{4\nu_l} + C \tag{5.102}$$

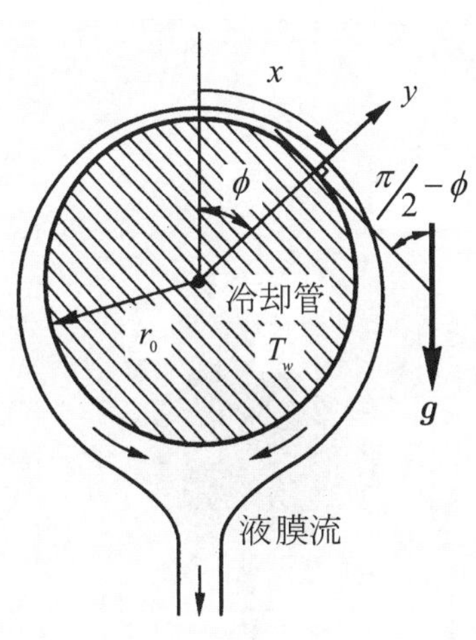

図 5.46 水平円管周りの膜状凝縮

管頂部 $\phi = 0$ において液膜厚さが有限である条件から，(5.102)式における積分定数 $C = 0$ となる．従って，液膜厚さ δ は

$$\delta = \left[\frac{2k_l \nu_l (T_{sat} - T_w) d}{\rho_l g L_{1v}}\right]^{1/4} \frac{1}{\sin^{1/3}\phi}\left[\int_0^\phi \sin^{1/3}\phi \, \mathrm{d}\phi\right]^{1/4} \tag{5.103}$$

となる．上式において $d(=2r_0)$ は管の直径である．
局所熱伝達率 h_ϕ は

$$h_\phi = \frac{k_l}{\delta} = \frac{k_l}{d}\left[\frac{2k_l \nu_l (T_{sat} - T_w)}{d^3 \rho_l g L_{1v}}\right]^{-1/4} \sin^{1/3}\phi\left[\int_0^\phi \sin^{1/3}\phi \, \mathrm{d}\phi\right]^{-1/4} \tag{5.104}$$

で与えられる．管壁温度が一定で，温度差が至る所で一定になるから，これを管周囲にわたり積分平均することにより，平均凝縮熱伝達率 $\bar{h}$ が次式で与えられる．

$$\bar{h} = \frac{1}{\pi}\int_0^\pi h_\phi \, \mathrm{d}\phi = 0.729\left(\frac{k_l^3 \rho_l^2 g L_{1v}}{\mu_l (T_{sat} - T_w) d}\right)^{1/4} \tag{5.105}$$

従って，平均ヌセルト数は

$$\overline{Nu} = 0.729\left(\frac{GaPr_l}{H}\right)^{1/4} \tag{5.106}$$

【例題 5・9】　＊＊＊＊＊＊＊＊＊＊＊＊＊＊＊＊＊＊＊＊＊

1気圧の飽和水蒸気内に置かれた，外径 $d = 20$ mm の水平冷却管の表面温度を 60 ℃で一定に保っている．管表面で均一な膜状凝縮が生じているとして平均凝縮熱伝達率 $\bar{h}$ を求めよ．

【解答】計算に必要な水の物性値は，膜温度 $T_f = (T_w + T_{sat})/2$ における値を用いることとする．$T_f = (T_w + T_{sat})/2 = (60+100)/2 = 80$ ℃であるから，水の密度 $\rho_l = 971.8$ kg/m^3，粘度 $\mu_l = 0.358\times10^{-3}$ Pa·s，熱伝導率 $k_l = 0.672$ W/(m·K)，凝縮潜熱 $L_{1v} = 2256.9$ kJ/kg とする．
式(5.105)より，

$$\bar{h} = \frac{1}{\pi}\int_0^\pi h_\phi \, \mathrm{d}\phi = 0.729\left(\frac{k_l^3 \rho_l^2 g L_{1v}}{\mu_l (T_{sat} - T_w) d}\right)^{1/4}$$
$$= 0.729\times\left(\frac{0.672^3 \times 971.8^2 \times 9.807 \times 2.257\times10^6}{0.358\times10^{-3}\times(100-60)\times0.02}\right)^{1/4}$$
$$= 8.89\times10^3 \ \ \mathrm{W/(m^2\cdot K)} \tag{ex.5.26}$$

＊＊＊＊＊＊＊＊＊＊＊＊＊＊＊＊＊＊＊＊＊

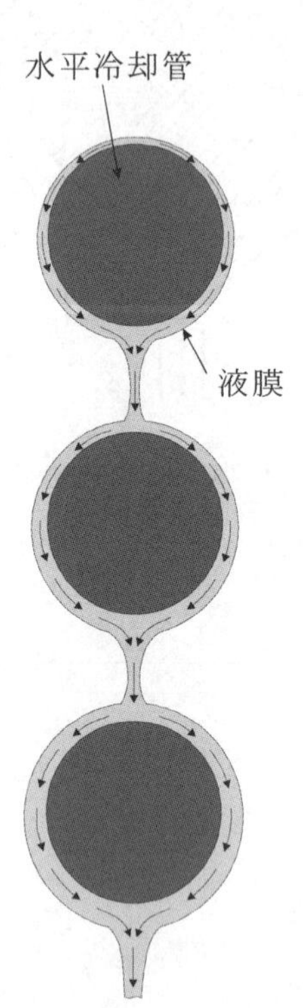

図 5.47　垂直配列管群による凝縮

5・8・5　管群の膜状凝縮 (film-wise condensation on a bundle of horizontal cooled tubes)

図 5.47 に示すような，垂直配列管群の表面で凝縮が生じる場合，上部の管における凝縮液が流下し下位置の管にかかる，イナンデーション(inundation)の影響により，下部の管ほど液膜が厚くなり，その結果，凝縮熱伝達率が低下する．

いま，上部の管の凝縮液が，すべて下部の管の頂点から流入すると仮定する．垂直配列管群にヌセルトの解析を適用すると，2 段目以降の管では，管頂部における液膜厚さが，上部における最下点の流量で決定されることになる．いま，初段の最下点（$\phi = \pi$）における流量は，

$$\dot{m} = \frac{\rho_l g}{3\nu_l}\left[\frac{3k_l\nu_l(T_{sat}-T_w)d}{2L_{lv}\rho_l g}\right]^{3/4}\left[\frac{4}{3}\int_0^{\pi}\sin^{1/3}\phi\,\mathrm{d}\phi\right]^{3/4}$$
（5.107）

2 段目の管における頂部（$\phi = 0$）の液膜厚さは

$$\delta\big|_{\phi=0} = \left[\frac{3\nu_l\dot{m}}{g\sin\phi}\right]^{1/3}_{\phi=0} \tag{5.108}$$

で与えられ，先に求めた液膜厚さに関する方程式（式(5.100)）の境界条件を与えることになる．これを適時 n 段の管に適用すると，n 段目における凝縮量 $\dot{m}_n$ は

$$\dot{m}_n = \dot{m}_1\left[(n-1)+\frac{\int_0^{\phi}\sin^{1/3}\phi\,\mathrm{d}\phi}{\int_0^{\pi}\sin^{1/3}\phi\,\mathrm{d}\phi}\right]^{3/4} \tag{5.109}$$

これが，n 段における総凝縮量を与えることに注意しなければならない．n 段の管群の 1 段あたりの平均凝縮量は，$G_1 n^{3/4}/n = G_1 n^{-1/4}$ となり，n 段の水平管群全体の平均熱伝達率 $\overline{h}$ は

$$\overline{h} = \overline{h}_0 n^{1/4} = 0.729\left(\frac{k_l^3\rho_l^2 g L_{lv}}{n\mu_l(T_{sat}-T_w)d}\right)^{1/4} \tag{5.110}$$

で与えられる．ここで，$\overline{h}_0$ は式（5.105）で求められる単一円管の場合の平均熱伝達率である．図 5.48 に，鉛直管列の凝縮量の計算例を示す．

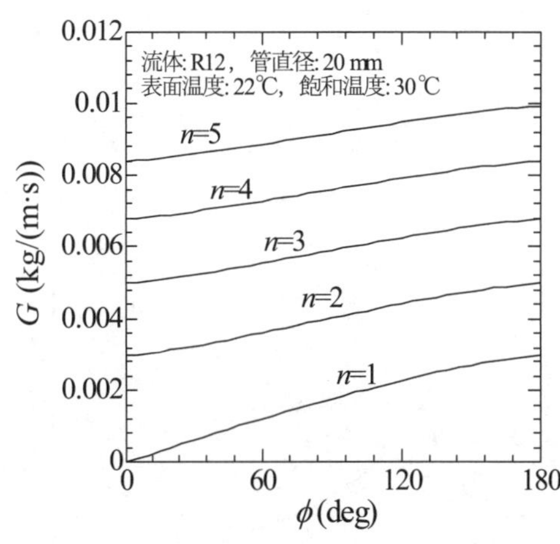

図 5.48　直列管群における凝縮量

5・8・6　不凝縮気体と凝縮気体が混在する場合の凝縮 (condensation of a mixture of non-condensing gas and condensing gas)

単一成分の飽和蒸気では，**蒸気圧力**（vapor pressure）p_v は至る所で一定で全圧 p_t に等しく，温度はその圧力に対応する**飽和温度**（saturation temperature）T_{sat} になっている．この中に一様温度の固体面（$T_w < T_{sat}$）を置いて凝縮が生じた場合の凝縮液膜の表面温度は T_{sat} となる（図 5.49）．一方，**混合気体**（mixed gas）で，各成分気体の凝縮温度が大きく異なる場合，たとえば，空気中の水蒸気が凝縮する場合のように，**凝縮気体**（condensing gas）（この場合は水蒸気）と**不凝縮気体**（non-condensing gas）（この場合は空気）が混在している場合，図 5.50 に示すように，凝縮の進行にともない凝縮液膜界面の蒸気分圧が低下し，それに伴って飽和温度が次第に低下する．

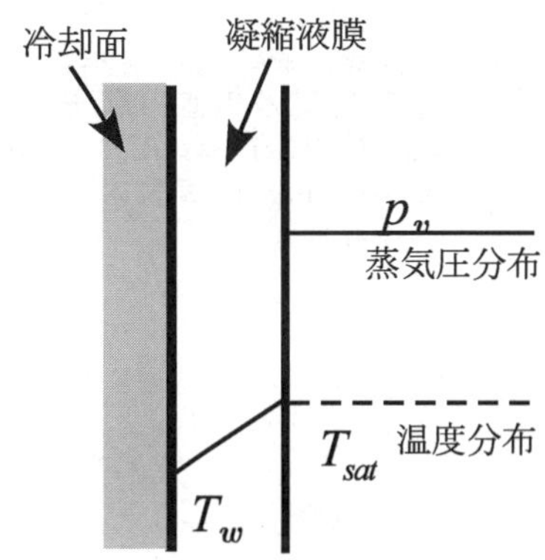

図 5.49　凝縮界面の圧力と飽和温度（凝縮性気体）

気体分子の挙動という観点から考えると，凝縮にともなって界面近傍に蒸気の濃度こう配が発生し，これを駆動力として凝縮気体の分子が拡散し界面に供給される．不凝縮気体が混在する場合，この凝縮気体の拡散によって不凝縮気体の分子も界面に運ばれる．その結果，凝縮の進行に伴って不凝縮気体の分子が界面近傍に次第に蓄積する．この不凝縮気体の蓄積によって界面近傍の凝縮気体分子が希薄になるとともに，不凝縮気体の分子と衝突（拡散）しながら凝縮界面に到達する気体分子が少なくなる．すなわち，①凝縮気体の拡散が妨げられること，②界面における凝縮気体の分圧が低下し，飽和温度が低下すること，③それによって凝縮液膜内の伝熱の駆動力である固体面温度と気液界面の温度の差が小さくなること，などの理由から微量の不凝縮性気体が混在することにより，凝縮伝熱量は著しく低下する．

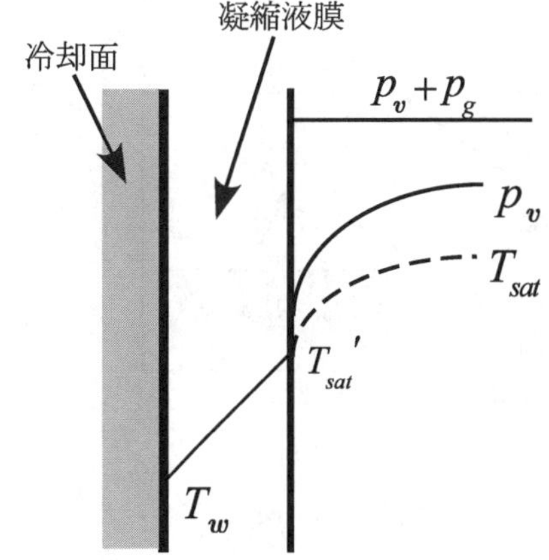

図 5.50　凝縮界面の圧力と飽和温度（不凝縮性気体を含む場合）

一般に，凝縮気体に対して不凝縮気体が質量割合で約 4%程度混入すると，平均熱伝達率が約 80% 低下する．Meisenburg らは，垂直円管周りの空気を含む水蒸気の凝縮実験より，以下の平均熱伝達率に関する実験式を与えている．

$$\overline{h} = 0.67\left(\frac{k_l^3 \rho_l^2 g L_{lv}}{\mu_l (T_{sat} - T_w) x_0}\right)^{0.25} G_r^{-0.11} \tag{5.111}$$

ただし，$0.001 \le G_r \le 0.04$,　$80 \le T_{sat} \le 120$ ℃，G_r は空気（不凝縮気体）の質量割合である．Meisenburg らの式による計算例を図 5.51 に示す．この場合，液膜が乱流となるため，空気の割合が約 4%に増加した場合の熱伝達率の低下が約 30%となっている．

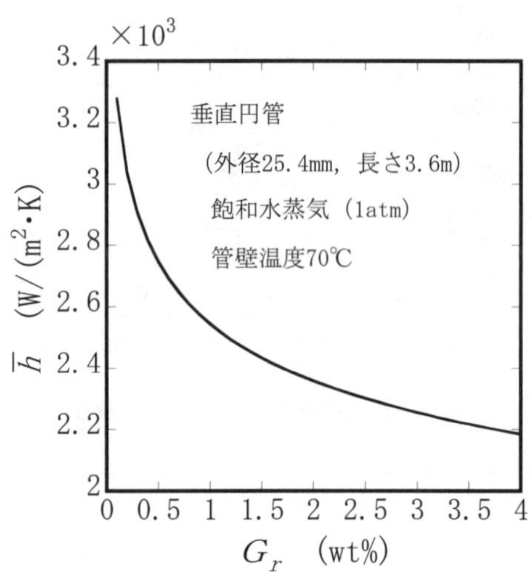

図 5.51　不凝縮気体（空気）を含む水蒸気の垂直円管上の凝縮熱伝達率（Meisenburg の実験式による計算例）

5・8・7　滴状凝縮（drop-wise condensation）

冷却面上で凝縮した液体が冷却面に広がらず，例えば，冷えたグラスの外側や室内の窓ガラスに付着した水滴のように，凝縮液が滴状に分散する場合を**滴状凝縮**（drop-wise condensation）という．滴状凝縮では，凝縮の進行に伴い液滴が成長し，通常，冷却面は垂直の場合（垂直平面あるいは冷却管）が多いので，液滴の密度（作用する自重）と液滴と冷却面間の界面張力との釣り合いによって液滴はそのまま保持されるか，あるいは流下する．

その際，流下する液滴が，冷却面に付着した他の液滴をぬぐい去り一緒に流下するため，冷却面が露出し新たに液滴の生成・流下が繰り返される．このような**伝熱面の刷新効果**（refreshment of heat transfer surface）により，滴状凝縮の際の壁面上における熱伝達はきわめて大きくなる（図 5.52 参照）．凝縮液が冷却面上で液膜を形成するか，滴状になるかは，冷却面の材質や表面状態，凝縮物質との組み合わせなど様々な条件に依存する．すなわち，**5・2・3** 項で解説したように，これらの条件から形成される固－気－液間の界面エネルギーの大小関係，すなわち**ぬれ性**（wettability）に因るところが大きい．

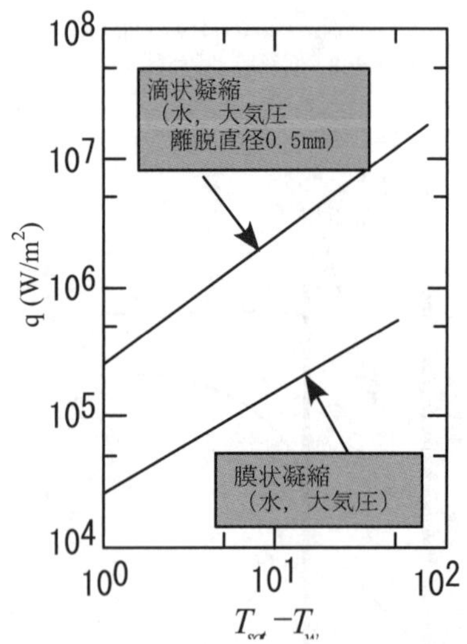

図 5.52　凝縮形態による熱伝達率の比較

5・8・8　滴状凝縮に影響を及ぼす因子（dominant factor to drop-wise condensation）

滴状凝縮は，液滴の様々な挙動，すなわち，発生，成長，合体，移動や伝熱面からの離脱などに影響をうけることは明らかであるが，これらに影響を及ぼすものとして，表 5.9 に示す因子が考えられる．これからも，冷却面の表面性状，すなわち，先に述べたぬれ性が大きな影響を及ぼすことがわかる．

冷却面表面のぬれ性を改善して良好な滴状凝縮を実現し，凝縮熱伝達を促進するために，様々な表面処理方法が用いられている(2)．

表 5.9　滴状凝縮熱伝達率に影響を及ぼす因子

物質の種類	蒸気，凝縮面，表面被覆あるいは促進剤，不凝縮気体
熱的あるいは熱力学的条件	蒸気温度，蒸気圧力(→飽和温度)，凝縮面表面温度，熱流束，冷却条件，不凝縮気体濃度
幾何学的条件	凝縮室の形状と寸法，凝縮面の形状と寸法，凝縮面の向き（外力に対する），冷却側の幾何学的条件
表面条件	あらさ，被覆あるいは促進剤の厚さ，表面エネルギー(接触角)，表面のよごれ，表面に影響を及ぼす不純物
液滴に作用する力	蒸気速度，液滴離脱に影響する外力

5・9　融解・凝固を伴う伝熱 (heat transfer with melting and solidification)

固液の相変化，すなわち融解(melting)や凝固(solidification)を伴う伝熱は，雪や氷，水の凍結融解，あるいは，鋳造における湯（溶融金属）の凝固など，沸騰・凝縮と同様に身近でかつ工業・工学的にも重要な現象である．

図 5.53 には，製氷工場における氷板の製造過程を示している．製氷缶に満たされた低温水は，-10 °C 程度に保たれた低温冷媒液中に置かれ，約 2 日間かけて凍結が完了する．製氷期間中は，缶内の水に空気泡を吹き込むことで凍結界面の気泡を除去して気泡の取り込みを防ぎ透明な氷板を生成する．

注水（1 缶あたり 135kg の冷水）

気泡を吹き込みながら冷却（約 48 時間）

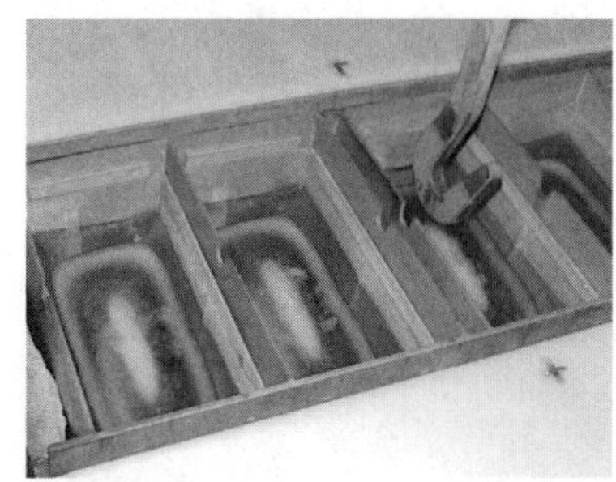
凍結完了

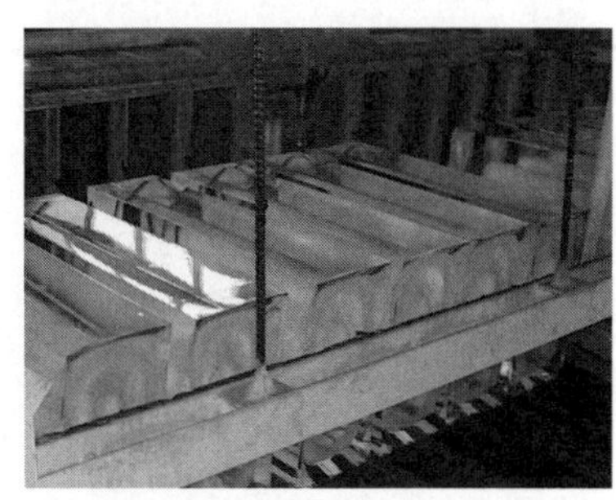
製氷缶より取り出し

図 5.53　製氷工場における製氷工程（協力：小樽機船漁業協働組合）

融解・凝固を伴う伝熱の一例として，水の凍結問題を考えてみる．水の凍結現象では，通常，水の密度逆転温度である 4 °C を含む温度域の問題であることが多く，密度逆転による対流発生の影響が考えられる．ここでは，問題を簡略化するため，すべての物性値は定物性で温度による変化が無いと仮定する．以下の問題の取り扱いは，水に限らずその他の凝固・融解問題においても適用できるものである．

水と氷の界面は，潜熱の発生を伴いながら相変化の進行に伴い移動する．ここでは，図 5.54 に示すように，静水中におかれた冷却面から，氷層が一次元的に成長するものとする．冷却面より垂直方向に x 座標をとり，ある時刻における氷層の厚さを ξ，氷層内および水層内の，位置 x，時刻 t における温度を，それぞれ $T_1(t,\ x)$，$T_2(t,\ x)$ とする．

氷層と水層に対する基礎式は，一次元熱伝導方程式になるから，次式で表される．

$$\text{氷層：}\quad \frac{\partial T_1}{\partial t} = \alpha_1 \frac{\partial^2 T_1}{\partial x^2} \qquad (0 < x \le \xi) \tag{5.112}$$

$$\text{水層：}\quad \frac{\partial T_2}{\partial t} = \alpha_2 \frac{\partial^2 T_2}{\partial x^2} \qquad (\xi \le x < \infty) \tag{5.113}$$

氷水界面位置 $x = \xi$ において，$\mathrm{d}t$ 時間に固液界面が $\mathrm{d}\xi$ だけ進行すると，この場合の相変化に伴う潜熱量は，単位面積あたり

$$\mathrm{d}\dot{Q} = L_{ls}\rho_1 \,\mathrm{d}\xi \tag{5.114}$$

となる．いま，界面から氷中への伝熱量は，

$$\dot{Q}_1 = k_1\left(\frac{\partial T_1}{\partial x}\right)_{x=\xi} \tag{5.115}$$

また，水中から凝固界面への伝熱量は，

$$\dot{Q}_2 = k_2\left(\frac{\partial T_2}{\partial x}\right)_{x=\xi+\mathrm{d}\xi} \tag{5.116}$$

で表され，界面における熱バランスを考慮すると，

$$\mathrm{d}\dot{Q} = (\dot{Q}_1 - \dot{Q}_2)\mathrm{d}t \tag{5.117}$$

が成り立っている．従って，式(5.114)から式(5.116)を式(5.117)に代入して次式の条件式を得る．

$$k_1\left(\frac{\partial T_1}{\partial x}\right)_{x=\xi} - k_2\left(\frac{\partial T_2}{\partial x}\right)_{x=\xi+\mathrm{d}\xi} = \rho_s L_{ls}\frac{\mathrm{d}\xi}{\mathrm{d}t} \tag{5.118}$$

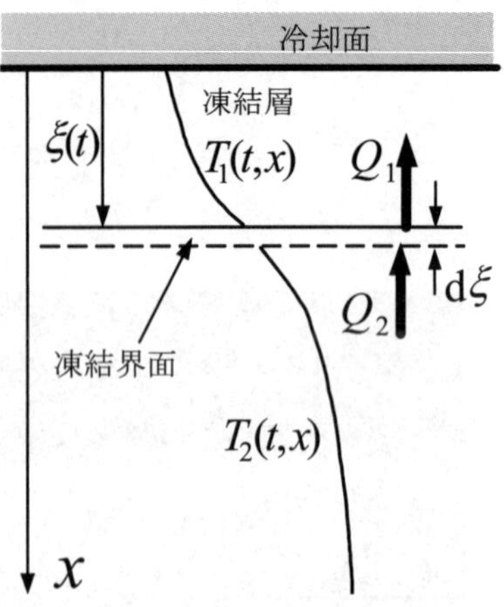

図 5.54　Neumann の解析モデル

また，境界条件は次式で与えられる．

$$\begin{aligned} x = 0 &: \; T_1 = T_w \\ x = \xi &: \; T_1 = T_2 = T_m \\ x = \infty &: \; T_2 = T_\infty \end{aligned} \tag{5.119}$$

式(5.112)および式(5.113)の一般解は，それぞれ

$$T_1 = C_1 + D_1 \mathrm{erf}\left(\frac{x}{2\sqrt{\alpha_1 t}} \right) \tag{5.120}$$

および

$$T_2 = C_2 + D_2 \mathrm{erf}\left(\frac{x}{2\sqrt{\alpha_2 t}} \right) \tag{5.121}$$

である．ここで，C_1, D_1, C_2, D_2 は定数である．

式中の誤差関数 (error function) $\mathrm{erf}(z)$ は

$$\mathrm{erf}(z) = \frac{2}{\sqrt{\pi}} \int_0^z e^{-\beta^2}\, \mathrm{d}\beta \tag{5.122}$$

で定義されるが，その値は，z の値に対する数表として与えられている．また，最近では，パソコンの数値計算ライブラリーに組み込まれているものもある．

境界条件式(5.119)より，界面 $x = \xi$ における温度は時間 t に関係無く一定で水の凍結温度 T_m でなければならない．すなわち，式(5.120)や式(5.121)における $\mathrm{erf}(\xi/2\sqrt{\alpha t})$ が t に無関係でなければならないことから，ζ を定数として $\xi = \zeta\sqrt{t}$ と表されなければならない．

一方，誤差関数に関する関係式

$$\begin{aligned} \mathrm{erf}(0) &= 0 \\ \mathrm{erf}(\infty) &= 1 \\ \frac{\mathrm{d}[\mathrm{erf}(z)]}{\mathrm{d}z} &= \frac{2}{\sqrt{\pi}} \exp\left(-z^2\right) \end{aligned} \tag{5.123}$$

を用いて，界面のエネルギー収支式(5.118)や境界条件式(5.119)に式(5.120)および式(5.121)を代入して整理すると，以下の式を得る．

$$\frac{k_1 D_1}{\sqrt{\pi \alpha_1 t}} \exp\left(\frac{-\zeta^2}{4\alpha_1} \right) - \frac{k_2 D_2}{\sqrt{\pi \alpha_2 t}} \exp\left(\frac{-\zeta^2}{4\alpha_2} \right) = \frac{L_{ls} \rho_1 \zeta}{2\sqrt{t}} \tag{5.124}$$

$$C_1 = T_w \tag{5.125}$$

$$C_1 + D_1 \,\mathrm{erf}\left(\frac{\zeta}{2\sqrt{\alpha_1}} \right) = C_2 + D_2 \,\mathrm{erf}\left(\frac{\zeta}{2\sqrt{\alpha_2}} \right) = T_m \tag{5.126}$$

$$C_2 + D_2 = T_\infty \tag{5.127}$$

これらの式より $C_1 \sim D_2$ の定数を消去し，

$$R = \frac{\zeta}{2\sqrt{\alpha_1}} = \frac{\xi}{2\sqrt{\alpha_1 t}} \tag{5.128}$$

と置いて整理すると，

$$\frac{\exp(-R^2)}{\mathrm{erf}(R)} - \frac{T_\infty - T_m}{T_m - T_w} \frac{k_2}{k_1} \sqrt{\frac{\alpha_1}{\alpha_2}} \frac{\exp(-\alpha_1/\alpha_2 R^2)}{1 - \mathrm{erf}(\sqrt{\alpha_1/\alpha_2} R)} = \frac{\sqrt{\pi} R L_{ls}}{c_1 (T_m - T_w)} \tag{5.129}$$

を得る．

式(5.129)右辺は

$$\frac{\sqrt{\pi}RL_{ls}}{c_1(T_m-T_w)}=\frac{\sqrt{\pi}R}{\dfrac{c_1(T_m-T_w)}{L_{ls}}}=\frac{\sqrt{\pi}R}{Ste} \tag{5.130}$$

とあらわされる．ここで，式(5.130)中の Ste をステファン数（Stefan Number）といい，物質（この場合は液）が初期温度から相変化温度に達するまでの顕熱量と相変化の潜熱量の比を表す無次元数である．

式(5.129)は，R に関する超越方程式の形の固有方程式になっており，解析的に解くことはできない．R を求める方法にはたとえば，両辺をそれぞれ R に関する方程式とみなし，横軸に R をとり縦軸に左右両辺の値をプロットし，図よりそれぞれの曲線の交点における R を求める図式解法や，パソコンを利用して繰り返し計算より解を求めるなどいくつかの方法がある．下記の例題5・10では，式(5.129)の左辺第一項にある R の指数関数と誤差関数を級数展開近似することで式(5.129)を R に関する高次方程式に変換して求める例を解説している．

R が求められると，R からすべての未定係数が決定し，氷の厚さの時間変化 $\xi(t)$，ならびに，氷，水各層内の温度分布が以下のように求まる．

$$\xi(t)=2R\sqrt{\alpha_1 t} \tag{5.131}$$

$$T_1(t,x)\;=\;T_w+(T_m-T_w)\frac{\mathrm{erf}\left(\dfrac{x}{2\sqrt{\alpha_1 t}}\right)}{\mathrm{erf}(R)} \tag{5.132}$$

$$T_2(t,x)\;=\;T_\infty+(T_\infty-T_w)\frac{1-\mathrm{erf}\left(\dfrac{x}{2\sqrt{\alpha_2 t}}\right)}{1-\mathrm{erf}\left(R\sqrt{\dfrac{\alpha_1}{\alpha_2}}\right)} \tag{5.133}$$

この解は，ノイマン(F. E. Neumann)により最初に得られたもので，ノイマン解（Neumann's solution）[8]という．

【例題 5・10】　＊＊＊＊＊＊＊＊＊＊＊＊＊＊＊＊＊＊＊＊＊＊＊＊

10℃の水を容器に入れ，容器底面を $T_w=-15$ °Cに保って底面から凍結させるとき，冷却開始（$t=0$）から 30 分経過後の凍結層厚さ ξ を求めよ．ただし，水および凍結層の熱物性値は，上記温度条件の平均温度における値を用い，水の密度変化にともなう自然対流の影響は考えないものとする．

【解答】式(5.129)の左辺第一項の分子分母をそれぞれ級数展開すると，

$$\exp(-R^2)=\sum_{n=0}^{\infty}(-1)^n\frac{R^{2n}}{n!}=1-R^2+\frac{1}{2!}R^4-\frac{1}{3!}R^6+\ldots \tag{ex.5.27}$$

$$\mathrm{erf}(R)=\frac{2}{\sqrt{\pi}}\sum_{n=0}^{\infty}\frac{(-1)^n R^{2n+1}}{n!(2n+1)}=\frac{2}{\sqrt{\pi}}\left(R-\frac{1}{3}R^3+\frac{R^5}{2!\times 5}-\frac{R^7}{3!\times 7}+\ldots\right) \tag{ex.5.28}$$

式(ex.5.27)と式(ex.5.28)を R の二次以下の項で近似すると，

$$\exp(-R^2) \cong 1 - R^2 \tag{ex.5.29}$$

$$\mathrm{erf}(R) \cong \frac{2}{\sqrt{\pi}} R \tag{ex.5.30}$$

これを式(5.129)に代入して整理すると，

$$\frac{1-R^2}{\dfrac{2}{\sqrt{\pi}}R} - A\frac{1-\alpha_1/\alpha_2 R^2}{1-\dfrac{2}{\sqrt{\pi}}\sqrt{\alpha_1/\alpha_2}R} = BR \tag{ex.5.31}$$

ここで，

$$A = \frac{T_\infty - T_m}{T_m - T_w}\frac{k_2}{k_1}\sqrt{\frac{\alpha_1}{\alpha_2}} \quad , \qquad B = \frac{\sqrt{\pi}L_{ls}}{c_1(T_m - T_w)} \tag{ex.5.32}$$

式(ex.5.31)を整理すると，

$$\begin{aligned}&(\frac{2}{\sqrt{\pi}}\sqrt{\frac{\alpha_1}{\alpha_2}} + A\frac{k_2}{k_1}\frac{2}{\sqrt{\pi}} + \frac{4}{\pi}B\sqrt{\frac{\alpha_1}{\alpha_2}})R^3 + (-1 - \frac{2}{\sqrt{\pi}}B)R^2 \\ &+(-\frac{2}{\sqrt{\pi}}\sqrt{\frac{\alpha_1}{\alpha_2}} - A\frac{2}{\sqrt{\pi}})R + 1 = 0\end{aligned} \tag{ex.5.33}$$

この例題では，物性値および温度条件は下記のとおりである．

$$\begin{aligned}&\alpha_1 = 1.17\times10^{-6}\ \mathrm{m^2/s},\quad \alpha_2 = 1.37\times10^{-7}\ \mathrm{m^2/s} \\ &k_1 = 2.21\ \ \mathrm{W/m\cdot K},\quad k_2 = 0.576\ \ \mathrm{W/m\cdot K} \\ &L_{ls} = 334.0\ \ \mathrm{kJ/kg},\quad c_1 = 2.04\ \ \mathrm{kJ/kg\cdot K} \\ &T_w = -15.0\ °C,\quad T_m = 0.0\ °C,\quad T_\infty = 10.0\ °C\end{aligned} \tag{ex.5.34}$$

これらの値を代入し， R が正の実数となることを考慮すると，式(ex.5.33)の解は

$$R = 0.188 \tag{ex.5.35}$$

したがって，凍結層厚さ ξ の時間変化は，式(5.128)より，

$$\xi = 2R\sqrt{\alpha_1 t} = 4.07\times10^{-4}\sqrt{t} \tag{ex.5.36}$$

冷却開始より 30 分後の凍結層厚さは

$$\xi = 4.07\times10^{-4}\sqrt{1800} = 1.73\times10^{-2}\ \ \mathrm{m} \tag{ex.5.37}$$

＊＊＊＊＊＊＊＊＊＊＊＊＊＊＊＊＊＊＊＊＊＊＊＊

水の温度が凍結温度 T_m で一定の場合には，水中の熱伝導方程式を解く必要がなくなり，問題がより簡潔になる．この場合の解を**ステファン解**（Stefan's solution）という．

【例題 5・11】　＊＊＊＊＊＊＊＊＊＊＊＊＊＊＊＊＊＊＊＊＊＊＊＊

0 ℃の水を容器に入れ，底面から凍結させるとき，冷却開始 $t = 0$ から 3 分経過後の凍結層厚さ ξ を求めよ．ただし，凍結層の熱伝導率 k_s，密度 ρ_s をそれぞれ $k_s = 2.2\ \mathrm{W/(m\cdot K)}$ ， $\rho_s = 917.0\ \mathrm{kg/m^3}$ とし，底面の温度を $T_w = -10.0\ °\mathrm{C}$，水の凍結潜熱を $L_{ls} = 334.0\ \mathrm{kJ/kg}$ とする．

【解答】 図 5.55 に示すように，時刻 t における凍結界面で $\mathrm{d}t$ 時間に凍結層が

$d\xi$ 成長する場合の熱収支を考える．凍結界面温度を T_m とすると，

$$dt\frac{T_m - T_w}{\xi}k_s = \rho_s L_{ls} d\xi \quad \text{(ex.5.38)}$$

従って，

$$\int_0^t dt\frac{k_s(T_m - T_w)}{\rho_s L_{ls}} = \int_0^\xi \xi d\xi \quad \text{(ex.5.39)}$$

上式を整理すると，

$$\xi = \sqrt{\frac{2k_s(T_m - T_w)t}{\rho_s L_{ls}}} = \sqrt{\frac{2\times 2.2\times(0+10.0)\times 180.0}{917.0\times 334.0\times 1000}} = 0.005 \ \ \text{m} \quad \text{(ex.5.40)}$$

＊＊＊＊＊＊＊＊＊＊＊＊＊＊＊＊＊＊＊＊＊＊＊

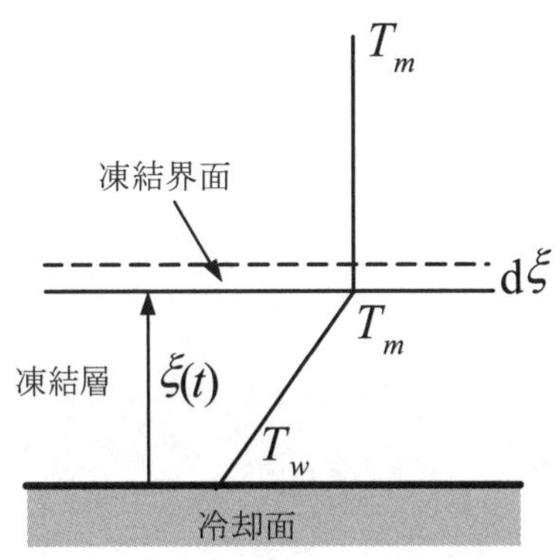

図 5.55　解析モデル

本節では，氷の生成に関するノイマン解を例に，**均質凝固**(homogeneous solidification)について述べた．この場合，融解や凍結が進行しながらも，凍結界面では常に平衡状態が成り立っているという**局所平衡の仮定**(assumption of local equilibrium)に基づいている．

一方，水の凍結においても，過冷却水が急速に凝固する場合や，水溶液が凍結する場合，また，合金などの凝固においては，凍結層や凝固層は均質・稠密ではなく，針状凍結層など様々な不均質層となる場合がある．不均質凝固は，生体や食品の凍結問題などに関連して様々な興味深い内容を含んでいるが，本書の解説の範囲を超えるので，参考書(9)を参照してほしい．

5・10　その他の相変化と伝熱 (other phase change and heat transfer)

相変化を伴う伝熱現象には，その他，相変化時の大きな潜熱移動を熱移動制御に利用するものとして，**アブレーション**(ablation)と呼ばれる方法がある．人工衛星や宇宙機の大気圏再突入に際しては，大気との摩擦により高熱が発生し，機体表面では数千℃から数万℃の高温になる．このような高温から，宇宙機や内部の人間，搭載機器などを保護するため，外部の先端部に合成樹脂などの被膜を施し，その融解・昇華による潜熱を利用するものである．1960年代，アポロ宇宙船の指令船が大気圏に再突入する際，円錐形の司令船が炎に包まれながら底面より大気圏に再突入する場面をテレビなどで見たことがあるだろう．これは，司令船底面に設置したアブレーション材が融解・気化し，その際に潜熱として周囲の発熱を吸収すると同時に，気化したガスにより断熱層を形成し宇宙船内部に熱が伝わることを防いでいる．(図 5.56 参照)

このような目的で用いられるアブレーション物質には，テフロンやフェノール樹脂，石英などのほか，異方性グラファイトなどが用いられる．アブレーションにおける伝熱過程では，アブレーション物質の融解や蒸発，あるいは昇華(sublimation)による熱吸収のほか，物質の熱伝導による熱エネルギーの分散放熱，ふく射による放熱，アブレーション物質が物体表面の境界層内に拡散することによる伝熱量の低減，アブレーション物質と大気の化学反応などが同時に進行しており，この現象を厳密に取り扱うことは難しい．

図 5.56　宇宙機再突入における空力摩擦による熱発生（提供：JAXA）

===== 練習問題 =========================

【5・1】 Calculate the bubble diameter at departure for water using equation (5.25) when the degree of superheating is 10 K under atmospheric pressure. Assume that the contact angle is 50°.

【5・2】 10 MPa の飽和水を 250 kW/m^2 の熱流束で加熱するとき，伝熱面温度および熱伝達率はいくらになるか．Rohsenow の式を使って求めよ．伝熱面の材質は銅とする．

【5・3】 Estimate the film boiling heat transfer coefficient for a horizontal surface facing upward at a surface temperature of 500°C. The fluid is saturated water at 10MPa and the surface emissivity is 0.68.

【5・4】 Saturated steam at 1 atm is exposed to a vertical plate 0.5 m wide at a uniform temperature of 60 ℃. Estimate the local heat transfer coefficient and condensation volume rate 20 cm from the top end.

【5・5】 Saturated steam at 1 atm condenses on the outer surface of a horizontal tube with an outer diameter of 25 mm and a uniform temperature of 60 ℃. Determine the required length of the tube in order to obtain a condensation rate of 15 kg/h.

【5・6】 1気圧の飽和水蒸気中に水平に置かれた銅管（外径100 mm，内径92 mm，長さ1 m）の表面温度が94 ℃で一定に保たれている．銅管内を流れる冷却水の管出入り口における温度差を5 ℃に保つためには，冷却水の流量をいくらにすればよいか．ただし，銅管の表面温度は一定と仮定する．

【解答】

1. 2.618 mm
2. 315 ℃, 65.66 kW/(m^2·K)
3. 914.5 W/(m^2·K)

4. 4.852 kW/(m^2·K)， 1.18×10^{-5} m^3/s
5. 0.356 m
6. 0.904 kg/s

第5章の文献

(1) 日本機械学会編，沸騰熱伝達と冷却，(1989)，日本工業出版．
(2) 日本機械学会編，伝熱ハンドブック，(1993)，日本機械学会．
(3) 西川・藤田，伝熱工学の進展，2，核沸騰，(1974)，養賢堂．
(4) Van. P. Carey, *Liquid-Vapor Phase-Change Phenomena*, (1992), Hemisphere Pub. Corp.

(5) 日本機械学会編，沸騰熱伝達，(1964)，日本機械学会.

(6) J.G. Collier, *Convective Boiling and Condensation*, (1972), McGraw-Hill

(7) H. Herkenrath 他，*Europäishce Atomgemeinschaft*, EUR3658d, (1967).

(8) H. S. Carslaw and J. C. Jager, *Conduction of Heat in Solid*, (1959), Oxford University Press.

(9) K. C. Cheng and N. Seki, *Freezing and Melting Heat Transfer in Engineering: Selected Topics on Ice-Water System and Welding and Casting Process*, (1991), Hemisphere Publishing Co..

第 6 章

物質伝達

Mass Transfer

6・1　混合物と物質伝達 (mixture and mass transfer)

6・1・1　物質伝達とは (what is mass transfer?)

物体の内部または物体間に温度差があると熱の移動が生じる．同様に，混合物(mixture)の場合，物質の内部に成分の偏り，すなわち濃度(concentration)の差があると物質の移動が起こる．これを物質伝達(mass transfer)または物質移動といい，化学工学では後者がよく用いられる．コーヒーの中に入れた角砂糖が溶け周囲に行き渡る，芳香剤の香りが部屋中に拡がる，風呂に入れた入浴剤や水に入れたインクが水中に拡がる（図 6.1），熱帯魚の水槽に空気を吹き込むと水槽内の水全体の溶存空気量が維持される，加湿器によって乾燥した部屋の空気の湿度が上がる，汗で濡れたシャツが徐々に乾いていく，などは物質伝達が関連する身近な例である．工業上のプロセスでは，分離(separation)，抽出(extraction)，精製(purification)，乾燥(drying)など物質伝達が性能を左右するプロセスは多い．また，このような化学工業プロセスに限らず，機械工学が対象とする機器やプロセスでも物質伝達を考慮しなければならない場合が少なくない．我々の身近なエアコンには，最近，多成分の冷媒(refrigerant)が使われており，室内機や室外機の中の熱交換器では，多成分混合物の沸騰や凝縮が生じている．大型の冷水製造設備として使用されている吸収冷凍機（図 6.2）の主要部である吸収器では，臭化リチウム水溶液中に水蒸気が吸収され，再生器では逆に沸騰により水蒸気が発生して水溶液が濃縮される．このような多成分混合物の相変化過程では，物質伝達が熱伝達に及ぼす影響を考慮する必要がある．なお，パイプラインの中を流体がポンプで移送されるような場合を物質伝達とは呼ばない．物質伝達とは，あくまで混合物内の濃度差あるいは濃度分布に起因する各成分の物質の移動のことをさす．

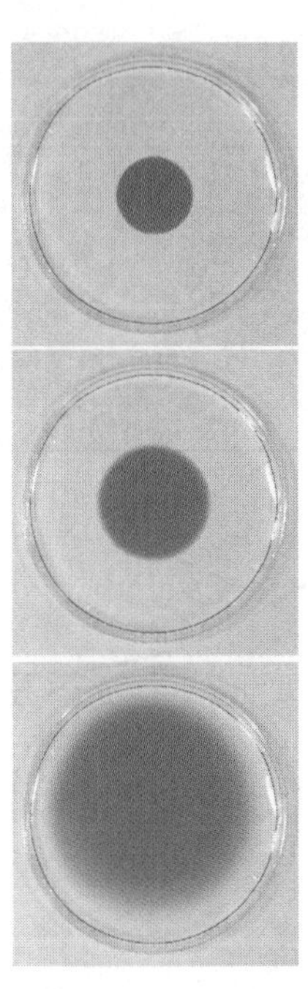

図 6.1　水の中に落としたインクが広がる様子

図 6.2　大型吸収冷凍機

6・1・2　物質伝達の物理 (physics of mass transfer)

2 種類の等温等圧の気体が容器内に隔壁で隔てられている場合を考える．図 6.3 にこの隔壁を取り除いた後の様子の変化を示す．気体の分子は高速で移動するが，すぐ別の分子と衝突しその移動方向が変わる．その結果，分子の移動距離は非常に短く，かつ，ある方向に移動する確率は全ての方向で等しくなる．したがって，図 6.3 のように隔壁を取り除いた直後の隔壁面を考えると，この面を単位時間あたりに左から右に通過する分子はほとんど A であり，逆に右から左に移動する分子は B である．ゆえに，ある時間経過後には図の右側の分子 A の数，図の左側の分子 B の数が増え，図 6.3 の下図のように変化する．しかしこの場合でも，ある仮想面の左側では分子 A が多く，右側では分子 B が多い．したがって，単位時間あたりに仮想面を横切るそれぞれの分子の正味の移動は A については左から右，B については右から左となる．そして，十分時間が経った後には濃度は一様になり正味の分子の移動はなくなる．このような分子の**無秩序運動**(random motion)による物質の移動を**拡散**(diffusion)または**分子拡散**(molecular diffusion)という．分子レベルでは分子の存在確率は時間的にも空間的に変動するが，ある断面について微小幅を有する検査体積を考え，ある時間間隔で平均するとマクロな量としてモル分率が求められる．このモル分率すなわち濃度の場所による違いが，物質伝達の**駆動力**(driving force)になる．

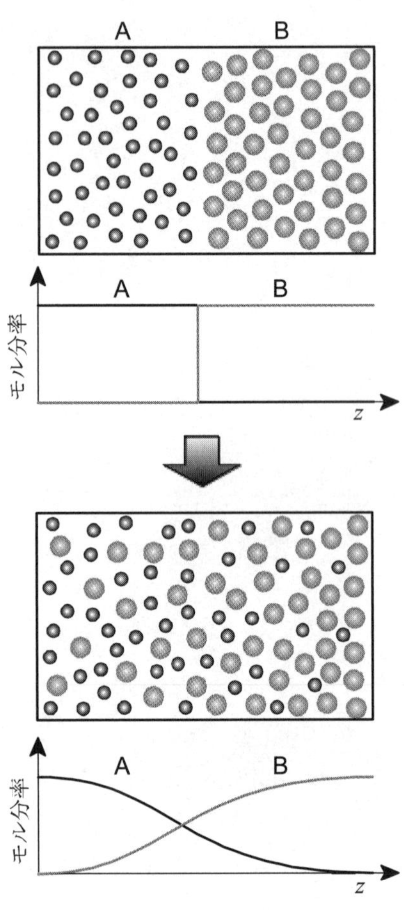

図 6.3　二成分気体の相互拡散

6･1･1 項で記した身近な例のように，拡散は液体中あるいは固体中でも生じる．しかし，物質伝達は分子間の距離とその動きやすさに強く依存するため，物質伝達の速度は気体中では速く，固体中では極めて遅い．固体中の拡散が重要な例は，合金製造などの冶金分野，あるいは半導体製造過程の不純物の拡散などに見られる．熱電対は異種金属の界面で生じる熱起電力を利用して温度測定を行うセンサであるが，界面近傍での固体内拡散により熱起電力特性が経時変化を起こすことがあり，高温で長期間測定を行う場合には特に注意を要する．

分子拡散は熱の拡散現象である熱伝導に対応した現象であり，後述の 6･2 節で示すように熱伝導と同じ形の方程式で表される．一方，対流熱伝達に対応して，固体面から流動する流体への物質伝達を**対流物質伝達**(convective mass transfer)と呼ぶ．この場合には分子拡散に加えて流体塊の混合による物質伝達が影響を及ぼすようになってくる．

6・1・3　濃度の定義 (definition of concentrations)

合計で n 個の化学種(species)から成る混合物を考える．混合物中の i 番目の種の**モル濃度**(molar concentration)を C_i (kmol/m^3)，**質量濃度**(mass concentration, mass density)を ρ_i (kg/m^3) とすると，これらの量の間には以下の関係がある．

$$\rho_i = M_i C_i \tag{6.1}$$

ここに，M_i は分子量 (kg/kmol) を表す．混合物全体のモル濃度 C (kmol/m^3) すなわち単位体積当たりの全分子（モル）数，および密度 ρ (kg/m^3) は，それぞれ次のように各成分の和で求められる．

$$C = \sum_{i=1}^{n} C_i \qquad \text{および} \qquad \rho = \sum_{i=1}^{n} \rho_i \qquad (6.2),\ (6.3)$$

表 6.1　濃度

質量濃度：ρ_i (kg/m^3)
モル濃度：C_i (kmol/m^3)

表 6.2　質量分率とモル分率

質量分率：$\omega_i = \dfrac{\rho_i}{\rho}$
モル分率：$x_i = \dfrac{C_i}{C}$

一方，混合物中の各成分の量を全体に対する成分 i の割合として定義するとわかりやすく，**モル分率**(mole fraction) x_i は

$$x_i = \frac{C_i}{C} \tag{6.4}$$

質量分率(mass fraction) ω_i は

$$\omega_i = \frac{\rho_i}{\rho} \tag{6.5}$$

と表される．式(6.2)および式(6.3)より，

$$\sum_{i=1}^{n} x_i = 1 \qquad \text{および} \qquad \sum_{i=1}^{n} \omega_i = 1 \tag{6.6), (6.7}$$

である．

理想気体の混合物の場合には，それぞれの成分気体の分圧(partial pressure) p_i (Pa)に対して理想気体の状態方程式が成り立つ．したがって，

$$C_i = \frac{p_i}{R_0 T} \qquad \text{および} \qquad \rho_i = \frac{p_i}{R_i T} \tag{6.8), (6.9}$$

である．ここに，$R_0 = 8.314$ kJ/(kmol・K) は一般気体定数(universal gas constant)，$R_i\,(= R_0 / M_i)$ (kJ/(kg・K)) は成分 i の気体定数(gas constant)である．全圧(total pressure)を p とするとドルトンの法則(Dalton's law)より，

$$p = \sum_{i=1}^{n} p_i \tag{6.10}$$

であるので，式(6.4)および式(6.8)より，

$$x_i = \frac{p_i}{p} \tag{6.11}$$

となる．

6・1・4　速度と流束の定義 (definitions of velocities and fluxes)

物質伝達が生じる際には，各成分は異なる速度で移動する．$\boldsymbol{v}_i$ を成分 i の移動速度とすると，$\boldsymbol{v}_i$ に垂直な断面を単位面積あたり単位時間あたりに通過する成分 i のモル量および質量，すなわちモル流束(molar flux) $\dot{\boldsymbol{N}}_i$ (kmol/(m^2・s)) および質量流束(mass flux) $\dot{\boldsymbol{n}}_i$ (kg/(m^2・s)) はそれぞれ以下のように表される．

$$\dot{\boldsymbol{N}}_i = C_i \boldsymbol{v}_i \qquad \text{および} \qquad \dot{\boldsymbol{n}}_i = \rho_i \boldsymbol{v}_i \tag{6.12), (6.13}$$

したがって，全ての成分のモル流束および質量流束はそれぞれ

$$\dot{\boldsymbol{N}} = \sum_{i=1}^{n} C_i \boldsymbol{v}_i \qquad \text{および} \qquad \dot{\boldsymbol{n}} = \sum_{i=1}^{n} \rho_i \boldsymbol{v}_i \tag{6.14), (6.15}$$

で求められる．なお，$\boldsymbol{v}_i$，$\dot{\boldsymbol{N}}_i$，$\dot{\boldsymbol{N}}$，$\dot{\boldsymbol{n}}_i$，$\dot{\boldsymbol{n}}$はいずれも局所のベクトル量であることに注意しなければならない．これらの量に基づいて全成分の平均速度が次のように定義できる．

$$\boldsymbol{V} = \frac{\sum_{i=1}^{n} C_i \boldsymbol{v}_i}{\sum_{i=1}^{n} C_i} = \frac{\dot{\boldsymbol{N}}}{C} \qquad \text{および} \qquad \boldsymbol{v} = \frac{\sum_{i=1}^{n} \rho_i \boldsymbol{v}_i}{\sum_{i=1}^{n} \rho_i} = \frac{\dot{\boldsymbol{n}}}{\rho} \tag{6.16), (6.17}$$

$\boldsymbol{V}$ (m/s) をモル平均速度(molar-average velocity)，$\boldsymbol{v}$ (m/s) を質量平均速度(mass-average velocity)という．この章では，この平均速度をバルク速度(bulk velocity)，全体が平均としてこの速度で移動することをバルクの移動と呼ぶことにする．バルク速度は，ポンプ駆動で物質が輸送されるような場合には，その平均速度に相当する．

物質伝達の場合には，各成分間の相対的な移動が重要になる．そこで，各成分の物質流束をバルクの移動に対して以下のように表す．

$$\boldsymbol{J}_i = C_i(\boldsymbol{v}_i - \boldsymbol{V}) \qquad \text{および} \qquad \boldsymbol{j}_i = \rho_i(\boldsymbol{v}_i - \boldsymbol{v}) \tag{6.18), (6.19}$$

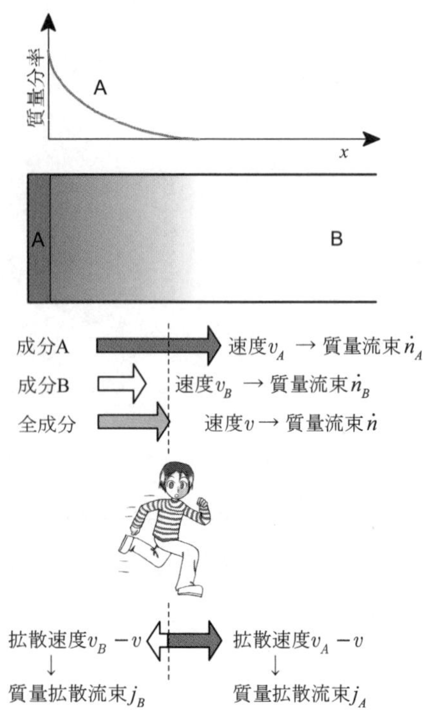

図 6.4　平均速度と相対速度

ここに，$\boldsymbol{J}_i$ (kmol/(m^2·s)) はモル平均速度に対するモル流束すなわち**モル拡散流束**(molar diffusion flux)，$\boldsymbol{j}_i$ (kg/(m^2·s)) は質量平均速度に対する質量流束すなわち**質量拡散流束**(mass diffusion flux)である．また，$\boldsymbol{v}_i - \boldsymbol{V}$ をモル平均速度に対する成分iの**拡散速度**(diffusion velocity)といい，$\boldsymbol{v}_i - \boldsymbol{v}$ を質量平均速度に対する成分iの拡散速度という．図 6.4 に 2 成分の場合の速度の関係を示している．

式(6.12)，(6.16)および(6.18)より次式の関係が導かれる．

$$\dot{\boldsymbol{N}}_i = \boldsymbol{J}_i + x_i \dot{\boldsymbol{N}} \tag{6.20}$$

同様に式(6.13)，(6.17)および(6.19)より，

$$\dot{\boldsymbol{n}}_i = \boldsymbol{j}_i + \omega_i \dot{\boldsymbol{n}} \tag{6.21}$$

が得られる．式(6.20)または式(6.21)より，静止座標系から見た場合の各成分の移動（流束）は，混合物の平均的な移動による分と，その平均速度に対して相対的に移動する分，すなわち拡散による分の和で表わされることがわかる．また，成分 $i=1$ から $i=n$ までの式(6.20)の総和をとると，

$$\sum_{i=1}^{n} \boldsymbol{J}_i = 0 \tag{6.22}$$

が得られ，同様に式(6.21)より，

$$\sum_{i=1}^{n} \boldsymbol{j}_i = 0 \tag{6.23}$$

となる．

表 6.4 に濃度，速度，物質流束，拡散流束の定義およびそれらの相互関係をまとめて示す．

表 6.3　拡散流束

質量拡散流束：$\boldsymbol{j}_i = \dot{\boldsymbol{n}}_i - \omega_i \dot{\boldsymbol{n}}$
モル拡散流束：$\boldsymbol{J}_i = \dot{\boldsymbol{N}}_i - x_i \dot{\boldsymbol{N}}$

6・2　物質拡散 (diffusion mass transfer)

6・2・1　フィックの拡散法則 (Fick's law of diffusion)

物質伝達に直接関係する量は分子の数であるため，モル量による定義のほうが直感的であり，化学工学ではよく用いられる．しかし，機械工学の分野では質量を求める場合が多いので，本書では原則として質量を基本単位とした量で表すことにする．

成分 A および B の 2 成分混合物中における成分 A の拡散は次式で表わされる．

$$\boldsymbol{j}_A = -\rho D_{AB} \nabla \omega_A \tag{6.24}$$

この関係式は**フィックの拡散法則**(Fick's law of diffusion)と呼ばれ，拡散流束が濃度こう配に比例することを表している．その比例定数 D_{AB} は**拡散係数**(diffusion coefficient, mass diffusivity)と呼ばれ (m^2/s) の単位を有する．上式の関係が，熱伝導におけるフーリエの法則（式(2.1)）と同形であるのは，6・1・2 項で述べたように物質拡散が分子間の相互作用に基づいているからである．しかし，左辺が**静止座標に対する質量流束ではなく相対速度に基づく拡散流束**であることに注意をしておく必要がある．拡散が z 方向の 1 次元拡散である場合には，式(6.24)は次式のように書き表される．

表 6.4　濃度，速度，物質流束の定義と相互関係

		質量基準	モル基準	相互関係
濃　度	成分 i	ρ_i [kg/m^3]	C_i [kmol/m^3]	$\rho_i = M_i C_i$
	総和	$\rho = \sum \rho_i$	$C = \sum C_i$	$\rho = MC$ （平均分子量 $M = \sum x_i M_i$ ）
濃度分率	成分 i	$\omega_i = \rho_i / \rho$	$x_i = C_i / C$	$\omega_i = \dfrac{x_i M_i}{\sum x_i M_i} = \dfrac{x_i M_i}{M}$ $x_i = \dfrac{\omega_i / M_i}{\sum(\omega_i / M_i)} = \dfrac{M\omega_i}{M_i}$
	総和	$\sum \omega_i = 1$	$\sum x_i = 1$	
移動速度	成分 i	$\boldsymbol{v}_i$ [m/s]	同左	
	平均	$\boldsymbol{v} = \dfrac{\sum \rho_i \boldsymbol{v}_i}{\sum \rho_i}$ $= \sum \omega_i \boldsymbol{v}_i$ $= \dot{\boldsymbol{n}} / \rho$	$\boldsymbol{V} = \dfrac{\sum C_i \boldsymbol{v}_i}{\sum C_i}$ $= \sum x_i \boldsymbol{v}_i$ $= \dot{\boldsymbol{N}} / C$	$\boldsymbol{v} - \boldsymbol{V} = \sum \boldsymbol{v}_i (\omega_i - x_i)$ $= \sum \omega_i (\boldsymbol{v}_i - \boldsymbol{V})$ $= -\sum x_i (\boldsymbol{v}_i - \boldsymbol{v})$
物質流束	成分 i	$\dot{\boldsymbol{n}}_i = \rho_i \boldsymbol{v}_i$ [kg/(m$^2\cdot$s)]	$\dot{N}_i = C_i \boldsymbol{v}_i$ [kmol/(m$^2\cdot$s)]	$\dot{\boldsymbol{n}}_i = M_i \dot{\boldsymbol{N}}_i$
	総和	$\dot{\boldsymbol{n}} = \sum \rho_i \boldsymbol{v}_i$ $= \sum \dot{\boldsymbol{n}}_i$	$\dot{\boldsymbol{N}} = \sum C_i \boldsymbol{v}_i$ $= \sum \dot{\boldsymbol{N}}_i$	$\dot{\boldsymbol{n}} = \sum M_i \dot{\boldsymbol{N}}_i$ $\dot{\boldsymbol{N}} = \sum (\dot{\boldsymbol{n}}_i / M_i)$ $\dot{\boldsymbol{n}} = M\dot{\boldsymbol{N}}$
拡散流束	成分 i	$\boldsymbol{j}_i = \rho_i (\boldsymbol{v}_i - \boldsymbol{v})$ $= \dot{\boldsymbol{n}}_i - \omega_i \dot{\boldsymbol{n}}$ [kg/(m$^2\cdot$s)]	$\boldsymbol{J}_i = C_i (\boldsymbol{v}_i - \boldsymbol{V})$ $= \dot{\boldsymbol{N}}_i - x_i \dot{\boldsymbol{N}}$ [kmol/(m$^2\cdot$s)]	$\dfrac{\boldsymbol{j}_i}{\rho_i} - \dfrac{\boldsymbol{J}_i}{C_i} = \boldsymbol{V} - \boldsymbol{v}$
	総和	$\sum \boldsymbol{j}_i = 0$	$\sum \boldsymbol{J}_i = 0$	

$$j_A = -\rho D_{AB} \frac{\mathrm{d}\omega_A}{\mathrm{d}z} \tag{6.25}$$

一方，ρ が一定の場合には，式(6.24)は次式のように書き直される．

$$\boldsymbol{j}_A = -D_{AB} \nabla \rho_A \tag{6.26}$$

式(6.26)は，系内に大きな温度分布が存在し，それが原因で ρ が変化するような場合には適用できないことに注意を要する．

実際の問題では，固体表面や気液界面における物質伝達量，すなわち静止座標に対する値を必要とする．式(6.21)に式(6.24)を代入すると次式を得る．

$$\dot{\boldsymbol{n}}_A = -\rho D_{AB} \nabla \omega_A + \omega_A \dot{\boldsymbol{n}} \tag{6.27}$$

また，成分 B の拡散流束も式(6.24)と同様に表される．

$$\boldsymbol{j}_B = -\rho D_{BA} \nabla \omega_B \tag{6.28}$$

式(6.23)に式(6.24)および(6.28)を代入し，式(6.7)より導かれる

$$\nabla \omega_A = -\nabla \omega_B \tag{6.29}$$

の関係を用いると，

$$D_{AB} = D_{BA} \tag{6.30}$$

であることがわかる．

3 成分あるいはそれ以上の混合物の場合には，物質伝達はすべての成分の

表 6.5　フィックの法則

$$\boldsymbol{j}_A = -\rho D_{AB} \nabla \omega_A$$

$$\dot{\boldsymbol{n}}_A = -\rho D_{AB} \nabla \omega_A + \omega_A \dot{\boldsymbol{n}}$$

$$\boldsymbol{J}_A = -C D_{AB} \nabla x_A$$

$$\dot{\boldsymbol{N}}_A = -C D_{AB} \nabla x_A + x_A \dot{\boldsymbol{N}}$$

濃度こう配に複雑に依存する．しかし，成分iの拡散をi以外の混合物に対する有効拡散係数(effective binary diffusion coefficient) D_{im} (m^2/s) を用いて2成分の場合と同様に取り扱うことが多い．

6・2・2　拡散係数 (diffusion coefficient)

拡散係数は成分の組み合わせに依存する物性値(property)であり，一般に温度，圧力および濃度の影響を受ける．

気体の場合，拡散係数の濃度に対する依存性は小さく，理想気体の場合には，分子運動論より，

$$D_{AB} \sim p^{-1} T^{3/2} \tag{6.31}$$

であることが示されている．実在気体の拡散係数も温度とともに増加する(図6.5参照)．一方，液体の場合には拡散係数の圧力に対する依存性はあまりない．しかし，温度とともに増加するだけでなく，より強い濃度依存性を示すのが一般的である．ただし，表6.6に示すように，その濃度依存性は複雑である．拡散係数を理論的に予測する試みも行われているが，実際に物質伝達を計算する際には，気体，液体，固体によらず実験値あるいはそれに基づいた整理式を用いる必要がある．

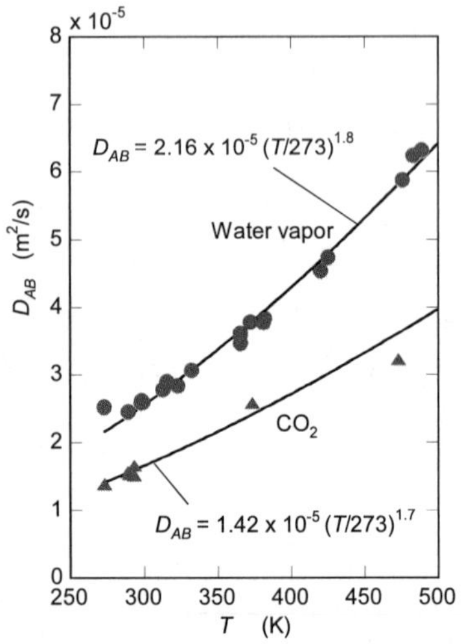

図6.5　1 atmの空気に対する拡散係数の温度依存性(6)

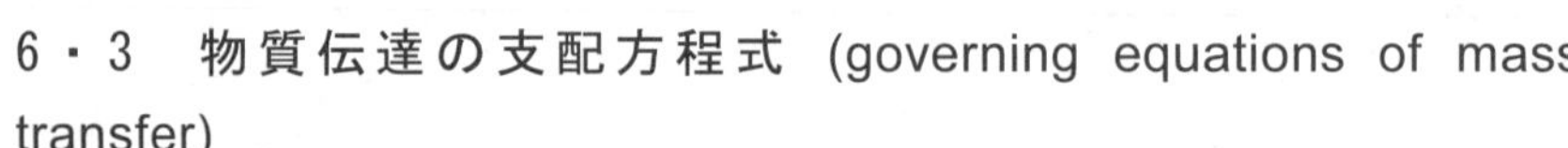

6・3　物質伝達の支配方程式 (governing equations of mass transfer)

6・3・1　化学種の保存 (conservation of species)

第2章や第3章で学んだ伝熱解析において重要な考え方は検査体積についてのエネルギー保存則であった．同様に，物質伝達で重要なのは各成分の質量保存すなわち化学種の保存則（the law of conservation of species）である．いま，図6.6に示す2成分A，Bの混合物から成る系において，直交座標系で定義された微小検査体積dxdydzを考える．この検査体積に単位時間あたりに流入する成分Aの質量は，$\dot{n}_{A,x}dydz$，$\dot{n}_{A,y}dxdz$，$\dot{n}_{A,z}dxdy$であり，流出する

表6.6　25℃における水溶液の相互拡散係数(3)

(a) 二成分液体の場合

液　体	液体のモル分率 (%)					
	0	20	40	60	80	100
アセトン	1.28×10^{-9}	0.62	0.67	1.13	2.33	4.56
エタノール	1.24×10^{-9}	0.41	0.42	0.63	0.93	1.13

左欄にならってすべて$\times 10^{-9}$，単位はm^2/s

(b) 電解質水溶液の場合

電解質	電解質濃度 (mol/ℓ)						
	0	0.05	0.1	0.5	1.0	2.0	3.0
塩化カリウム	1.994×10^{-9}	1.863	1.843	1.835	1.876	2.011	2.110
塩化カルシウム	1.335×10^{-9}	1.220	1.110	1.140	1.203	1.307	1.265
塩化ナトリウム	1.612×10^{-9}	1.506	1.484	1.474	1.483	1.514	1.544
臭化リチウム	1.377×10^{-9}	1.300	1.279	1.328	1.404	1.542	1.650

左欄にならってすべて$\times 10^{-9}$，単位はm^2/s

質量は

$$\dot{n}_{A,x+\mathrm{d}x}\mathrm{d}y\mathrm{d}z = \left(\dot{n}_{A,x} + \frac{\partial \dot{n}_{A,x}}{\partial x}\mathrm{d}x\right)\mathrm{d}y\mathrm{d}z \tag{6.32}$$

$$\dot{n}_{A,y+\mathrm{d}y}\mathrm{d}x\mathrm{d}z = \left(\dot{n}_{A,y} + \frac{\partial \dot{n}_{A,y}}{\partial y}\mathrm{d}y\right)\mathrm{d}x\mathrm{d}z \tag{6.33}$$

$$\dot{n}_{A,z+\mathrm{d}z}\mathrm{d}x\mathrm{d}y = \left(\dot{n}_{A,z} + \frac{\partial \dot{n}_{A,z}}{\partial z}\mathrm{d}z\right)\mathrm{d}x\mathrm{d}y \tag{6.34}$$

である．もし，**均質化学反応**(homogeneous chemical reaction)によって成分Aの生成がある場合には，検査体積内の生成量は $\dot{n}_{A,\mathrm{gen}}\mathrm{d}x\mathrm{d}y\mathrm{d}z$ になる．ここに，$\dot{n}_{A,\mathrm{gen}}$ (kg/(m^3・s)) は成分Aの単位時間単位体積当たりの**生成速度**(production rate)である．さらに，単位時間あたり検査体積内に貯まる量は $(\partial\rho_A/\partial t)\mathrm{d}x\mathrm{d}y\mathrm{d}z$ である．

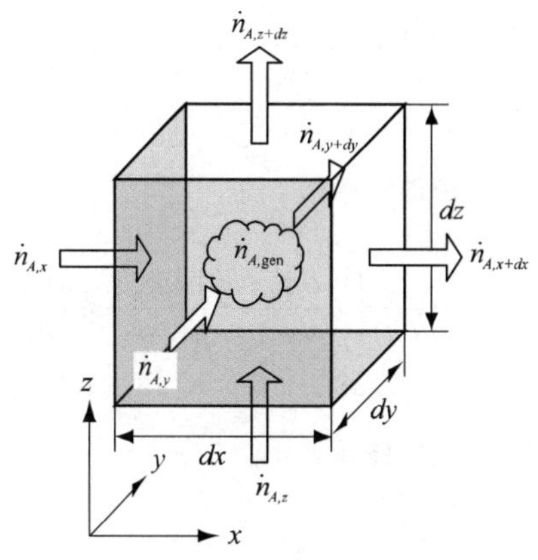

図 6.6　検査体積への成分 A の出入り

これら全ての収支をとると，最終的に次式が得られる．

$$\frac{\partial\rho_A}{\partial t} + \frac{\partial \dot{n}_{A,x}}{\partial x} + \frac{\partial \dot{n}_{A,y}}{\partial y} + \frac{\partial \dot{n}_{A,z}}{\partial z} = \dot{n}_{A,\mathrm{gen}} \tag{6.35}$$

この式を成分 A の**連続の式**(equation of continuity)といい，ベクトル表示をすると次式のようになる．

$$\frac{\partial\rho_A}{\partial t} + (\nabla\cdot\dot{\boldsymbol{n}}_A) = \dot{n}_{A,\mathrm{gen}} \tag{6.36}$$

成分 B についても同様な式が成り立つ．

$$\frac{\partial\rho_B}{\partial t} + \frac{\partial \dot{n}_{B,x}}{\partial x} + \frac{\partial \dot{n}_{B,y}}{\partial y} + \frac{\partial \dot{n}_{B,z}}{\partial z} = \dot{n}_{B,\mathrm{gen}} \tag{6.37}$$

式(6.36)と式(6.37)の和をとり，化学反応による各成分の生成量の総和は 0，すなわち

$$\dot{n}_{A,\mathrm{gen}} + \dot{n}_{B,\mathrm{gen}} = 0 \tag{6.38}$$

であることを考慮すると，混合物全体に対する連続の式が得られる．

$$\frac{\partial\rho}{\partial t} + \frac{\partial \dot{n}_x}{\partial x} + \frac{\partial \dot{n}_y}{\partial y} + \frac{\partial \dot{n}_z}{\partial z} = 0 \tag{6.39a}$$

または

$$\frac{\partial\rho}{\partial t} + \frac{\partial(\rho u)}{\partial x} + \frac{\partial(\rho v)}{\partial y} + \frac{\partial(\rho w)}{\partial z} = 0 \tag{6.39b}$$

ここに，u，v，w はそれぞれ x，y，z 方向のバルク速度である．

式(6.35)に式(6.27)を代入すると，

$$\frac{\partial\rho_A}{\partial t} + \frac{\partial}{\partial x}\left(\omega_A\dot{n}_x - \rho D_{AB}\frac{\partial\omega_A}{\partial x}\right) + \frac{\partial}{\partial y}\left(\omega_A\dot{n}_y - \rho D_{AB}\frac{\partial\omega_A}{\partial y}\right) + \frac{\partial}{\partial z}\left(\omega_A\dot{n}_z - \rho D_{AB}\frac{\partial\omega_A}{\partial z}\right) = \dot{n}_{A,\mathrm{gen}} \tag{6.40a}$$

または

$$\frac{\partial\rho_A}{\partial t} + \frac{\partial}{\partial x}\left(\rho_A u - \rho D_{AB}\frac{\partial\omega_A}{\partial x}\right) + \frac{\partial}{\partial y}\left(\rho_A v - \rho D_{AB}\frac{\partial\omega_A}{\partial y}\right) + \frac{\partial}{\partial z}\left(\rho_A w - \rho D_{AB}\frac{\partial\omega_A}{\partial z}\right) = \dot{n}_{A,\mathrm{gen}} \tag{6.40b}$$

表 6.7　様々な座標系における成分 A の連続の式（ρ および D_{AB} が一定の場合）

直交座標系：

$$\frac{\partial \rho_A}{\partial t}+\left(u\frac{\partial \rho_A}{\partial x}+v\frac{\partial \rho_A}{\partial y}+w\frac{\partial \rho_A}{\partial z}\right)-D_{AB}\left(\frac{\partial^2 \rho_A}{\partial x^2}+\frac{\partial^2 \rho_A}{\partial y^2}+\frac{\partial^2 \rho_A}{\partial z^2}\right)=\dot{n}_{A,\text{gen}}$$

円筒座標系：

$$\frac{\partial \rho_A}{\partial t}+\left(u\frac{\partial \rho_A}{\partial r}+v\frac{1}{r}\frac{\partial \rho_A}{\partial \theta}+w\frac{\partial \rho_A}{\partial z}\right)-D_{AB}\left[\frac{1}{r}\frac{\partial}{\partial r}\left(r\frac{\partial \rho_A}{\partial r}\right)+\frac{1}{r^2}\frac{\partial^2 \rho_A}{\partial \theta^2}+\frac{\partial^2 \rho_A}{\partial z^2}\right]=\dot{n}_{A,\text{gen}}$$

球座標系：

$$\frac{\partial \rho_A}{\partial t}+\left(u\frac{\partial \rho_A}{\partial r}+v\frac{1}{r}\frac{\partial \rho_A}{\partial \theta}+w\frac{1}{r\sin\theta}\frac{\partial \rho_A}{\partial \phi}\right)-D_{AB}\left[\frac{1}{r^2}\frac{\partial}{\partial r}\left(r^2\frac{\partial \rho_A}{\partial r}\right)+\frac{1}{r^2\sin\theta}\frac{\partial}{\partial \theta}\left(\sin\theta\frac{\partial \rho_A}{\partial \theta}\right)+\frac{1}{r^2\sin^2\theta}\frac{\partial^2 \rho_A}{\partial \phi^2}\right]=\dot{n}_{A,\text{gen}}$$

この式を，成分 A に対する**拡散方程式**(diffusion equation)と呼ぶこともある．もし，ρ および D_{AB} が一定であるとみなせる場合には，バルクの連続の式(6.39b)を考慮すると，式(6.40b)は以下のように書き直すことができる．

$$\frac{\partial \rho_A}{\partial t}+\left(u\frac{\partial \rho_A}{\partial x}+v\frac{\partial \rho_A}{\partial y}+w\frac{\partial \rho_A}{\partial z}\right)-D_{AB}\left(\frac{\partial^2 \rho_A}{\partial x^2}+\frac{\partial^2 \rho_A}{\partial y^2}+\frac{\partial^2 \rho_A}{\partial z^2}\right)=\dot{n}_{A,\text{gen}} \tag{6.41}$$

さらに，物質の生成がなく，またバルクの運動がない，すなわち静止媒体の場合には

$$\frac{\partial \rho_A}{\partial t}=D_{AB}\left(\frac{\partial^2 \rho_A}{\partial x^2}+\frac{\partial^2 \rho_A}{\partial y^2}+\frac{\partial^2 \rho_A}{\partial z^2}\right) \tag{6.42}$$

となる．この式は**フィックの第 2 法則**(Fick's second law of diffusion)と呼ばれる．

なお，表 6.7 に様々な座標系における成分 A の連続の式をまとめて示す．これらは成分 A の保存則であり，物質の生成がない場合 ($\dot{n}_{A,gen}=0$) には，エネルギー保存の式(3.33), (3.37)と同じ形をしている．

6・3・2　境界条件 (boundary conditions)

拡散方程式は 2 階の偏微分方程式であるので，それを解いて濃度分布や物質伝達量を求めるためには初期条件と各座標軸ごとに二つの境界条件が必要である．境界条件の形式は，伝熱の場合と同様，下記の三つに分類される（2・1・4 項参照）．

最も簡単な境界条件は，次式のように境界面での濃度が与えられる場合であり，第 1 種の境界条件と呼ばれる．

$$z=0\ :\ x_A=x_{A0} \tag{6.43}$$

便宜的に境界面での濃度を既知であるとして解析する場合も多いが，気液界

面が飽和状態と考えられる場合には，界面の濃度が圧力と温度の関数として与えられる．吸収液中に気体が吸収される場合や，水蒸気が水面から空気中に拡散していく場合（図 6.7）などがこの例に相当する．液中への気体の溶解度が小さい場合には，**ヘンリーの法則**(Henry's law)に従って気液界面の濃度は次式のように定められる．

$$x_A = \frac{p_A}{H_A} \tag{6.44}$$

ここに，p_Aは気体中の成分 A の分圧，H_Aは**ヘンリーの定数**(Henry's constant)(Pa)である．

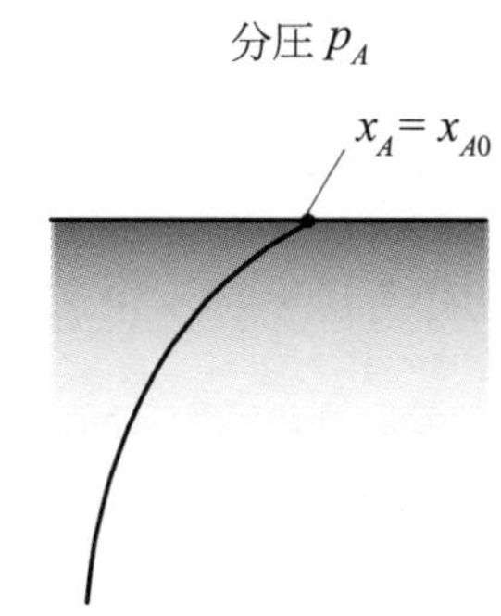

図 6.7　表面での濃度が規定される境界条件

境界条件の 2 つめは，界面での質量流束が与えられる場合である．この場合には，例えば，

$$z=0\ :\ j_A = j_{A0} = -\rho D_{AB}\left.\frac{\partial \omega_A}{\partial z}\right|_{z=0} \tag{6.45}$$

などと表される（図 6.8）．電気加熱のヒータを物体に接触させた場合の熱伝導の境界条件はこの第 2 種の境界条件で表わされるが，物質伝達においては物質流束が予め与えられる場合は少ない．ただし，界面で成分 A の移動がない場合，および軸対称や面対称の現象の対称軸における境界条件は次式で表される（図 6.9）．

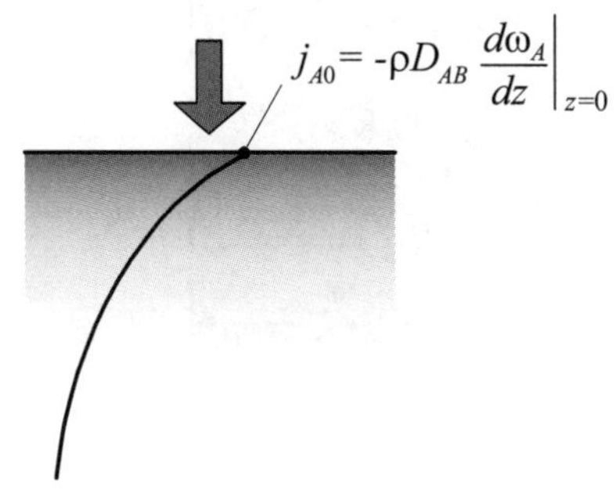

図 6.8　表面での流束が規定される境界条件

$$z=0\ :\ j = -\rho D_{AB}\left.\frac{\partial \omega_A}{\partial z}\right|_{z=0} = 0 \tag{6.46}$$

固体表面から周囲の流体に対流によって物質伝達が生じる場合には，その固体面での境界条件は

$$j_{A0} = h_m\left(\rho_{A0} - \rho_{A\infty}\right) \tag{6.47}$$

で表される（図 6.10）．ここに，j_{A0}は固体表面における成分 A の質量拡散流束，ρ_{A0}および$\rho_{A\infty}$はそれぞれ固体表面および主流における成分 A の質量濃度である．h_mは**物質伝達率**(mass transfer coefficient)と呼ばれる対流物質伝達の性能を表す係数であり，これについては 6・5 節で述べる．式(6.47)のように，境界条件が濃度と物質流束の両方で表されるような場合を第 3 種の境界条件という．

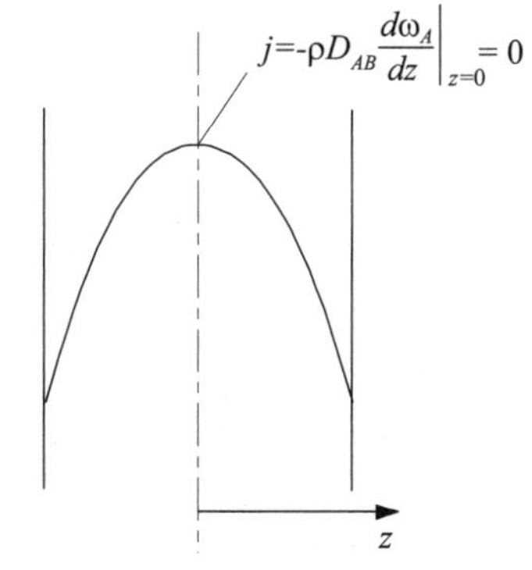

図 6.9　対称境界条件

6・4　物質拡散の例 (examples of mass diffusion)

6・4・1　静止媒体中の定常拡散 (steady-state diffusion in a stationary medium)

2 成分系の 1 次元拡散の場合には，式(6.27)は次式となる．

$$\dot{n}_A = -\rho D_{AB}\frac{\mathrm{d}\omega_A}{\mathrm{d}z} + \omega_A\left(\dot{n}_A + \dot{n}_B\right) \tag{6.48}$$

式(6.42)を導いた際にも用いた静止媒体という仮定は，バルクの運動がないことを表しており，いまの場合には

$$\dot{n} = \dot{n}_A + \dot{n}_B = 0 \tag{6.49}$$

であることに対応する．この場合には$\dot{n}_A = j_A$であり，式(6.48)と式(6.49)より，

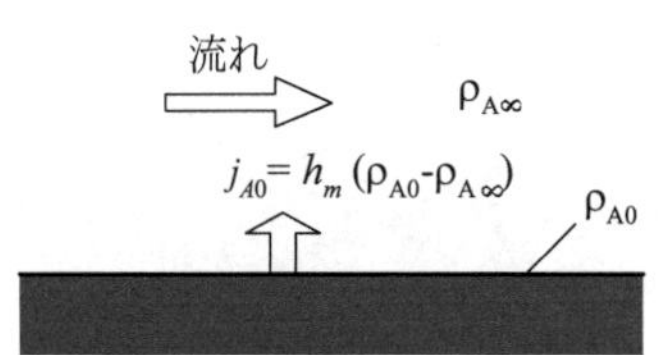

図 6.10　対流がある場合

$$n_A = -\rho D_{AB}\frac{\mathrm{d}\omega_A}{\mathrm{d}z} \tag{6.50}$$

となる．

(a) **固体中の気体の拡散**(gas diffusion in a solid)

式(6.50)は，$\omega_A \ll 1$ かつ $\dot{n}_B \approx 0$ の場合にも式(6.48)の良い近似となる．希薄混合気体や希薄溶液で，流体の動きが拡散流束に比べて非常に小さい場合や固体中の拡散の場合にはこの条件を満足する．いま，図 6.11 に示すように固体 B 中を気体 A が拡散する場合を考える．断面積 S，厚さ Δz の検査体積を考えると，定常状態における成分 A の質量保存は次式で表わされる．

$$S\dot{n}_A\big|_{z+\Delta z} - S\dot{n}_A\big|_z = 0 \tag{6.51}$$

したがって，以下の微分方程式を得る．

$$\frac{\mathrm{d}\dot{n}_A}{\mathrm{d}z} = 0 \tag{6.52}$$

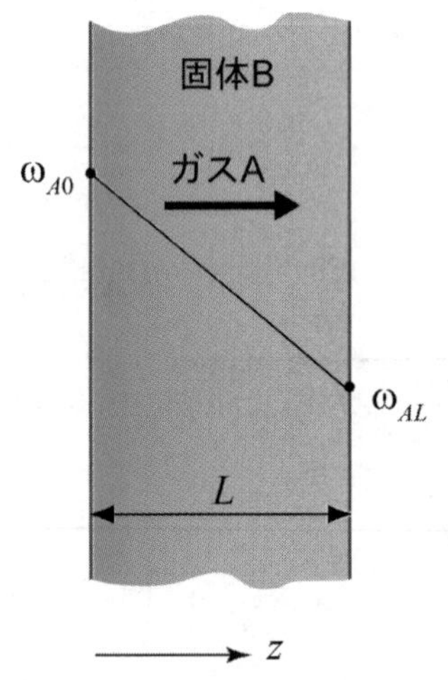

図 6.11　固体中の拡散

上式は，式(6.35)において，$\partial\rho_A/\partial t = 0$，$\dot{n}_{A,\mathrm{gen}} = 0$ としても導くことができる．式(6.50)を式(6.52)に代入すると，

$$\frac{\mathrm{d}}{\mathrm{d}z}\left(\rho D_{AB}\frac{\mathrm{d}\omega_A}{\mathrm{d}z}\right) = 0 \tag{6.53}$$

を得る．この式を，境界条件

$$z = 0\ :\ \omega_A = \omega_{A0} \tag{6.54}$$

$$z = L\ :\ \omega_A = \omega_{AL} \tag{6.55}$$

のもとに，$\rho =$ 一定，$D_{AB} =$ 一定と仮定して解くと，以下のような直線の濃度分布，および拡散流束が求められる．

$$\omega_A = (\omega_{AL} - \omega_{A0})\frac{z}{L} + \omega_{A0} \tag{6.56}$$

$$\dot{n}_A = -\rho D_{AB}\frac{\omega_{AL} - \omega_{A0}}{L} \tag{6.57}$$

この結果は，平板内の熱伝導の解と同じ形である．

【例題 6・1】 

水素の貯蔵容器に高圧の水素ガスが蓄えられている．厚さ 5 mm のステンレス壁の内表面における水素濃度が 2 kg/m^3 であった．外表面の水素濃度は無視できるとして拡散による水素の漏えい速度（流束）を求めよ．ただし，ステンレス中の水素の拡散係数は 0.26×10^{-12} m^2/s とする．

【解答】式(6.57)より

$$\dot{n}_A = -\rho D_{AB}\frac{\omega_{AL} - \omega_{A0}}{L} = -D_{AB}\frac{\rho_{AL} - \rho_{A0}}{L}$$

$$= -0.26\times10^{-12}\frac{-2}{0.005} = 1.04\times10^{-10}\ \mathrm{kg/(m^2\cdot s)} \tag{ex6.1}$$

＊＊＊＊＊＊＊＊＊＊＊＊＊＊＊＊＊＊＊＊＊＊＊＊

(b) **等モル相互拡散**(equimolar counterdiffusion)

図 6.12 に示すように，二つの大きな容器内に等温等圧の理想気体の混合気が入っており，その容器が流路でつながっている場合を考える．各容器内の濃

度はそれぞれ一定に保たれており（モル分率 $x_{A0} > x_{AL}$），その結果，容器 1 から容器 2 へ成分 A の移動が，また，その逆方向に成分 B の移動が生じる．ここでは，モル量を用いて現象を表すことにする．定常状態では，静止座標から見た全体の気体の移動はないので，

$$\dot{N} = \dot{N}_A + \dot{N}_B = 0 \tag{6.58}$$

である．したがって，この場合も式(6.50)を導いたのと同様，

$$\dot{N}_A = J_A + x_A\dot{N} = J_A = -CD_{AB}\frac{\mathrm{d}x_A}{\mathrm{d}z} \tag{6.59}$$

$$\dot{N}_B = J_B + x_B\dot{N} = J_B = -CD_{AB}\frac{\mathrm{d}x_B}{\mathrm{d}z} \tag{6.60}$$

であり，これらの式を式(6.58)に代入すると，

$$\frac{\mathrm{d}x_A}{\mathrm{d}z} = -\frac{\mathrm{d}x_B}{\mathrm{d}z} \tag{6.61}$$

が得られる．理想気体の場合には，各成分の分圧をそれぞれ p_A，p_B，全圧を p とすると $x_A = p_A/p$，$x_B = p_B/p$ であるので，

$$\frac{\mathrm{d}p_A}{\mathrm{d}z} = -\frac{\mathrm{d}p_B}{\mathrm{d}z} \tag{6.62}$$

となる．このような状態を**等モル相互拡散**(equimolar counterdiffusion)といい，モル分率および分圧は流路内で直線的に変化する．

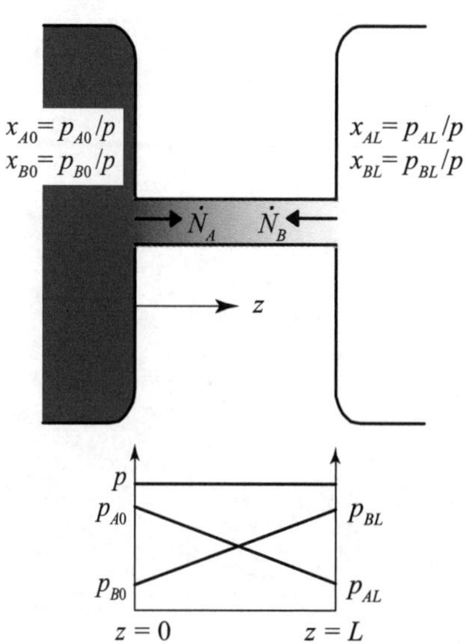

図 6.12　等モル相互拡散

次に，式(6.59)を D_{AB} = 一定と仮定して $z = 0$ から $z = L$ まで積分すると，C は z によらず一定であるので，

$$\dot{N}_A\int_0^L \mathrm{d}z = -CD_{AB}\int_{x_{A0}}^{x_{AL}} \mathrm{d}x_A \tag{6.63}$$

と表すことができる．したがって，拡散によるモル流束は次式で求められる．

$$\dot{N}_A = CD_{AB}\frac{x_{A0} - x_{AL}}{L} = D_{AB}\frac{C_{A0} - C_{AL}}{L} \tag{6.64}$$

ここに，C_{A0} および C_{AL} はそれぞれ $z = 0$ および $z = L$ における成分 A のモル濃度である．式(6.64)に理想気体の状態方程式(6.8)を代入すると次式が得られる．

$$\dot{N}_A = \frac{D_{AB}}{R_0T}\frac{p_{A0} - p_{AL}}{L} \tag{6.65}$$

よって，質量流束は次式で表される．

$$\dot{n}_A = \frac{\rho_A}{C_A}\dot{N}_A = M_A\dot{N}_A = \frac{D_{AB}}{R_AT}\frac{p_{A0} - p_{AL}}{L} \tag{6.66}$$

ここに，R_A は成分 A の気体定数である．

等モル相互拡散現象を質量で表すと，ρ が z に依存するため式(6.58)～(6.66)と全く同様な式の導出はできない．理想気体の仮定を用いる場合にはモル量を用いたほうが便利であり，対象に応じてモル量と質量を使いわけるとよい．

6・4・2　静止気体中の一方向拡散 (diffusion through a stagnant gas column)

図 6.13 に示すように，円筒容器の中で液体 A が気体 B 中へ蒸発している場

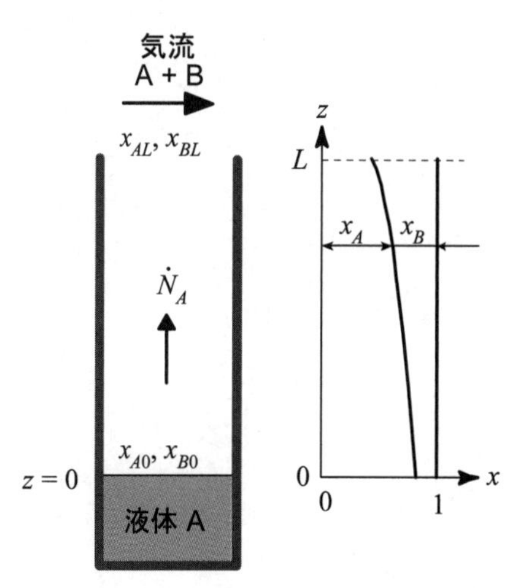

図 6.13　静止気体中の拡散

合を考える．系の圧力と温度は一定であり，何らかの方法で液面は $z=0$ に保たれているとする．また，液体中へのBの溶解はないものとする．容器の開放端 $z=L$ はAとBの2成分混合気体のゆっくりとした流れに曝されておりモル分率はそれぞれ x_{AL}，x_{BL} である．一方，液面では気液が平衡状態にあるので気体中のAのモル分率は平衡条件から定まる x_{A0} である．液体Aは蒸発して，$x_{A0}>x_{AL}$ の濃度差により気体B中を拡散する．この場合も，固体中の気体の拡散と同様，次式が成り立つ．

$$\frac{\mathrm{d}\dot{N}_A}{\mathrm{d}z}=0 \tag{6.67}$$

一方，成分Bに関しても，上式と同様な関係式が得られるが，気液界面におけるBの正味の移動がないことを考え合わせると，結局，

$$\dot{N}_B=0 \tag{6.68}$$

であり，容器内では気体Bは静止していることになる．したがって，$\dot{N}=\dot{N}_A$ をフィックの法則（表6.5の第4式）に代入すると，成分Aのモル流束について次式を得る．

$$\dot{N}_A=-\frac{CD_{AB}}{1-x_A}\frac{\mathrm{d}x_A}{\mathrm{d}z} \tag{6.69}$$

式(6.69)を式(6.67)に代入する．理想気体の場合には $C=$ 一定であり，D_{AB} も一定と仮定すると，

$$\frac{\mathrm{d}}{\mathrm{d}z}\left(\frac{1}{1-x_A}\frac{\mathrm{d}x_A}{\mathrm{d}z}\right)=0 \tag{6.70}$$

を得る．この式を二度積分すると，

$$-\ln(1-x_A)=A_1z+A_2 \tag{6.71}$$

が得られ，積分定数 A_1，A_2 を式(6.54)および式(6.55)と同様の境界条件を用いて決定すると，最終的に以下のような濃度分布の式が求められる．

$$\frac{1-x_A}{1-x_{A0}}=\left(\frac{1-x_{AL}}{1-x_{A0}}\right)^{z/L} \tag{6.72}$$

ここで，$1-x_A=x_B$ であるので次式が得られる．

$$\frac{x_B}{x_{B0}}=\left(\frac{x_{BL}}{x_{B0}}\right)^{z/L} \tag{6.73}$$

液体Aの蒸発速度は，$z=0$ における濃度こう配を求めて式(6.69)に代入することにより以下のように求められる．

$$\dot{N}_A=\dot{N}_{A0}=\frac{CD_{AB}}{L}\ln\left(\frac{1-x_{AL}}{1-x_{A0}}\right) \tag{6.74}$$

式(6.74)を式(6.64)と比較すると，

$$\dot{N}_A\Big|_{\text{一方向拡散}}=\frac{\ln\left(1+\dfrac{x_{A0}-x_{AL}}{1-x_{A0}}\right)}{x_{A0}-x_{AL}}\dot{N}_A\Big|_{\text{等モル相互拡散}} \tag{6.75}$$

であり，一方向拡散の場合の拡散流束のほうが大きいことがわかる．

【例題 6・2】　＊＊＊＊＊＊＊＊＊＊＊＊＊＊＊＊＊＊＊＊＊＊＊＊＊

細長い円筒容器の底に1 mmの水が溜まっている．水面から容器の口までの高さは20 cmであり，その口の付近には乾燥空気が緩やかに流れている．水

が蒸発してなくなるのに要する時間を求めよ．ただし，温度は 27 ℃で常に一定とし，蒸発に伴う水面の高さの変化は無視してよい．なお，27 ℃における水蒸気と空気の相互拡散係数は $D_{wa} = 2.54\times10^{-5}\ \mathrm{m^2/s}$，飽和空気の水蒸気分圧は $p_w = 3.60\times10^3\ \mathrm{N/m^2}$ である．

【解答】式(6.74)を用いて質量流束を表すと，

$$\dot{n}_w = M_w \dot{N}_w = \frac{M_w p D_{wa}}{R_0 T L}\ln\left(\frac{1-p_{wL}/p}{1-p_{w0}/p}\right) \tag{ex6.2}$$

となる．全圧（大気圧）$p = 1.013\times10^5\ \mathrm{N/m^2}$，$R_0 = 8.314\ \mathrm{J/(mol\cdot K)}$，$M_w = 18.0\,\mathrm{g/mol}$ であるから，上式より，

$$\dot{n}_w = \frac{(1.013\times10^5)(2.54\times10^{-5})}{(8.314/18)(300)(0.2)}\ln\frac{1}{1-(0.036/1.013)}$$

$$= 3.36\times10^{-3}\ \mathrm{g/(m^2\cdot s)} = 3.36\times10^{-6}\ \mathrm{kg/(m^2\cdot s)} \tag{ex6.3}$$

深さ 1 mm の水を 1 m^2 当たりに換算すると，その質量は

$$W = 0.001\times1\times997 = 0.997\ \mathrm{kg/m^2} \tag{ex6.4}$$

したがって，全てが蒸発するのに要する時間は

$$t = W/\dot{n}_w = 0.997/3.36\times10^{-6} = 2.97\times10^5\ \mathrm{s} = 82.5\mathrm{hr} \tag{ex6.5}$$

＊＊＊＊＊＊＊＊＊＊＊＊＊＊＊＊＊＊＊＊＊＊

6・4・3　均質化学反応を伴う拡散 (diffusion with homogeneous chemical reactions)

静止液体 B 中に気体 A が溶解し，液体内で化学反応による A の消滅が生じる場合を考える．図 6.14 に示すような一次元の系を考えると，成分 A のモル数の保存は定常状態では次式で表される．

$$\frac{\mathrm{d}\dot{N}_A}{\mathrm{d}z} - \dot{N}_{A,\mathrm{gen}} = 0 \tag{6.76}$$

一般に，化学反応は

$$\dot{N}_{A,\mathrm{gen}} = -k_0 \tag{6.77}$$

$$\dot{N}_{A,\mathrm{gen}} = -k_1 C_A \tag{6.78}$$

のように表されることが多い．式(6.77)のように反応が一定速度で起こる反応を 0 **次の反応**(zeroth-order reaction)，式(6.78)のように局所の濃度に比例する場合を 1 **次の反応**(first-order reaction)という．いま，$A + B \rightarrow AB$ という反応により式(6.78)で表わされる 1 次の化学反応が生じ，成分 A が消滅する場合を考える．成分 A および AB の濃度が小さく，AB は A と B の拡散に影響を及ぼさないと仮定する．C と D_{AB} が一定と仮定すると式(6.76)は

$$D_{AB}\frac{\mathrm{d}^2 C_A}{\mathrm{d}z^2} - k_1 C_A = 0 \tag{6.79}$$

となる．この 2 階の線形微分方程式の一般解は次式で表される．

$$C_A = A_1 e^{mz} + A_2 e^{-mz} \tag{6.80}$$

ここに $m = (k_1/D_{AB})^{1/2}$ である．図 6.14 に対する境界条件は

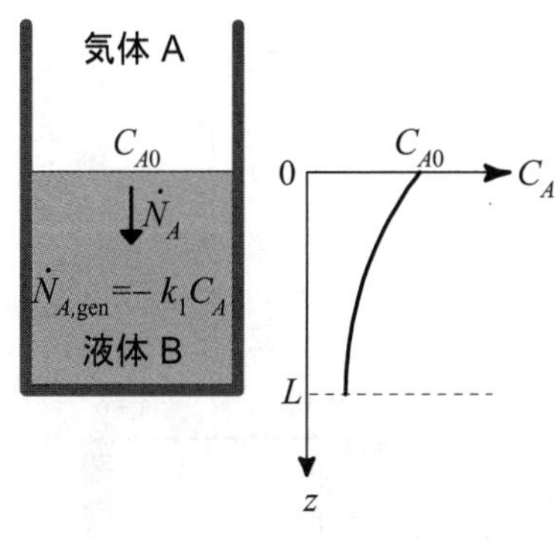

図 6.14　液体への気体の溶解と均質化学反応

$$z=0\ :\ C_A=C_{A0} \tag{6.81}$$

$$z=L\ :\ \frac{\mathrm{d}C_A}{\mathrm{d}z}=0 \tag{6.82}$$

で表される．条件(6.82)は，容器底面で物質の透過がないことを表わしている．これらの境界条件を満足する解を求めると次式のようになる．

$$\frac{C_A}{C_{A0}}=\frac{\cosh m(L-z)}{\cosh mL} \tag{6.83}$$

また，気液界面での溶解速度すなわち物質流束は次式で求められる．

$$\begin{aligned}\dot{N}_{A0}&=-D_{AB}\left.\frac{\mathrm{d}C_A}{\mathrm{d}z}\right|_{z=0}\\&=-D_{AB}C_{A0}\left.\frac{\sinh m(L-z)}{\cosh mL}(-m)\right|_{z=0}\\&=D_{AB}C_{A0}m\tanh mL\end{aligned} \tag{6.84}$$

6・4・4　流下液膜への拡散 (diffusion into a falling liquid film)

垂直壁を流下する液体 B の液膜へ気体 A が吸収される場合を考える．液膜は層流で十分発達しており，また，物質 A の溶解度は小さいため液体の粘度は変わらないと仮定する．

層流流下液膜内の速度分布は次式で表される（5･8･3 項参照）．

$$v_z=v_{\max}\left[1-\left(\frac{y}{\delta}\right)^2\right] \tag{6.85}$$

ただし，ここでは液膜表面を $y=0$ としている．

次に，図 6.15 に示すような高さ Δz，厚さ Δy，幅 1（単位幅）の検査体積を考えると，成分 A の質量収支は次式で表される．

$$\dot{n}_{A,z}\Delta y-\dot{n}_{A,z+\Delta z}\Delta y+\dot{n}_{A,y}\Delta z-\dot{n}_{A,y+\Delta y}\Delta z=0 \tag{6.86}$$

上式を $\Delta y\Delta z$ で除し，$\Delta y\to 0$，$\Delta z\to 0$ とすると以下の微分方程式が得られる．

$$\frac{\partial\dot{n}_{A,y}}{\partial y}+\frac{\partial\dot{n}_{A,z}}{\partial z}=0 \tag{6.87}$$

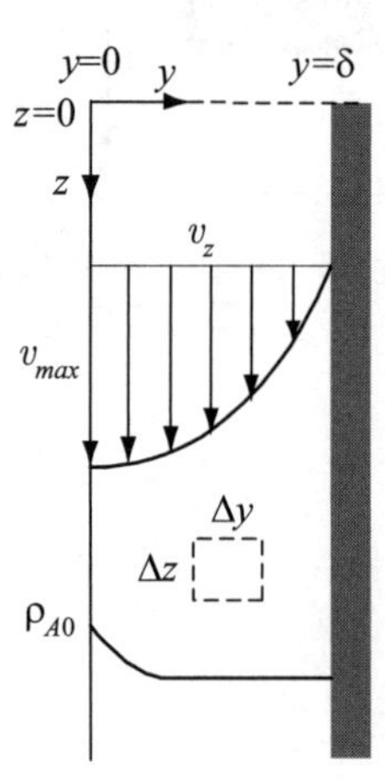

図 6.15　流下液膜への気体吸収

物質 A は z 方向には流体の流れによって移動し，拡散の影響は無視できると考えられるので，$\dot{n}_{A,z}$ は，式(6.27)より次のように表される．

$$\dot{n}_{A,z}=-\rho D_{AB}\frac{\mathrm{d}\omega_A}{\mathrm{d}z}+\omega_A\left(\dot{n}_{A,z}+\dot{n}_{B,z}\right)\approx\omega_A\left(\dot{n}_{A,z}+\dot{n}_{B,z}\right)\approx\rho_A v_z \tag{6.88}$$

一方，y 方向へは拡散が支配的と考えられるので $\dot{n}_{A,y}$ は

$$\dot{n}_{A,y}=-\rho D_{AB}\frac{\mathrm{d}\omega_A}{\mathrm{d}y}+\omega_A\left(\dot{n}_{A,y}+\dot{n}_{B,y}\right)\approx-\rho D_{AB}\frac{\mathrm{d}\omega_A}{\mathrm{d}y} \tag{6.89}$$

で表される．式(6.88)および式(6.89)を式(6.87)に代入すると，

$$v_z\frac{\partial\rho_A}{\partial z}-\frac{\partial}{\partial y}\left(\rho D_{AB}\frac{\mathrm{d}\omega_A}{\mathrm{d}y}\right)=0 \tag{6.90}$$

となる．ρ および D_{AB} を一定と仮定し，式(6.85)を v_z に代入すると最終的に次式が得られる．

$$v_{\max}\left[1-\left(\frac{y}{\delta}\right)^2\right]\frac{\partial\rho_A}{\partial z}=D_{AB}\frac{\partial^2\rho_A}{\partial y^2} \tag{6.91}$$

境界条件は次の三つである．

$$z=0\ :\ \rho_A=0 \tag{6.92}$$

$$y=0\ :\ \rho_A=\rho_{A0} \tag{6.93}$$

$$y=\delta\ :\ \frac{\partial\rho_A}{\partial y}=0 \tag{6.94}$$

この問題の解はJohnstone-Pigford[(5)]により得られている．

もし，物質Aの拡散が界面近傍に限られる場合には，式(6.91)および境界条件(6.94)はそれぞれ次のように置き換えられる．

$$v_{\max}\frac{\partial\rho_A}{\partial z}=D_{AB}\frac{\partial^2\rho_A}{\partial y^2} \tag{6.95}$$

$$y=\infty\ :\ \rho_A=0 \tag{6.96}$$

この場合には，以下のような解が得られている（文献(1)参照）．

$$\frac{\rho_A}{\rho_{A0}}=1-\mathrm{erf}\frac{y}{\sqrt{4D_{AB}z/v_{\max}}} \tag{6.97}$$

ここに，erfは誤差関数（式(2.123)参照）である．

6・4・5　非定常拡散 (transient diffusion)

これまでの例が定常状態での物質移動を取り扱ったものであったのに対し，時間とともに濃度分布が変化する場合の例をあげる．

(a) 静止気体中への液の蒸発(evaporation of liquid into stagnant gas)

図 6.16 に示すように液体Aが蒸発して無限に長い円筒容器中の気体Bの中へ拡散していく場合を考える．6･4･2 項の場合と同様，何らかの方法で液面は $z=0$ に保たれており，系の圧力と温度は一定である．混合気体は理想気体，D_{AB} は一定と仮定する．また，液体中へのBの溶解はないものとする．6･4･1(b)項の場合と同様，$C=$一定という理想気体の条件を用いるためモル量で表すことにすると，連続の式は次式で表される．

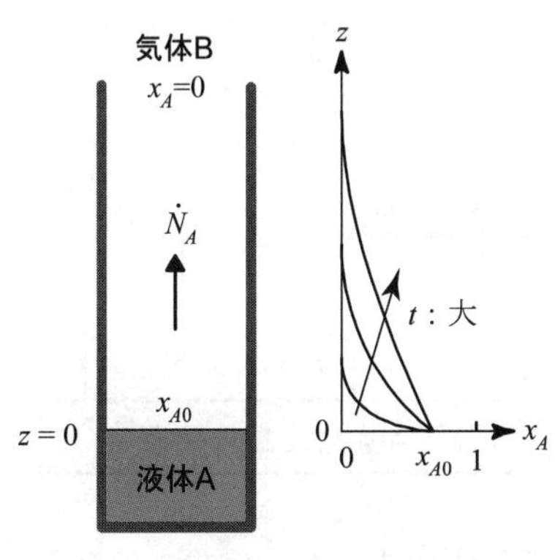

図 6.16　蒸発した液の静止気体中への非定常拡散

$$\frac{\partial C_A}{\partial t}=-\frac{\partial\dot N_A}{\partial z}=-\frac{\partial}{\partial z}\left(x_A\dot N-CD_{AB}\frac{\partial x_A}{\partial z}\right) \tag{6.98}$$

$$\frac{\partial C_B}{\partial t}=-\frac{\partial\dot N_B}{\partial z}=-\frac{\partial}{\partial z}\left(x_B\dot N-CD_{AB}\frac{\partial x_B}{\partial z}\right) \tag{6.99}$$

これらの式を辺々たしあわせると，$C=$一定であるから，

$$\frac{\partial C}{\partial t}=-\frac{\partial\dot N}{\partial z}=-\frac{\partial}{\partial z}\left(\dot N_A+\dot N_B\right)=0 \tag{6.100}$$

したがって，$\dot N$ は時間だけの関数になる．気液界面では $\dot N_{B0}=0$ であるから，式(6.70)と同様

$$\dot N_{A0}=-\frac{CD_{AB}}{1-x_{A0}}\frac{\mathrm{d}x_A}{\mathrm{d}z}\bigg|_{z=0} \tag{6.101}$$

と表される．したがって，

$$\dot{N} = \dot{N}_A + \dot{N}_B = \dot{N}_{A0} = -\frac{CD_{AB}}{1-x_{A0}}\frac{\mathrm{d}x_A}{\mathrm{d}z}\bigg|_{z=0} \tag{6.102}$$

となるので，この式を式(6.98)に代入すると次式を得る．

$$\frac{\partial x_A}{\partial t} = D_{AB}\frac{\partial^2 x_A}{\partial z^2} + \left(\frac{D_{AB}}{1-x_{A0}}\frac{\mathrm{d}x_A}{\mathrm{d}z}\bigg|_{z=0}\right)\frac{\partial x_A}{\partial z} \tag{6.103}$$

初期条件および境界条件は

$$t = 0 \ : \ x_A = 0 \tag{6.104}$$

$$z = 0 \ : \ x_A = x_{A0} \tag{6.105}$$

$$z = \infty \ : \ x_A = 0 \tag{6.106}$$

である．この解析解については，文献(1)を参照のこと．

(b) **バルク流れが無視できる場合の拡散**(diffusion with no bulk motion contribution)

6･4･1 項に示したように，固体内の気体の拡散や希薄溶液における溶質の拡散のように濃度が非常に小さい（$x_A \ll 1$）場合にはバルクの流れが無視でき，等モル相互拡散の場合には正味のバルク流れは 0 である．このような場合には，C = 一定，D_{AB} = 一定と仮定すると，非定常の質量保存は次式で表される．

$$\frac{\partial C_A}{\partial t} = D_{AB}\frac{\partial^2 C_A}{\partial z^2} \tag{6.107}$$

上式は，1 次元非定常熱伝導方程式(2. 115)と同じ形である．また，$t = z / v_{\max}$ と置き換えれば式(6.95)とも同形であるので，式(6.97)と同様な解が得られる．

6・5　対流物質伝達 (convective mass transfer)

6・5・1　物質伝達率 (mass transfer coefficient)

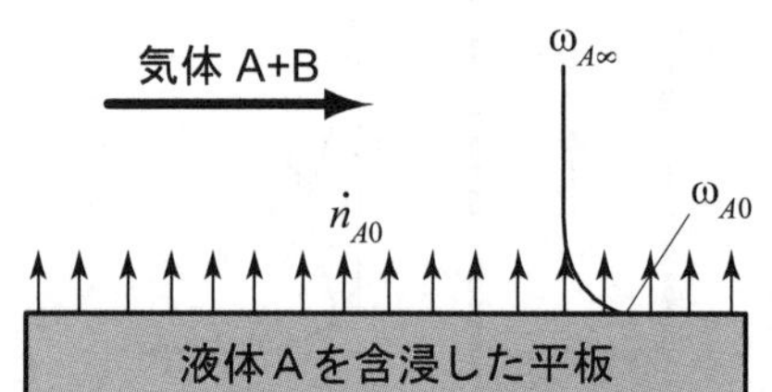

図 6.17　平板表面から気流への対流物質伝達

固体表面あるいは気液界面に沿う方向に流体の流れが存在する場合には，熱伝達の場合と同様，物質伝達にも対流の効果が現れる．この場合の物質伝達を**対流物質伝達**(convective mass transfer)と呼ぶ．また，対流熱伝達と同様，ポンプなどの外的な力で流れが起こる場合を強制対流，濃度差や温度差が原因で生じる密度差が駆動力となって流れが起こる場合を自然対流という．

図 6.17 に示すように，物質 A の液を含浸した平板に沿って気体 B が流れ，平板表面から気流中へ A が伝達される場合を考える．気体の流れが層流の場合には，固体表面から流体への物質伝達および流体内での物質伝達は分子拡散により行われる．一方，乱流の場合には固体表面近傍では分子拡散が支配的であるが，表面から離れるとともに流体塊の混合による物質伝達すなわち**うず拡散**(eddy diffusion)が支配的になる．いずれにせよ物質伝達の駆動力は固体表面と表面から十分離れたところの流体との濃度差である．そこで，平板表面における**物質伝達率**(mass transfer coefficient) h_m (m/s) を拡散流束に対して次式のように定義する．

$$j_{A0} = h_m(\rho_{A0} - \rho_{A\infty}) = \rho h_m(\omega_{A0} - \omega_{A\infty}) \tag{6.108}$$

質量流束を用いると式(6.21)より

$$\dot{n}_{A0} - \omega_{A0}\left(\dot{n}_{A0} + \dot{n}_{B0}\right) = h_m\left(\rho_{A0} - \rho_{A\infty}\right) \tag{6.109}$$

となる．これらの式はフィックの法則（式(6.25)および式(6.27)）に対応しており，対流の影響が小さくなると，

$$h_m = \frac{D_{AB}}{\delta} \tag{6.110}$$

に近づく．ここに δ は濃度境界層厚さを表す．厳密に言えば，h_m はそれ自体が質量流束 j_{A0} および $\dot{n}_{A0}$ に依存することに注意をしておく必要がある．これは，界面を横切る流れにより界面近傍の速度分布および濃度分布が変化することに起因し，質量流束が小さければこの影響は無視できる．

なお，物質伝達率を次式で定義している場合も多いので注意を要する．

$$\dot{n}_{A0} = h'_m\left(\rho_{A0} - \rho_{A\infty}\right) \tag{6.111}$$

この場合，$h'_m\left(\rho_{A0} - \rho_{A\infty}\right)$ には拡散とバルクの流れの両方が影響するため，h'_m に及ぼす濃度や質量流束の影響はより複雑になる．しばしば取りあげられる $\dot{n}_B = 0$ の場合には

$$h'_m = \frac{h_m}{1 - \omega_{A0}} \tag{6.112}$$

の関係がある．成分 A が希薄な場合，すなわち $\omega_A \ll 1$ の場合にのみ $h'_m \approx h_m$ であることに注意しておく必要がある．

6・5・2　対流物質伝達において重要なパラメータ (significant parameters in convective mass transfer)

輸送現象における分子拡散の程度を表す物性値は次の 3 つである．

運動量拡散：**動粘度**(kinematic viscosity)　$\nu = \mu/\rho$

熱拡散：**熱拡散率**(thermal diffusivity)または**温度伝導率**　$\alpha = k/(\rho c_p)$

物質拡散：**拡散係数**(diffusion coefficient, mass diffusivity)　D_{AB}

これらの量はいずれもm^2/sの単位を有し，それぞれの比は無次元となる．

$$Pr = \frac{\nu}{\alpha} = \frac{\mu c_p}{k} \tag{6.113}$$

$$Sc = \frac{\nu}{D_{AB}} = \frac{\mu}{\rho D_{AB}} \tag{6.114}$$

$$Le = \frac{\alpha}{D_{AB}} = \frac{k}{\rho c_p D_{AB}} \tag{6.115}$$

Pr は**プラントル数**(Prandtl number)，Sc は**シュミット数**(Scmidt number), Le は**ルイス数**(Lewis number)と呼ばれる．また，式(6.110)の両辺の比と同様な形で定義される無次元数は**シャーウッド数**(Sherwood number)と呼ばれ，分子拡散抵抗と対流物質伝達抵抗の比を表す．

$$Sh = \frac{h_m L}{D_{AB}} \tag{6.116}$$

ここに，L は代表寸法を表す．Sh は対流熱伝達における**ヌセルト数**(Nusselt number)

$$Nu = \frac{hL}{k} \tag{6.117}$$

に対応しており，**物質伝達のヌセルト数**(mass-transfer Nusselt number)とも呼ばれる．

強制対流の場合，3･2･5 項に示したように熱伝達は以下のような関数で表された．

$$Nu = f\,(Re, Pr, \text{幾何学的形状}) \tag{6.118}$$

同様に，物体表面での物質伝達は

$$Sh = f\,(Re, Sc, \text{幾何学的形状}) \tag{6.119}$$

で表される．そして，幾何学的形状，流動様式および境界条件が熱伝達と同じであれば，熱伝達を表す整理式において h，Nu，Pr をそれぞれ h_m，Sh，Sc に置き換えると物質伝達を表すことができる．これを，**熱伝達と物質伝達のアナロジー**(analogy between heat and mass transfer)という．この関係は，6･3･1 項で述べたように，エネルギー保存則と化学種の保存則が同じ形をしていることから導き出される．しかし，物質伝達には界面を横切る流れの影響があり，物質伝達速度（質量流束）が大きい場合には，その効果すなわち吸い込みあるいは吹き出し速度の影響を考慮しなければならない．また，式(6.112)に示したように $\dot{n}_B = 0$ の場合には h_m と h'_m には $1 - \omega_{A0}$ 倍の差がある．熱伝達と物質伝達のアナロジーを用いる場合には，物質伝達率の定義に十分な注意を要する．なお，無次元数に関する詳細については，第 8 章を参照すること．

【例題 6・3】　＊＊＊＊＊＊＊＊＊＊＊＊＊＊＊＊＊＊＊＊＊＊＊＊

水で濡れた長さ 30 cm の平板に沿って乾燥空気が 0.5 m/s の速度で流れている．平板と空気の温度が 27 ℃であるとき，水の蒸発速度（流束）を求めよ．なお，層流の場合の平板からの平均物質伝達率は，文献(2)によると次式で求められる．

$$Sh_L = \frac{h_m L}{D_{AB}} = 0.664 Re_L^{1/2} Sc^{1/3} \qquad Re_L < 5\times 10^5 \tag{ex6.6}$$

また，27 ℃における空気の動粘度は $\nu = 1.60\times 10^{-5}$ m²/s である．その他の値については例題 6･2 を参照のこと．

【解答】 レイノルズ数およびシュミット数は

$$Re = \frac{vL}{\nu} = \frac{(0.5)(0.3)}{1.60\times 10^{-5}} = 9.38\times 10^3 \tag{ex6.7}$$

$$Sc = \frac{\nu}{D_{AB}} = \frac{1.60\times 10^{-5}}{2.54\times 10^{-5}} = 0.630 \tag{ex6.8}$$

したがって，

$$h_m = 0.664(9.38\times 10^3)^{1/2}(0.630)^{1/3}\frac{2.54\times 10^{-5}}{0.3}$$

$$= 4.67\times 10^{-3}\ \text{m/s} \tag{ex6.9}$$

蒸発速度は

$$\dot{n}_{w0}=\frac{j_w}{1-\omega_{w0}}=\frac{h_m(\rho_{w0}-\rho_{w\infty})}{1-\omega_{w0}}$$
$$=\frac{h_m(p_{w0}-p_{w\infty})}{(R_0/M_w)T}\frac{1}{1-p_{w0}/p}$$
$$=\frac{4.67\times10^{-3}(3.6\times10^3-0)}{(8.314/18)\times10^3(300)}\frac{1}{1-(3.6\times10^3/1.013\times10^5)}$$
$$=1.26\times10^{-4}\ \mathrm{kg/(m^2\cdot s)} \tag{ex6.10}$$

これは，長さ 20 cm の筒の底から蒸発する例題 6･2 の場合の 37.5 倍の蒸発速度である．

＊＊＊＊＊＊＊＊＊＊＊＊＊＊＊＊＊＊＊＊＊＊＊

【例題 6・4】　＊＊＊＊＊＊＊＊＊＊＊＊＊＊＊＊＊＊＊＊＊＊＊

感温部にガーゼなどを巻き毛管現象を利用して常に水分で湿らせた状態にした温度計（湿球）および普通の乾いた状態の温度計（乾球）の二つを気流中に置き，それらの測定温度から湿度を求めるのが，乾湿球湿度計（図 6.18）である．この方法で湿度が測定できる原理を示せ．

【解答】湿球では空気から対流熱伝達により伝わった熱が，蒸発による熱とバランスして定常状態が保たれている．蒸発量 $\dot{n}_w$ は

$$\dot{n}_w=\frac{1}{1-\omega_{w0}}j_w=\frac{h_m}{1-\omega_{w0}}(\rho_{w0}-\rho_{wa}) \tag{ex6.11}$$

で求められる．ここに，添字 w は水を表し，添字 0 はガーゼ表面，添字 a は空気を表している．したがって，熱収支は次式で表される．

$$h(T_a-T_0)=L_{lv}\dot{n}_w=\frac{L_{lv}h_m}{1-\omega_{w0}}(\rho_{w0}-\rho_{wa}) \tag{ex6.12}$$

ここに，h は熱伝達率，L_{lv} は水の蒸発潜熱を表す．温度計の感温部を円柱とみなすと，h と h_m は円柱周りの強制対流に対する次の経験式で表される．

$$Nu=\frac{hd}{k_a}=C\,Re_a^nPr^{1/3} \tag{ex6.13}$$

$$Sh=\frac{h_md}{D_{wa}}=C\,Re_a^nSc^{1/3} \tag{ex6.14}$$

ここに，d は感温部（円柱）の直径である．したがって，両式より，

$$\frac{h}{h_m}=\frac{k_a}{D_{wa}}\left(\frac{Pr}{Sc}\right)^{1/3}=\frac{k_a}{D_{wa}}\left(\frac{D_{wa}}{\alpha_a}\right)^{1/3} \tag{ex6.15}$$

となり，これを式(ex6.12)に代入すると次式が得られる．

$$\frac{\rho_{w0}-\rho_{wa}}{(T_a-T_0)(1-\omega_{w0})}=\frac{k_a}{L_{lv}D_{wa}}\left(\frac{D_{wa}}{\alpha_a}\right)^{1/3} \tag{ex6.16}$$

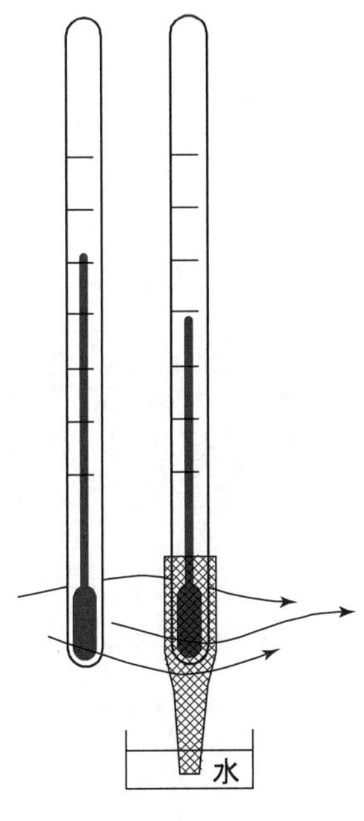

図 6.18　乾湿球湿度計

空気の物性値および空気に対する水蒸気の拡散係数は温度および圧力の関数であるが，上式の右辺はある限られた範囲内では一定とみなせる．また，ガーゼの表面では飽和状態であるので ρ_{w0} および ω_{ws} は温度および圧力の関数として既知であるため，T_a および T_0 の測定値があれば ρ_{wa} が求められる．したがって，空気中の乾燥空気 1 kg あたりの水分の質量 (kg) で定義される絶対湿

度 H (kg/kg) が次式から求められる．

$$H = \frac{\rho_{wa}}{\rho_a} \tag{ex6.17}$$

＊＊＊＊＊＊＊＊＊＊＊＊＊＊＊＊＊＊＊＊＊＊＊

6・6　物質と熱の結合作用 (coupling effect of heat and mass transfer)

流体に温度勾配があると，熱の移動（熱伝導）と共に物質の移動（物質の熱拡散）が生じる．これをソーレ効果（Soret effect）という．逆に，濃度こう配があると，物質の移動（拡散）と共に熱の移動が生じる．これは，拡散し合う分子の比熱が異なるためであり，デュフォー効果（Dufour effect）という．このように，熱と物質の移動は厳密にいえば常に相互に結合して生じる．その結合作用は通常は非常に小さく無視されるが，水素の混合ガスなどでは条件によっては重要になることがある．

＝＝＝＝＝　練習問題　＝＝＝＝＝＝＝＝＝＝＝＝＝＝＝＝＝＝＝＝＝＝

【6・1】 The partial pressure of water in the saturated air is 0.023 atm at 20 ℃. What are the molar fraction and the mass fraction of the water?

【6・2】 A 2.5-mm -thick plastic membrane is used to separate helium from the gas stream. Under steady state conditions the concentration of helium in the membrane is 0.01 kmol/m^3 at the inner surface and negligible at the outer surface, while the diffusion coefficient of helium in the plastic membrane is 1.5×10^{-9} m^2/s. What is the diffusion flux?

【6・3】大きなタンクに 20 ℃ のエタノールが貯蔵してある．内圧が上がるのを防ぐため，タンク上部に内径 1 cm，長さ 50 cm の管が取り付けてあり大気に開放してある．タンク内の空気の濃度は無視できるとしてエタノールの単位時間当たりの漏えい量を求めよ．また，その時の空気の侵入量はいくらになるか．ただし，理想気体と仮定し，エタノールと空気の分子量をそれぞれ 46 および 29，気体定数をそれぞれ 180 J/(kg·K)，287 J/(kg·K) とする．また，エタノールと空気の相互拡散係数は 1.20×10^{-5} m^2/s である．

【6・4】直径 1 mm の水滴が 1 atm の乾燥空気中を 3.6 m/s で落下している．水の表面温度が 20 ℃，空気の温度が 60 ℃ の場合の水の蒸発速度を求めよ．ただし，擬似的に定常状態を仮定し，球まわりの物質伝達率は次式で計算できるものとする．

$$Sh_d = 2.0 + 0.6 Re_d^{1/2} Sc^{1/3}$$

なお，40 ℃ の空気の熱物性値は，密度 1.13 kg/m^3，動粘度 17.1 mm^2/s，拡散係数 0.290 cm^2/s である．また，20 ℃ の飽和空気の分圧は，練習問題 6・1 に示してある．

【解答】

1. モル分率 0.023，質量分率 0.0144

2.　6.0×10^{-9} kmol/(m$^2\cdot$s)

3.　エタノール 1.30×10^{-2} g/hr，空気　8.17×10^{-3} g/hr

4.　1.40×10^{-8} kg/s

第 6 章の文献

(1)　R. B. Bird, W. E. Stewart, E. N. Lightfoot, *Transport Phenomena*, (1960), John Wiley & Sons, Inc., New York.

(2)　日本機械学会編，伝熱工学資料，改訂第 4 版，(1986), 日本機械学会.

(3)　日本熱物性学会編，熱物性ハンドブック，改訂第 2 版，(2000)，養賢堂.

(4)　日本機械学会編，伝熱ハンドブック，(1992)，日本機械学会.

(5)　H. F. Johnstone, R. L. Pigford, *Trans. AIChE*, 38, 25 (1942).

(6)　N. B. Vargaftik, *Handbook of Physical Properties of Liquids and Gases: Pure Substances and Mixtures*, 2nd Ed., Hemisphere, New York, (1975).

第 7 章

伝熱の応用と伝熱機器

Applications of Heat Transfer and Heat Transfer Equipments

7・1　熱交換器の基礎 (fundamentals of heat exchangers)

我々の身の回りでは，高温の流体と低温の流体の間で熱エネルギーを受け渡す事例が数多く見られる．このとき，高温流体と低温流体の間で生じる伝熱現象を**熱交換**(heat exchange)といい，そのための伝熱機器を**熱交換器**(heat exchanger)という．

熱交換器が身近に見られる例としては，家庭用エアコンの室内器（図 7.1）や室外機、自動車用のラジエータ（図 7.2）などがあげられる．これらはいずれも伝熱媒体（エアコンの場合はフルオロカーボン，ラジエータの場合は水）と空気との間で熱交換を行うものであり，その伝熱学的特徴にあわせた形態をしている．さらに我々の生活に密着した熱交換器として，火力発電所のボイラ（図 7.3）をあげることができる．火力発電所では，燃料の燃焼によって生じた熱エネルギーをボイラによって水に伝え，発生した水蒸気をタービンで膨張させて仕事（電力）を取り出している．したがって，ボイラの熱交換性能の良し悪しが発電量やサイクルの動作を決定する．

本節では熱交換器の性能を支配する伝熱現象とその整理の方法，伝熱現象に合致した熱交換器の形状などについて述べる．

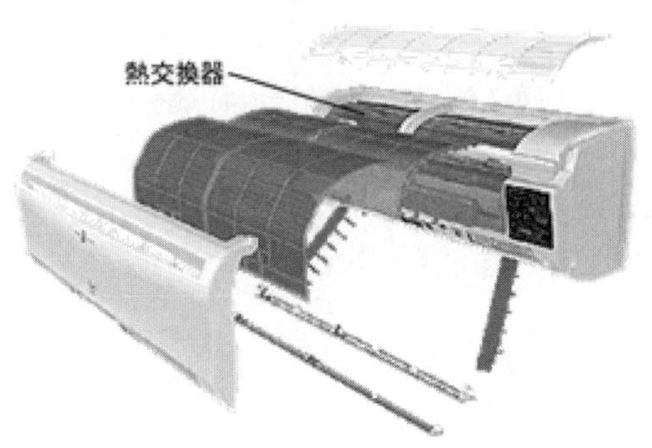

図 7.1　エアコンの熱交換器（三菱電機（株）提供）

図 7.2　自動車用ラジエータ（昭和電工（株）提供）

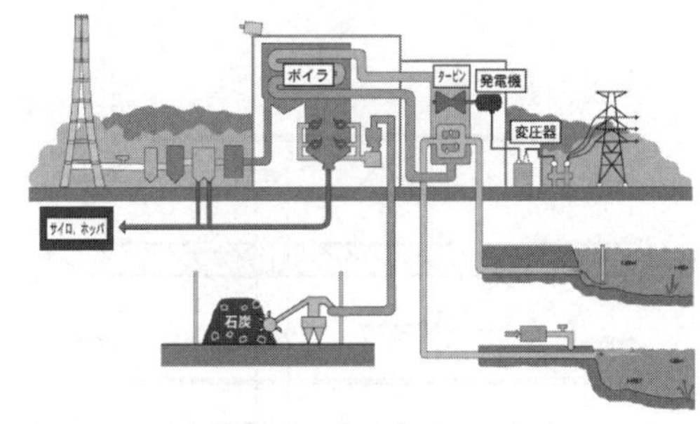

図 7.3　火力発電所（中部電力（株）提供）

7・1・1　熱通過率 (overall heat transfer coefficient)

熱交換器内の流体間の熱移動を考えるために，図 7.4 のように隔板を介して二流体が流れていることを想定する．このとき，隔板と高温流体の間，隔板と低温流体の間では対流熱伝達が，隔板内では熱伝導が生じているが，その結果として生じている熱流束はいずれも同一である．すなわち，

・高温流体－隔板間：　$$q = h_h\left(T_h - T_{wh}\right) \tag{7.1}$$

・隔板内　$$q = k\frac{T_{wh} - T_{wc}}{\delta} \tag{7.2}$$

・隔板－低温流体間：　$$q = h_c\left(T_{wc} - T_c\right) \tag{7.3}$$

これらの熱流束が等しいことから，

$$h_h\left(T_h - T_{wh}\right) = k\frac{T_{wh} - T_{wc}}{\delta} = h_c\left(T_{wc} - T_c\right) \tag{7.4}$$

であり，これから隔板を介した高温流体と低温流体の間の熱移動は，

$$q = \frac{T_h - T_c}{\dfrac{1}{h_h} + \dfrac{\delta}{k} + \dfrac{1}{h_c}} = K\left(T_h - T_c\right) \tag{7.5}$$

と書くことができる．このような隔板を介した熱移動を**熱通過**(heat transmission)といい，このときの K を**熱通過率**(overall heat transfer coefficient)

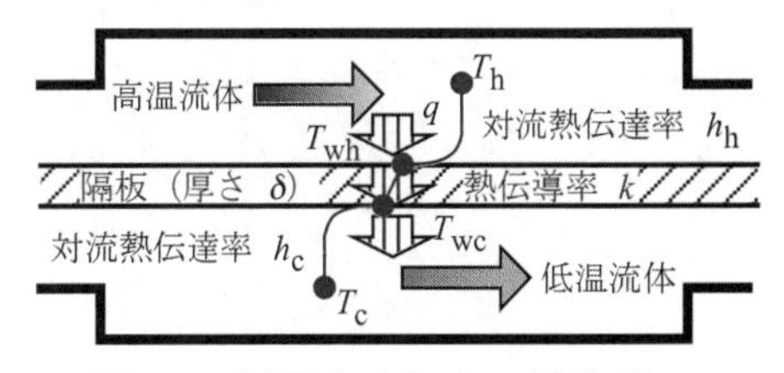

図 7.4　隔板を介した二流体間の熱交換（熱通過）

あるいは**総括伝熱係数**と呼ぶ．熱通過率を用いれば，式(7.5)のように，高温流体と低温流体との温度差から直接熱移動量が評価できるため便利である．

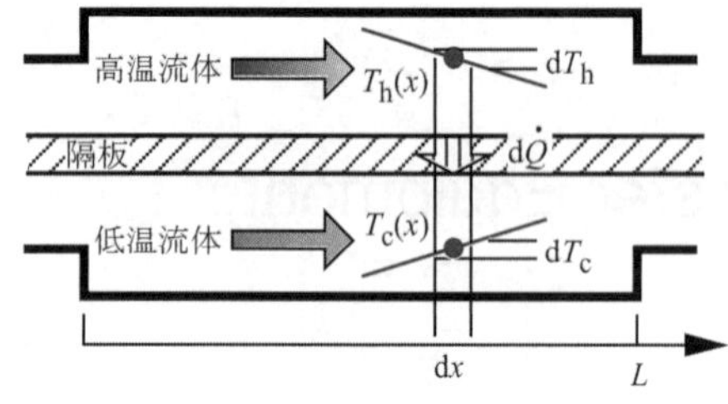

図 7.5　同一方向に流れる二流体間の熱通過

7・1・2　熱通過に伴う流体の温度変化 (temperature change of fluids due to heat exchange)

隔板を介した熱通過によって高温流体は熱エネルギーを失い，低温流体は熱エネルギーを受け取るから，それぞれの流体は流れ方向に温度が変化していく．図 7.5 のように隔板を介して二流体が同一方向に流れつつ熱交換を行うことを想定する．隔板上の任意の位置における微小部分（幅：dx，奥行き：単位長さ）を通して高温流体から低温流体へ伝えられる伝熱量 $d\dot{Q}$ は，微小部分の面積が dx であることに注意すると，

$$d\dot{Q} = K\{T_h(x) - T_c(x)\}dx \tag{7.6}$$

とかける．このとき，高温流体は dx の区間を通過する間にこの分だけ熱エネルギーを失うから，高温流体の混合平均温度の変化 dT_h は，高温流体の質量流量を $\dot{m}_h$，比熱を c_h とすれば，

$$\dot{m}_h c_h dT_h = -K\{T_h(x) - T_c(x)\}dx \tag{7.7}$$

となる．同様に低温流体は dx の区間を通過する間に同じ量の熱エネルギーを受け取るから，低温流体の質量流量を $\dot{m}_c$，比熱を c_c とすれば，混合平均温度の変化 dT_c は

$$\dot{m}_c c_c dT_c = K\{T_h(x) - T_c(x)\}dx \tag{7.8}$$

である．これらを連立することで高温流体と低温流体の間の温度差 $(T_h - T_c)$ に関する次の方程式が得られる．

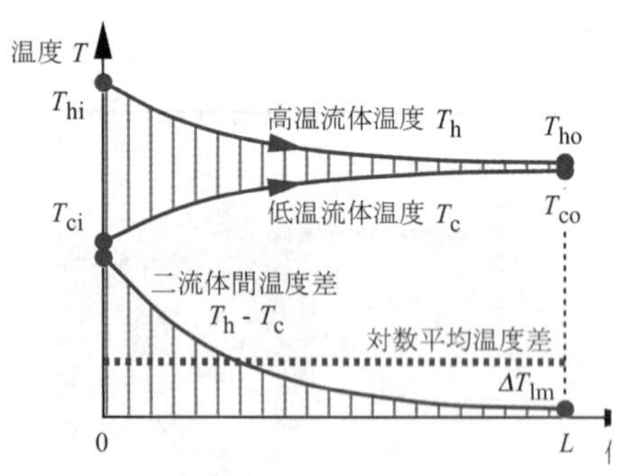

図 7.6　同一方向に流れる二流体間の熱通過に伴う温度変化

$$dT_h - dT_c = d(T_h - T_c) = -\left(\frac{K}{\dot{m}_h c_h} + \frac{K}{\dot{m}_c c_c}\right)(T_h - T_c)dx \tag{7.9}$$

この方程式は，熱通過率が x 方向に一定であれば（脚注1)），図 7.5 の流路のいずれの位置でも成立するから，例えば高温流体と低温流体の入口温度 T_{hi} と T_{ci} を与えることで簡単に解くことができる．すなわち，

$$T_h - T_c = (T_{hi} - T_{ci})\exp\left\{-\left(\frac{K}{\dot{m}_h c_h} + \frac{K}{\dot{m}_c c_c}\right)x\right\} \tag{7.10}$$

である．この結果から，高温流体と低温流体の間の温度差は流れ方向に指数関数的に減少していくことがわかる．これを式(7.7)と式(7.8)に代入することで，高温流体と低温流体の混合平均温度の流れ方向への変化が求められる．図 7.6 は，こうして求められた高温流体・低温流体間の温度差と高温流体，低温流体それぞれの温度変化の概略である．

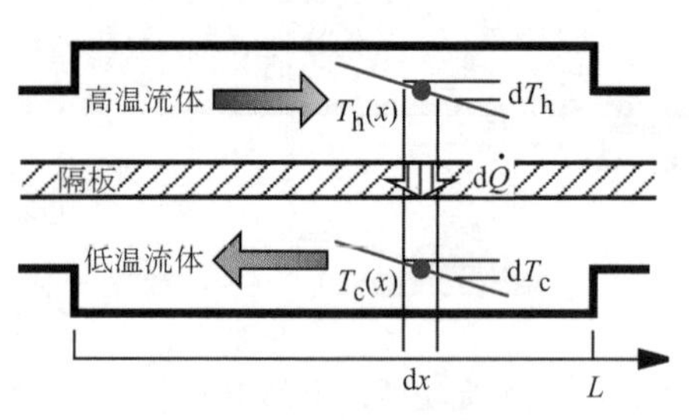

図 7.7　互いに逆向きに流れる二流体間の熱通過

一方，図 7.7 のように，高温流体と低温流体が逆向きに流れつつ熱交換を行う場合も考えられる．この場合の高温流体と低温流体の温度変化に関する方程式は，座標の進む向きと流体の流れる方向に注意すれば，上と同様に

脚注1)　熱通過率は高温流体と隔板，低温流体と隔板の間の熱伝達率と，隔板内の熱伝導によって決まるから，隔板が一様厚さ・一様材質であったとしても，流れ方向への熱伝達率の変化に伴って，厳密には一定にならない．しかし実際の熱交換器では熱通過率（熱伝達率）を高めるために乱流熱伝達を適用することが多く，乱流熱伝達においては助走区間が短いこと，さらには複雑な形状の流路が用いられる場合が多いことから，簡単のために熱通過率を一定と近似するのが普通である．

$$\dot{m}_h c_h \mathrm{d}T_h = -K(T_h - T_c)\mathrm{d}x \tag{7.11}$$

$$\dot{m}_c c_c \mathrm{d}T_c = -K(T_h - T_c)\mathrm{d}x \tag{7.12}$$

であり，これらを連立させて得られる両流体間の温度差に関する方程式は，

$$\mathrm{d}T_h - \mathrm{d}T_c = \mathrm{d}(T_h - T_c) = -\left(\frac{K}{\dot{m}_h c_h} - \frac{K}{\dot{m}_c c_c}\right)(T_h - T_c)\mathrm{d}x \tag{7.13}$$

となる．隔板の熱通過率を一定とし，例えば高温流体の入口温度 T_{hi} と低温流体の出口温度 T_{co} を与えると，両流体の温度差は

$$T_h - T_c = (T_{hi} - T_{co})\exp\left\{-\left(\frac{K}{\dot{m}_h c_h} - \frac{K}{\dot{m}_c c_c}\right)x\right\} \tag{7.14}$$

と求められ，これを(7.11)，(7.12)に代入すれば高温流体，低温流体の温度変化が求められる（図 7.8 参照）．この式からわかるように，高温流体と低温流体が逆向きに流れつつ熱交換を行う場合の両流体の温度差は，高温流体と低温流体の質量流量と比熱の積の大小関係によって x 方向に拡大することも減少することもある．

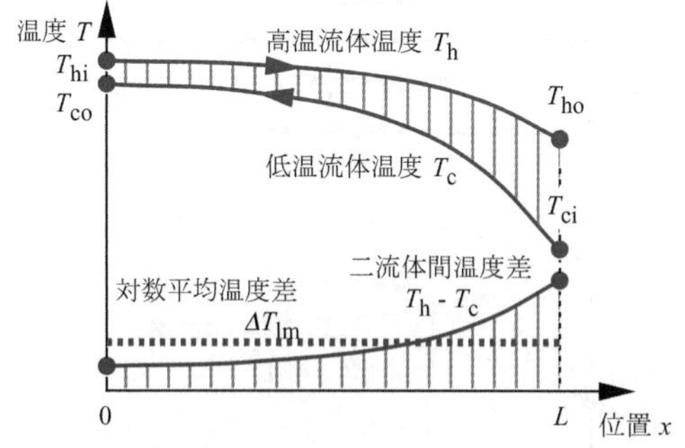

図 7.8　互いに逆向きに流れる二流体間の熱通過に伴う温度変化

7・1・3　対数平均温度差 (logarithmic-mean temperature difference)

高温流体と低温流体間で熱交換を行う際の両流体間の温度差が位置の関数として求められたので，これを流路入口から出口まで積分することで，総熱交換量 $\dot{Q}$ を評価することができる．すなわち，流路の入口・出口間の距離を L とすれば，高温流体と低温流体が同一方向に流動する場合には，

$$\dot{Q} = \int_0^L K(T_h - T_c)\mathrm{d}x = \frac{K(T_{hi} - T_{ci})\left[1 - \exp\left\{-\left(\frac{K}{\dot{m}_h c_h} + \frac{K}{\dot{m}_c c_c}\right)L\right\}\right]}{\left(\frac{K}{\dot{m}_h c_h} + \frac{K}{\dot{m}_c c_c}\right)}$$

$$= K\frac{(T_{hi} - T_{ci}) - (T_{ho} - T_{co})}{\ln\frac{(T_{hi} - T_{ci})}{(T_{ho} - T_{co})}}L \tag{7.15}$$

高温流体と低温流体が逆方向に流動する場合には，

$$\dot{Q} = K\frac{(T_{hi} - T_{co}) - (T_{ho} - T_{ci})}{\ln\frac{(T_{hi} - T_{co})}{(T_{ho} - T_{ci})}}L \tag{7.16}$$

である．これらの総熱交換量は，図 7.6，7.8 中の点線で示されるような仮想的な平均温度差 ΔT_{lm} を用いると，

$$\dot{Q} = K\Delta T_{lm} A \tag{7.17}$$

とかける．ただし，流路奥行きが単位長さであるから，L は熱交換面積 A に相当することに注意せよ．ここで ΔT_{lm} は，図 7.9 に示す温度差 ΔT_1，ΔT_2 を用いると，両流体の流れ方向にかかわらず，

$$\Delta T_{lm} = \frac{\Delta T_1 - \Delta T_2}{\ln\frac{\Delta T_1}{\Delta T_2}} \tag{7.18}$$

となる．この平均温度差を対数平均温度差(logarithmic-mean temperature

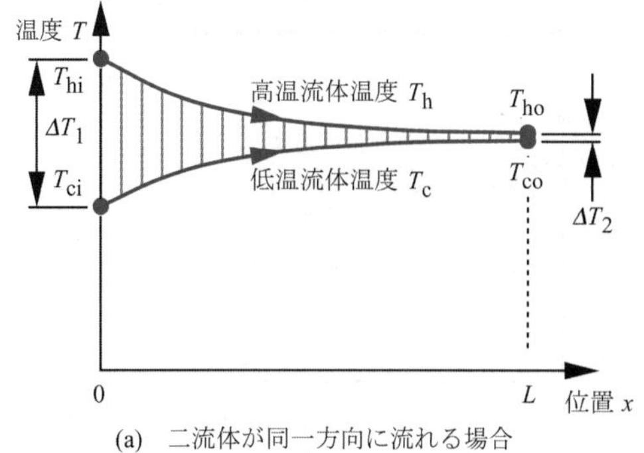

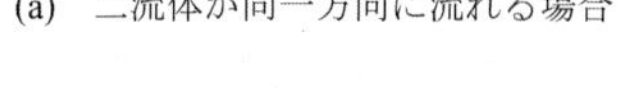
(a)　二流体が同一方向に流れる場合

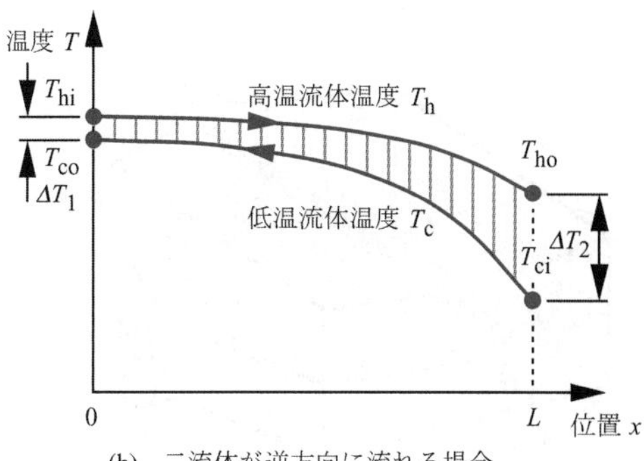

(b)　二流体が逆方向に流れる場合

図 7.9　対数平均温度差に用いる温度差 ΔT_1，ΔT_2

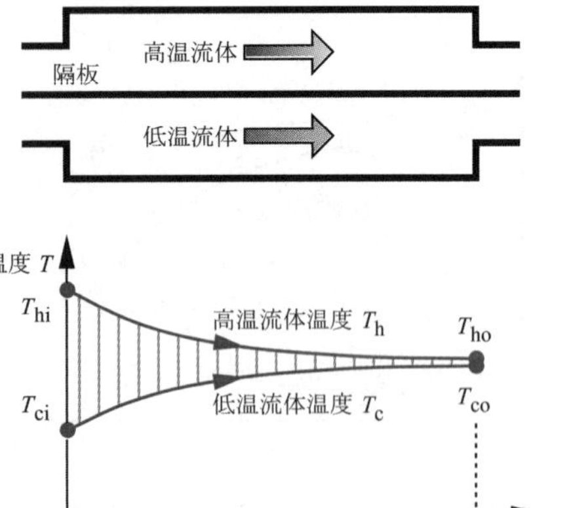

図 7.10　並流型熱交換器

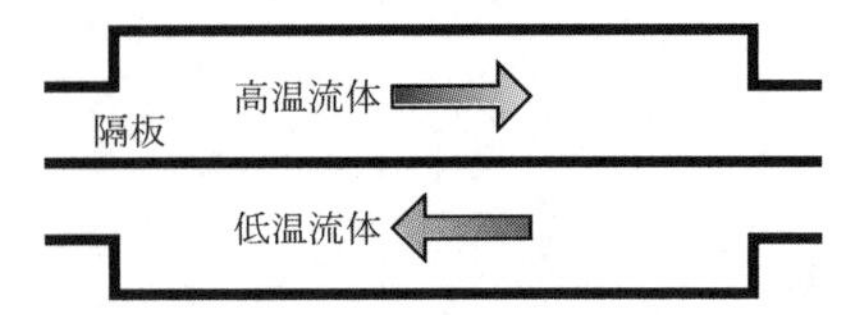

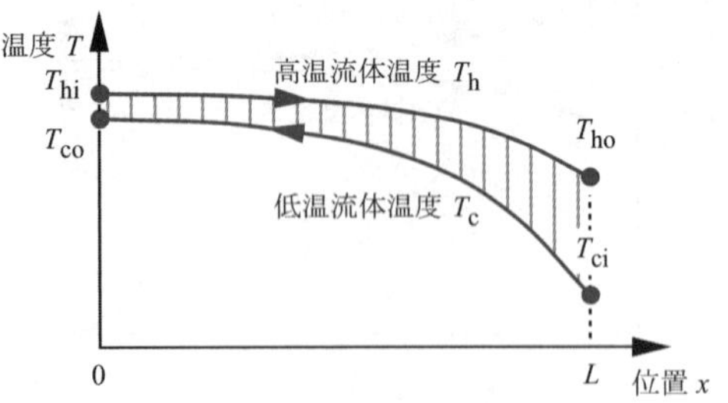

図 7.11　向流型熱交換器

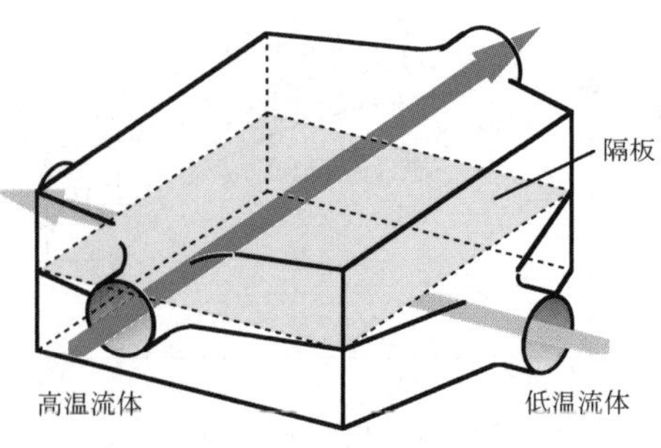

図 7.12　直交流型熱交換器

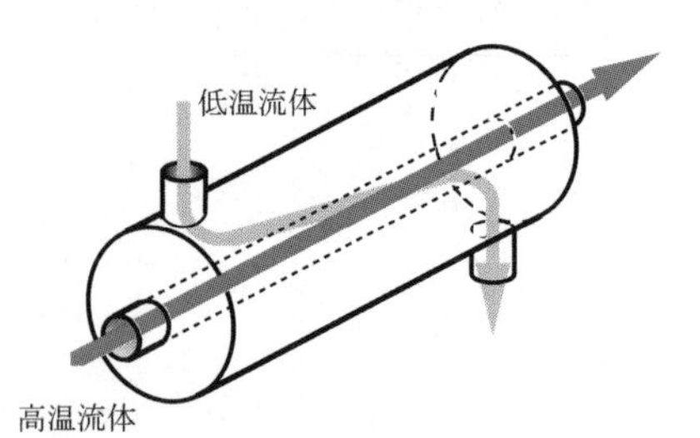

図 7.13　二重管型熱交換器

difference)という．対数平均温度差を用いることによって，位置により順次変化する高温流体と低温流体間の温度差を一つの温度差で扱うことが出来るため便利である．

7・1・4　実際の熱交換器とそれらの特徴 (practical heat exchangers and their features)

実際に二流体間で熱交換を行う装置のうち最も単純なものは，これまでに述べてきたような概念をそのまま適用した熱交換器である．このように隔板を介する熱通過を利用する熱交換器を隔板式熱交換器(surface heat exchangers)という．実用に供される熱交換器のほとんどはこの隔板式熱交換器である．これは高温流体と低温流体を明確に区分でき両流体の混合をほぼ完全に防ぐことが可能であること，隔板の形状等を工夫することで比較的容易に高い熱通過率，大きな伝熱面積を得ることができることなどの理由による．

隔板式熱交換器は，その伝熱学的特徴から，図 7.10 のように高温流体と低温流体が同じ方向に流れる並流型熱交換器(parallel-flow heat exchangers)と，図 7.11 のように高温流体と低温流体とが逆向きに流れる向流型熱交換器(counter-flow heat exchangers)，図 7.12 のように両流体が直交して流動する直交流型熱交換器(cross-flow heat exchangers)に分けられる．

図 7.10 中に示した並流型熱交換器内の流体の温度変化と，図 7.11 中に示した向流型熱交換器のそれを比較してわかる通り，並流型熱交換器では特に熱交換器入口近傍で，向流型熱交換器より高温流体と低温流体の温度差が大きく，同じ交換熱量を得るための伝熱面積が小さくて済む特長がある．しかし，並流型熱交換器では，原理上，高温流体の出口温度を低温流体の出口温度より低くすることはできないから，後に述べる温度交換性能を高めるためには向流型熱交換器が適している．一方，機器の配置などの理由から，高温流体と低温流体を直交して流す必要がある場合には，直交流型熱交換器が用いられる．直交流熱交換器では，高温流体と低温流体はそれぞれの流路幅方向の位置によって異なる熱交換履歴を経た流体と熱交換を行うため，流体の温度変化と熱交換特性は並流型熱交換器と向流型熱交換器の中間的なものとなる．また，直交流型熱交換器では，それぞれの流体の流路内に流れ方向の隔壁があって流体が幅方向に混合しない場合と，それがなく流体が流路幅方向に自由に混合する場合とで熱交換特性が変化する．

実用に供されている熱交換器をその形態や構造から分類すると，以下のようになる．

(a) 二重管型熱交換器(double-tube type heat exchangers)（**図 7.13**）

内管と外管からなる二重管にそれぞれ流体を流して熱交換を行う最も単純な形態の熱交換器で，伝熱学的には並流型あるいは向流型熱交換器に分類される．

(b) プレート型熱交換器(plate type heat exchangers)（**図 7.14**）

複数枚のプレートをパッキンを介して積層し，その間隙に高温流体と低温流体を交互に流して熱交換を行う形態の熱交換器である．積層時に自動的に両流体の分配流路を形作るようプレス成型されたプレートを用いることもある．プレート部への流路の配置によって，伝熱学的には並流型あるいは向流型熱交換器，直交流型熱交換器のいずれにもなりうる．

(c) シェルアンドチューブ型熱交換器(shell-and-tube type heat exchangers)（図 7.15）

数多くのパイプ状流路（水管(tube)）を胴状の容器(shell)に納め，パイプ状流路内と流路外（胴内）を流れる流体間で熱交換を行わせるものである．パイプ状流路の本数や接続方法で伝熱面積の設定が容易である，胴内に配置されたバッフル(baffle)の配置や切り欠きの位置・形状を変えることで胴側流体の流れを比較的自由に設定できるなど，設計自由度が高く，構造が単純で製造しやすいことに加え，パイプ状流路の耐圧性の高さから，大型の熱交換器やボイラなどで最も頻繁に用いられる．伝熱学的には，バッフルの配置によって，直交流型と並流型・向流型の中間的性質を示す．

(d) クロスフィン型熱交換器(cross-fin type heat exchangers)（図 7.16）

パイプ状流路（群）の周囲に多数のフィンを設置した構造の熱交換器で，主にパイプ状流路内を流れる液体と周囲を流れる気体との間の熱交換に用いられる．気体側伝熱面であるパイプ状流路外面にフィンを設置するのは，一概に気体に対する熱伝達率が液体に対するものに比べて小さいためである．この形式の熱交換器は空調機や自動車のラジエータなどにみられ，伝熱学的には直交流型熱交換器に該当することが普通である．

(e) コンパクト熱交換器(compact heat exchangers)（図 7.17）

コンパクト熱交換器とは，熱交換器の占有体積 1 m^3 あたりの伝熱面積が 500～1000 m^2 を越える熱交換器を指す名称であるが，このような凝集度の高い熱交換器を実現するためにはきわめて高度に集積されたフィン（多くは金属製の薄板を細かく折りたたんだコルゲーテッドフィン）を用いる必要があるため，平行平板状路に高温流体と低温流体を交互に流す熱交換器の流路部に微細ピッチのフィンを設置した熱交換器を特にコンパクト熱交換器とよぶことがある．狭義のコンパクト熱交換器では両流体流路内にフィンが設置されるため，気体・気体間の熱交換に用いられることが多い．伝熱学的には，流体分配流路の都合上，多くの場合，直交流型になる．

上記の隔板式熱交換器以外の形式の熱交換器も実用に供されている．その代表の一つが蓄熱型熱交換器(regenerative heat exchangers)（図 7.18）であり，もう一つは直接接触式熱交換器(direct-contact heat exchangers)（図 7.19）である．蓄熱型熱交換器は，高温流体と低温流体を交互に流し，多孔体の熱交換器本体（マトリックス）の熱容量を利用して高温流体から低温流体へ熱エネルギーを受け渡す装置である．高温流体と低温流体を交互に流すために流路に切換装置を付加する場合もあるが，高温流体流路と低温流体流路を並べて配置しマトリックスを回転させることで同様の効果を得ることが多い（図 7.20）．このような蓄熱型熱交換器をユングストローム型熱交換器と呼ぶことがあり，火力発電所などの空気予熱器（ボイラ燃焼器の吸気を排気ガスで加熱する装置）に用いられている．

一方，直接接触式熱交換器は，水と空気など混ざり合わない 2 流体を直接接触させて熱交換させる装置であり，ビル用空調機の冷却塔（図 7.21）などでよく見られる．この熱交換器では高温流体と低温流体を隔てる隔板が存在

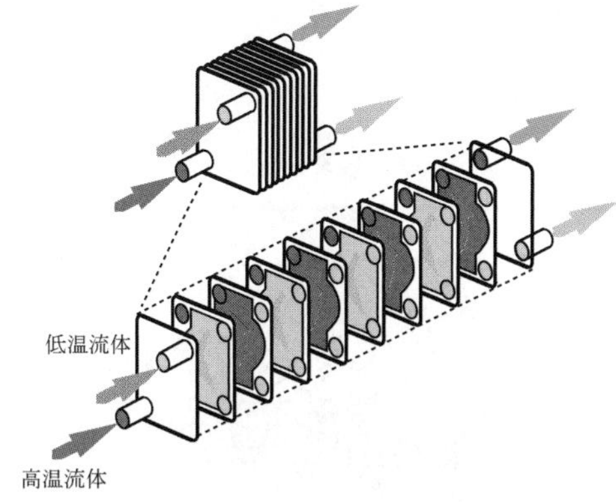

図 7.14　プレート型熱交換器

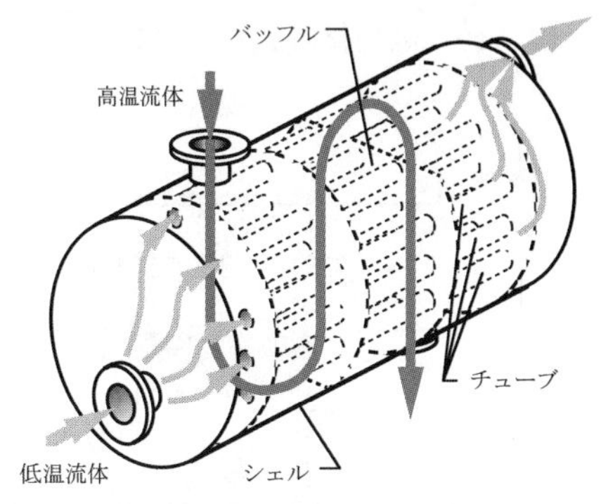

図 7.15　シェルアンドチューブ型熱交換器

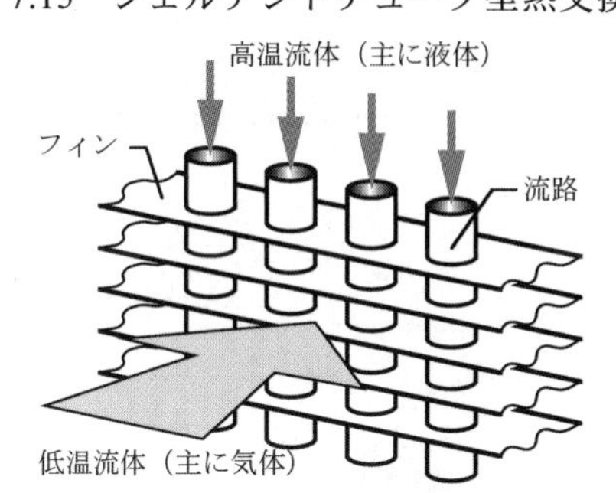

図 7.16　クロスフィン型熱交換器

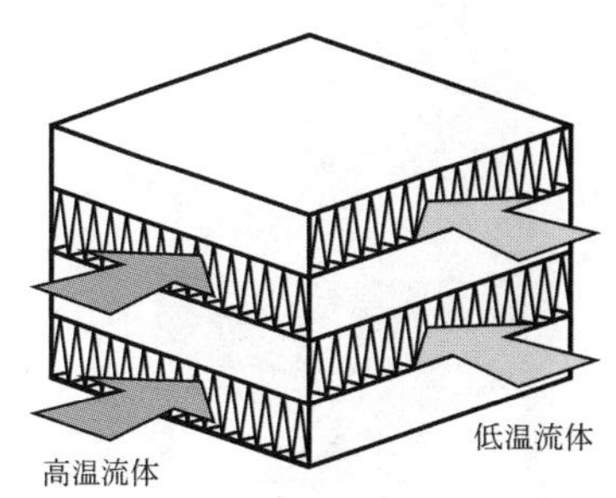

図 7.17　コンパクト熱交換器

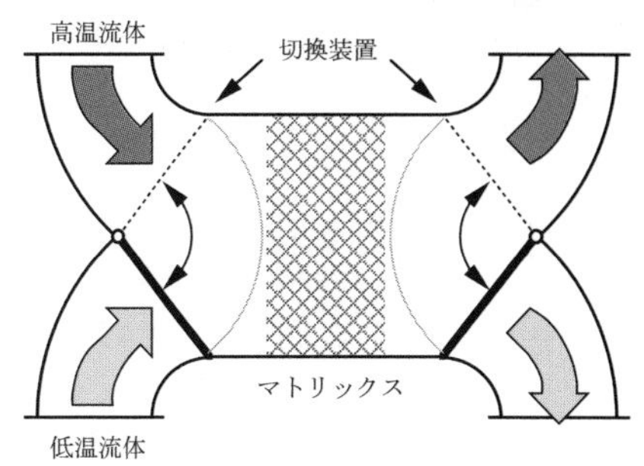

図 7.18　蓄熱型熱交換器

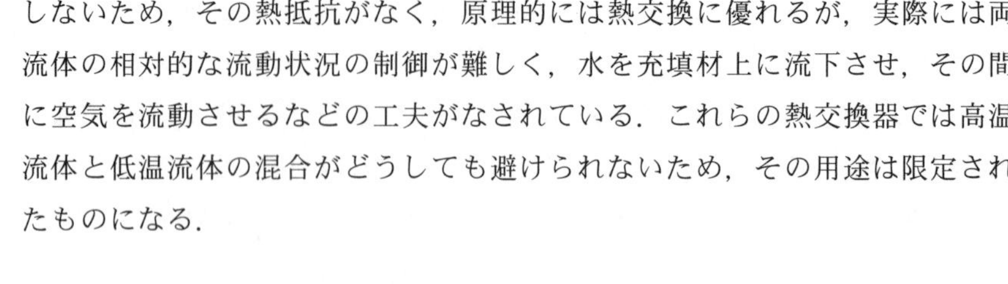

しないため，その熱抵抗がなく，原理的には熱交換に優れるが，実際には両流体の相対的な流動状況の制御が難しく，水を充填材上に流下させ，その間に空気を流動させるなどの工夫がなされている．これらの熱交換器では高温流体と低温流体の混合がどうしても避けられないため，その用途は限定されたものになる．

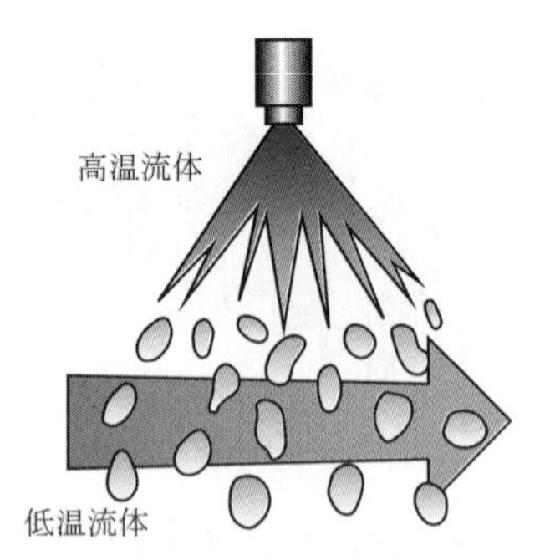

図 7.19　直接接触式熱交換器

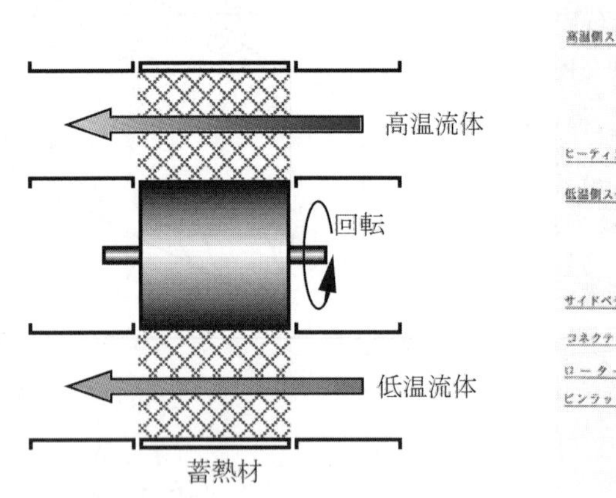

図 7.20　ユングストローム型熱交換器（写真はアルストムパワー社提供）

図 7.21　空調用冷却塔
((株) 荏原シンワ提供)

7・2　熱交換器の設計法 (design of heat exchangers)

熱交換器は様々なところで用いられているが，その多くは高い熱交換性能・温度交換性能をできるだけ小さなスペースで実現するよう，流体の流し方や熱交換器の構造が工夫されている．ここでは，隔板式熱交換器を例に，その熱的な設計法を概説する．

7・2・1　熱交換器の性能 (characteristics of heat exchangers)

熱交換器は高温流体の持つ熱エネルギーを低温流体へ受け渡す装置であるから，熱交換器の性能は，

(1) 高温流体から低温流体へどれだけの熱エネルギーを移動させられるか（熱交換性能）

(2) 高温流体と低温流体の温度をどれだけ変化させられるか（温度交換性能）

の 2 つの視点から評価される．前者の性能を評価するためには，高温流体・低温流体間の交換伝熱量を求めればよい．すなわち，隔板の熱通過率を K，面積を A，両流体の対数平均温度差を ΔT_{lm} とすれば，並流型・向流型熱交換器の交換伝熱量 Q は式(7.17)に示したとおり，

$$\dot{Q} = K\Delta T_{lm}A \tag{7.17}$$

である．つまり並流型・向流型熱交換器の熱交換性能は，

・隔板を介した熱通過率 K

・熱通過面積 A

・高温流体と低温流体間の対数平均温度差 ΔT_{lm}

によって決まる．これらのうち対数平均温度差は，両流体の入口，出口の温度で決まるから，熱交換性能は温度交換性能にも影響されることがわかる．

一方，熱交換器の温度交換性能を評価するためには，高温流体あるいは低温流体の温度変化を両流体間の最大温度差（高温流体入口温度と低温流体入口温度の差）で正規化した

$$\phi_h = \frac{T_{hi} - T_{ho}}{T_{hi} - T_{ci}}, \qquad \phi_c = \frac{T_{co} - T_{ci}}{T_{hi} - T_{ci}} \tag{7.19}$$

なる値を用いることが多い．この値を**温度効率**(temperature effectiveness)とよぶ．これらの温度効率は，並流型熱交換器に対しては，式(7.10)から，

$$\phi_h = \frac{1 - \exp\left(-N_h\left(1 + R_h\right)\right)}{1 + R_h}, \qquad \phi_c = R_h \phi_h = R_h \frac{1 - \exp\left(-N_h\left(1 + R_h\right)\right)}{1 + R_h} \tag{7.20}$$

となり，向流型熱交換器に対しては，式(7.14)から，

$$\phi_h = \frac{1 - \exp\left(-N_h\left(1 - R_h\right)\right)}{1 - R_h \exp\left(-N_h\left(1 - R_h\right)\right)}, \qquad \phi_c = R_h \frac{1 - \exp\left(-N_h\left(1 - R_h\right)\right)}{1 - R_h \exp\left(-N_h\left(1 - R_h\right)\right)} \tag{7.21}$$

となる．ただし，高温流体と低温流体の熱容量流量（質量流量と比熱の積）が等しい場合には，

$$\phi_h = \phi_c = \frac{N_h}{1 + N_h} \tag{7.22}$$

となる．ここで N_h と R_h は

$$N_h = \frac{K\ A}{\dot{m}_h c_h} \tag{7.23}$$

$$R_h = \frac{\dot{m}_h c_h}{\dot{m}_c c_c} \tag{7.24}$$

である．前者は高温流体の熱容量流量に対する隔板の熱通過の良さを表し，**伝熱単位数**(Number of Heat Transfer Unit: NTU)と呼ばれる．後者は高温流体と低温流体の熱容量流量比である（脚注2）．これらから並流型・向流型熱交換器の温度交換性能は，

脚注2)　一般には，高温流体と低温流体の熱容量流量の小さい方を添字 min で，大きい方を添字 max で表して，次のように定義される伝熱単位数と熱容量流量比

$$N = \frac{K\ A}{\left(\dot{m}\ c\right)_{\min}} \qquad R = \frac{\left(\dot{m}\ c\right)_{\min}}{\left(\dot{m}\ c\right)_{\max}}$$

を用いて温度効率を評価することが多い．この場合には，高温流体と低温流体の熱容量流量の大小関係によって式(7.20)，式(7.21)の ϕ_h，ϕ_c の定義が入れ替わることに注意されたい．

・伝熱単位数 N_h

・熱容量流量比 R_h

によって決まることがわかる．

さて，直交流型熱交換器やシェルアンドチューブ型熱交換器など，並流型・向流型熱交換器以外の熱交換器の性能も同様に評価されるが，その際，式(7.17)と式(7.20)〜(7.22)はそのままでは適用できない．何故なら，これらの熱交換器の高温流体・低温流体間の平均温度差は，厳密には図 7.9，式(7.18)の対数平均温度差では表せないからである．しかし，高温流体・低温流体の出入口温度から熱交換器内の平均温度差を評価する対数平均温度差の概念は実用上大変便利なので，並流型・向流型以外の熱交換器においてもこの概念を援用し，流体の流れ方による平均温度差の変化を補正する係数 ψ を用いて平均温度差を評価することが多い．すなわち，並流型・向流型以外の隔板式熱交換器の高温流体・低温流体間の平均温度差 ΔT_m は

$$\Delta T_m = \Psi \Delta T_{lm} \tag{7.25}$$

と表される．ここで対数平均温度差 ΔT_{lm} には熱交換器を向流型と見なしたときの定義

$$\Delta T_{lm} = \frac{(T_{hi} - T_{co}) - (T_{ho} - T_{ci})}{\ln \dfrac{(T_{hi} - T_{co})}{(T_{ho} - T_{ci})}} \tag{7.26}$$

を用いる．補正係数 ψ は，様々な条件の直交流型熱交換器，シェルアンドチューブ型熱交換器などに対して求められており，線図の形で提供されている．図 7.22 はその代表例である．この補正係数を用いると，並流型・向流型以外の隔板式熱交換器の熱交換性能は，

$$\dot{Q} = \Psi K \Delta T_{lm} A \tag{7.27}$$

であり，温度交換性能は，R_h が 1 でないときは，

$$\begin{aligned} \phi_h &= \frac{1 - \exp(-\Psi N_h (1 - R_h))}{1 - R_h \exp(-\Psi N_h (1 - R_h))} \\ \phi_c &= R_h \frac{1 - \exp(-\Psi N_h (1 - R_h))}{1 - R_h \exp(-\Psi N_h (1 - R_h))} \end{aligned} \tag{7.28}$$

R_h が 1 のときは，

$$\phi_h = \phi_c = \frac{\Psi N_h}{1 + \Psi N_h} \tag{7.29}$$

と評価される．

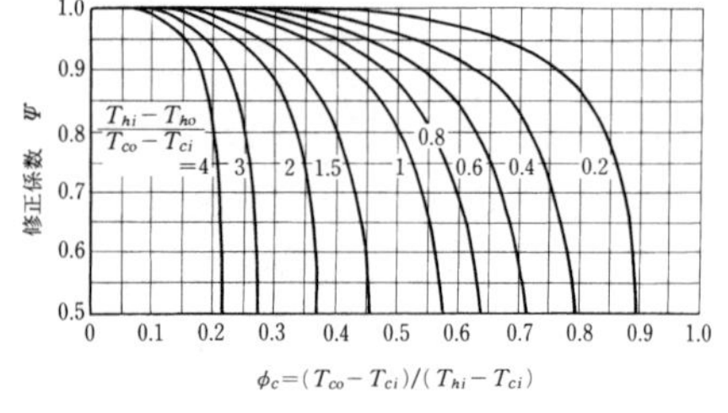

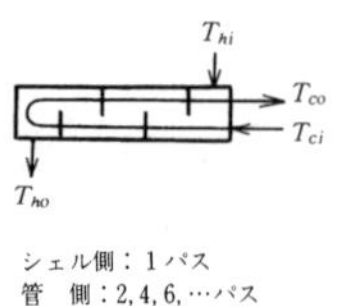

(a) 1-2 パス熱交換器

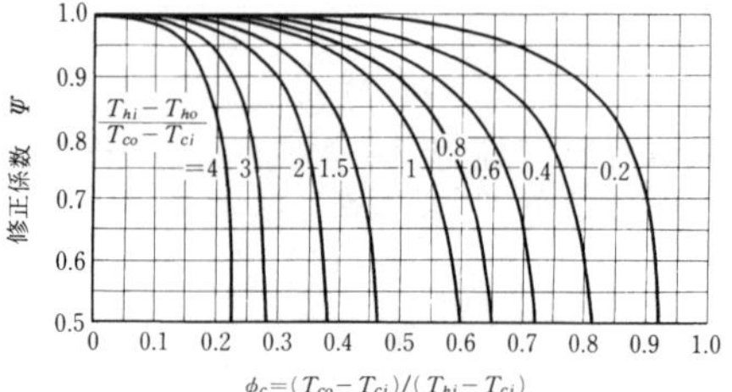

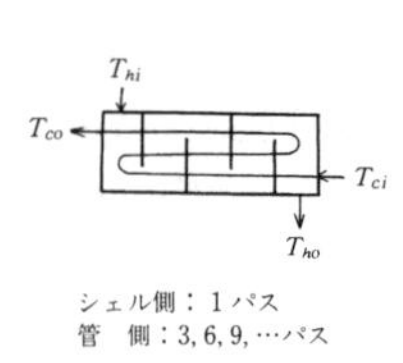

(b) 1-3 パス熱交換器

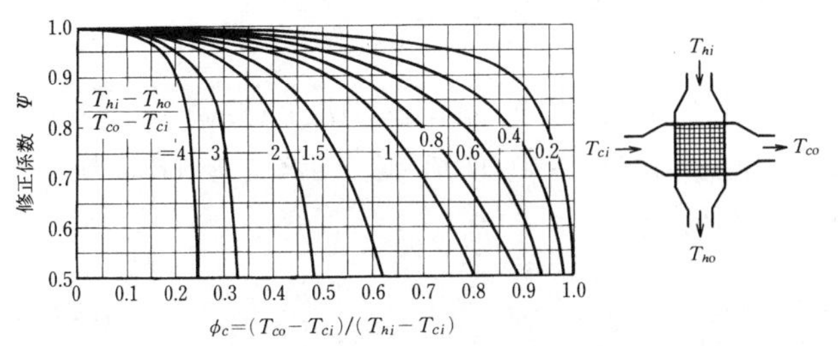

(c) 両流体とも混合しない直交流型熱交換器

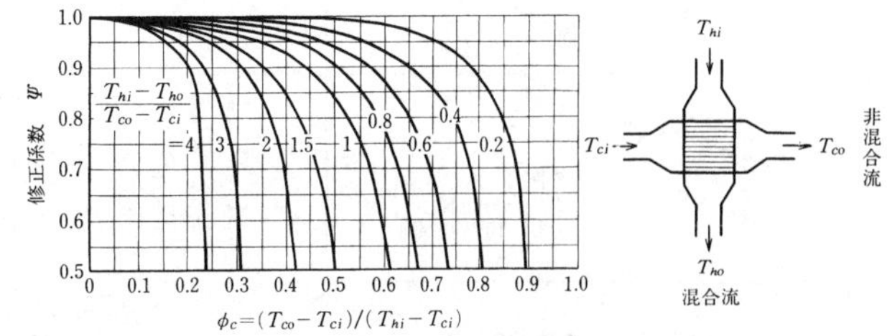

(d) 低温流体のみ混合する直交流型熱交換器

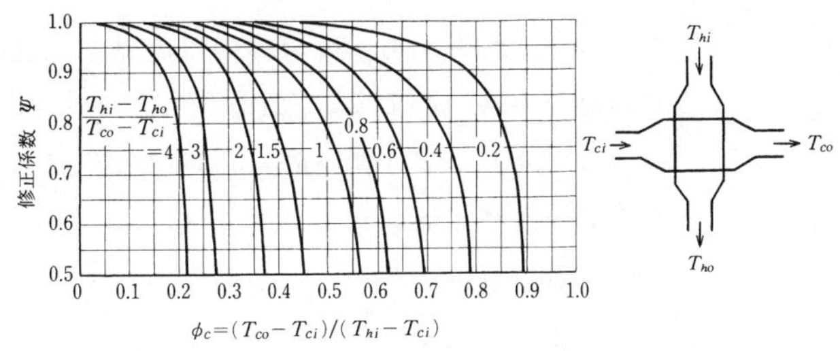

(e) 両流体とも混合する直交流型熱交換器

図 7.22　対数平均温度差の修正係数 Ψ

7・2・2　熱交換器の設計 (heat exchanger design)

所望の性能を有する隔板式熱交換器を設計しようとする際には，与えられた条件から上記の式を用いて性能を支配する因子

・隔板を介した熱通過率 K
・熱通過面積 A
・高温流体と低温流体間の対数平均温度差 ΔT_{lm}
・伝熱単位数 N_h
・熱容量流量比 R_h
・対数平均温度差の修正係数 ψ

のうちの未定条件を決定すればよい．ただしこれらの因子は必ずしも互いに独立でないので，実際には繰り返し計算などの調整が求められる．例えば，熱交換器の熱交換性能・温度交換性の双方に影響を及ぼす熱通過率は，隔板の材料や厚さのほかに，高温流体・低温流体の物性と流速によって決まる隔板両表面の熱伝達率によって評価される．熱伝達率の評価には，第 3 章で述べた強制対流熱伝達の知見を用いればよいが，流れが複雑な熱交換器内の熱伝達率を厳密に評価するのは煩雑にすぎる．そこで図 7.23 に示すような熱通過率の概略値を用いて熱設計を行うことも多い．特に流体が熱交換器通過中に相変化する場合には，熱通過率は相変化のない場合と大きく異なるため，それを考慮した実験式や経験値を用いて評価されることが普通である．

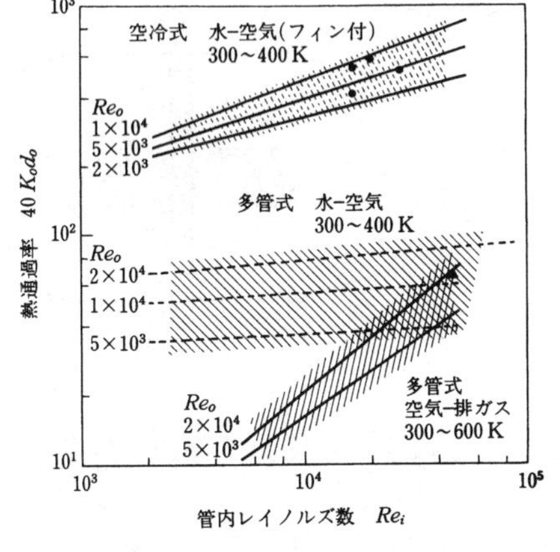

(a) 相変化のない気体/気体，気体/液体

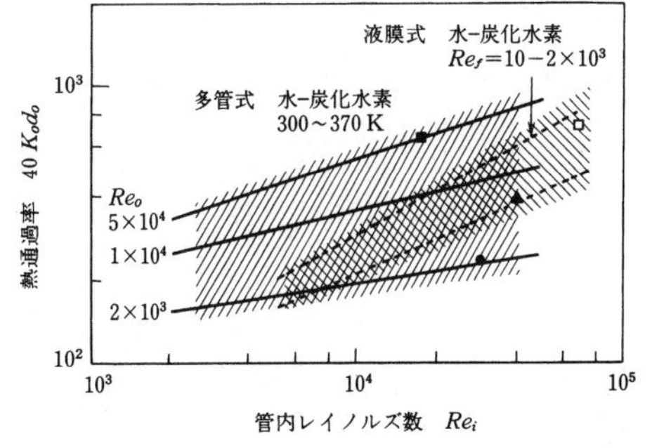

(b) 相変化のない液体/液体

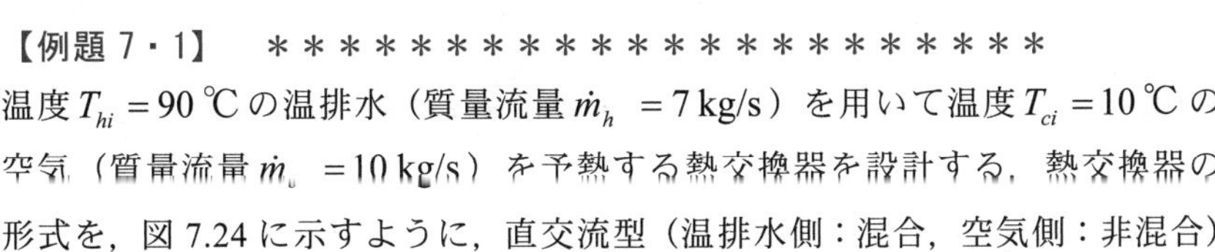

【例題 7・1】　＊＊＊＊＊＊＊＊＊＊＊＊＊＊＊＊＊＊＊＊＊＊＊＊

温度 $T_{hi}=90$ ℃の温排水（質量流量 $\dot{m}_h=7$ kg/s）を用いて温度 $T_{ci}=10$ ℃の空気（質量流量 $\dot{m}_c=10$ kg/s）を予熱する熱交換器を設計する．熱交換器の形式を，図 7.24 に示すように，直交流型（温排水側：混合，空気側：非混合）

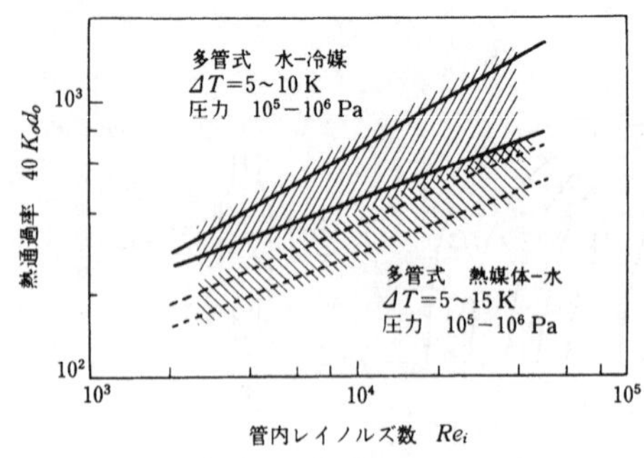

(c) 液体/沸騰液体

図 7.23　熱通過率の概略値, ただし熱通過率 K_0 は管外面積基準で W/m^{2}K 単位, d_0 は管外径（フィン根元径）で m 単位, 管内外とも 2×10^{-4} m^{2}K/W の汚れ係数を考慮

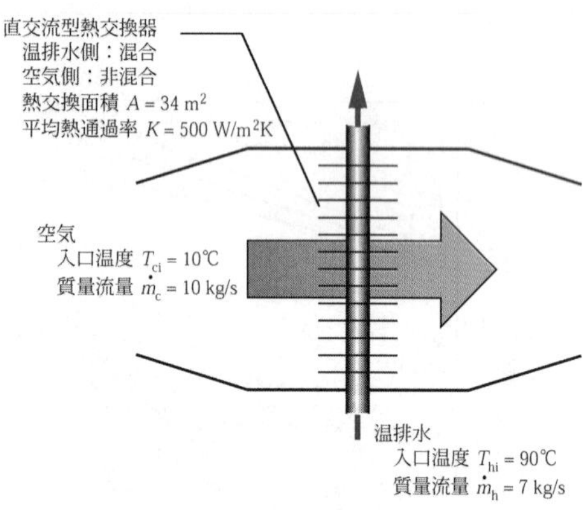

図 7.24　空気予熱器の設計

とし，熱交換面積 $A = 34$ m^2，隔板上の平均熱通過率 $K = 500$ W/m^{2}K とするとき，交換熱量と両流体の出口温度を求める．

【解答】まず両流体の物性値を仮定する．両流体の温度範囲から，温排水の比熱 $c_h = 4195$ J/kgK，空気の比熱 $c_c = 1007$ J/kgK とする．これにより，熱容量流量比 R_h と伝熱単位数 N_h は

$$R_h = \frac{\dot{m}_h c_h}{\dot{m}_c c_c} = 2.916 \qquad \text{(ex7.1)}$$

$$N_h = \frac{KA}{\dot{m}_h c_h} = 0.579 \qquad \text{(ex7.2)}$$

である．これらから，両流体の温度効率は式(7.28) で求められるが，この式中の修正係数 ψ は図 7.22(d)から求めねばならない．図中のパラメータ $(T_{hi} - T_{ho})/(T_{co} - T_{ci})$が $1/R_h$ (0.343) に等しいことに注意して，この線図に合致するように修正係数 ψ を求めると，

$$\Psi = 0.85$$

$$\phi_h = 0.245$$

$$\phi_c = 0.705$$

である．これより，温排水と空気の出口温度，T_{ho} と T_{co} は

$$T_{ho} = T_{hi} - \phi_h (T_{hi} - T_{ci}) = 70.4\,°\text{C} \qquad \text{(ex7.3)}$$

$$T_{co} = T_{ci} + \phi_c (T_{hi} - T_{ci}) = 67.1\,°\text{C} \qquad \text{(ex7.4)}$$

となる．両流体の熱交換を向流型熱交換器によるものと見なしたときの対数平均温度差 ΔT_{lm} は,

$$\Delta T_{lm} = \frac{(T_{hi} - T_{co}) - (T_{ho} - T_{ci})}{\ln\left(\dfrac{T_{hi} - T_{co}}{T_{ho} - T_{ci}}\right)} = 38.7\,\text{K} \qquad \text{(ex7.5)}$$

であり，両流体間の交換熱量 Q は

$$\dot{Q} = \Psi K A \Delta T_{lm} = 5.75 \times 10^5\ \text{W} \qquad \text{(ex7.6)}$$

となる．この交換熱量はそれぞれの流体のエンタルピー変化から計算される結果

$$\dot{Q} = \dot{m}_h c_h (T_{hi} - T_{ho}) = \dot{m}_c c_c (T_{co} - T_{ci}) \qquad \text{(ex7.7)}$$

と一致する．

こうして求められた結果が所望の範囲に入っていなければ，熱交換面積，熱通過率，あるいは熱交換器の形式などを変更して，同様の計算を繰り返すことになる．また，熱通過率（隔板上の熱伝達率）は流体の速度の関数であり，流体速度は流量と流路断面積で決まるから，設定した熱通過率を実現するよう熱交換器の流路断面積を適切に設計する必要がある．

＊＊＊＊＊＊＊＊＊＊＊＊＊＊＊＊＊＊＊＊＊＊＊＊

【例題 7・2】　＊＊＊＊＊＊＊＊＊＊＊＊＊＊＊＊＊＊＊＊＊＊＊＊

温度 $T_{hi} = 400$ ℃，質量流量 $\dot{m}_h = 10$ kg/s の燃焼ガスを用いて，質量流量

$\dot{m}_c$ =10 kg/s のボイラ給水を T_{ci} = 20 ℃から T_{co} = 80 ℃まで予熱する熱交換器を設計する．

【解答】燃焼ガスとボイラ給水の比熱をそれぞれ $c_h = 1000$ J/kgK，$c_c = 4200$ J/kg K と仮定する．燃焼ガスとボイラ給水間で交換されるべき熱量は，ボイラ給水が受け取る熱量から，

$$\dot{Q} = \dot{m}_c c_c (T_{co} - T_{ci}) = 2.52 \times 10^6 \text{ W} \tag{ex7.8}$$

この熱量は燃焼ガスの失う熱量に等しいから，熱交換後の燃焼ガス温度 T_{ho} は

$$T_{ho} = T_{hi} - \frac{\dot{Q}}{\dot{m}_h c_h} = 148\,°\text{C} \tag{ex7.9}$$

これより，熱交換器を向流型と見なしたときの対数平均温度差 ΔT_{lm} は

$$\Delta T_{lm} = \frac{(T_{hi} - T_{co}) - (T_{ho} - T_{ci})}{\ln\left(\dfrac{T_{hi} - T_{co}}{T_{ho} - T_{ci}}\right)} = 209.54\ °\text{C} \tag{ex7.10}$$

である．

いま熱交換器の形態を，図 7.25 のように単純な向流型熱交換器とすれば，

$$\dot{Q} = K \Delta T_{lm} A \tag{ex7.11}$$

より，隔板の熱通過率 K と面積 A の積は

$$KA = 1.20 \times 10^4 \text{ W/K}$$

であり，熱通過率を $K = 300$ W/m²K とすれば，隔板面積は $A = 40$ m² となる．

あるいは熱交換器の形態を，図 7.26 のように燃焼ガス（高温流体）のみが混合する直交流型熱交換器とすれば，図 7.22(d)（ただし図中のパラメータの h と c を入れ替えて用いる）から修正係数 $\psi = 0.95$ であるので，

$$\dot{Q} = K \Psi \Delta T_{lm} A \tag{ex7.12}$$

より，

$$KA = 1.27 \times 10^4 \text{ W/K}$$

となって，同様に熱通過率を $K = 300$ W/m²K とすれば，隔板面積は $A = 42.2$ m² となる．

＊＊＊＊＊＊＊＊＊＊＊＊＊＊＊＊＊＊＊＊＊＊

実際の熱交換器においては，熱交換性能・温度交換性能のほかに，高温流体・低温流体の圧力損失性能も重要な意味を有する．何故なら，多くの熱交換器では，ポンプやファンの性能により流体の出入口圧力差が流量の関数として与えられており，圧力損失が増えると所定の流量の流体が流れず，熱交換性能が低下するためである．熱交換器の圧力損失は，流路形状が単純なプレート型熱交換器やシェルアンドチューブ型熱交換器の水管側などでは通常の圧力損失の理論式を用いて見積もることができるが，それ以外では熱通過率同様，実験式や経験値を用いて評価されることが多い．

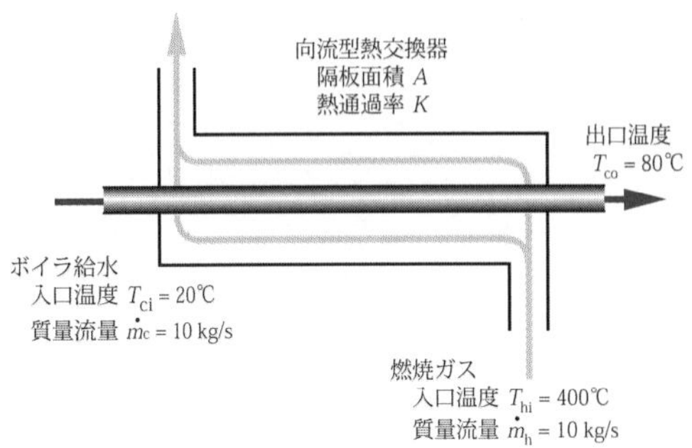

図 7.25　ボイラ給水予熱器の設計（向流型熱交換器の場合）

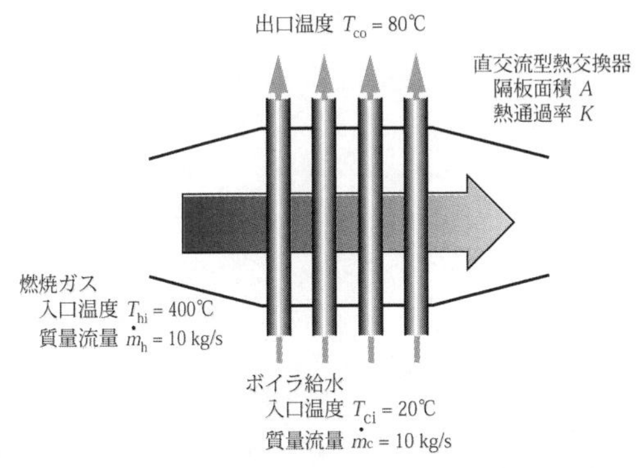

図 7.26　ボイラ給水予熱器の設計（直交流型熱交換器の場合）

7・2・3　熱交換器の性能変化 (characteristic change of heat exchangers)

熱交換器内を流動する流体は必ずしも「きれい」ではなく，不純物が熱交換器表面に堆積する場合があり得る．例えば，空気との熱交換を行う空調用熱交換器には空気中の埃が堆積することがよく見られるし，ボイラなどの相変化を伴う熱交換器では不純物が液気相変化に伴って伝熱面近傍で濃縮され熱交換器表面にスケール(scale)として付着する．これらの汚れ(fouling)は熱交換器隔板の熱抵抗を増すから，これによって熱交換性能・温度交換性能が低下する．

汚れによる熱交換器の性能変化を逐次予測するのは通常，難しいので，一般には熱交換器に流される流体の種類や流動状況から汚れによる熱抵抗の最大値を予測し，あらかじめこれを考慮して熱通過率を評価しておくことが多い．このときの汚れによる熱抵抗の増分を汚れ係数(fouling factor)といい，汚れによる熱抵抗を考慮した熱通過率は，

$$K = \frac{1}{\dfrac{1}{h_i} + r_i + \dfrac{\delta}{k} + r_o + \dfrac{1}{h_o}} \tag{7.30}$$

と評価される（脚注3)）．ここで r_i と r_o は隔板内外面の汚れ係数である．このようにして汚れによる影響を勘案すると，汚れのない熱交換器使用過程の初期においては性能を過小評価する（実際の性能が設計性能を上回る）ことになるが，伝熱機器としての熱交換器の設計ではこのような手法がとられるのが普通である（例えば，図 7.23 に示した熱通過率の概略値には既に汚れ係数が織り込まれている）．

代表的な条件における汚れ係数の一例を表 7.1，7.2 に示す．ただし汚れ係数は，流体の性質，温度，流速，伝熱面の材質，表面形態などによって極端に変化するので，これらの値はあくまでも参考値として考えられたい．

表 7.1　水の汚れ係数（m^2K/W）

加熱流体温度	115℃以下		115～205℃	
水の温度	50℃以下		50℃以上	
水の流速	0.9 m/s 以下	0.9 m/s 以上	0.9 m/s 以下	0.9 m/s 以上
蒸留水	0.00009	0.00009	0.00009	0.00009
海水	0.00009	0.00009	0.00018	0.00018
市水、井水、大きな湖水	0.00018	0.00018	0.00035	0.00035
河水	0.00053	0.00035	0.0007	0.00053
硬水	0.00053	0.00053	0.0009	0.0009

脚注3)　円管状の伝熱面のように内外面で表面積が大きく異なる場合には，いずれかの表面積を基準にした熱通過率を定義する．例えば，外表面積 A_o を基準とした場合は，

$$K_o = \frac{1}{\dfrac{1}{h_i}\dfrac{A_o}{A_i} + r_i\dfrac{A_o}{A_i} + r_w + r_o + \dfrac{1}{h_o}}$$

となる．ここで r_w は隔板内部の熱伝導による熱抵抗である．

表 7.2　各種液体の汚れ係数 (m^2K/W)

流体名	汚れ係数	流体名	汚れ係数
ガスおよび蒸気		液体	
機関排気	0.0018	液冷媒	0.00018
蒸気（油を含まず）	0.00009	工業用有機熱媒体	0.00018
廃蒸気（油を含む）	0.00018	燃料油	0.0009
冷媒蒸気（油を含む）	0.00035	機関潤滑油	0.00018
圧縮空気	0.00035	焼入油	0.0007
天然ガス	0.00018	植物油	0.00053

7・3　機器の冷却 (cooling of equipments)

7・3・1　熱設計の必要性 (necessity of thermal design)

機器の冷却という問題は，電力や通信用機器の分野ではかなり昔から存在しており，また宇宙機器の分野でも歴史は古い．一般に電気部品の定格出力は多くの場合，抵抗体や絶縁体の耐熱性，つまり具体的には許容温度，によって決まるので，それを保護するために熱設計が必要である．

最近になって，コンピュータをはじめとする電子機器の分野で**半導体素子**(semiconductor chip)の冷却問題が重要になってきた．素子性能の向上に伴い，素子の発熱量が増加し，また機器の薄型，小型化で放熱面積は減少していることから，発熱密度が急激に上昇している．そのため，冷却対策をしないと素子の温度がその許容値を超えてしまう．一般に「半導体素子の温度が 2℃上昇すると，その素子の不良率が 10 %増大する」といわれている[(1)]．さらにコンピュータにおいては，熱的性能は寿命や情報処理性能さらに低価格化と密接に関連している．そこで，本節では，機器の冷却として，**電子機器の冷却**(cooling of electronic equipments)を代表としてとりあげることにする．

7・3・2　熱抵抗 (thermal resistance)

電子機器内の半導体素子は，通常そのままでは使用されず，図 7.27 に示すような**パッケージ**(package)と呼ばれる容器に収納されて，**プリント配線基板**(printed circuit board)と半導体素子とその基板とを接続する**リード線**(lead)を介して電気的に接続されている．そのパッケージからの熱を放熱するために，電子機器の分野では**ヒートシンク**(heat sink)と呼ばれる放熱器を用いるが，そのパッケージとヒートシンクを含めた熱性能を表わすのに第 2 章で説明した**熱抵抗**(thermal resistance)という概念がよく用いられる．

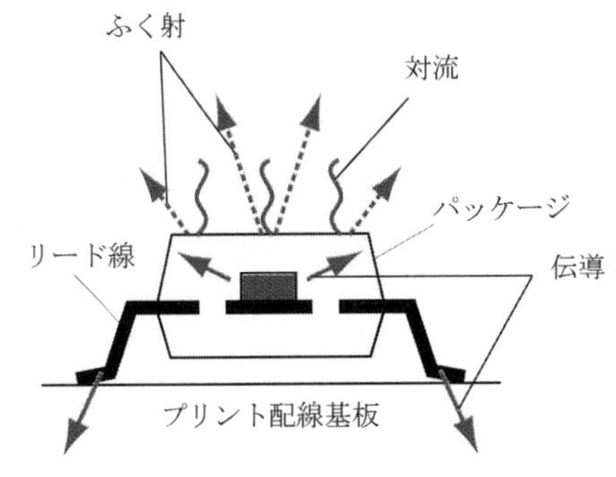

図 7.27　パッケージ内のチップで発生した熱の放熱形態

(a) 熱抵抗の定義

ある 2 点間の伝熱量 $\dot{Q}$ (W) に対し，その間の温度差が ΔT (K) であるとき，一般に $\dot{Q}$ と ΔT の間には，比例関係が存在し，次式で表わされる関係が成り立つ．

$$\Delta T = R\dot{Q} \tag{7.31}$$

この式で，温度差（ΔT）を電位差（ΔV），伝熱量（$\dot{Q}$）を電流（I）にそれぞれ置き換えると，電気回路におけるオームの法則と類似となる．つまり，R は電気抵抗に相当するもので，熱抵抗とよび，熱の伝わり難さを示す．熱

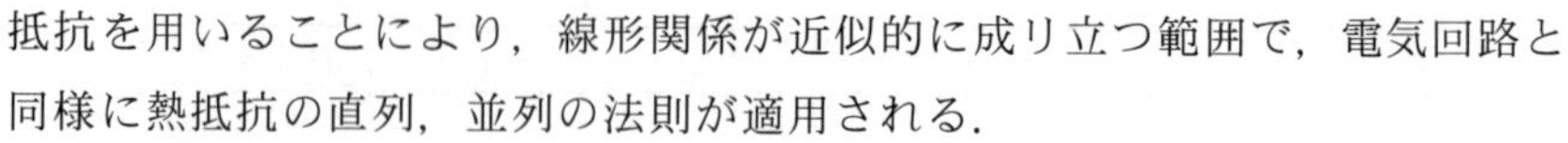

抵抗を用いることにより，線形関係が近似的に成り立つ範囲で，電気回路と同様に熱抵抗の直列，並列の法則が適用される．

(b) 熱抵抗の種類

パッケージからの放熱形態は図 7.27 のように熱伝導，対流，ふく射の 3 形態あるので，それにともない熱抵抗も伝導熱抵抗，対流熱抵抗，ふく射熱抵抗が存在する．第 2 章でも説明したが，具体的にはそれぞれの熱抵抗が表 7.3 の形をとる．しかし，熱抵抗には，以上のほかに固体表面間の接触部分に**接触熱抵抗**(thermal contact resistance)が存在する．この接触熱抵抗は電子機器の冷却でしばしば問題となる．電子機器の熱設計にあたっては，この接触熱抵抗を最小にする工夫をしなければならない．図 7.28 に示すように接触界面には，図中白領域で示す空気が存在するので，接触熱抵抗を小さくする手段として，接触界面に空気より熱伝導率が良い熱伝導性グリースを塗布するか，熱伝導性のシートを挟むなどの対策が取られる．

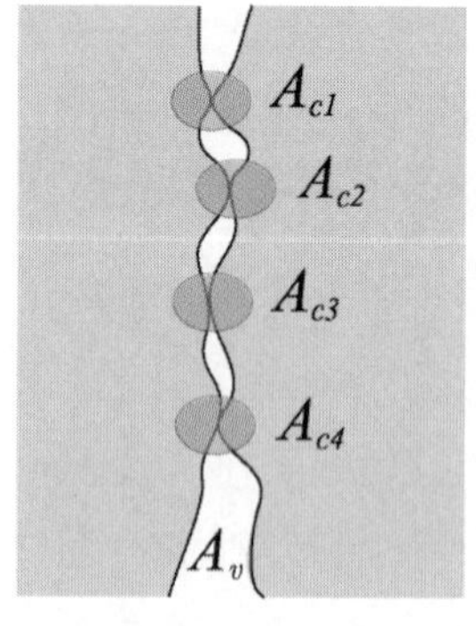

$A_c = A_{c1} + A_{c2} + A_{c3} + A_{c4}$

$A_a = A_c + A_v$

図 7.28　接触面の様子

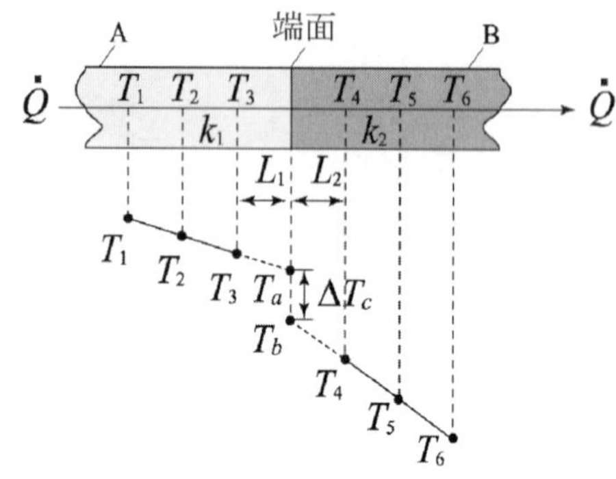

図 7.29 接触熱抵抗モデル[(1)]

表 7.3　熱抵抗の種類

放熱形態	熱抵抗 (R)	
(1) 熱伝導 （式(1. 1)より）	$R_{cond} = \dfrac{L}{k \cdot A}$	L : 伝導経路の長さ (m) k : 熱伝導率 (W/(m·K)) A : 伝熱面積 (m^2)
(2) 対流 （式(1. 4)より）	$R_{conv} = \dfrac{1}{h \cdot A}$	h : 熱伝達率 (W/(m^2·K)) A : 放熱面積 (m^2)
(3) ふく射 （式(1. 10)より）	$R_{rad} = \dfrac{1}{4\varepsilon\sigma FAT_m{}^3}$	ε : ふく射率 σ : ステファン・ボルツマン常数 (W/(m^2·K^4)) F : 形態係数 A : 表面積 (m^2) T_m : 加熱面と周囲との平均温度 (K)

(c) 接触熱抵抗

接触熱抵抗のモデルとして，図 7.29 のように 2 本の棒 A, B が端面で密接し，棒の軸線方向に定常的に熱が流れている場合を考える[(1)]．図の右方向に温度が降下し，接触点において接触熱抵抗のために温度差 ΔT_c が生じているとする．いま，伝熱量は一定であるから，

$$\dot{Q} = k_1 A \frac{T_3 - T_a}{L_1} = k_2 A \frac{T_b - T_4}{L_2} \tag{7.32}$$

であるが，接触部の等価熱伝達率を h_c とすると，接触部の熱抵抗は

$$R_c = \frac{1}{(h_c A_a)} \tag{7.33}$$

であるから，

$$\dot{Q} = (T_a - T_b) / R_c \tag{7.34}$$

が成り立つ．ただし，接触部の面積 A_a は“見かけの接触面積”である．

A_a は，図 7.29 に示すように金属の実接触面積 A_c と，空隙部の面積 A_v とから成るので，

$$A_a = A_c + A_v \tag{7.35}$$

が成り立つ．すなわち，接触境界面の伝熱は，実接触部の熱伝導と，空隙内の流体中の伝導とふく射によって行われる．空隙内の流体の対流は，空隙厚さ δ_v がきわめて小さいので，問題にならない．

接触部のモデルを図 7.30 のように仮定すると，図から分かるように，接触熱抵抗は，実接触部の 2 個の直列熱抵抗と，空隙部の熱抵抗との並列熱抵抗として表わされるから，

$$\begin{aligned}\dot{Q} &= \frac{T_a - T_b}{\dfrac{\delta_v}{2k_1 A_c} + \dfrac{\delta_v}{2k_2 A_c}} + \frac{T_a - T_b}{\dfrac{\delta_v}{k_f A_v}} \\ &= h_c A_a (T_a - T_b)\end{aligned} \tag{7.36}$$

となる．ゆえに接触の熱伝達率 h_c は

$$h_c = \frac{1}{\delta_v}\left[2\frac{A_c}{A_a}\frac{k_1 k_2}{(k_1 + k_2)} + \frac{A_v}{A_a}k_f\right] \tag{7.37}$$

として表される．

式(7.37)で注意すべきことは，空隙部の流体の k_f が金属の k_1, k_2 に比べて十分に小さくても，もし実接触面積 A_c が A_v と比べてきわめて小さいときは A_v/A_a が大きくなり，$A_v k_f/A_a$ の値が必ずしも無視できないことである．また，図 7.30 のモデルはかなり概念的なモデルであって，実際に δ_v, A_c, A_v を算定することは難しい面がある．それゆえ，実際問題に適用するためのさまざまなモデルの工夫が提案されている(2)．

7・3・3　空冷技術 (air-cooling technology)

(a) 強制空冷方式の有効性と限界

電子機器分野に適用される冷却技術は空冷から沸騰冷却まで多くあるが，経済的でかつ種々の発熱レベルに対して，対応範囲の広い**空冷技術**(air-cooling technology)が，最も広く用いられている．

固体表面から空気への伝熱能力は，空気の流動状態によって異なる．空気の自然対流に基づく**自然空冷**(natural air cooling)は，送風機を用いないので経済的で信頼性も高いが，平均風速が 0.1 ~ 0.2 m/s と小さいので冷却能力が小さく，高速の情報処理装置には用いられない．通常，小型ファンにより，1 ~ 2 m/s 程度の風速が得られる**強制空冷**(forced air cooling)が適用される．大型計算機の冷却では流速が 5 m/s を越えるものもあるが，この場合は騒音対策が必要となる．

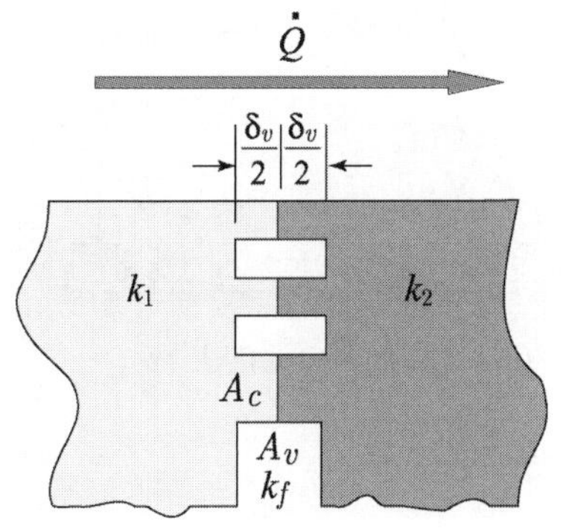

図 7.30　接触部のモデル

強制空冷のときの部品表面と空気流間の熱抵抗は，ほぼ風速の 0.5 乗に反比例して低下する．したがって，熱抵抗低減のために風速を増加させることがあるが，これは同時にファンの消費電力や騒音の増加をもたらすので，おのずから強制空冷方式の限界が生じる．そのため，強制空冷においても，自然空冷を組み合わせることにより，ファンの大きさを小さくするとか，ファンの数を減らすなどの工夫が必要となる(1)．

(b) 熱抵抗の低減(reduction of thermal resistance)

7・3・2 項で述べたが，電子部品の放熱にはヒートシンクが使われる．ヒートシンクの熱抵抗は，放熱面積を増加するか，ヒートシンク材料の熱伝導率

を高くすることによっても低下する．このために，ヒートシンクには熱伝導率の大きい銅やアルミニウムなどが用いられる．そして，ヒートシンクはパッケージや基板表面に取り付けられるが，このとき，半導体素子内部の局所発熱源と想定される pn 接合(pn-junction)部の温度上昇を抑えるために，はんだ付けや熱伝導性樹脂による接着などが行われる．pn 接合については 7･5･2 項にも説明がある。図 7.31 に各種のヒートシンクを示す．

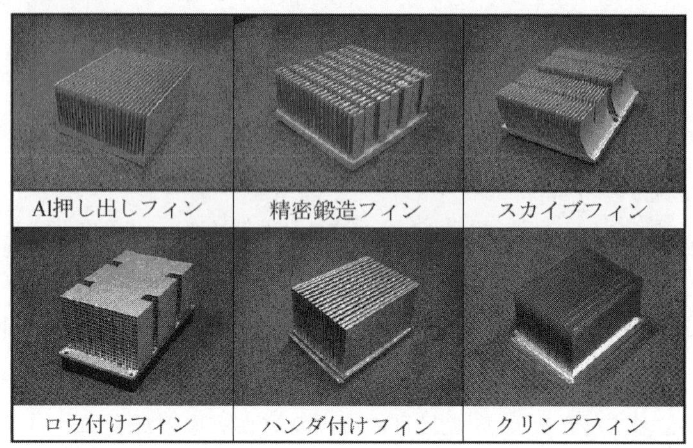

図 7.31　各種のフィン形ヒートシンク（古河電気工業株式会社提供）

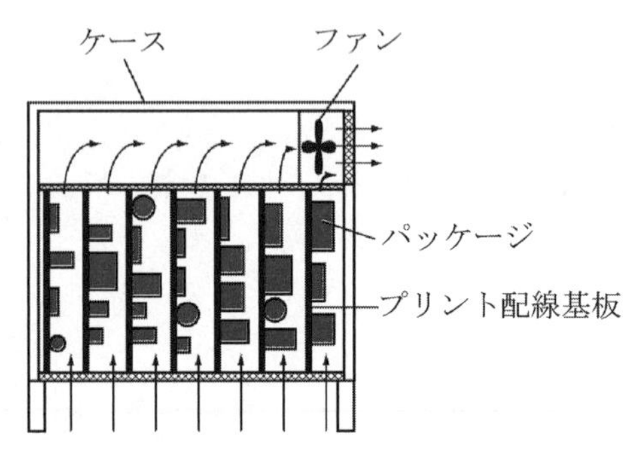

図 7.32　電子装置の例[4]

(c) 空冷装置の構成

次に空冷装置の構成について述べる．図 7.32 に示すように，半導体素子を搭載したパッケージはプリント配線基板に搭載され，その基板は一定のピッチで垂直（あるいは水平）に配列される．基板はコネクタで接続され，ケース内に搭載されて装置を構成する[4]．冷却方式として最も一般的な強制空冷において配列されたプリント配線板間の通風路の出口部あるいは入口部などにファンを取り付けて装置内に通風する．

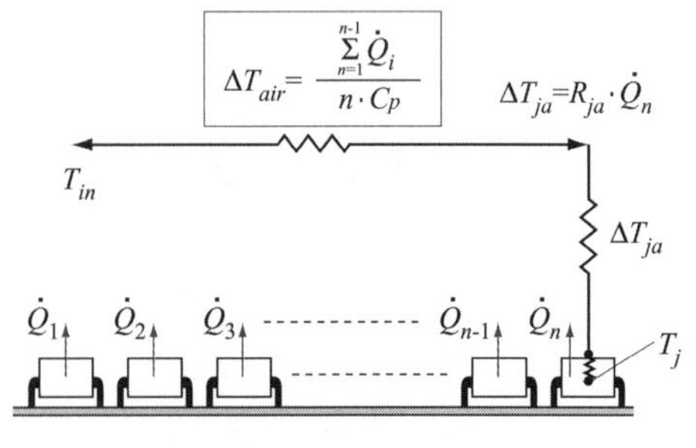

図 7.33　装置内の温度上昇

ここでパッケージに内蔵される半導体素子の温度上昇を考えよう．本節では、その半導体素子の接合部を単にパッケージ内接合部と表現する．図 7.33 に示すように，通風路入口から流入した空気の温度(T_{in})は，通風路入口から，いま対象としている n 番目のパッケージの手前までの間の部品発熱量の合計（$\sum_{i=1}^{n-1}\dot{Q}_i$）により ΔT_{air} だけ上昇する．したがって，装置内の空気温度(T_{air})は入口温度と装置内での温度上昇との和となる．この空気温度の中にパッケージが置かれるので，パッケージ内接合部温度(T_j)はこの空気温度(T_{air})からさらに接合部と周囲空気との間の熱抵抗(R_{ja})と n 番目のパッケージからの発熱量($\dot{Q}_n$) との積で表わされる温度上昇分 ΔT_{ja} だけ高い値となる．

以上を数式で表わせば次のようになる．

$$T_j = T_{in} + \Delta T_{air} + \Delta T_{ja} = T_{in} + \frac{\sum_{i=1}^{n-1}\dot{Q}_i}{\dot{m}c_p} + R_{ja}\dot{Q}_n \tag{7.38}$$

ここで，$\dot{m}$ は空気の質量流量，c_p は空気の定圧比熱である．したがって式(7.38)から，空気の質量流量を増すか，パッケージにヒートシンクを付けて R_{ja} を減少させれば，接合部温度 T_j が下がることがわかる．しかし，接合部温度 T_j を下げるには，個々の発熱量 $\dot{Q}_i$ を下げるのが最良であることはいうまでもない．

7・3・4　液体冷却 (liquid cooling)

(a) 直接冷却と間接冷却(direct cooling and indirect cooling)

電子機器の液体冷却(liquid cooling)は，発熱する部品を液体の中に浸漬する直接液冷(direct cooling)と一種の熱交換器であるコールドプレート(cold plate)と呼ばれる冷却板を用いて間接的に冷却する間接液冷(indirect cooling)とに分類される.

それぞれの方式を伝熱形態の点からみると，直接液冷は発熱部品の表面から液体へ熱移動が行われるのに対して，間接液冷では，発熱部品からコールドプレートの伝熱面までは主として伝導によって熱移動が行われ，コールドプレートの伝熱面から液体に熱移動が行われる．したがって，後者では発熱体表面から液体への伝熱面までの部分の熱抵抗が加わることになり，液体までの総合熱抵抗は前者に比べて大きくなる．しかし，直接液冷では，電気絶縁性の液体しか用いることができないのに対し，間接液冷では水を用いることができる．表 7.4 に見るように，水は一般の絶縁性液体に比べて放熱の性能が数倍優れている．そして、上述した諸要素が各冷却方式での熱伝達率の差として現われる．それゆえ，総合的な放熱性能は，信頼性，保守・運用性，経済性などを考えて両者を比較すべきである．現在，コンピュータなどに実用化されているのは，主として間接水冷方式である．間接水冷方式は部品の実装・検査・試験および冷却系の管理・運用などの点から直接式に比べて有利であるとされている.

表 7.4　各種冷却方式の熱伝達率

伝熱形態	冷媒	熱伝達率 (W/(m^2・K))
自然対流	空気	3 ~ 20
	フルオロカーボン液	50 ~ 200
強制対流	空気 (0.5 ~ 20 m/s)	10 ~ 200
	フルオロカーボン液 (0.1 ~ 20 m/s)	200 ~ 1000
	水 (0.1 ~ 5 m/s)	50 ~ 5000
沸騰	フルオロカーボン液（プール沸騰）	1000 ~ 2000
	フルオロカーボン液（対流沸騰）	1000 ~ 20000

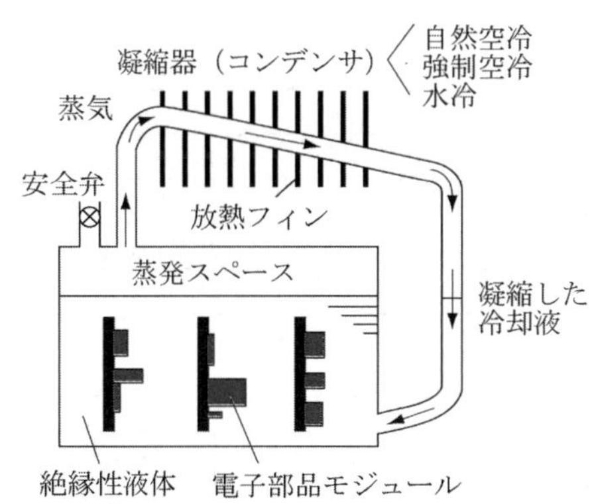

図 7.34　蒸発した液体を回収する方式[1]

また，液体冷却は，液相の状態で行う対流冷却だけでなく，気相に変化するときの蒸発熱によって冷却を行う沸騰冷却(boiling cooling)がある．つまり，液体冷却には，自然対流，強制対流，沸騰冷却の 3 方式とそれらを混合した方式がある．熱伝達率の点から最大の冷却能力を有するのは，水による強制対流沸騰(forced convective boiling cooling)方式である.

(b) 直接液冷方式(direct liquid cooling)

直接液冷方式は絶縁性液体を使用する方式で，その基本形を図 7.34 に示す．この基本形は，装置中に冷却液（絶縁性液体）を満たし，その中にプリント配線基板に実装した電子部品を浸漬したものである．ここでは、蒸発した液体の蒸気を再び液化して回収するため，排出口の先に凝縮器（コンデンサ）を設けて，これを自然空冷，強制空冷あるいは水冷よって放熱するようにしている．この場合，凝縮器には伝熱面拡大のためフィンが取り付けられるので，全体の容積は凝縮器の分だけ大きくなる.

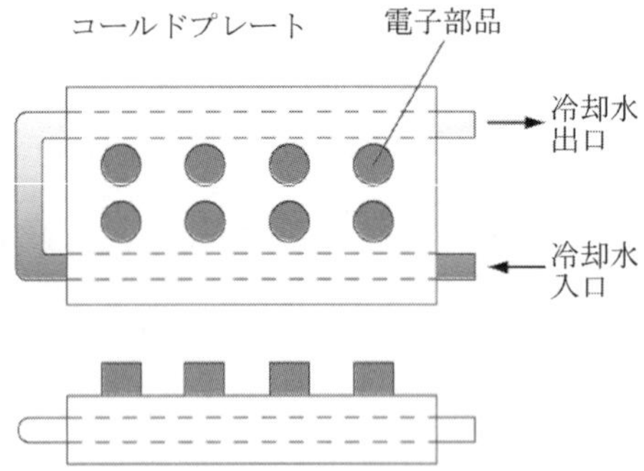

図 7.35　水冷コールドプレート上に直接電子部品を実装する例

表 7.5　プラスチックとゴムの熱伝導率（20℃の値）

物　質	熱伝導率 (W/(m·K))
アクリル	0.17～0.25
ポリエチレン	0.33～0.50
ポリプロピレン (PP)	0.125
ポリアミド (6ナイロン)	0.25
ポリ塩化ビニル	0.13～0.29
ポリスチレン	0.10～0.14
ABS 樹脂	0.19～0.36
フッ素樹脂 PTFE	0.25
エポキシ樹脂	0.3
シリコーン樹脂	0.15～0.17
天然ゴム	0.13
ポリウレタンゴム	0.12～0.18
シリコーンゴム	0.2

表 7.6　主な建築用断熱材の性能

	名　称	熱伝導率 (W/(m·K))
無機質	ロックウール	0.03～0.05
	グラスウール	0.03～0.045
	セラミックファイバ	0.05～0.2
有機質	硬質ウレタンフォーム	0.021～0.024
	ポリエチレンフォーム	0.03～0.045
	ユリアフォーム	0.035
	セルロースファイバー	0.03
	繊維板	0.03
	木　材	0.1～0.14

図 7.36 セルロースファイバー（日本セルロースファイバー断熱施工協会提供）

ただし，直接液冷方式はパッケージなどの電子部品そのものに完全な気密性を要するため，電子機器のリード線取り付け部構造が複雑となるのに加え，経済性にも難点があり，大型コンピュータなどでも特殊な機種で用いられているにすぎない．この方式は，鉄道電源の冷却用に実用化された例がある．なお，冷却液としては，フルオロカーボン液が通常使用され，大気圧における沸点が 50℃前後のものが市販されている．

(c) **間接液冷方式**(indirect liquid cooling)

間接液冷方式は，基本形態としてコールドプレート方式をとる．この方式の最大の特長は，電子部品から液体への放熱が間接的であるので，電子部品とは相性の悪い水が使用できることである．しかし，電子機器に水を使用するときは高度の気密性が要求され，漏水事故などの防止対策が必要となる．図 7.35 には，コールドプレート上に直接電子部品を実装する場合を示す．なお，コールドプレートの冷却用流体は水に限らず，低温の気体でもよい．

7・4　断熱技術 (insulation technology)

従来から建築の分野や宇宙の分野で断熱保温技術が発展してきており，その技術は，コンピュータの心臓部である半導体の世界や水素を貯蔵する分野などにも応用されている．ここでは，**断熱材**(insulation material)を中心に**断熱技術**(insulation technology)について紹介する．

7・4・1　断熱材 (insulation material)

(a) **プラスチックとゴム系断熱材**

一般の機器では，熱の進入や漏れを防ぐため，特殊な断熱材を用いず，手軽で廉価な非金属固体を断熱材として使うことが多い．その中で特に，プラスチックとゴム系製品がよく使われる．

表 7.5 にプラスチックとゴム系製品の熱伝導率を示す．図 1.16 に示したように，金属にくらべ，その熱伝達率の値は低いが，一般にその値は 0.1 (W/(m·K)) 以上である．よって，これらを用いて高い断熱性を確保する場合には，それらを厚くすることになるが，これは機器の実装スペースの関係で好ましくない．

(b) **建築用断熱材**

近年，高気密住宅が多く建てられるようになり，この分野での各種断熱材の開発は目覚しい．建物の断熱性能を向上させるためには，熱を伝えにくい素材を，いかに効率よく組み合わせるかが大切である．一般的に，素材の密度が低く，内部に流動しない空気の層を多く含んでいるものほど熱を伝えにくい性質を有する．すなわちその断熱性能を比較する基準として，熱伝導率が 0.1(W/(m·K)) 以下の材料を建築では「断熱材」とよんでいる．主な断熱材を表 7.6 に示すが，大きくは無機質と有機質に分類される．一般によく使われる材質は，ロックウール（岩綿），グラスウール（ガラス繊維），ポリウレタンフォーム，ユリアフォーム，セルロースファイバーなどである．

代表的な断熱材の説明を表 7.7 に示す．この表で，図 7.36 に示すセルロースファイバーは，エコロジーの立場からの天然系の断熱材で，その主原料はパルプであるが，パルプを 80 % 含む新聞紙のリサイクル材が使われるものもある．

表 7.7　代表的な断熱材の説明

種　類	説　明
ロックウール	岩石や鉱さいを高温で溶かし，圧縮空気や遠心力で吹き飛ばして綿アメ状にしたもの
グラスウール	ガラスを溶かして，細孔から流下させて繊維状にしたものを，接着剤で集合体にし，ロール状や板状に成形したもの
ユリアフォーム	独立気泡を含ませた液状のプラスチックを壁体などに注入して固定化させたもの
硬質ウレタンフォーム	ポリウレタンからなる発泡断熱材で，発泡剤としてはシクロペンタンのようなノンフロンが使用されている
セルロースファイバー	新聞残紙など木質繊維（木材の繊維）を主原料としたバラ綿状の天然系の断熱材
セラミックファイバー	アルミナ(alumina)やシリカ(SiO_2)などの高純度の原料を電気溶解し，高圧の空気流で吹き飛ばして繊維化したもの

また、セラミックファイバーは，断熱性と耐熱性を兼ね備えているため，高温用耐火断熱材として使用されている．しかしその熱伝導率は，200℃で0.05(W/(m·K))であっても，ふく射伝熱のために，高温になると絶対温度の4乗に比例して繊維間のふく射伝熱が急増するため劣化し，例えば1000℃で0.2(W/(m·K))程度になってしまう欠点を有する．ただし，この現象は多孔質あるいは繊維系断熱材全般にいえることである．

7・4・2　断熱技術 (Insulation technology)

(a) 真空断熱(vacuum insulation)

家庭機器の中には**真空断熱**(vacuum insulation)が取り入れられている．例えば冷蔵庫への応用により本体の断熱特性が向上しており，省エネルギーに大きく貢献している．

表 7.8　圧力範囲と真空度区分

真空度区分	圧力範囲
低真空	10^5Pa～10^2Pa
中真空	10^2Pa～10^{-1}Pa
高真空	10^{-1}Pa～10^{-5}Pa
超高真空	10^{-5}Pa～10^{-8}Pa
極高真空	10^{-8}Pa 以下

一般に真空とよばれる状態は，その圧力範囲により表 7.8 のように区分される．魔法瓶には，断熱性能を高めるため、内側と外側のステンレス板の間を高真空にしているものがある．これは，圧力が10^{-2}Pa 以上になると断熱性能が劣化するといわれているためである．たとえば、高真空の二重パイプを使用すると、断熱性硬質ウレタンフォームを巻いた厚みに比べ 1/4 の厚みで同等の断熱性能が得られるといわれている．

しかし，真空度0.1～200 Pa の中真空でも，断熱材用の**心材**(core material)の開発で断熱性能が向上され冷蔵庫などに応用されている．たとえば、袋状の断熱材を使用する場合、袋内に真空状態をつくっても中身が空ではつぶれてしまう．そこで袋の中に断熱系の粉末や繊維系構造で構成する心材を挿入して、断熱性能と袋形状を維持している．これらは，粉末や繊維の平均間隔を真空中の残存空気の平均自由行程以下にすることで、気体の熱伝導率が低下することを利用している．

(b) 多層断熱技術(multi- layer Insulation technology)

宇宙では，直射日光のあたる部分が150℃を超え，陰になる部分は –100℃になるため，特殊な断熱技術が使われている．

人工衛星には図 7.37 に示すように表面に金色の素材が張られている．そのほとんどが**多層断熱材**(Multi – Layer Insulation: MLI)の表面である．MLI は機器と宇宙空間，あるいは機器間のふく射伝熱を小さくするために用いるもので，フィルム素材に熱に強いポリイミド(Polyimid）という黄色の高分子フィルムを使うが，それにアルミニウムの蒸着（メッキ）をしているので，図 7.37 の赤く囲ってある部分は実際には金色に見える．MLI はアルミ蒸着フィルムとプラスチック製メッシュを交互に積層したもので，通常 10 層である．ふく射率の小さいアルミニウム蒸着面を，フィルム間の熱伝導をできるだけ小さくしながら重ねることにより，断熱効果を著しく高めている．MLI の断熱性能は，理論的にはフィルム枚数に比例するものの，現実にはメッシュなどを通しての熱伝導があるために，ある枚数以上では熱伝導が支配的になり，それ以上枚数を増やしても断熱性能は上がらない．

(a) [ADEOS]

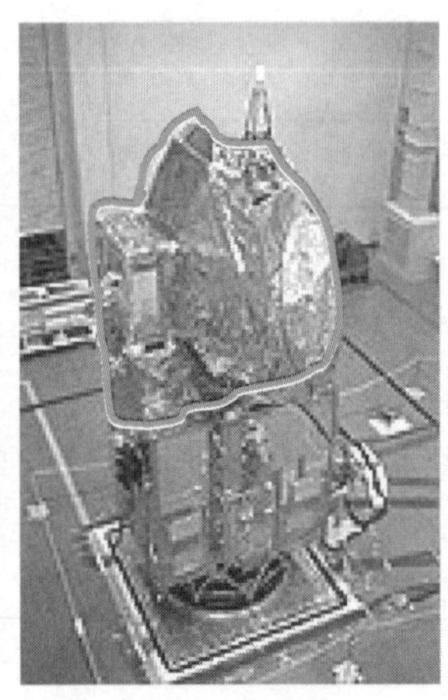

(b) [COMETS]

(c) [ESTVII]

これらの衛星の外側の部分が，サーマル・ブランケットによって覆われている．

図 7.37　多層断熱技術の使用状況（宇宙航空研究開発機構提供）

7・5　その他の伝熱機器 (other heat transport devices)

7・5・1 ヒートパイプ (heat pipe)

(a) ヒートパイプの動作原理

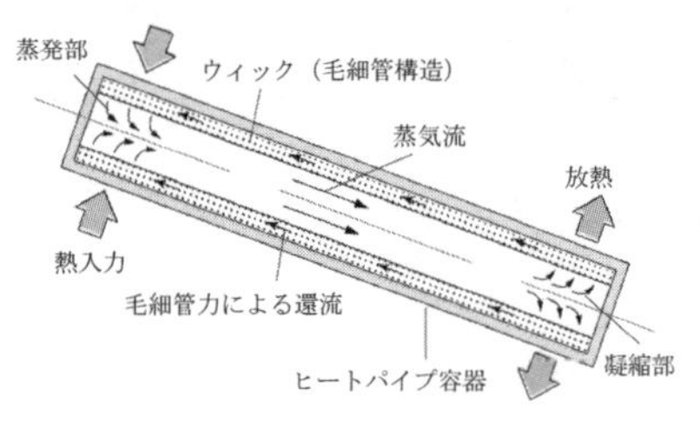

図 7.38 ヒートパイプの基本構造[1]

ヒートパイプ(heat pipe)は小さい温度差で多量の伝熱量を輸送する伝熱部品ということができ，ヒートパイプ単体としては，重量当たり，体積当たりの**熱コンダクタンス**(thermal conductance)（表 7.3 で示した熱抵抗の逆数）が銅，アルミニウムなどに比べても非常に大きい．この特徴は以下の動作原理から得られる．

標準的ヒートパイプは図 7.38 のように，**ウィック**(wick)とよばれる多孔質物質(金網，金属フェルトなど)を内壁に張った容器内に不凝縮ガスを除いて**作動液**(working fluid)を適量封入したものである．外から熱を受ける部分を**蒸発部**(evaporator section)，外に熱を放出する部分を**凝縮部**(condenser section)，途中の部分を**断熱部**(adiabatic section)とよぶ．蒸発部において，外部からの熱によってウィック中の作動液が蒸発し，その蒸気はわずかな圧力差によって中央の蒸気通路を通って凝縮部に達し，ここで凝縮・液化する．このとき潜熱が放出され，ヒートパイプ外部のヒートシンクへ放熱が行われる．ウィック内の液体はウィックが有する**毛管力**(capillary force)によって蒸発部へ還流し，以下同様の動作を繰り返す．なお，図 7.38 の原理図においては，蒸発部を上方へ，凝縮部を下方に画いてあるが，この位置ではウィック内の液体は重力に逆らって流れることになり，もしヒートパイプの傾き角が大きくなって，ウィックの毛管力が重力と平衡状態になれば，液体は還流できないのでヒートパイプは動作しない．このように，ウィック構造のヒートパイプでは使用の位置(傾き角)に制限があることに注意を要する．逆に，蒸発部が下方で，凝縮部が上方であるときは液体の還流は重力によって助けられ，ヒートパイプの動作は促進される．それゆえ，構造を単純化するためにウィックを取り去って,重力のみによってヒートパイプの動作を行うことができる．図 7.39 は直立させた場合で，最も液体の還流効率がよく，このタイプのヒートパイプをサーモサイホン(thermo siphon)という．

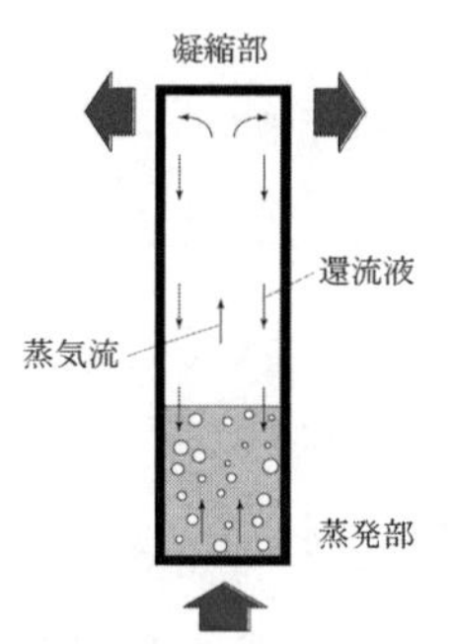

図 7.39 サーモサイフォン

このように、ヒートパイプの動作では、液体の蒸発の潜熱が大きいこと、蒸気流の流動抵抗の小さいことによる大量の熱がわずかな温度差しかない片方の端から他方の端へ運ばれる．このことから，ヒートパイプは銅などの固体伝導体に比べ有効熱伝導率のきわめて大きい伝熱部品といえる

ウィックの構造としては，図 7.40 に示すように金網などのほか，グルーブ構造(groove structure)およびこれらを複合した構造などがある[1]．ウィックをもつヒートパイプは重力がなくても動作することが可能である，つまり宇宙などの微小重力環境においてヒートパイプはその特長を発揮する．実際，ヒートパイプは宇宙機器において，伝熱制御機器の主たる用途を有している．

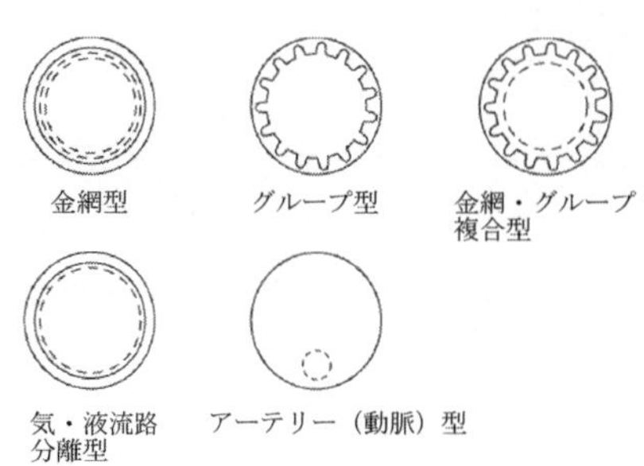

図 7.40　各種タイプのウイック例[1]

(b) ヒートパイプの輸送限界

ヒートパイプは等価熱伝導率のきわめて大きい伝熱部品であるが，液体の流れを利用して伝熱を行うので，この流れを阻害する原因があると，それによって熱輸送能力に限界を生じる．この限界には次のような場合がある．

・毛細管限界(capillary limitation)

蒸発部での加熱量を増加すると，毛管限界で蒸発部への還流量が不足し，蒸発部のウィックが乾ききってしまうことがある．多くのウィック型のヒートパイプでは，これが伝熱能力の限界となる．

・音速限界(sonic limitation)

蒸発部出口で蒸気流が音速に達すると，これ以上加熱量を増加しても蒸気速度は増加しなくなるときが伝熱能力の限界となる．

・飛散限界(entrainment limitation)

蒸気流とウィック中の作動液との相対速度が大きくなると作動液の一部が飛散し，このため蒸発部への還流液量が不足し，これが伝熱能力の限界となる．

・沸騰眼界(boiling limitation)

核沸騰の限界によるもので，蒸発部の一部が蒸気で覆われてしまい，局所的なバーンアウトを生じ，これが伝熱能力の限界となる．

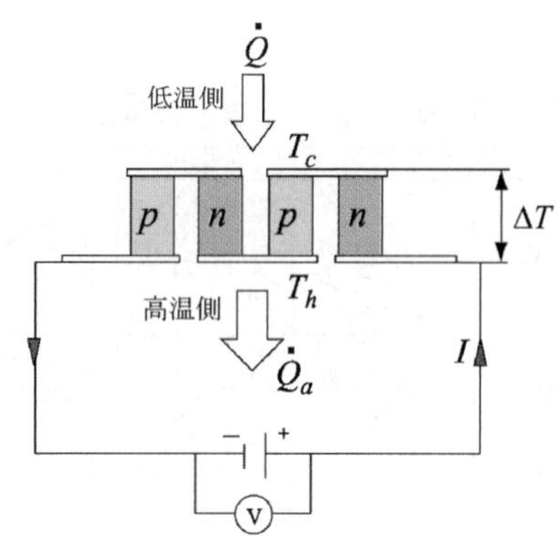

図 7.41 ペルチェ素子の原理[2]

7・5・2　ペルチェ素子の応用 (application of Peltier element)

(a) ペルチェ素子の原理(operating principal of Peltier element)

ペルチェ素子(Peltier element)は，図 7.41 に示すように，n 形と p 形の半導体を金属で接合したもので，図の向きに直流電圧をかけると n 形から p 形に向って電流が流れ，n 形では電流と逆方向に，p 形では電流と順方向に熱の移動が起こり，図の上端の金属部分は吸熱源となり，下部の金属部分は放熱源となる．高温側に移動した熱を放熱すれば，熱を低温側から高温側に連続的に汲み上げることができる．これは電子的な冷凍サイクル(refrigerator cycle)あるいは電子的なヒートポンプ(heat pump)である．これは，**熱電効果**(thermoelectric effect)，または**ペルチェ効果**(Peltier effect)と呼ばれる．なお，高温側の放熱は，吸熱量と動作電力による発熱量との和になることは機械式ヒートポンプと同様である．

いま，図 7.41 でペルチェ素子の低温側に負荷を，高温側にフィンなどの放熱器を設けると，ペルチェ効果により単位時間あたり吸収される熱量 $\dot{Q}_a$ (W) は，低温側温度を T_c (K)，電流を I (A) とすると，

$$\dot{Q}_\alpha = \left(\alpha_p - \alpha_n\right) T_c \times I \tag{7.39}$$

となる．ここで，α_p, α_n はそれぞれ p 型，n 型ペルチェ素子の**ゼーベック係数**(Seebeck coefficient)とよばれる．

しかし，実際に吸収される熱量は，素子自身で発生するジュール熱と高温側から低温側への熱伝導により減らされる．つまり，ジュール熱はペルチェ素子の電気抵抗を $R(\Omega)$ とすれば，

$$\dot{Q}_R = I^2 R \tag{7.40}$$

熱伝導による熱ロスは

$$\dot{Q}_K = \left(K_1 + K_2\right) \cdot \left(T_h - T_c\right) \tag{7.41}$$

となるから，正味の吸収熱 $\dot{Q}$ は

$$\dot{Q} = \dot{Q}_a - \frac{1}{2}\dot{Q}_R - \dot{Q}_K \tag{7.42}$$

となる．ここで，$\left(K_1 + K_2\right)$ は高温側温度 T_h と低温側温度 T_c との間のコンダクタンスで，K_1 は素子自体によるもの，K_2 は空気によるものである．

(b) ペルチェ素子の特徴(characteristics of Peltier element)

ペルチェ素子には長所と短所があり、長所としては以下のようなことがあげられる．

① 構造が単純で，小型軽量である．

② 振動，騒音，摩擦がない．

③ 電流の大きさを変えると冷却と加熱を容易に連続的に切り換えられる．

④ 保守・検査・整備が容易である．

一方，短所としては，つぎのことがいえる．

① 機械式冷凍機に比べて熱移動量が，温度差が大きくなると効率が極端に悪くなる．

② 材料が高価で加工性が悪い．

このように，短所はあるものの，上述の長所のために，表 7.9 に示すように特殊な用途に用いられている．

表 7.9　ペルチェ素子の用途[1]

	学術用	産業用	家庭用
数 W	レーザダイオード，赤外線センサなどの冷却	電子恒温槽，ITV カメラの冷却	電子冷却枕
10 W～	マイクロ波発振器の冷却	エレクトロニクス用冷却器	ポータブル冷蔵庫
100 W～		コンピュータ用冷却装置	電子冷水器

【例題 7・3】　＊＊＊＊＊＊＊＊＊＊＊＊＊＊＊＊＊＊＊＊＊＊＊

電圧 5 V，電流 3 A を流すと，20 W の熱を低温側から高温側に吸収するペルチェ素子があるとすると，高温側からは最低何 W の熱を周囲に放出することになるか．ただし，高温側から低温側への熱伝導によるロスは無視してよい．

【解答】まず，式(7.40)から自分自身で発生するジュール熱は

$$\dot{Q}_R = IV = 15(\mathrm{W})$$

となるので，最低，$\dot{Q} = 15 + 20 = 35(\mathrm{W})$ の熱を周囲（大気）に放出することになる．よって，ペルチェ素子を使用するときは，高温側からの放熱方法を常に念頭に置かなければならない．

＊＊＊＊＊＊＊＊＊＊＊＊＊＊＊＊＊＊＊＊＊＊＊

7・5・3　その他の最新の熱交換技術 (other state-of-the-art heat exchange technologies)

(a) 振動流式ヒートパイプ

一般のヒートパイプは毛管力で液が還流する, いわば毛管力駆動型のヒートパイプであるが，このヒートパイプを細径化すると，おもに飛散限界により最大熱輸送量が急速に減少することが課題となっている．そこで，細径に適したヒートパイプの候補として**振動流式ヒートパイプ**(oscillating capillary heat pipe)が開発されている．一般に振動流式は形状が図 7.42 にあるように蛇行しているので，蛇行細管ヒートパイプともいわれる．振動流式ヒートパイプといっても，強制振動流ではなく，蛇行閉ループ内に封入された二相流体の自励振動流あるいは自励脈動循環流を利用している．この振動を熱輸送に利用することで，熱輸送量，実効熱伝導率ともに毛管力駆動型ヒートパイプよりも数倍の高い値を示すことが報告されている[5]．

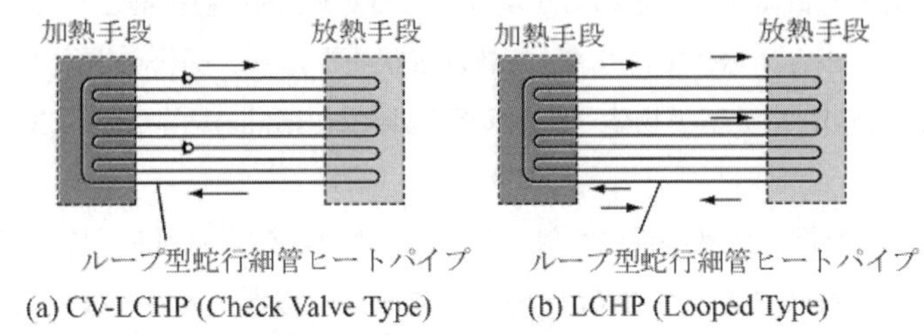

図 7.42 振動流式ヒートパイプの例 [5]

(b) マイクロチャンネル熱交換技術 (heat exchange techniques using micro-channels)

半導体チップの裏面にミクロンオーダーの溝を切り, そこへ冷媒を流す**マイクロチャンネル**(micro-channel)を用いた冷却法は最初 Tuckerman ら[6]によって提案された．半導体冷却で問題となる冷却部の接触熱抵抗を大幅に軽減でき, 冷却性能を向上させることができる特長がある．また，**浸漬冷却**(immersion cooling)のようにチップ自体を冷媒の中に浸すことがないため機器の信頼性が向上することも期待されている．その後，半導体冷却指向のマイクロチャンネルを用いた熱交換技術に関しては，様々な研究がなされてきたが実用レベルなものは極めて少ない．マイクロチャンネルを実際に応用した例として, 高密度**レーザー・ダイオード・アレイ**(laser diode array: LDA)の冷却がある[7]．図 7.43 は，約 1 mm×4 mm の LDA を 7 mm×10 mm の水冷式マイクロチャンネルヒートシンクで冷却した例である．LDA の発熱量は $500\times10^4\ \mathrm{W/m^2}$ である．ヒートシンクはシリコン（熱伝導率 150 W/(m・K)）で作

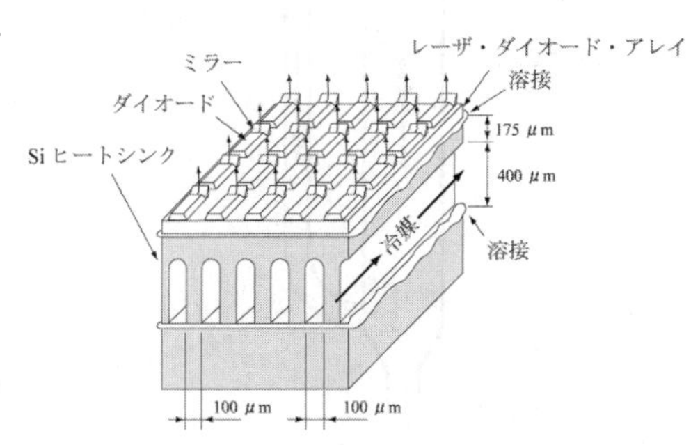

図 7.43　レーザー・ダイオード・アレイの構造[7]

られており，100μm × 400μm の矩形チャンネルに水を流している．

7・5・4　充填層と流動層 (packed beds and fluidized beds)

気体のように熱伝達率の低い流体を効率的に攪拌・混合することによって高い熱伝達率を得たりする目的で，流体と固体粒子群との相互作用を利用することがある．このような装置のうち，固体粒子群が固定され流体の流動によって移動しないものを充填層(packed beds)（図 7.44），粒子群が流体との相互作用によって移動するものを流動層または流動床(fluidized beds)（図 7.45）という．これらの装置における固体粒子群の役割は，

(1) 粒子間隙の複雑な流路形状や粒子との相互運動による流体の攪拌・混合，乱れの増大効果

(2) 粒子の存在による表面積の増大と粒子を通しての熱伝導の相乗効果によるフィン効果

(3) 流体がふく射的に透明である場合，ふく射の放射体・吸収体としての役割

であり，さらに流動層においては，

(4) 流体と相対運動する粒子の熱容量に基づく熱輸送効果

が加わる．いずれも粒子群が大きな比表面積（体積あたりの表面積）を有する特徴を上手く利用したものである．

充填層は，その流体攪拌能力の高さや基本的にメインテナンスが不要な点から，伝熱機器としてよりは反応塔などの化学工学の分野でよく用いられる．この場合には粒子群の熱容量や熱伝導はさほど重要ではなく，むしろ粒子群間を流動する流体の圧力損失を低減することの方が重要であるため，固体粒子群としては充填状態での空隙率が小さい球体ではなく，複雑な形状をしたリング状小物体（ラシヒリング(Raschig ring)）や鞍型小物体（ベルルサドル(Berl saddle)）等が用いられる（図 7.46 参照）．

一方，流動層は伝熱特性にも優れるため，より広い応用範囲，特に固体粒子が直接発熱する石炭燃焼器や触媒粒子を用いた反応器などに用いられる．流動層は，粒子群と相互作用する流体の速度が粒子の終端速度(terminal velocity: u_t)（粒子に作用する流体抗力が粒子の自重と釣り合う速度）より小さく，巨視的には粒子群が機器内に留まるもの（狭義の流動層，図 7.45）と，主要部での流体流速が粒子の終端速度よりわずかに速く，粒子が流体とともに上昇していき，主要部出口において粒子と流体を分離して粒子のみを最下部へ戻す形態のもの（循環流動層，図 7.47）に分けられる．いずれの流動層においても固体粒子と流体との混合体は，粒子群を流動化させる流体とは別の性質を持つ流体として取り扱えることが多い．

狭義の流動層では，粒子群は金網などの通気性を持った底板（分散板(distributor)）上に置かれ，下部から流入する流体（多くは気体）によって吹き上げられる．このとき，分散板下部と流動層上部の間の圧力差から粒子を入れないときの圧力差を引いたもの（＝流動層の圧力損失）は，図 7.48 のような振る舞いを見せる．

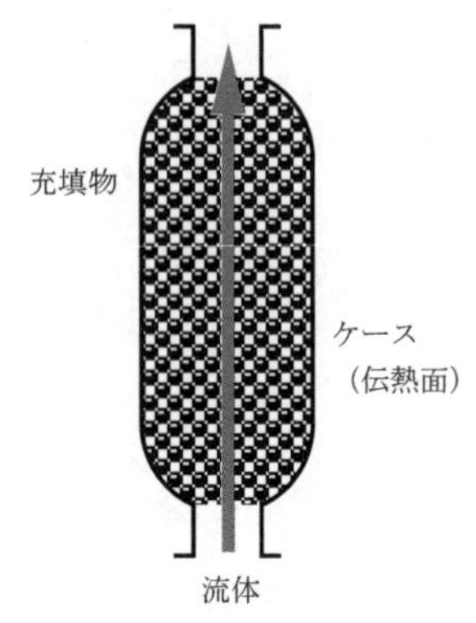

図 7.44　充填層

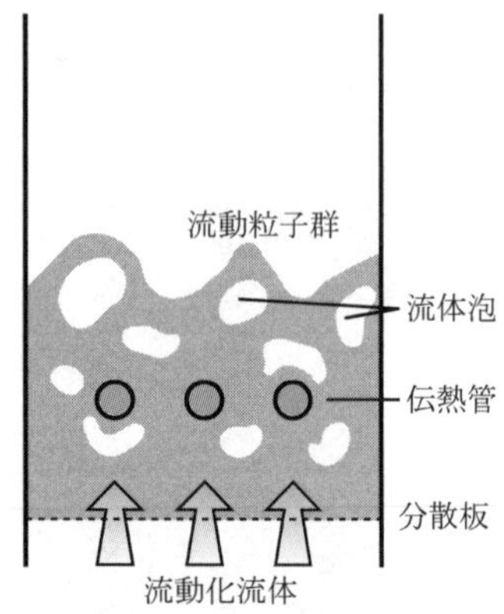

図 7.45　流動層（狭義の流動層）

図 7.46　充填層充填物
（左：ラシヒリング，右：ベルルサドル）

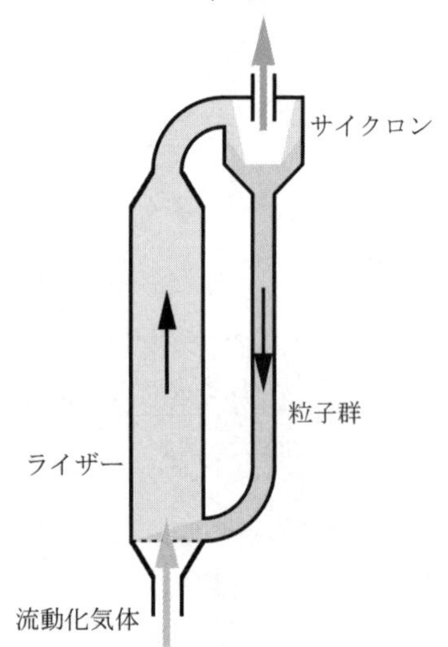

図 7.47　循環流動層

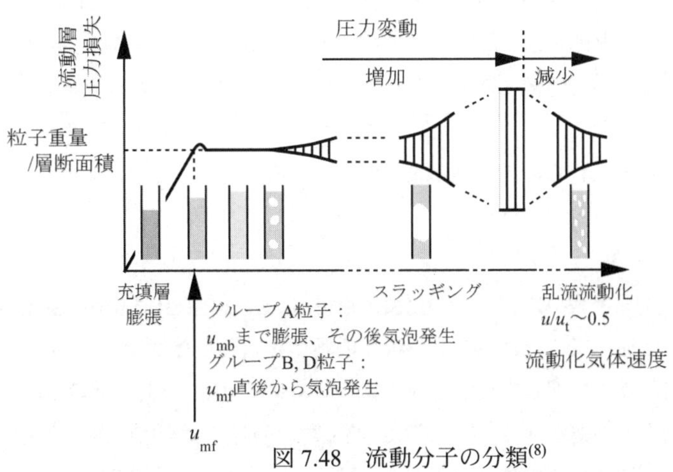

図 7.48　流動分子の分類(8)

すなわち，流動層に吹き込まれる流体の流速が小さいうちは，流速の増加に伴い圧力損失が単調に増加していくが，ある速度を超えると圧力損失は流体流速によらず一定になる．この速度を**流動化開始速度**(minimum fluidization velocity: u_{mf})といい，粒子群が流体によって浮遊・流動化した状態に相当する．流動層は通常この状態以上の流体速度で運転される．

図 7.48 中には流体流速の変化に伴う固体粒子群の流動化状況の概略が示されている．(1) 流動化開始速度に達するまでは流動粒子はほぼ一様に膨張する（空隙率が増大する）だけであるが，(2) 流動化開始速度以上では層内に気泡が発生し始め，それに伴い流動層の圧力損失には時間的変動がみられるようになる．(3) さらに流体流速を増加させると気泡発生頻度も増加し，(4) やがて相全体にわたる大きな気泡が断続的に発生する状態（スラッギング）に至る．(5) さらに流体速度を増すと流動粒子と流体とが複雑に混合した状態となる．図の範囲から外れるが，流体速度をさらに高め，粒子の終端速度を超えると粒子が吹き抜ける．流動化開始前後の粒子群内の気泡の発生状況は，粒子の径や粒子と流体の密度差によって大いに異なる．この状況を整理したものとしては，図 7.49 に示す Geldart による分類が有名である．

Geldart の分類は，流動粒子と流体の密度差と粒子径のグラフ上に粒子の流動状態をマッピングしたもので，図 7.49 中のAの粒子は流動化開始後まず粒子が一様に膨張し，その後気泡が発生する．B，Dの粒子は流動化開始直後あるいは以前から粒子群中に気泡が発生する．Cに分類される粒子は，気体流速を増すといきなりスラッギングに至るなど，流動化が難しいとされる．

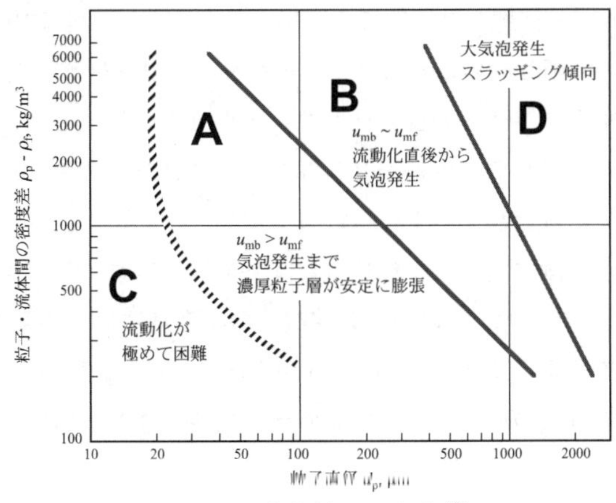

図 7.49　流動粒子の分類(8)

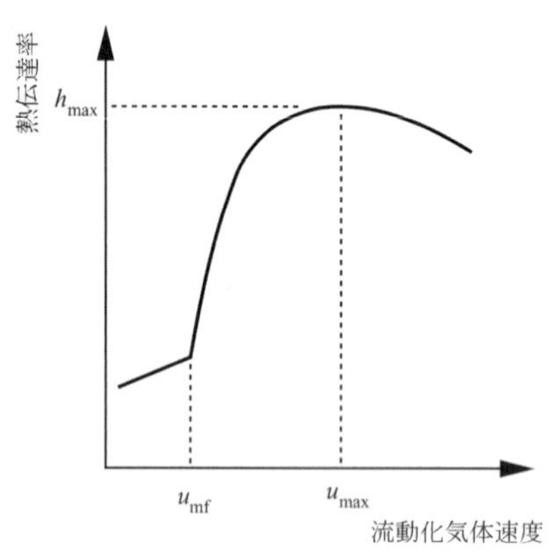

図 7.50　流動層と固体壁間の熱伝達率

一般に，流動層と層内固体壁間の熱伝達は，図 7.50 のように流動化開始後，急速に増大し，極大値をとった後，ゆっくりと減少していく．これは，粒子の運動が流動化開始とともに急激に活発になり，これに伴って粒子による流体攪拌，熱輸送の効果も顕著になるが，さらに流体速度が増大すると粒子群の空隙率が増して，単位体積あたりのこれらの効果が薄まるためである．

7・6　温度と熱の計測（measurements of heat and temperature）

これまでに述べてきたような伝熱機器の動作を制御したり，性能を評価したり，あるいは問題点を把握して性能を改善するためには，伝熱機器内部の温度分布や熱移動を計測する必要がある．ここでは，熱工学の分野でよく用いられる温度計測と熱移動計測，流体の速度計測のための道具と方法について述べる．

7・6・1　温度計測（temperature measurement）

一般に，温度を計測するための道具，すなわち温度計には多くの種類があり，それぞれの特徴にあわせて使い分けられている．ここでは代表的な温度計についてその原理と特徴，使用上の注意を述べる．

(a) 棒状温度計(glass thermometer)

日常よく目にする棒状温度計（図 7.51）は，液溜内に蓄えられた灯油や水銀などの液体の温度による体積変化をガラス製毛細管で拡大表示するものである．歴史的に最も古く実績があり手軽に用いることができるが，温度測定部（液溜）を小さくしにくく高い空間分解能での温度計測に向かない，温度変化に対する応答性が低い，基本的に温度の読みとりが目視によるため計測結果を電気的に出力できない等の理由によって，熱工学の分野では流体温度のモニタリングなどごく限られた用途にしか用いられない．

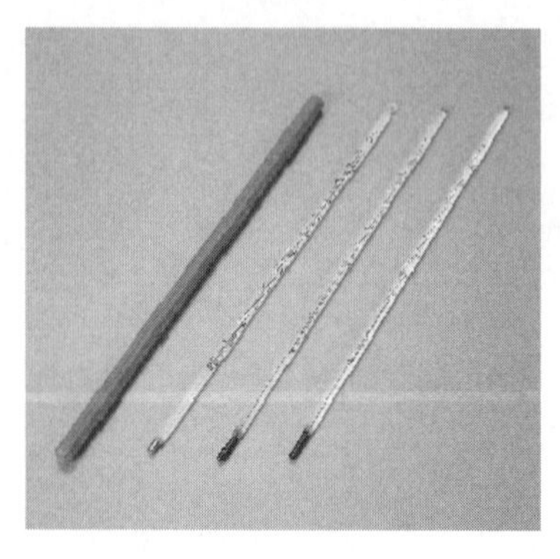

図 7.51　棒状温度計

(b) 熱電対(thermocouple)

2 種類の異なる金属の一端を接続すると接続部の温度に関係した**熱起電力**(thermoelectromotive force)が開放端に生じる．この現象を**ゼーベック効果**(Seebeck effect)という．ゼーベック効果は金属の組み合わせによって異なっており，例えば白金に対する値として表 7.10 のように整理されている．熱電対はこの熱起電力を接続部の温度に対して校正し，熱起電力を計測することで接続部の温度を評価する温度計である．熱起電力は大きいほど測定が容易であるが，熱電対として用いる金属の純度・組成の精度を高く保ちやすいこと，温度と熱起電力の関係が単純であること，極端に高価でないことなどの理由から，実用される熱電対には，銅・コンスタンタン（銅とニッケルの合金）やクロメル（ニッケルとクロムの合金）・アルメル（ニッケルとアルミニウム，マンガン，シリコンの合金），白金・白金－ロジウム合金などの組み合わせが用いられる．

実際に温度計測に用いられる熱電対は，図 7.52 のように 2 カ所の接続部（「接点」と呼ぶ）を持っており，それぞれの接続部の温度差に対応する熱起電力を計測するようになっている．これは，起電力計測のための電気回路（多くの場合は銅製）との接続点で計測点の温度とは無関係の新たな熱起電力が生じ，計測誤差が大きくなることを防ぐためである（脚注4））．このような熱電対の一方の接点は温度測定用の接点であり，他方の接点を基準温度に保つことで測定点の絶対的な温度が計測される．一概に温度基準としては氷水（ほぼ 0 ℃）が用いられることから，基準温度側の接点を「冷接点」といい，これに対して温度測定用の接点を「温接点」と呼ぶ．

熱電対は，温度を測定する部分が 2 種の金属の接合点に限定されており，原理的には数分子の大きさまで接点を小さくしても温度計測能を失わないため，高い空間分解能で温度計測を行おうとする場合や，高い温度応答性を求められる場合などに好適な温度計である．しかし熱電対の起電力と温度の関係は熱電対を構成する金属の組成や分子の並びなどに敏感で，精密な温度計測のためにはその都度，この関係を校正する必要がある．また熱電対は金属線であるため，金属製の伝熱機器などに設置する場合には電気絶縁を施す必要がある．常温近傍の温度計測では，エナメル・ポリウレタンなどの塗膜によって絶縁された熱電対が用いられることがあるが，より一般には図 7.53 に示すようなシース付熱電対が用いられる．ただしシース付熱電対はシース（保護管）が付与されている分だけ測定点が大きく，温度応答性も低下することに注意が必要である．

(c) 抵抗温度計(resistance thermometer)

電気的に温度を計測する温度計として熱電対と並んでよく用いられるものに抵抗温度計がある．抵抗温度計とは，その名称の通り，導体（測温抵抗体という）の電気抵抗と温度の関係をあらかじめ検定しておき，測温抵抗体の電気抵抗を計測することで温度を評価する温度計である．測温抵抗体としては様々なものが用いられるが，精密な温度計測には材質の安定した白金を，手軽な温度計測には温度による電気抵抗の変化の大きなセラミック半導体（サーミスタ）を用いることが多い．

抵抗温度計は電気的に温度を計測できる点では熱電対と類似しているが，使用する測温抵抗体材料が 1 種類であるため精度を維持しやすく，冷接点のような基準温度も不要であるため，より高精度な温度計測に向いている．しかし，高精度温度計測においては，測温抵抗体の電気抵抗を評価するための電流による発熱が誤差要因になりうることに注意を要する．

一方でこの弱点を逆手にとった抵抗温度計の利用法もある．それは電気ヒータを測温抵抗体として利用する方法である．伝熱現象の実験的検討や伝熱機器の性能評価などで電気ヒータを用いることは多い．このヒータの電気抵抗と温度の関係をあらかじめ校正しておけば，ヒータに流す電流と両端の電圧を測定することで，抵抗温度計と同様，ヒータの温度を評価することができる．この方法ではヒータの平均温度しか計測できないが，ヒータが小さい場合やヒータ周りの現象が比較的均一である場合には，別途温度計を設置しなくてもすむので便利である．実際にこのようなヒータ兼用温度計は流体速度を計測する熱線流速計（7･6･3(b)項参照）等に用いられており，第 5 章で述べた沸騰曲線の実験でもこの原理が用いられている．

(d) 放射温度計(radiation thermometer)

物体は絶対零度でない限り自発的に電磁波（ふく射）を放射していることは第 4 章

表 7.10　各種金属の熱起電力[9]

(白金基準，単位 mV)

金　属	温　度 -100℃	＋100℃
亜鉛	-0.33	+0.76
アルミニウム	-0.06	+0.42
アルメル[1]	+1.29	-1.29
アンチモン		+4.89
インジウム		+0.69
カドミウム	-0.31	+0.90
カリウム	+0.78	
金	-0.39	+0.78
銀	-0.39	+0.74
クロメル[2]	-2.20	+2.81
ケイ素	+37.17	-41.56
ゲルマニウム	-26.62	+33.90
コバルト		-1.33
コンスタンタン[3]	+2.98	-3.51
真鍮[4]		+0.60
水銀		-0.60
スズ	-0.12	+0.42
18-8 ステンレス		+0.44
ビスマス	+7.54	-7.34
タンタル	-0.10	+0.33
タングステン	-0.15	+1.12
炭素		+0.70
鉄	-1.84	+1.89
鋼	-0.37	+0.76
ナトリウム	+0.29	
鉛	-0.13	+0.44
ニクロム[5]		+1.14
ニッケル	+1.22	-1.48
パラジウム	+0.48	-0.57
ハンダ[6]		+0.46
マンガニン[7]		+0.61
マグネシウム	-0.09	+0.44
ロジウム	-0.34	+0.70

1) 94Ni+3Al+2Mn +1Si, 2) 10Cr + 90Ni, 3)60Cu+40Ni,)70Cu+30Zn,5)80Ni+20Cr, 6)50Sn + 50Pb, 7)84Cu +4Ni+ 12Mn

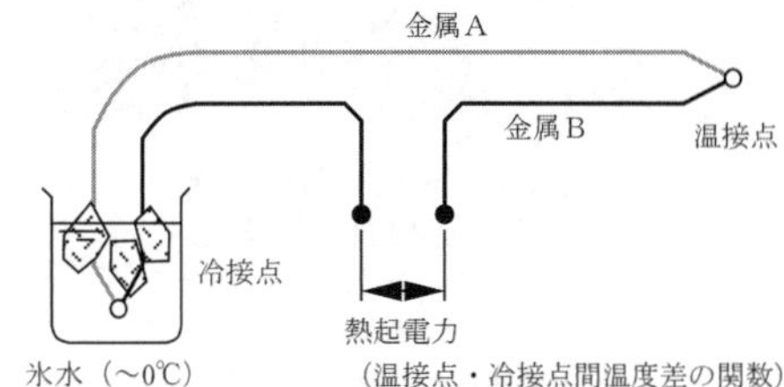

図 7.52　熱電対による温度計測

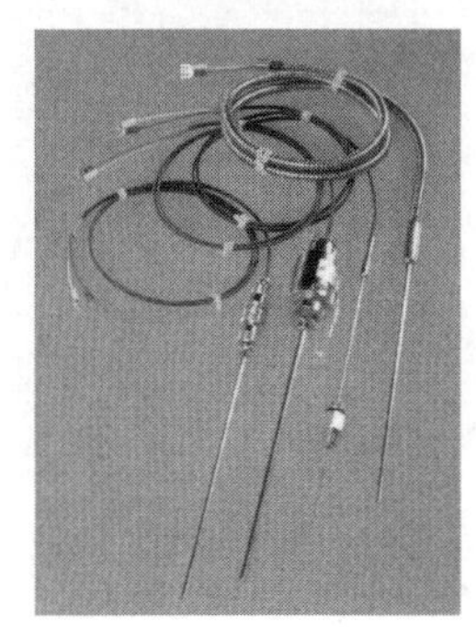

図 7.53　シース熱電対
(助川電気工業（株）提供)

脚注4)　図 7.52 の結線でも起電力計との接続点 2 カ所（図中の黒点）で熱起電力が生じるが，2 つの接続点が同じ金属の組み合わせとなるため，両者の温度が等しければ熱起電力はキャンセルしあって測定結果に影響を及ぼさない．このことは起電力計との接続点だけでなく，熱電対を構成する金属線の途中に異種金属を接続した場合でも同様で，2 つの接続点の温度が等しければ異種金属の存在は測定結果に影響を及ぼさない．このことを「中間金属の原理」とよぶことがある．

で述べた．このふく射強度は物体の温度に直接関係しており，ふく射強度を測定することで物体の温度を評価することができる．この原理に基づく温度計，すなわち放射温度計（図 7.54）も広く用いられている．放射温度計は，物体が自発的に放射するふく射を利用しているため，温度測定のための素子を被測定物に取り付ける必要がなく，素子の熱容量に伴う温度応答の遅れもないため，複雑な伝熱場における被測定物の温度を高応答に計測する方法として好適であるが、表面ふく射率，外来ふく射の推定，物体表面での反射のセンサーへの入射が誤差要因となる．この特長を活かして，赤外線放射温度計は，計測位置を光学的・電子的に走査することで被測定物体表面温度分布を画像として一度に測定できる**サーモグラフィ装置**(thermography)（図 7.55）として利用されることが多い．

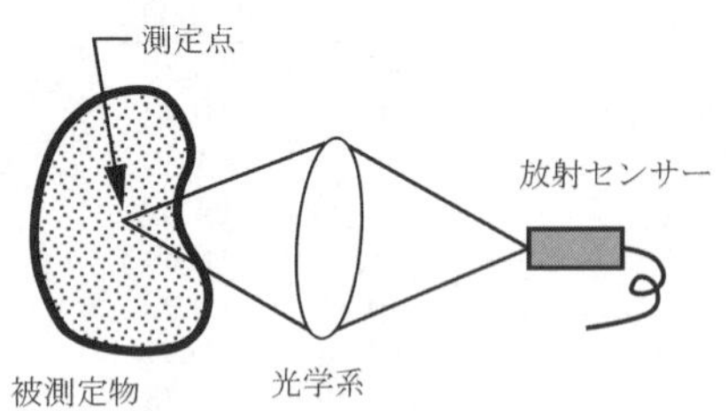

図 7.54　放射温度計の原理

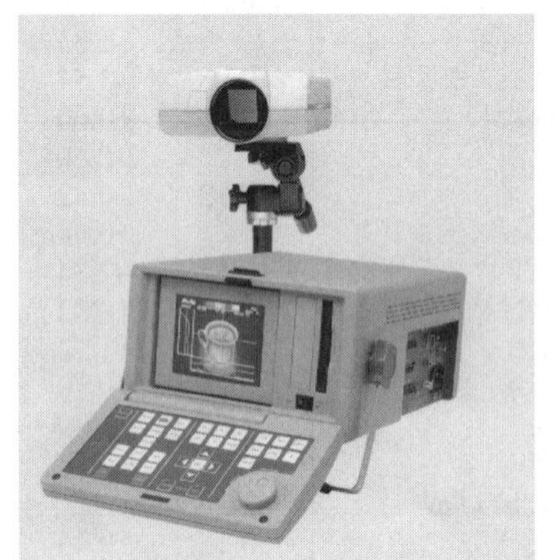

図 7.55　サーモグラフィ装置
（日本アビオニクス（株）提供）

7・6・2　熱量と熱流束計測 (measurements of heat and heat flux)

温度と並んで熱工学の分野で評価の対象となる物理量は物体の保有する熱量あるいは物体に流出入する熱量（＝伝熱量）である．物体の保有する熱量は，比熱の定義から明らかなように，

$$\Delta Q = mc\Delta T \tag{7.43}$$

と表されるから，物体の温度を計測することで物体の保有する熱量を，ある温度におけるそれを基準として評価できる．また物体に流出入する伝熱量も，式(7.43)から単位時間あたりの物体の温度変化を計測すれば評価できる．このような原理を**カロリメトリー**(calorimetry)といい，この原理に基づく熱量・熱流計測は実験室レベルの計測のほか，試料と参照試料を同時に加熱したときの両試料の温度差から材料の相変化，結晶転移，化学反応などに伴う熱授受を評価する**示差熱分析**(Differential Thermal Analysis: DTA)装置（図 7.56）にも使用されている．

図 7.56　示差熱分析装置
（(株) 島津製作所提供）

一方，この方法では，試料全体の温度変化から熱量変化を評価するため，伝熱機器システム内の局所的な伝熱量を計測することはできない．そこで，別の方法として物体内の熱伝導，すなわちフーリエの法則を原理とする熱流束計測もよく用いられる．第 2 章で述べたとおり，物体中の熱伝導による熱流束と温度差の関係は，

$$q = k\frac{\Delta T}{\delta} \tag{7.44}$$

なるフーリエの法則で表される．したがって被測定物体中の二点間の温度差と距離，熱伝導率がわかれば，それらから局所の熱流束を評価できる．この原理を利用した，被測定物体に手軽に貼付できる熱流束センサーも市販されている（図 7.57）．この熱流束センサーは，厚さと熱伝導率が既知のガラスやポリマーのフィルム表裏の温度差を熱電対で計測するようになっており，例えば対流熱伝達の生じている物体表面の熱流束を計測する際などに用いられる．このようなセンサーでは，センサー貼付による物体表面での熱移動への影響を最小限に抑えるために，きわめて薄いフィルムが用いられている．それに伴いフィルム表裏の温度差が微少になるため，それを精度よく計測できるよう，熱流束センサーでは表裏の温度差を計測する熱電対を直列に接続し熱起電力を積算して計測する**熱電堆**(thermopile)が用いられることが多い．

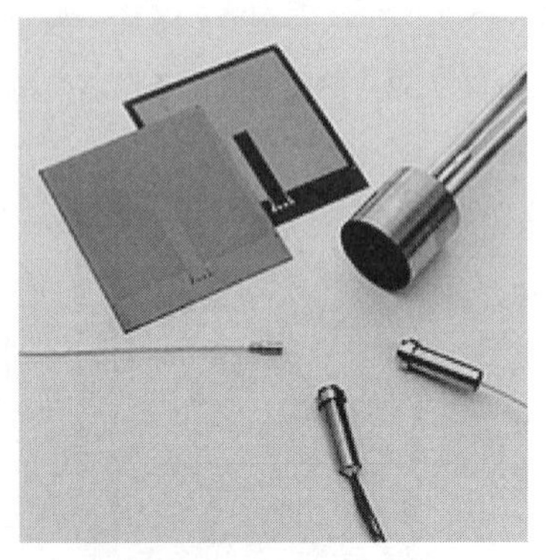

図 7.57　熱流束センサー
（(株) センサテクノス提供）

7・6・3　流体速度計測 (measurement of fluid velocity)

対流熱伝達を伴う伝熱系では流体の速度の評価を求められる場合が多い．流路内を

流動する流体の平均速度は，流体の体積流量あるいは質量流量がわかれば，評価は比較的容易である．流体の体積流量を計測する道具としては，**オリフィス**(orifice meter)（図 7.58），**ベンチュリー管**(Venturi-meter)（図 7.59），**浮き子式流量計**(rotameter)（図 7.60）などが広く用いられており，液体に対しては流体を容器で受けてその質量変化を計ることで質量流量を求めることもできる．しかし，伝熱機器中の流体の局所速度分布を評価するためには，そのための速度計を用いる必要がある．

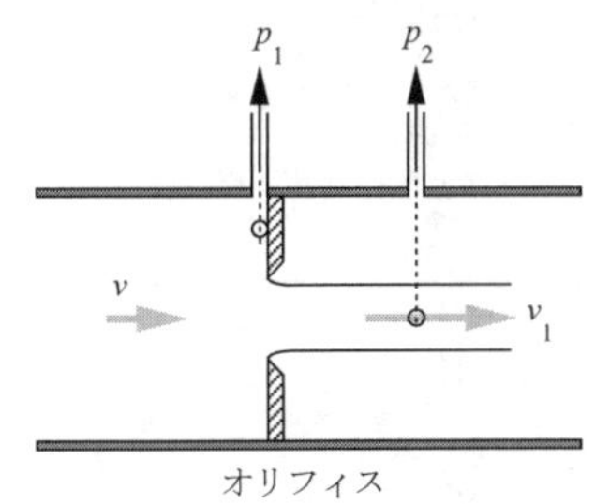

図 7.58　管オリフィス

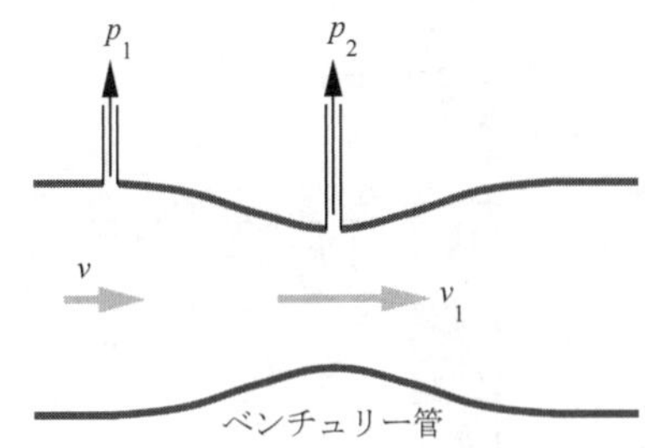

図 7.59　ベンチュリー管

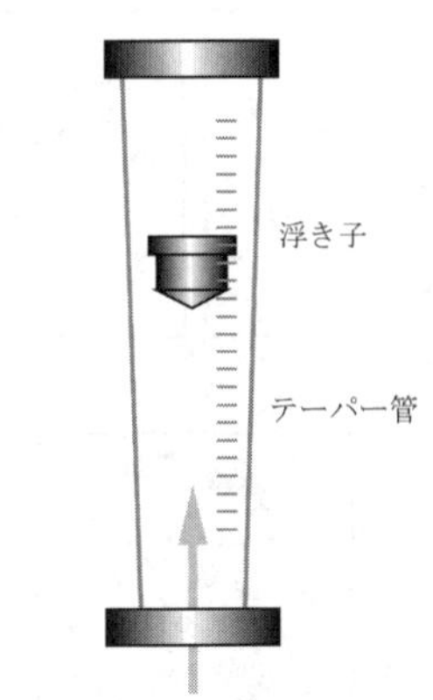

図 7.60　浮き子式流量計

(a)　ピトー管(Pitot tube)

流体中の局所速度を計測する速度計として最も広く知られているものは図 7.61 で示されるピトー管であろう．ピトー管は流体の全圧と静圧を測定し，その差（動圧）から流体速度を求めるもので，比較的手軽に速度計測が行えることが特長である．ただし，流体中にピトー管を挿入する必要があり，それによる流れ場の変化が無視し得ない場合があること，導管によって流体圧力を圧力計まで引き出す必要上，変動速度の計測には制約が伴うことなどに注意を要する．

(b)　熱線流速計(hot-wire velocimeter)

ピトー管より詳細に流体局所速度を計測する装置として広く用いられるものに図 7.62 のような熱線流速計がある．熱線流速計は，流体中に張られた金属細線（またはフィルム）を通電加熱し，その温度を抵抗温度計（7･6･1(c)項参照）の原理で計測することで細線の熱伝達率を求め，熱伝達率と流体速度の相関式から流速を評価する装置である．流速測定用の細線（熱線プローブ）は図 7.62 に示すように直径数10 μm，長さ数～10 mm 程度の白金やタングステン線を支柱（プロング）間に張ったもの（脚注5)）で，基本的に細線に直交する方向の流体流速を計測する．この特性を利用して，同一の測定点に複数の熱線を角度を変えて設置することで一度に2次元あるいは3次元速度ベクトルを計測できる熱線プローブも市販されている．

熱線流速計は，プローブ細線の熱容量が小さいため，流速が変動する場合にも比較的速やかに追従する．しかし，3･5･2 項で述べた乱流変動成分の計測のように，より高い変動周波数までの追従を要求される場合には，熱線の温度を一定に保つよう加熱電力を調整することで熱線表面の熱伝達率，すなわち流体速度を求める**定温度型熱線流速計**(Constant Temperature Anemometer: CTA)が用いられる．

(c)　レーザードップラー流速計と粒子画像流速計(Laser-Doppler Velocimetry: LDV and Particle Image Velocimetry: PIV)

上述のピトー管や熱線流速計では流体中にセンサーを挿入する必要があるため，伝熱工学の分野で特に重要な物体表面近傍の境界層内の流体速度のように空間的変化が大きく外乱の影響を受けやすい速度分布の計測には困難を伴う．そこで光学的に非接触で流体速度を計測できるレーザードップラー流速計や粒子画像流速計が用いられることが増えてきた．

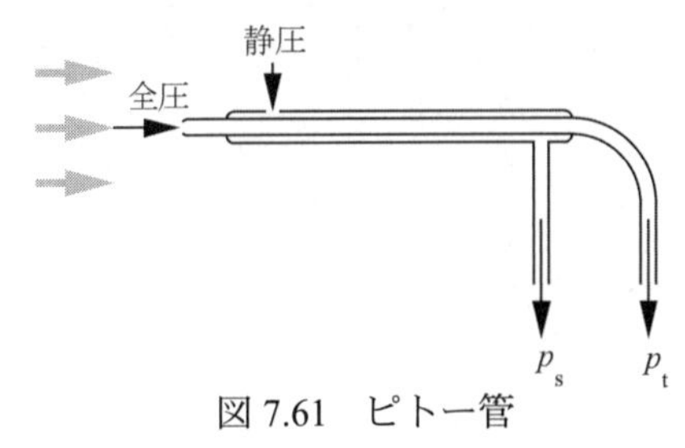

図 7.61　ピトー管

レーザードップラー流速計は，図 7.63 のような光学系を用いる光学的速度計で，2 つのレーザービームの交差点におけるレーザービーム面内，レーザー入射方向と直角の方向の速度成分を計測する．流体中の微細なゴミなどの微粒子（**シード**(seed particles)）がレーザービーム交差点に流入すると，それぞれのレーザービームによ

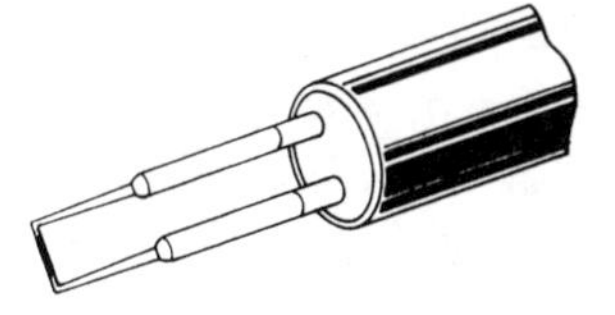

図 7.62　熱線流速計プローブ

脚注5)　細線によるプローブは破損しやすいため，流体中に固体粒子が混入しているような場合には使用できない．このような流体に対しては，石英などのくさびの表面に金属フィルムを貼付した形態の熱線プローブが用いられる．計測原理は細線によるプローブと同一である．

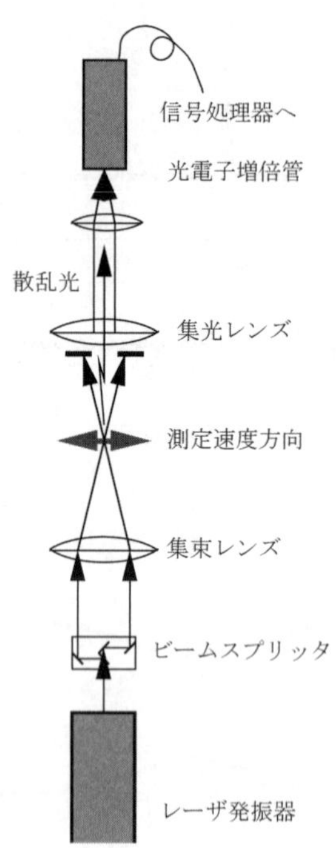

図 7.63　LDV の基本光学系

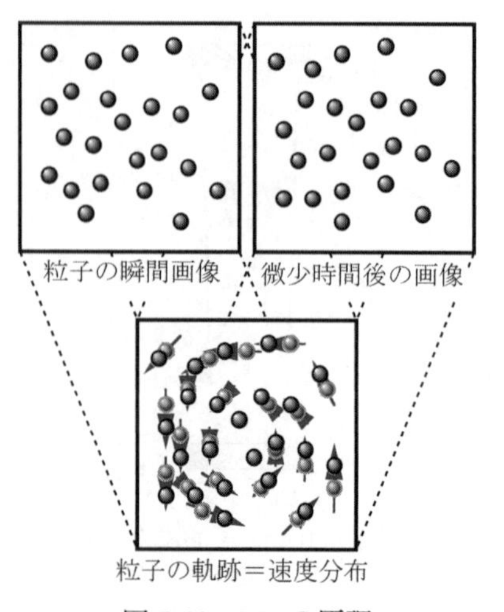

図 7.64　PIV の原理

る散乱光はドップラー効果によりレーザービームと微粒子の相対速度に関係した周波数変化を生じる．これを一度に観察すると，2 つの散乱光のドップラー周波数の差の周波数で振幅変調を受けた光が計測される（光ヘテロダイン）．この振幅変調の周波数は粒子の速度に直接関係しているから，周波数を読みとることで速度が評価できる．この原理からわかるとおり，レーザードップラー流速計では，流体の速度成分を非接触かつ高い空間分解能（測定体積は通常 1 mm^3 程度の回転楕円体）で高応答に計測できる利点を有し，光学的な工夫によっては 3 次元の速度成分を一度に計測できるが，流体中に光を散乱する微粒子が含まれていることが必須で，流体によってはシードの混入やその流体への追従性が問題となることがある．

レーザードップラー流速計と同様の計測をレーザーに代えて超音波によって行う**超音波流速計**(Acoustic Doppler Velocimetry: ADV)も市販されている．超音波はレーザー光に比べて周波数が低く，伝搬速度も遅いため，信号処理は容易になるが，計測空間分解能はレーザードップラー流速計より低下する．

一方，粒子画像流速計は，図 7.64 に示すように，流体中に分散した微粒子の位置の瞬間画像を，短い時間間隔で 2 枚撮影し，それぞれの粒子の運動軌跡から粒子の速度分布，すなわち流体の速度分布を評価する流速計である．この流速計では，撮影された画像面内の 2 次元の速度分布を一度に非接触で計測できるため，複雑な流動場の速度分布計測に好適であるが，流体へのシードの混入と追従性が問題となることがあることはレーザードップラー流速計と同様である．また，流れ場が過度に複雑になると，2 画像間での粒子位置の相関が低下し，速度分布の評価精度が低下することもある．

＝＝＝＝＝　練習問題　＝＝＝＝＝＝＝＝＝＝＝＝＝＝＝＝＝＝＝＝＝＝＝＝＝

【7・1】　隔板式熱交換器の一方の流路を空気が，他方の流路を水が流れている．空気側の平均熱伝達率を 30 W/(m^2·K)，水側の平均熱伝達率を 200 W/(m^2·K) とし，隔板の材料がアルミニウム（熱伝導率 k = 200 W/(m·K) で厚さが 4 mm であるとき，隔板の熱通過率を求めよ．

【7・2】　Derive the logarithmic-mean temperature difference for a counter-flow heat exchanger with a ratio of heat capacity flow rates $R_h = 1$, when the high-temperature fluid enters at T_{hi} and the low temperature fluid leaves at T_{co}.

【7・3】　Hot gas at a rate of 2 kg/s with specific heat of 1200 J/(kg·K) is used to heat cold water continuously in an adiabatic heat exchanger. The gas enters the heat exchanger at 500 ℃ and leaves at 150 ℃. The water enters at 20 ℃ and leaves at 60 ℃. The overall heat transfer coefficient at the heat transfer surface is 50 W/(m^2·K). Calculate the heat transfer area of the heat exchanger for:

(a) parallel flow, and

(b) counter flow.

【7・4】　流量 2 m^3/s の燃焼ガス（比熱 1200 J/(kg·K)，密度 0.8 kg/m^3）を流量

3 m^3/s の空気流（比熱1000 J/(kg・K)，密度1 kg/m^3）で冷却して排気させたい．燃焼ガスと空気流の初期温度をそれぞれ500 ℃と20 ℃とし，冷却のための熱交換器を，熱通過率40 W/(m^2・K)，伝熱面積40 m^2 の向流型熱交換器であるとして，冷却後の燃焼ガスの温度を求めよ．

【解答】

1. 26.1 W/(m^2・K)
2. $\Delta T_{lm} = T_{hi} - T_{co}$
3. (a) 72.1 m^2
   (b) 66.1 m^2
4. 263.4 ℃

第 7 章の文献

(1) 小木曽，電子回路の熱設計，(1989)，工業調査会.

(2) Kraus, A.D. and Bar-Cohen, A., *Thermal Analysis and Control of Electronic Equipment*, (1983), 199-214, McGraw-Hill.

(3) 木村，2nd 熱設計・熱対策シンポジウム，(2002), A6-2-5 日本能率協会.

(4) 石塚，電子機器の設計 基礎と実際，(2003) 丸善.

(5) 日本機械学会「マイクロチャネル内の流動と熱伝達」研究分科会成果報告書 (2001-4), 91-129.

(6) Tuckerman, D.B. and Pease, R.F., *IEEE Elec. Dev.* Let., EDL-2 (1981), 126.

(7) L.J. Missaggia et al, *IEEE J. Quantum Electron*, 25（1989）, 988.

(8) J.R. Howard (ed.), *Fluidized Beds - Combustion and Applications* -, (1983), 3-7 App. Sci. Pub..

(9) 東京天文台編纂　理科年表，(1981) 丸善.

第 8 章

伝熱問題のモデル化と設計

Modeling and Design of Heat Transfer Problem

8・1 伝熱現象のスケール効果 (Scale effect in heat transfer phenomena)

流体の種類や対象物体の大きさによらない物理現象を表すために，**相似則** (similarity law)や**無次元数**（dimensionless number）が用いられる．これらの無次元数やそれらを用いた伝熱の相関式は，熱流体機器の設計を行う場合に有力な手段となる．無次元数で表した相関式を利用したり無次元数の意味を理解したりするためには，物理量を表す次元とその物理的意味を理解することが必要である．8・2 節では無次元数について記述してある．

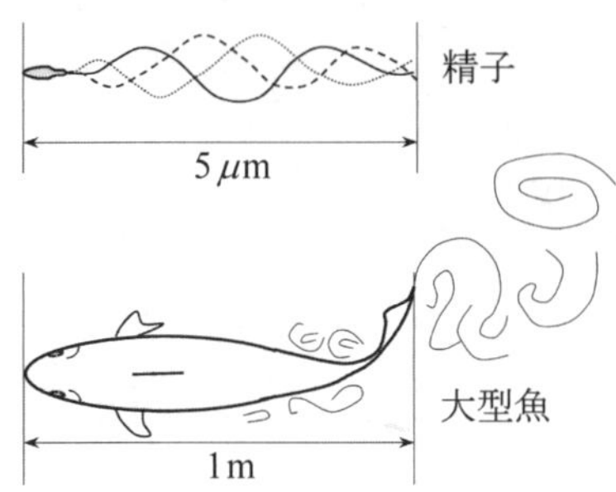

図 8.1 精子と大型魚の移動形態

対象とされる物理現象の**スケール**(scale)が大きく異なる自然現象では，様々なスケールによって支配される物理現象が異なる．このために，無次元数で記述される相関式の適用範囲にも限界が生じることになる．一例として，図 8.1 に示すように，大型魚が遊泳するときを考えると，魚は流体または渦を後方に押し出す慣性力で前進する．一方，精子などは，鞭毛を流体中で動かし蛇の運動のように粘性による摩擦力で移動する．体長 1 m の魚が 1 m/s で水中を移動すると，レイノルズ数 Re は 1.2×10^6 であるから魚の運動は水の慣性力と圧力抵抗が支配的になり，粘性による抵抗は小さい．一方，体長 5 μm の精子が 10 μm/s で水中を移動するときのレイノルズ数は 5.8×10^{-5} であり，大型魚のスケールに換算すると，精子は相対的に 5×10^{10} 倍粘度が大きい流体中で運動していることになる．精子が大型魚と同様なメカニズムで運動しようとすると，エネルギー損失が大きくなり，前進できない．

3 章で示したように，流体と物体間の熱伝達を記述する無次元数としてレイノルズ数とヌセルト数 Nu が用いられる．流速が減少し，レイノルズ数が 0 に漸近したときの極限を考えると，その伝熱は熱伝導率 k の静止流体中の球からの熱伝導となる[1]．そこで図 8.2 のように温度 T で直径 d の球とそれを囲む温度 T_0 で直径 d_0 の球殻について考える．この球面と球殻の間を通過する伝熱量 $\dot{Q}$ は次式で表される．

$$\dot{Q} = \frac{2\pi k(T-T_0)}{1/d - 1/d_0} \tag{8.1}$$

ここで，$d_0 \to \infty$ の極限を考える．伝熱量を球の表面積 A と流体の熱伝導率 k，d を代表長さとした温度こう配 $(T-T_0)/d$ で除した無次元数としてヌセルト数 Nu を定義すると，

$$Nu \equiv \frac{\dot{Q}}{kA(T-T_0)/d} = 2 \tag{8.2}$$

となり，定数になる．

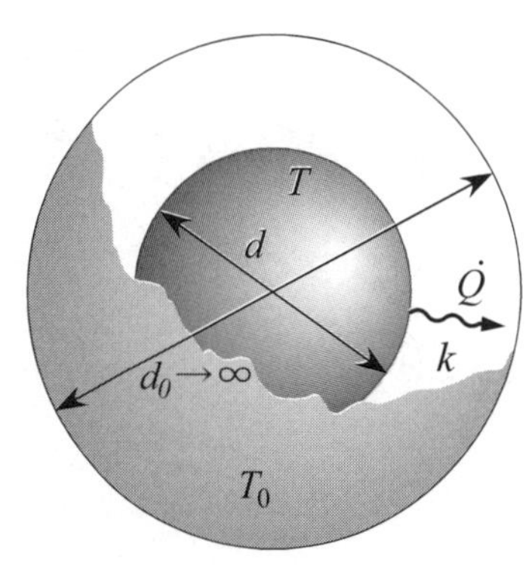

図 8.2 直径 d の球から直径 d_0 の球殻への伝導伝熱

ヌセルト数の定義から，式(8.2)は $h = 2k/d$ である．すなわち球の熱伝達率は直径 d の減少に反比例して増大する．表 8.1 は，球の直径を変えた場合に，流速 $u = 1\,\mathrm{m/s}$ の気流中に置かれた球の熱伝達率 $h = \dot{Q}/[A(T-T_0)]$ を示したものであ

表 8.1　空気流速 1 m/s 中における直径 d の球の熱伝達率 h

d	1 cm	1 mm	100 μm	10 μm	1 μm
Re	632	63.2	6.32	0.632	0.0632
Nu	9.42	4.35	2.74	2.19	2.09
h	24.8	115	723	5.8×10^3	5.5×10^4

る．この表と第 3 章の図 1.19 を比較すると，直径が 10 μm の球の熱伝達率は水の沸騰熱伝達率に相当する値に達する．このように，物体の構造を微細化すると伝熱性能が格段に向上することが知られている．今後益々発展すると予想されるミクロなシステム**マイクロマシン**(MEMS: microelectromechanical systems)において，その伝熱現象を理解するためには，スケールのミクロ化による伝熱様式の変化を考慮する必要がある．

機械工学の研究者や技術者が物理現象を扱うとき，既存の機器のスケールを単に変更しただけでは，必ずしも最適な設計とならない場合がある．このとき，伝熱現象を把握した無次元数の正確な理解が不可欠となる．さらに，伝熱機器の設計において，現象をどのようにモデル化，つまり単純化し，どのような無次元相関式を使用するべきかを理解することが重要である．伝熱現象のモデル化については，8･3 節でとりあつかう．

8・2　無次元数とその物理的意味 (dimensionless numbers and their physical meaning)

8・2・1　次元解析 (dimensional analysis)

これまで見てきたように，自然現象はいろいろな物理量の間の関係として記述される．物理量は第 1 章で記した単位の組み合わせとして表されるが，自然現象は人間が考えた単位系にはよらないはずである．つまり，どのような単位系を用いようが同一に記述されねばならない．言いかえれば，すべての自然法則は，関係する物理量の組み合わせからなる幾つかの互いに独立した無次元の物理量または**無次元数**(dimensionless number)の間の関係として記述できる．

考えている現象に関係する物理量がわかっているとき，それら物理量の指数乗のかけ合せにより関係物理量の間の全ての組み合わせを表すことができると仮定する．これを**指数法**(method of indices)という．指数法によって，必要な無次元量（無次元数）を導くことを**次元解析**(dimensional analysis)というが，これに関し次の **π 定理**(Pai theorem)が知られている．

π 定理：関係物理量の最少必要数が m 個であり，物理量を表すのに必要な単位の数が n 個であるとき，互いに独立な無次元量の数は $(m-n)$ 個である．

3･4 節で扱った，平板に沿った層流熱伝達の場合を例に，指数法と π 定理によって関係する無次元数を求めてみよう．熱伝達の大きさ（熱伝達率 h）は主流の速度 u_∞，加熱平板の位置 x のほか，流体の粘度 μ，密度 ρ，比熱 c，熱伝導率 k などの物性によって異なる．すなわち，位置 x の局所熱伝達率 h_x は

$$h_x = f(u_\infty, x, \mu, \rho, c, k) \tag{8.3}$$

と表される．この関数関係を指数法で表わすと，

$$[h_s]^{n1}[u_\infty]^{n2}[x]^{n3}[\mu]^{n4}[\rho]^{n5}[c]^{n6}[k]^{n7} = [1]^0 \tag{8.4}$$

温度，時間，長さ，質量，伝熱の単位をそれぞれΘ, T, L, M, Qとして式(8.4)を次元で表現すると，

$$\left[\frac{Q}{L^2T\Theta}\right]^{n_1}\left[\frac{L}{T}\right]^{n_2}[L]^{n_3}\left[\frac{M}{LT}\right]^{n_4}\left[\frac{M}{L^3}\right]^{n_5}\left[\frac{Q}{M\Theta}\right]^{n_6}\left[\frac{Q}{LT\Theta}\right]^{n_7}=[1]^0 \tag{8.5}$$

単位ごとの指数について整理すると，次の5個の連立方程式が得られる．

Qの指数：　$n_1+n_6+n_7=0$　(8.6a)

Lの指数：　$-2n_1+n_2+n_3-n_4-3n_5-n_7=0$　(8.6b)

Tの指数：　$-n_1-n_2-n_4-n_7=0$　(8.6c)

Θの指数：　$-n_1-n_6-n_7=0$　(8.6d)

Mの指数：　$n_4+n_5-n_6=0$　(8.6e)

式(8.6a)と式(8.6d)は同一式なので，式(8.6)の内，独立な式の数は4個である．関係物理量が7個であるから，π定理から独立な関係無次元量は3個（＝7個－4個）となる．そこで，それら3個の無次元量の指数としてn_1，n_3，n_6を選んでみよう（選び方は任意）．すると，式(8.6)から他の4個の指数は次のように表される．

$$n_2=n_3-n_1 \tag{8.7a}$$

$$n_4=n_1+n_6-n_7 \tag{8.7b}$$

$$n_5=n_3-n_1 \tag{8.7c}$$

$$n_7=-n_1-n_6 \tag{8.7d}$$

したがって，式(8.4)を整理すると，

$$\left[\frac{h_x\mu}{u_\infty\rho k}\right]^{n_1}\left[\frac{u_\infty x\rho}{\mu}\right]^{n_3}\left[\frac{\mu c}{k}\right]^{n_6}=[1]^0 \tag{8.6}$$

ここで，左辺に現れる3個の無次元量は

$$\pi_1=\frac{h_x\mu}{u_\infty\rho k},\quad \pi_2=\frac{u_\infty x\rho}{\mu}=\frac{u_\infty x}{\nu},\quad \pi_3=\frac{\mu c}{k}=\frac{\mu/\rho}{k/\rho c}=\frac{\nu}{\alpha} \tag{8.7}$$

すなわち，ヌセルト数，レイノルズ数，プラントル数を用いると，

$$\pi_1=\frac{Nu}{Re},\quad \pi_2=Re,\quad \pi_3=Pr \tag{8.8}$$

したがって，式(8.4)の関係は

$$f(Nu_x, Re_x, Pr)=0 \quad あるいは \quad Nu_x=f(Re_x, Pr) \tag{8.9}$$

ここに$f(\ )$は$(\ )$内の変数に関数関係があることを示す，式(8.9)はヌセルト数がレイノルズ数とプラントル数の関係になることを示しており，この結果は確かに3・2・5項の結果と一致している．

8・2・2　方向性次元解析 (vectorial dimensional analysis)

上の解析では，長さの単位として方向（ベクトル）は考えず，すべて同一の単位$[L]$を用いた．しかし，空間の向きには3つの方向があり，関係する物理量の方向依存性がわかっていると，さらに詳しい次元解析が可能である．この長さの方向依存性まで考えて行う次元解析を**方向性次元解析**(vectorial dimensional analysis)という．

上記の次元解析の例について，実際に方向性次元解析を適用してみよう．方向Lのx, y, z方向の次元をL_x, L_y, L_zと表わし，図8.3の流れと熱移動の方向性を考えると，式(8.4)は次式のように記すことができる．

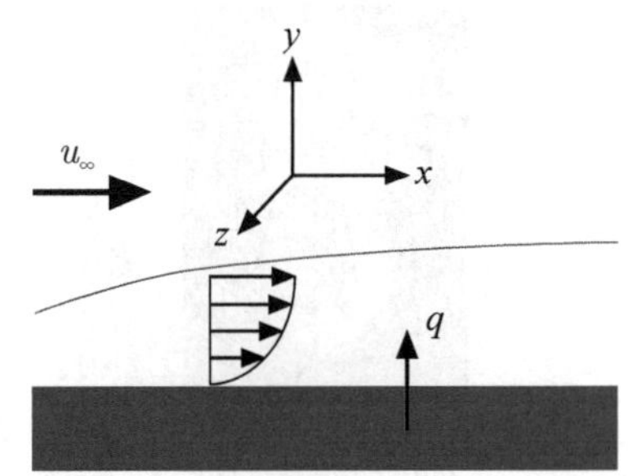

図8.3　加熱平板に沿う強制対流層流熱伝達

$$\left[\frac{Q}{L_xL_zT\Theta}\right]^{n_1}\left[\frac{L_x}{T}\right]^{n_2}[L_x]^{n_3}\left[\frac{ML_y}{L_xL_zT}\right]^{n_4}\left[\frac{M}{L_xL_yL_z}\right]^{n_5}\left[\frac{Q}{M\Theta}\right]^{n_6}\left[\frac{QL_y}{L_xL_zt\Theta}\right]^{n_7}=[1]^0 \tag{8.10}$$

したがって，各次元について整理すると，指数の関係は

Q の指数：　$n_1+n_6+n_7=0$　(8.11a)

T の指数：　$-n_1-n_2-n_4-n_7=0$　(8.11b)

Θ の指数：　$-n_1+n_6+n_7=0$　(8.11c)

M の指数：　$n_4+n_5-n_6=0$　(8.11d)

L_x の指数：　$-n_1+n_2+n_3-n_4-n_5-n_7=0$　(8.11e)

L_y の指数：　$n_4-n_5+n_7=0$　(8.11f)

L_z の指数：　$-n_1-n_4-n_5-n_7=0$　(8.11g)

式(8.13)で独立な式は 5 個であるから，π 定理から 2 個（=7 個－5 個）の独立な無次元数の関係が得られるはずである．そこでいま，n_1 と n_6 を独立変数と考えると，式(8.13)から次の関係が得られる．

$$n_2=-\frac{n_1}{2},\quad n_3=\frac{n_1}{2},\quad n_4=n_6+\frac{n_1}{2},\quad n_5=-\frac{n_1}{2},\quad n_7=-n_1-n_6 \tag{8.12}$$

この関係を式(8.13)に代入して整理すると，

$$\left(\frac{h_xx}{k}\sqrt{\frac{\nu}{u_\infty x}}\right)^{n_1}\left[\frac{\mu c}{k}\right]^{n_6}=[1]^0 \tag{8.13}$$

すなわち　$Nu_x=\sqrt{Re_x}f(Pr)$　(8.14)

先の次元解析の結果の式(8.9)に比べ，方向性次元解析の結果の式(8.14)ではレイノルズ数の指数が定まっており，3.4 節の解析結果により近い結果が得られている．

なお，上記の次元解析では熱量 Q を基本単位としている．周知のように，熱量は他の基本単位（質量，長さ，時間）で記述できる．しかし，伝熱における次元解析では，熱量を独立した単位として用いる．これは，伝熱ではふつう，力学的エネルギーから熱エネルギーへの変換過程を含まないためである．この点に注意が欠けると，誤った結果を招くことがあるので注意しよう．

フーリエ
Jean Baptiste Joseph Fourier
(1768～1830)

ビオ
Jean Baptiste Biot
(1774～1862)

グラスホフ
Franz Grashof
(1826～1893)

レイノルズ
Osborne Reynolds
(1842～1912)

図 8.4a　無次元数に名を残す先賢

8・2・3　無次元数と相似則(Dimensionless numbers and similarity law) *

扱っている現象が複雑で厳密な解析解が得られない場合でも，次元解析によって無次元数の間の関係式を求め，実験によってそれら無次元数の指数を決定することにより，経験的な整理式や相関式を得ることができる．また，関係する無次元数がわかっていれば，違った条件下の状態を知ることができる．実際とは異なった寸法でモデル実験を行う際には，この無次元の関係は相似則(similarity law)を与えるものとなる．方向性次元解析はまた，偏微分方程式で表される現象の支配方程式を常微分方程式に変換するときにも有効となる．

伝熱で用いられる主要な無次元数を表 8.2 に示す．図 8.4 はそれら無次元数に名を冠された先賢の写真である．また，表 8.3 は，各種の伝熱現象に関連して現れる無次元数をまとめたものである．

流体の運動は慣性力，粘性力，体積力（重力など）のバランスで定まっている．体積力には，温度と重力の作用に基づく浮力の他，電磁力や回転力（コリオリ力）が含まれ，流体が界面を有するときは，そこに表面張力が作用する．無次元数は，図 8.5 で示すように，そうした各種の作用力の相対的な大きさ（比）を表すものとなっている．熱は温度をポテンシャルとし，その流れが伝熱であり，伝熱量は熱伝導（フォノンや自由電子を媒体とした熱移動）を基準にとり，それに対する相対的な大きさ（ヌセルト数）を議論するのが慣わしとなっている．熱伝達（対流伝熱）では，伝熱量は流体の運動に関係している．したがって，伝熱の相関式は，ヌセルト数と流体運動に関する無次元数（レイノルズ数やグラスホフ数）の関係として与えられる．

表 8.2　主要な無次元数

名 称	定 義	意 味
熱伝導		
ビオ数：Bi	hL/k_s	固体内の熱伝導に対する固体表面の熱伝達の割合．
フーリエ数：Fo	$\alpha t/L^2$	固体内に蓄えられる熱エネルギーに対する熱伝導で伝わる熱エネルギーの割合．無次元時間．
強制対流熱伝達		
ヌセルト数：Nu	hL/λ	熱伝導による伝熱量に対する熱伝達の割合．
レイノルズ数：Re	UL/ν	粘性力に対する慣性力の大きさ．
プラントル数：Pr	ν/α	温度拡散に対する粘性拡散の割合. 温度境界層と速度境界層の相対的厚さに関係.
ペクレ数：Pe	$Re\cdot Pr$	強制対流熱伝達における対流の無次元パラメータ．
スタントン数：St	$Nu/Re\cdot Pr$	修正ヌセルト数に相当．
自然対流熱伝達		
グラスホフ数：Gr	$\beta g(\Delta T)L^3/\nu^2$	粘性力に対する浮力の割合．
レイリー数：Ra	$Gr\cdot Pr$	自然対流熱伝達における浮力効果の無次元パラメータ．

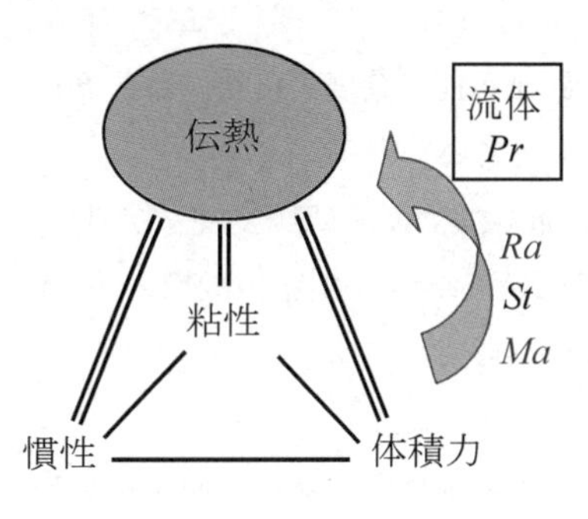

(a)　流れと熱

粘性
Gr 熱
Re
Ma
熱
Ga
慣性
Fr
体積力
重力
濃度
Ca
電磁力, 回転力
We
作用力
表面張力

(b)　相互作用力と流れ

図 8.5　流れ場の作用力間および流れと熱の間の相互作用

レイリー
Lord Rayleigh
(1842～1919)

プラントル
Ludwig Prandtl
(1875～1953)

ヌセルト
Wilhelm Nusselt
(1882～1957)

図 8.4b　無次元数に名を残す先賢

表 8.3　熱流体問題に関連した無次元数

名　称	定　義	作用力の比，意味
ボンド数：Bo	$(\rho_l-\rho_v)gL^2/\sigma$	重力と表面張力
キャピラリ数：Ca	$\mu U/\sigma$	粘性と表面張力
エッカート数：E	$U^2/2c_p\Delta T$	運動エネルギーとエンタルピー
フルード数：Fr	U^2/gL	慣性力と重力
ガリレオ数：Ga	$Re^2/Fr=gL^3/\nu^2$	重力と粘性力
グレッツ数：Gz	$Re\,Pr\,(d/x)$	管助走区間の流れ
ヤコブ数：Ja	$(\rho_l/\rho_v)c_p\Delta T/h_{fg}$	液体の過熱
クヌードセン数：Kn	$l/L=Ma/Re$	気体の希薄度
ルイス数：Le	$Sc/Pr=\alpha/D$	温度伝導と物質拡散
マッハ数：M	U/a	流速と音速
マランゴニ数：Ma	$\sigma_T L\Delta T/k\mu$	表面張力駆動力
ロスビー数：Ro	$U/\omega L$	慣性力とコリオリ力
シュミット数：Sc	ν/D	運動量輸送と物質拡散
シャーウッド数：Sh	$h_D L/D$	物質伝達の大きさ
ステファン数：Sf	$c(T_s-T_f)/\Delta L$	相変化を伴う熱伝導
ストローハル数：Sr	$\omega L/U$	流体の周期運動
テイラー数：Ta	$\omega L^2/\nu$	コリオリ力と粘性力
ウェーバ数：We	$\rho U^2 L/\sigma$	慣性力と表面張力

記号：　a:音速，c:比熱，c_P:定圧比熱，d:管径，D:拡散係数，　g:重力加速度，
h_{fg}:蒸発潜熱，h_D:物質伝達率，k:熱伝達率，l:平均自由行程，L:代表長さ，
ΔL:相変化熱，t:時間，T:温度，ΔT:温度差，U:代表速度，x:位置，α:温度伝導率，
ν:動粘度，ρ:密度，σ:表面張力，σ_T:表面張力の温度係数，ω:振動数(回転数)．
添字は　s:固体，表面，l:液体，v:蒸気，f:相変化．

$v\,T_0$　T?　測温接点　熱電対素線　絶縁管　シース（保護管）　T_w　計測器

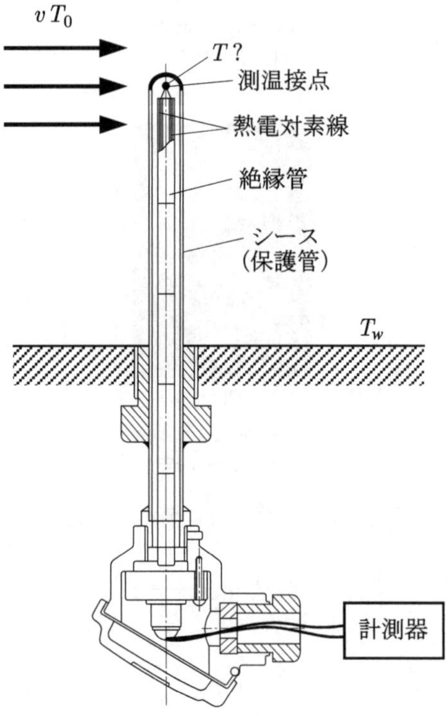

図 8.6　シース熱電対による気流温度の測定

8・3　モデル化と熱設計 (Modeling and thermal design)

我々の身近には種々の伝熱現象があり，それらを定量的に評価したり，機器の設計などを行うためには，伝熱学の知識が不可欠である．しかし，実際の伝熱現象は諸種の要素が複雑に影響し，既存の手法で正確な評価を行うことが難しい場合が多い．とくに，今まで製作したことのない新しい機器の設計や，新しい熱現象の解明には，第一次近似として，大まかな伝熱の評価が必要になる場合がある．そこで，実際の伝熱現象をモデル化によって単純化し，実用上評価可能な精度で伝熱現象を予測すること，つまり**モデル化**(modeling)が必要となってくる．

本節では，実際の伝熱現象や機器の設計(design)に必要な，現象のモデル化とその評価について，例題によって解説する．読者はいくつかの事例を精読し，伝熱現象のモデル化と実機への応用について学んでほしい．

【例題 8・1】　熱電対の温度測定精度　＊＊＊＊＊＊＊＊＊＊＊＊＊＊＊＊

【課題】

7･6･1 項で述べた温度計測を行うときに，温度測定精度の評価を行う．つまり，図 8.6 に示すように，速度 v = 10 m/s でダクト内を流れている温度 T_0 = 350 K の空気温度を直径 d = 5 mm のインコネルで被覆されたシース熱電対で測りたい．温度 T_w = 500 K の壁からシース熱電対を流れに垂直に挿入するとき，5 K 以内の精度で空気の温度を計測するためには，熱電対をどのくらい流体内に挿入する必要があるか．

【仮定とモデル化】

(1) 図 8.7 に示すように流体中におかれた棒の先端温度が流体と比較してどのくらい異なるかで，温度測定精度を検証する．

(2) ダクト内の空気流の温度は一様とする．

(3) 熱電対の温接点はシースの先端にあるものとし，図 8.7 のモデルにおいて，丸棒先端断面からの熱伝達は無視する．

(4) ふく射による伝熱は無視する．

(5) シース熱電対はインコネルの中実丸棒のフィンで近似し，温度変化によらず物性値は一定とする．

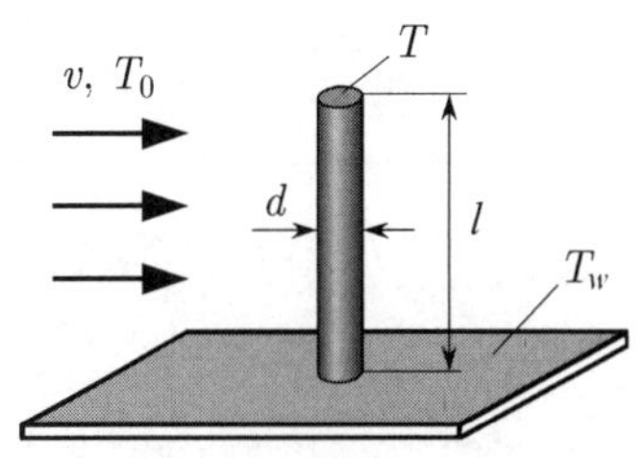

図 8.7　フィンの熱伝導モデル

【物性値の推定】

温度 $T_0 = 350\,\mathrm{K}$，圧力 $p = 0.1\,\mathrm{MPa}$ における空気の物性値は，文献[2]の物性値表から線形補間することによって求めることができる．つまり，空気の動粘度 $\nu = 2.10\times10^{-5}\ (\mathrm{m^2/s})$，熱伝導率 $k_a = 2.98\times10^{-2}\ \mathrm{W/(m\cdot K)}$，プラントル数 $Pr = 0.707$ である．また，インコネル X^{-750} の熱伝導率は $k_i = 12.0\ \mathrm{W/(m\cdot K)}$ である．

【解析】

シース熱電対の直径を特性長さとして，レイノルズ数は，

$$Re = \frac{vd}{\nu} = 2.38\times10^3 \qquad \text{(ex 8.1)}$$

となる．円柱の平均ヌセルト数は，Zukauskas の式[3]を用いて，

$$\overline{Nu} = 0.26Re^{0.6}Pr^{0.37} = 24.3 \qquad \text{(ex 8.2)}$$

であり，平均熱伝達率は，以下のように見積もられる．

$$\bar{h} = \frac{\overline{Nu}k_a}{d} = 145\ \mathrm{W/(m^2\cdot K)} \qquad \text{(ex 8.3)}$$

シース熱電対を先端が断熱されたフィンと考えると，式(2.104)り，長さ l のフィンの先端温度 T は次式で表される．

$$\frac{T_0 - T}{T_0 - T_w} = \frac{1}{\cosh ml} \qquad \text{(ex 8.4)}$$

ここで，フィンの断面積と周長をそれぞれ A, P とすると，

$$m = \sqrt{\frac{hP}{k_i A}} = \sqrt{\frac{4h}{k_i d}} = 98.3 \qquad \text{(ex 8.5)}$$

である．$T < 355\,\mathrm{K}$ とするためには，

$$\cosh ml > 30 \ \text{または}\ ml > \ln\left(30 + \sqrt{30^2 - 1}\right) \qquad \text{(ex 8.6)}$$

つまり，$l > 41.6\,\mathrm{mm}$ とする必要がある．

【結果の考察】

(1) シース熱電対は，インコネルの丸棒としている．実際の熱電対は，インコネルの中空パイプに絶縁材料と熱電対素線が封入されている．この熱電対の有効熱伝導率は，解析モデルで用いた値よりも小さいため，先端部分の温度はより空気温度に近い．

(2) 熱電対端面の伝熱を無視しているので，実際の測定温度は空気温度により近くなる．

(3) 壁近傍における空気流の温度境界層の影響が顕著な場合は，さらに長い熱電対が必要となる場合がある．

【例題 8・2】　ジェット機の翼面温度推定　＊＊＊＊＊＊＊＊＊＊＊＊＊＊

【課題】

マッハ数 0.87，高度 1 万メートルで飛行しているジェット旅客機（図 8.8）の翼に直射日光が 30 度の角度で照射されている．翼弦（翼の流れ方向の長さ）6 m の中央に設置されている燃料タンクの温度を推定せよ．

図 8.8　高空を巡航するジェット旅客機（全日本空輸株式会社提供）

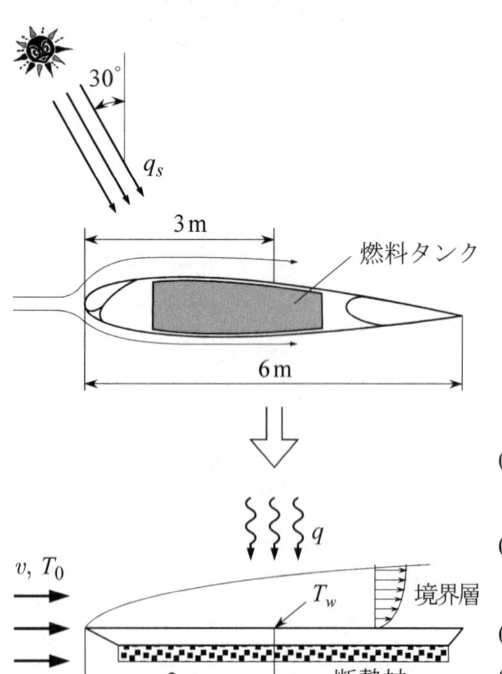

図 8.9　翼まわりの伝熱モデル

【仮定とモデル化】

(1)　図 8.9 のように，太陽からのふく射加熱と平板からの対流冷却との熱収支によって翼面温度が決定されると考える．

(2)　翼を長さ 6 m の平板とし，そこを流れる空気流による対流伝熱と太陽光からのふく射伝熱のバランスで燃料タンクの温度が決定されるものとする．

(3)　平板の裏面は断熱として流れ方向の板の熱伝導は無視する．

(4)　上層の空気密度は小さいので，太陽の直達日射は宇宙空間の値（太陽定数）と等しいものとし，太陽光に対する平板の吸収係数 $\alpha = 0.5$ とする．

【物性値の推定】

高度 10 000 m における大気は，温度 $T_0 = 227\,\mathrm{K}$，圧力 $p = 0.0264\,\mathrm{MPa}$，太陽光の直達日射量 $q_s = 1.37\,\mathrm{kW/m^2}$ とする[(4)]．このときの空気の物性値は，音速 $a = 302\,\mathrm{m/s}$，動粘度 $\nu = 3.69\times10^{-5}\,\mathrm{m^2/s}$，熱伝導率 $k = 2.05\times10^{-2}\,\mathrm{W/(m\cdot K)}$，プラントル数 $Pr = 0.725$ である[(2)]．

【解析】

マッハ数よりジェット機の速度は，

$$v = 0.87\times a = 263\,\mathrm{m/s} \tag{ex 8.7}$$

翼弦の中央までの距離を代表長さ $x = 3\,\mathrm{m}$ として，レイノルズ数は

$$Re = \frac{vx}{\nu} = 2.14\times10^7 \tag{ex 8.8}$$

となり，流れは乱流である．この場合の局所ヌセルト数は，Johnson-Rubesin の式[(2)]を用いると，

$$Nu = 0.0296\,Pr^{2/3}Re^{4/5} = 1.75\times10^4 \tag{ex 8.9}$$

となり，局所熱伝達率は，以下のように見積もられる．

$$h = \frac{Nuk}{x} = 120.0\,\mathrm{W/(m^2\cdot K)} \tag{ex 8.10}$$

一方，太陽ふく射で翼表面を加熱する熱流束は，

$$q = \alpha q_s \cos\frac{\pi}{6} = 593\,\mathrm{W/m^2} \tag{ex 8.11}$$

翼の裏面は断熱だから空気と翼面の温度差は，

$$T_w - T_0 = \frac{q}{h} = 4.9\ \mathrm{K} \qquad \text{(ex 8.12)}$$

翼表面温度は，$T_w = 231.9\ \mathrm{K}$ となる．

【結果の考察】

(1) 本モデルでは，太陽光照射を受けない翼下面の伝熱を考慮していないので，実際の燃料タンクの温度は，空気温度と翼上面温度の間の値となる．

(2) 実際は翼面に沿って流速が変化するので，平面で近似した本モデルは，近似的な熱伝達率である．

(3) 熱伝達率の大きさと有効ふく射熱伝達率，式(1.11)，とを比較すると，翼面からの放射冷却は無視できる．

【例題 8・3】　キーボード表面からの放熱量　　＊＊＊＊＊＊＊＊＊＊＊

【課題】

図 8.10 のノートパソコンでは，本体とキーボードから自然対流とふく射で放熱が行なわれている．本体とキーボードの表面積は，$A = 28\ \mathrm{cm} \times 23\ \mathrm{cm}$ である．表面温度 T_s を測定したら平均で周囲温度 $T_\infty = 293\ \mathrm{K}$ よりも $6\ \mathrm{K}$ 上昇していることが分かった．このとき本体とキーボード表面から何 W の熱が放出されていることになるか．

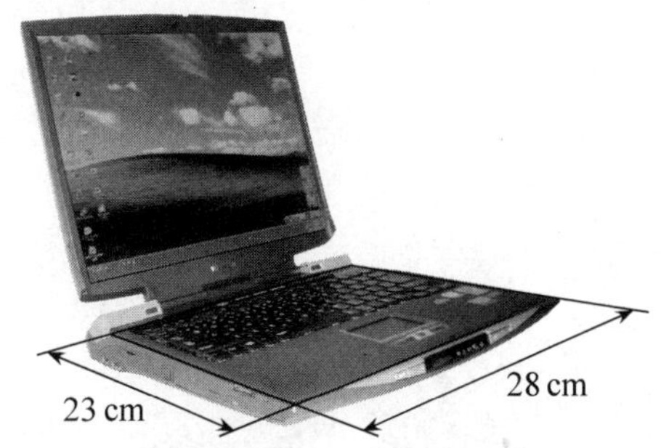

図 8.10　ノートパソコンの概観

【仮定とモデル化】

(1) 本体とキーボードをブロックとみたて，その表面を平面とみなし，自然対流熱伝達とふく射伝熱で放熱が行われているとする．

(2) 図 8.11 のようにキーボード面の上表面からの放熱のみとして，裏面と側面からの放熱は無視する．

(3) キーボード上面からの熱伝達は上向き平面の自然対流熱伝達の式で近似する．

(4) ふく射伝熱の計算では，液晶ディスプレーからのふく射は無視する．

【物性値の推定】

膜温度 $T_m = (T_w + T_\infty)/2 = 296\ \mathrm{K}$ の空気の物性値は，プラントル数 $Pr = 0.71$，熱伝導率 $k = 0.0259\ \mathrm{W/(m \cdot K)}$，動粘度 $\nu = 1.56 \times 10^{-5}\ \mathrm{m^2/s}$ である[(2)]．また，重力加速度 $g = 9.8\ \mathrm{m/s^2}$，式(3.177)より，体積膨張率 $\beta = 1/T_\infty = 0.00341\ \mathrm{K^{-1}}$，である．また，放射率 $\varepsilon = 0.8$，仮定(4)からふく射伝熱におけるキーボードから周囲への形態係数 $F = 1.0$ とする．つまり，ディスプレーの影響は考えない．

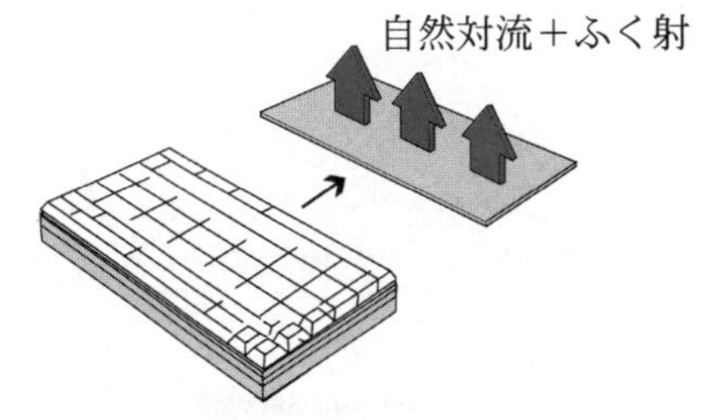

図 8.11　キーボードからの放熱

【解析】

まず，自然対流による放熱量 $\dot{Q}_{conv}$ を見積もるために，レイリー数を計算する．代表長さ L は平面の面積を周長で除したもので計算すると，$L = 6.3\ \mathrm{cm}$ である．したがって，

$$Ra = \frac{g\beta L^3 \Delta T}{\nu^2} Pr = \frac{9.8 \times 0.00341 \times (0.063)^3 \times 6}{(1.56 \times 10^{-5})^2} \times 0.71 = 1.46 \times 10^5 \qquad \text{(ex 8.13)}$$

つぎに 3･7･4 項の水平平板の自然対流熱伝達率の式(3.204)を用いて，平均ヌセルト数を計算すると，

$$\overline{Nu} = 0.54 Ra^{1/4} = 0.54 \times 19.5 = 10.5 \qquad \text{(ex 8.14)}$$

となる．そこで，平均熱伝達率$\overline{h}$は次のように求まる．

$$\overline{h} = \frac{\overline{Nu} \cdot k}{L} = \frac{10.5 \times 0.0259}{0.063} = 4.32\ \mathrm{W/(m^2 \cdot K)} \tag{ex 8.15}$$

よって，

$$\dot{Q}_{conv} = \overline{h}A(T_w - T_\infty) = 4.32 \times 0.23 \times 0.28 \times 6.0 = 1.67\ \mathrm{W} \tag{ex 8.16}$$

となる．

つぎに，ふく射による放熱量$\dot{Q}_{rad}$を見積もろう．平板の温度$T_w = 293 + 6 = 299\ \mathrm{K}$と空間の温度$T_\infty = 293\ \mathrm{K}$の差は小さいので，式(1.11)に示す有効ふく射熱伝達率h_rを計算すると，

$$h_r = 4\sigma\varepsilon T_m{}^3 = 4 \times 5.67 \times 10^{-8} \times 0.8 \times 296^3 = 4.70\ \mathrm{W/(m \cdot K)} \tag{ex 8.17}$$

となり，ふく射による伝熱量は，以下のように見積もられる．

$$\dot{Q}_{rad} = h_r A(T_w - T_\infty) = 4.70 \times 0.23 \times 0.28 \times 6 = 1.82\mathrm{W} \tag{ex 8.18}$$

【結果の考察】

(1) ここでは，水平平板の熱伝達の式で近似したが，キーボードからの熱伝達率は式(ex 8.14)の係数が平板の0.54ではなく0.46という報告[(5)]もあるので，あくまでも第一次近似と理解すべきであろう．

(2) 本例題のように一般の電子機器の使用環境では，自然対流による放熱量とふく射による放熱量は，同等レベルである．よって，自然空冷の場合，ふく射の影響は無視できない．

(3) 実際のノートパソコンでは，本体で50 W程度の発熱があり，そのほとんどは小型ファンによる冷却空気によって放熱されている．したがって，キーボードからの放熱の寄与は比較的小さい．

図8.12　基板上のLSIパッケージの例
（日本機械学会　RC181分科会提供）

【例題 8・4】　ＬＳＩパッケージ表面の温度推定　＊＊＊＊＊＊＊＊＊

【課題】 図8.12に示す基板上のLSIパッケージの発熱が2 Wである．パッケージは30 mm角の大きさで高さ5 mmであり，その上を297 Kの空気が流速1 m/sで流れている．このときパッケージ表面の温度を推定する．

【仮定とモデル化】

(1) LSIパッケージの発熱と気流への対流熱伝達の収支からパッケージ表面の温度を計算する．

(2) 図8.13に示すようにパッケージを平面として考え，下面及び側面からの放熱はないものとする．また，表面を平板として考える．

(3) パッケージは一様温度とする．

(4) ふく射伝熱は無視する．

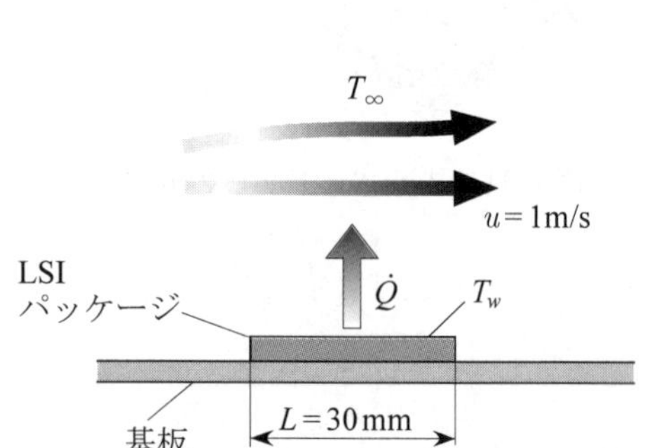

図8.13　パッケージ上の流れ

【物性値の推定】

表面温度が不明なので一様流の温度297 Kにおける空気の物性値を使用する．空気の熱伝導率$k = 2.60 \times 10^{-2}\ \mathrm{W/(m \cdot K)}$，プラントル数$Pr = 0.71$，空気の動粘度$\nu = 1.57 \times 10^{-5}\ \mathrm{m^2/s}$である．

【解析】

パッケージ表面を平板表面として考え，3･4･1 項の平板熱伝達率の式を使う．まず，レイノルズ数 Re_L を計算する．

$$Re_L = \frac{uL}{\nu} = \frac{1\times 0.03}{1.57\times 10^{-5}} = 1.91\times 10^3 \qquad \text{(ex 8.19)}$$

よって，平板に沿う流れの臨海レイノルズ数は約 5×10^5 であるから，いまの流れは層流である．ここでは長さ L の平均層流熱伝達の式(3.129)を使うことにする．つまり，平均ヌセルト数は

$$\overline{Nu_L} = 0.664 Re_L^{1/2} Pr^{1/3} \qquad \text{(ex 8.20)}$$

であり，Re_L と p_r に数値を代入することによって $\overline{Nu_L} = 25.9$ となり，$\overline{h} = \overline{Nu_L}\, k / L$ より，平均熱伝達率 $\overline{h}$ は

$$\overline{h} = 22.4\ \mathrm{W/(m^2\cdot K)} \qquad \text{(ex 8.21)}$$

となる．冷却空気からパッケージ表面までの熱抵抗による温度上昇 ΔT は，$A = 0.0009\ \mathrm{m^2}$ として，

$$\Delta T = \frac{\dot{Q}}{Ah} = \frac{2}{(22.4\times 0.0009)} = 99\ \mathrm{K} \qquad \text{(ex 8.22)}$$

となり，周囲空気の温度は $T_\infty = 297$ K なので，パッケージ表面温度 T_w は

$$T_w = 297 + 99 = 396\ \mathrm{K} \qquad \text{(ex 8.23)}$$

となる．

【結果の考察】

(1)　実際のパッケージ内部は，表面温度と LSI 内の電子回路における内部接合温度との間には数 K から 10 K の差があるため，内部接合温度を求めるには得られた結果にその分を加えることが必要である．

(2)　パッケージ表面を 2 次元平板で近似しているので，その分の誤差も念頭に入れる必要がある．

(3)　放射率や形態係数の値も，パッケージ表面の材質や使用環境によって，違いがあることにも注意が必要である．

【例題 8・5】　熱線流速計の温度応答推定　＊＊＊＊＊＊＊＊＊＊＊＊

【課題】

7･6･2 項で述べた熱線流速計の速度変動計測特性を検証する．図 8.14 に示すように熱線流速計は，極細線を気流中で加熱し，その伝熱量から流速を計測する装置である．熱線の温度応答は，気流速度の変動に対して十分早い必要がある．速度 $v = 10$ m/s で流れている温度 $T_0 = 300$ K の空気流の変動を熱線流速計で測定するときの温度応答を推定せよ．ただし，熱線は直径 $d = 5\ \mu$m のタングステン線で，温度 $T_w = 400$ K に加熱されている．

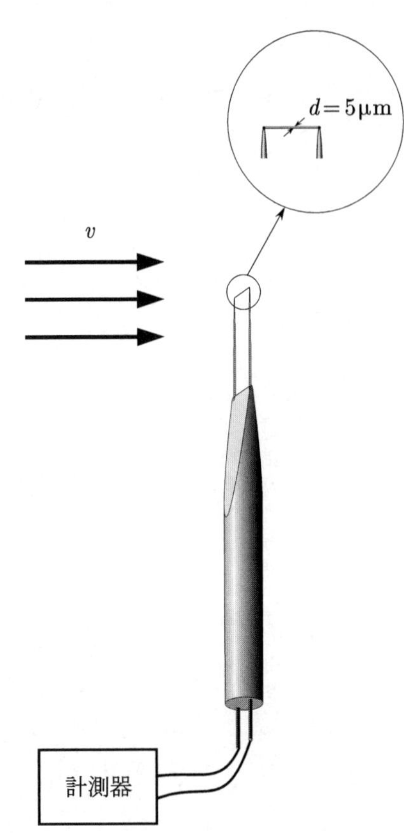

図 8.14　熱線流速計による流速測定

【仮定とモデル化】

(1)　気流温度が突然変化したとき，熱線の温度変化が気流の温度変化の値に近づく応答時間で応答速度を推定する．

(2)　熱線は直径に比べて十分長く，両端からの熱伝導による熱損失は無視できる．

【物性値の推定】

温度 $T_0 = 300\,\mathrm{K}$，圧力 $p = 0.1\,\mathrm{MPa}$ における空気の物性値は，動粘度 $\nu = 1.58\times 10^{-5}\ \mathrm{m^2/s}$，熱伝導率 $k_a = 2.61\times 10^{-2}\ \mathrm{W/(m\cdot K)}$．タングステンの熱伝導率 $k_w = 165\,\mathrm{W/(m\cdot K)}$，密度 $\rho = 1.92\times 10^4\ \mathrm{kg/m^3}$，比熱 $c = 135\ \mathrm{J/(kg\cdot K)}$ である[2].

【解析】

タングステン線の直径を代表長さとしたレイノルズ数は，

$$Re = \frac{vd}{\nu} = 3.16 \tag{ex 8.24}$$

となる．このレイノルズ数に対応した円柱の平均ヌセルト数は，Collis の式[3]を用いて，

$$\overline{Nu} = \left(0.24 + 0.56Re^{0.45}\right)\left(\frac{T_w + T_0}{2T_0}\right)^{0.17} = 1.21 \tag{ex 8.25}$$

となり，平均熱伝達率 $\bar{h}$ は以下のように見積もられる．

$$\bar{h} = \frac{\overline{Nu}k_a}{d} = 6.31\times 10^3\ \mathrm{W/(m^2\cdot K)} \tag{ex 8.26}$$

このときのビオ数は

$$Bi = \frac{\bar{h}d}{k_W} = 1.91\times 10^{-4} \ll 1 \tag{ex 8.27}$$

であるから，熱線内部の温度分布は無視できる．

流体の温度が突然変化したとき，細線と気流との温度差が気流温度変化に対して，$1/e \approx 0.368$ になるまでの時間を細線の温度応答時間 τ として近似できる．ここで，$e = 2.7183\cdots$ は自然対数の底である．この時間は，A_s を物体表面積，V を物体の体積とすると，式(2.114)より応答時間は

$$\tau = \frac{\rho Vc}{\bar{h}A_s} = \frac{\rho cd}{4\bar{h}} = 5.13\times 10^{-4}\ \mathrm{s} \tag{ex 8.28}$$

となり，約 0.5 ms で温度応答する．

【結果の考察】

(1) 実際の流速計測では，一様温度の気流の流速変化によって熱伝達が変化し，その変化を流速変化として測定するので，実際の応答時間は本モデルの場合より長くなる．この熱線計測システムでは 1 kHz 以上の速度変動はとらえられない．

(2) 実際の熱線流速計の応答特性は，数 100 Hz といわれている．しかし，定温度型の計測システムは，数 10 kHz の応答特性を持つものもある．

(3) 線直径が小さく対流熱伝達率が大きいので，ふく射伝熱や自然対流熱伝達は無視できる．

【例題 8・6】　火力発電ボイラ伝熱計算　　＊＊＊＊＊＊＊＊＊＊＊＊＊

【課題】

図 8.15 に示す LNG（液化天然ガス）火力発電所のボイラについて，火炉壁と燃焼ガス間の伝熱量を計算してみよう．火炉内の燃焼ガスの温度は $T_g = 1600\,\mathrm{K}$，水を加熱する蒸発管が配置された火炉壁温度は $T_w = 620\,\mathrm{K}$ とし，その壁面の放射率は $\varepsilon_w = 1$ である．また，天然ガスはメタンとし，1 気圧下で空気と理論混合比で燃焼している．

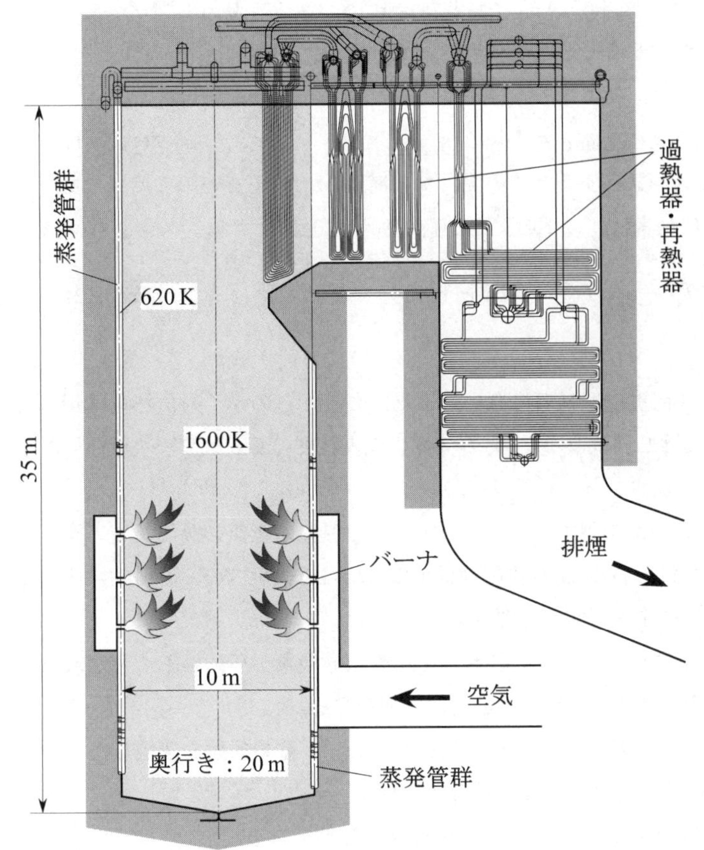

図 8.15　出力 60 万 kW の LNG 発電ボイラ

図 8.16　等温ガス塊による火炉内ふく射伝熱モデル

【仮定とモデル化】

(1)　伝熱は燃焼ガスのふく射のみで行われ，対流熱伝達は無視できる.

(2)　火炉を図 8.16 に示す矩形容器でモデル化し，炉内の燃焼ガス温度と炉壁温度はそれぞれ一様とする.

(3)　燃焼ガス温度に比べて炉壁の温度は低いので，炉壁からの熱放射は無視することができる.

(4)　燃焼ガスの放射については図 4.61～4.66 に示されたホッテルの指向放射率を使うことができるものとする. ただし，水蒸気と二酸化炭素の混合ガス補正は放射率全体から比べると小さいので無視する.

【物性値の推定】

理論混合比でメタンと空気が燃焼しているときの化学反応式は，次式で表される.

$$CH_4+2O_2+8N_2=CO_2+2H_2O+8N_2 \qquad \text{(ex 8.29)}$$

反応後のガスのモル比から，二酸化炭素と水蒸気の分圧はそれぞれ $p_{CO_2}=0.09\,\mathrm{atm}$,　$p_{H_2O}=0.18\,\mathrm{atm}$ となる.

【解析】

図 8.16 の表面積と体積はそれぞれ $A=2500\,\mathrm{m^2}$,　$V=7000\,\mathrm{m^3}$ である. 式(4.72)で表されるガス体の代表長さ R は

$$R=\frac{4V}{A}=11.2\,\mathrm{m} \qquad \text{(ex 8.30)}$$

となり，$p_{CO_2}R = 1.0\,\mathrm{atm \cdot m}$，　$p_{H_2O}R = 2.0\,\mathrm{atm \cdot m}$ となる．$T_g = 1600\,\mathrm{K}$ におけるこのガス塊の放射率は，図 4.62, 4.63 より $\varepsilon_{CO_2} = 0.15$，　$\varepsilon_{H_2O} = 0.30$ である．また，全圧 p に対する放射率の補正係数は図 4.64, 4.65 より $c_{CO_2} = 1$，$c_{H_2O} = 1.1$ となる．つまり燃焼ガス塊の放射率は

$$\varepsilon_g = c_{CO_2}\varepsilon_{CO_2} + c_{H_2O}\varepsilon_{H_2O} = 0.48 \qquad \text{(ex 8.31)}$$

である．ここで，ガスが共存するための混合ガス補正 $\Delta\varepsilon_G$ は小さいので無視した．したがって，放射伝熱量は，以下のように見積もられる．

$$\dot{Q} = A(\varepsilon_g \sigma T_g{}^4 - \varepsilon_w \sigma T_w{}^4) = 425\ \mathrm{MW} \qquad \text{(ex 8.32)}$$

【結果の考察】

(1) 燃焼炉内のガス温度は一様ではない．また，ガスからのふく射伝熱量は炉壁の位置によって著しく異なるため，ガス体の代表長さの導入は第一次近似であることに注意する．

(2) Hottel ホッテルの指向放射率チャート図 4.63 は特に水蒸気の高温領域で誤差が大きいといわれている．より正確な推定のためには火炉内のふく射性媒体のふく射輸送方程式を解析する必要がある．

(3) 微粉炭燃焼や重油炊きボイラの場合はすすや未燃炭素から強いふく射が放射されるので，異なったふく射伝熱解析が必要である．

(4) 本例では，壁からの放射は 5 % 以下であるために，壁の放射を無視した本モデルでも比較的良い近似を与えると考えられる．

(5) 空気の成分比は簡略化している．式(ex 8.29)は近似である．

【例題 8・7】　電気ポットのヒータ表面温度の推定　　＊＊＊＊＊＊＊＊＊＊

【課題】

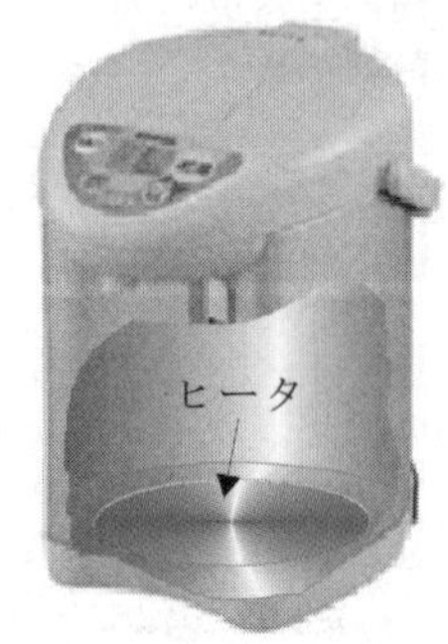

図 8.17　電気ポット

図 8.17 に示す電気ポットは，次のような仕様である．

容量：2.2 ℓ，消費電力：1050 W，平均保温電力：40 W

ヒータ部分は図 8.18 のようなステンレス，アルミニウム，雲母板の積層構造になっていて，ヒータの面積は 9500 mm^2 である．電気ポットのヒータの温度を推定して、ヒータが焼き切れないことを検証しよう．

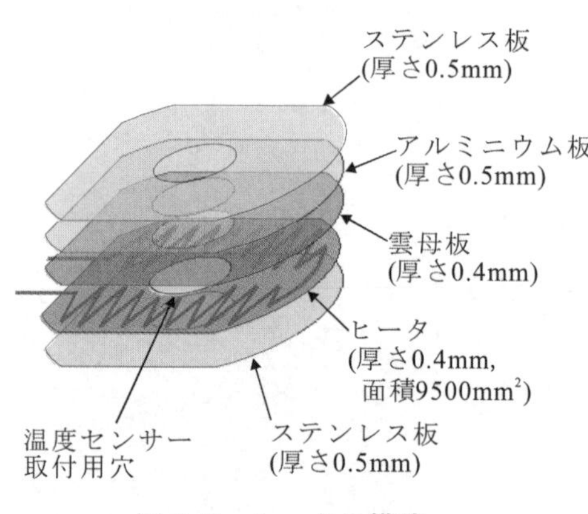

図 8.18　ヒータの構造

【仮定とモデル化】

(1) 平均保温電力は電気ポットからの熱損失であるとみなし，消費電力から差し引いた 1050 W がポット内の水に伝えられる電力として考える．

(2) 初期の水温を 10 ℃ とし，この水への伝熱は核沸騰によるものとする．水温が変化しても核沸騰による熱伝達率は変化しないものとする．

(3) 電気ヒータと伝熱面の間の熱抵抗を計算において接触熱抵抗を無視する．また，電気ヒータからの熱はすべて上向きに伝わるものとする．

【物性値の推定】

大気圧飽和(100 ℃)における水の物性値は，蒸発潜熱 $L_{lv} = 2256.9\,\mathrm{kJ/kg}$，表面張力 $\sigma = 58.93\,\mathrm{mN/m}$，　飽和蒸気の密度 $\rho_v = 0.5977\,\mathrm{kg/m^3}$，　飽和液の密度 $\rho_l = 958.3\,\mathrm{kg/m^3}$，飽和液の定圧比熱 $c_{pl} = 4.217\,\mathrm{kJ/(kg \cdot K)}$，飽和液の熱伝導率

$k_l = 0.6778\ \mathrm{W/(m \cdot K)}$，飽和液の動粘度 $\nu_l = 0.2944 \times 10^{-6}\ \mathrm{m^2/s}$，飽和液のプラントル数 $Pr_l = 1.756$ である．電気ヒータ部分の構造物の熱伝導率は，それぞれ，ステンレス $k_S = 27.0\ \mathrm{W/(m \cdot K)}$，アルミニウム $k_A = 235\ \mathrm{W/(m \cdot K)}$，雲母 $k_M = 0.50\ \mathrm{W/(m \cdot K)}$ である．

【解析】

円板型ヒータの伝熱面積は，$0.0095\ \mathrm{m^2}$ であり，熱流束 q は

$$q = \frac{\dot{Q}}{A} = \frac{1050}{0.0095} = 110.5\ \mathrm{kW/m^2} \tag{ex 8.33}$$

である．ここで，プール核沸騰の熱伝達率を Rohsenow の式(5.38)を使って計算する．ただし，Rohsenow の式に現れる係数 C_{sf} は伝熱面をステンレスとみなして 0.014 を使う．また，ラプラス係数は例題 5･4 で求めた値

$$l_a = \sqrt{\frac{\sigma}{g(\rho_l - \rho_v)}} = 2.505 \times 10^{-3}\ \mathrm{m} \tag{ex 8.34}$$

を使用する．

$$\begin{aligned} h &= \frac{Pr_l^{-0.7}}{C_{sf}} \left(\frac{q l_a}{\rho_v \nu_l L_{lv}} \right)^{0.67} \left(\frac{\rho_v}{\rho_l} \right)^{0.67} \cdot \frac{k_l}{l_a} \\ &= \frac{1.756^{-0.7}}{0.014} \cdot \left(\frac{110.5 \times 10^3 \times 2.505 \times 10^{-3}}{0.5977 \times 0.2944 \times 10^{-6} \times 2256.9 \times 10^3} \right)^{0.67} \\ &\quad \times \left(\frac{0.5977}{958.3} \right)^{0.67} \times \frac{0.6778}{2.505 \times 10^3} \\ &= 7.893\ \mathrm{kW/(m^2 \cdot K)} \end{aligned} \tag{ex 8.35}$$

これより，過熱度は

$$\Delta T_{sat} = \frac{q}{h} = \frac{110.5}{7.893} = 14.00\ \mathrm{K} \tag{ex 8.36}$$

となる．つまり伝熱面温度 T_W は 114 ℃ と推定される．

次に伝熱面とヒータの間の熱抵抗を考慮して，ヒータ部分の温度を推定しよう．図 8.18 より，ヒータの上部は雲母 0.4 mm，アルミニウム 0.5 mm，ステンレス 0.5 mm の積層構造になっているから，熱通過率は

$$\begin{aligned} K &= \left(\frac{\delta_S}{k_S} + \frac{\delta_A}{k_A} + \frac{\delta_M}{k_M} \right)^{-1} = \left(\frac{0.5}{27.0} + \frac{0.5}{235} + \frac{0.4}{0.5} \right)^{-1} \times 10^3 \\ &= 1219\ \mathrm{W/(m^2 \cdot K)} \end{aligned} \tag{ex 8.37}$$

となる．ここに，$\delta_S, \delta_A, \delta_M$ はそれぞれステンレス，アルミニウム，雲母板の厚さである．したがって，ヒータ部分の温度 T_h は

$$T_h = T_W + \frac{q}{K} = 114 + \frac{110.5 \times 10^3}{1219} = 204.7\ ℃$$

と推定される．ニクロム線の融点は 1673 ℃ であるから，この程度の温度で焼き切れることはない．

最後にお湯が沸くまでに要する時間 t を求めておく．ポットが満タンであるとすると，$m = \rho_l V = 2.108\ \mathrm{kg}$ の水が入っているから，

$$\begin{aligned} t &= \frac{m c_{pl} (T_{sat} - T_{ini})}{Q} = \frac{2.108 \times 4.217 \times 10^3 \times (100 - 10)}{1050} \\ &= 762.0\ \mathrm{s} = 12.7\ \mathrm{min} \end{aligned} \tag{ex 8.38}$$

となる．

【結果の考察】

(1) ここでは接触熱抵抗は考慮していないので，実際のヒータの温度は 204.7 ℃よりもさらに高い値になる．

(2) 例題 5･5 の結果によれば，大気圧における限界熱流束は 1109 kW/m^2 であり，この電気ポットの熱流束は一桁以上小さな値であるので，膜沸騰に遷移する心配はない．

(3) お湯が沸くまでの時間は仕様書には 14 分と記載してあり，ここでの計算値はそれよりも短くなったが，計算ではポットの自体の熱容量を考慮していないためである．

表 8.4　流体の物性値

物　性	冷却水（添字 h）	空気（添字 c）
密度 ρ (kg/m^3)	980	1.0
比熱 c (J/(kg•K))	4200	1000
熱伝導率 k (W/(m•K))	0.66	0.03
動粘性係数 ν (m^2/s)	4.39×10^{-7}	2.0×10^{-5}
プラントル数 Pr	2.7	0.7

8・4　実際の熱交換器の設計 (practical design of heat exchangers)

第 7 章で述べたとおり，熱交換器の基本的な性能は、熱交換器の形態や大きさ，熱エネルギーを受け渡す高温･低温流体の物性と流量、温度条件などによって決まる．しかし，実際の熱交換器の設計においては，熱交換器の大きさや形態にはそれを設置する場所や他の機器との関係などにより制約が加わるし，高温・低温流体の流量は熱交換器と組み合わせて用いられるポンプや送風機の性能と熱交換器の圧力損失特性とのかねあいで決まる，また、流体の温度条件にしても、熱交換器が付加される機器の健全性などから制限されることが多い，すなわち，実際の熱交換器の設計では，伝熱システムとしての考え方が求められる．ここでは、実際に近い熱交換器の設計を通して，伝熱システム構築のための考え方を述べる．

【例題 8・8】　＊＊＊＊＊＊＊＊＊＊＊＊＊＊＊＊＊＊＊＊＊＊＊＊＊＊＊

定置用小型ディーゼル発電機のエンジン冷却に用いるラジエータを設計する．エンジン冷却水への放熱量は最大負荷時に 50 kW であり，大気温度は 30 ℃以下を想定する．冷却水はポンプにより 1.1 l/s の体積流量で冷却系を循環するものとし，その最高温度を 110 ℃以下に抑えるものとする．これらの制約のもとでできるだけコンパクトなラジエータシステムを設計せよ．

ポンプ
エンジンから
冷却水量 1.1 l/s
送風機
G450P× 4 台
900 mm
900 mm
エンジンへ

図 8.19　想定する放熱システムの概略

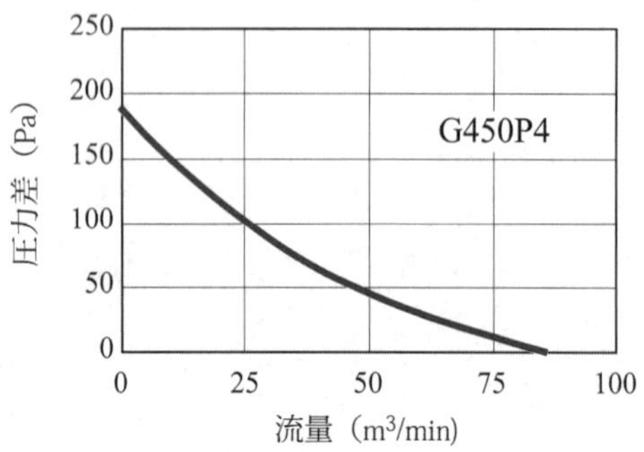

図 8.20　送風機の性能曲線

【設計例】

この例題では，放熱量と冷却水の流量，冷却水と大気の最高・最低温度以外に，放熱システムを構成する要素を直接決定できる制約はない．したがってこれらの条件からラジエータの基本設計を行うためには，ラジエータの形状の設定やそれに組み合わせて用いる送風機などの機器の選定に直感と試行錯誤が求められる．当然のことながら以下に述べる設計結果は題意の制約を満たす解の一つに過ぎず．このほかにも様々な形態のラジエータが設計できることはいうまでもない．なお，この設計例では，放熱システムの基本特性を得ることを目的としているため，流体の物性値は表 8.4 の通りとし，温度依存性は考慮しないこととする．

(a)　ラジエータ形態の決定

冷却水から大気への放熱を行う本冷却システムでは，冷却水側に比べ大気側の熱伝達率が低く，大気側の熱抵抗が放熱性能を律速することが予想される．そこで熱交換器には，通常の自動車用ラジエータと同様，水管の外表面にフィンを付加した直交流型熱交換器を想定する．水管にはその外部を流動する空気流を阻害しないよう扁平管を用いることとし，フィンには微細ピッチの平板フィンを用いる．

熱交換器を流れる空気の流量は，熱交換器の圧力損失と熱交換器に組み合わされる送風機の性能のかねあいで決まる．ここでは送風機として（株）佐藤工業所社製 G450P4（直径 450 mm）を 4 台使用することとする。このとき，熱交換器の最低正面寸法は，送風機の大きさから 900 mm × 900 mm となる．放熱システムの概略を図 8.19 に，送風機の性能曲線を図 8.20 に示す．

(b)　冷却水側流路形状の決定と冷却水側熱伝達率の算定

水管には，図 8.21 のような，内部短辺 2 mm，内部長辺 50 mm，壁厚さ 0.5 mm の真鍮（Cu70・Zn30）製扁平管を用いることにする．この水管を 100 mm 間隔で設置するとすれば，900 mm × 900 mm の熱交換器では 8 流路となる．この水管を流れる水の体積流量が $\dot{V}_h = 1.1\,l/\mathrm{s} = 1.1\times10^{-3}\ \mathrm{m^3/s}$ であることから，水管内の冷却水の平均流速 u_h は，A_h を水管断面積（= $9.9\times10^{-5}\ \mathrm{m^2}$），$N$ を水管本数（= 8）として

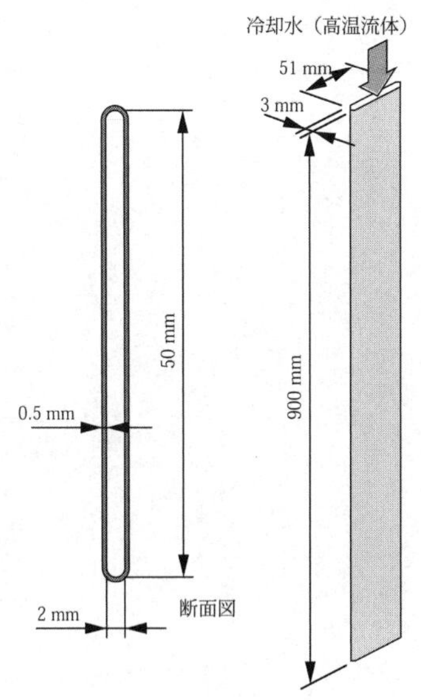

図 8.21　水管の形状

$$u_h = \frac{\dot{V}_h}{A_h \times N} = 1.39\,(\mathrm{m/s}) \qquad \text{(ex 8.39)}$$

であり，水管水力直径 d_h（$= 4A_h/P = 3.9\times10^{-3}\,\mathrm{m}$，$P$ は水管内面の周長）を代表長さとするレイノルズ数 $Re_{h\,dh}$ は

$$Re_{h\,dh} = \frac{u_h d_h}{\nu_h} = 1.22\times10^4 \qquad \text{(ex 8.40)}$$

である．このレイノルズ数から水管内の流れは乱流と判断されるため，水管内面の平均熱伝達率は次の Dittus-Boelter の式

$$Nu_{h\,m} = 0.023 Re_{hdh}^{\ 0.8} Pr_h^{\ 0.4} \qquad \text{(ex 8.41)}$$

より，$Nu_{h\,m} = 63.8$，すなわち熱伝達率は $h_h = 1.09\times10^4\ \mathrm{W/(m^2\cdot K)}$ となる．

(c)　空気側伝熱面形状の決定と空気流量，空気側熱伝達率の算定

同様に空気側の伝熱面形状の決定と空気流量・熱伝達率の算定を行う．水管の間に水管と同一奥行きの厚さ $t = 0.5$ mm の銅製平板フィンを 2.5 mm ピッチで設置すると，このフィンと水管による空気流路の大きさは，図 8.22 のように，高さ 2 mm，幅 97 mm，奥行き 51 mm である．この空気流側の圧力損失 Δp_c は，空気流路の縮流によるものと流路の摩擦損失によるもののみを考えると，空気流の体積流量 $\dot{V}_c$ に対して次のように求められる．

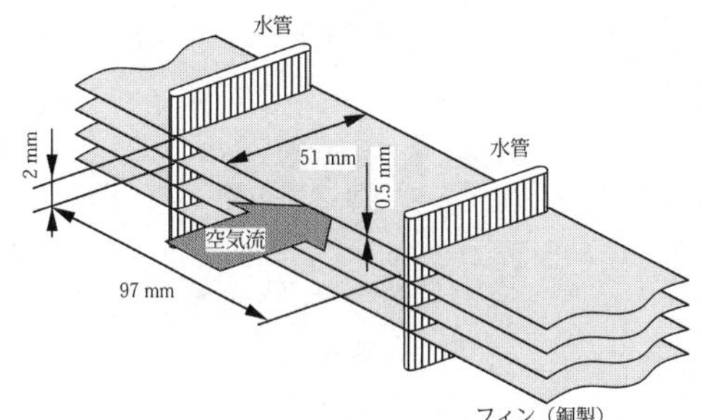

図 8.22　空気側流路形状

$$\begin{aligned}\Delta p_c &= \left\{\left(\frac{1}{B}\right)^2 - 1\right\}\frac{1}{2}\rho_c\left(\frac{\dot{V}_c}{A}\right)^2 + \lambda_c \frac{l}{d_c}\frac{1}{2}\rho_c\left(\frac{\dot{V}_c}{BA}\right)^2 \\ &= \frac{\rho_c}{2A^2}\left\{\frac{1}{B^2} - 1 + \lambda_c\frac{l}{d_c B^2}\right\}\dot{V}_c^2\end{aligned} \qquad \text{(ex 8.42)}$$

ここで B は空気流路のブロッケージ（= (97 mm×2 mm)/(100 mm×2.5 mm) = 0.776），A はラジエータ正面積（= 0.9 m×0.9 m），l は流路奥行き（= 51 mm），d_c は流路の水力直径である．λ_c は空気流路の管摩擦係数であり，ここでは 0.3 を仮定する．この式の関係を送風機の性能曲線上に描くと図 8.23 のようになり（4 基使用を想定しているから 1 基あたりの流量は $\dot{V}_c$ の 1/4 になることに注意），両曲線の交点から動作点は，$\dot{V}_c = 47\times4\ \mathrm{m^3/min} = 3.1\ \mathrm{m^3/s}$，$\Delta p_c = 50\ \mathrm{Pa}$ とわかる．このときの空気流路内の平均流速は $u_c = 4.93\ \mathrm{m/s}$，水力直径を代表長さとするレイノルズ数は $Re_{c\,dc} = 966$，流路長を代表長さとするレイノルズ数は

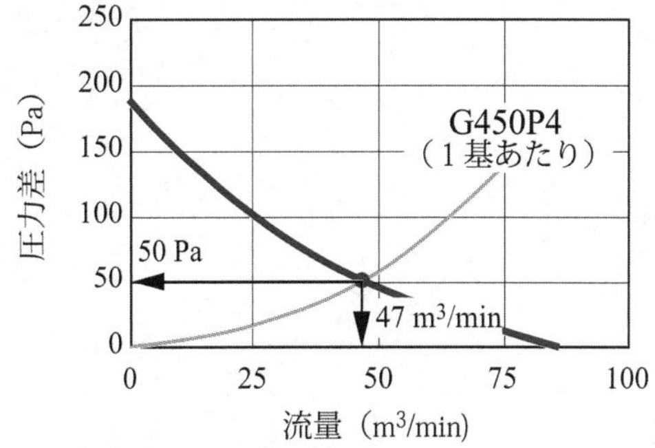

図 8.23　送風機の動作点（1 基あたり）

$Re_{cl} = 1.26 \times 10^4$ であり，流れは層流と判断される．したがって，空気流路内の平均熱伝達率は，平板まわりの層流熱伝達率の理論式

$$Nu_{c\,m} = 0.664 Re_{cl}^{1/2} Pr_c^{1/3} \tag{ex 8.43}$$

より，$Nu_{c\,m} = 66.2$，熱伝達率は $h_c = 38.9\ \mathrm{W/(m^2 \cdot K)}$ となる．

さて，水管に附与したフィンはその面積拡大効果のすべてが熱伝達促進に寄与するわけではない．これを評価する量がフィン効率であり，水管に附与したフィンを空気流路中央までの高さ $W = 48.5$ mm の矩形フィンと見なせば，

$$\phi = \frac{\tanh u_b}{u_b}, \quad u_b = W\sqrt{\frac{h_c}{k_f \dfrac{\delta_f}{2}}} \tag{ex 8.44}$$

から，　$\phi = 0.772$ と見積もれる．ただし k_f はフィン材料である銅の熱伝導率（$= 390\ \mathrm{W/(m \cdot K)}$），$\delta_f$ はフィン厚さ（$= 0.5$ mm）である．したがって、空気側の相当表面積 A_c は，フィン面積 $A_f = 32.1\ \mathrm{m^2}$，フィンを除く水管表面積 $A_b = 0.68\ \mathrm{m^2}$ より，

$$A_c = \phi A_f + A_b = 25.4\ \mathrm{m^2}$$

となる．これは水管内面積（冷却水側面積）$A_h = 0.74\ \mathrm{m^2}$ の 34 倍である．

(d)　**熱通過率の評価**

水管壁面内の熱伝導を単純に平板厚さ方向熱伝導で近似すれば，高温流体側伝熱面積基準の熱通過率は次のように求まる．

$$K = \frac{1}{\dfrac{1}{h_h} + r_h + \dfrac{\delta_t}{k_t} + r_c \dfrac{A_h}{A_c} + \dfrac{1}{h_c}\dfrac{A_h}{A_c}} = 1055\ \mathrm{W/(m^2 \cdot K)} \tag{ex 8.45}$$

ここで δ_t は水管壁面厚さ（$= 0.5$ mm），k_t は水管壁面（真鍮）の熱伝導率（$= 111\ \mathrm{W/(m \cdot K)}$）であり，$r_h$ と r_c は高温側・低温側の汚れ係数で，それぞれ $1 \times 10^{-4}\ \mathrm{(m^2 \cdot K)/W}$ と $2 \times 10^{-4}\ \mathrm{(m^2 \cdot K)/W}$ を仮定した．

(e)　**直交流熱交換器としての修正係数の見積もり**

ここで設計しているラジエータは直交流型熱交換器であるため，その性能を評価するためには第 7 章で述べた対数平均温度差の修正係数を求める必要がある．修正係数は，図 7.22 に示したように高温・低温流体の温度条件をパラメータとして与えられるので，まず上記の条件における高温・低温流体の温度条件を概算する．

このラジエータの放熱量は $\dot{Q} = 50$ kW であり，想定される大気（低温流体）入口温度は $T_{ci} = 30$℃ であることから，冷却水（高温流体）入口温度を上限である $T_{hi} = 110$℃ と仮定すれば，それぞれの出口温度は次のように求められる．

$$T_{ho} = T_{hi} - \Delta T_h = T_{hi} - \frac{\dot{Q}}{\rho_h c_h \dot{V}_h} = 99.0\ ^\circ\mathrm{C}$$

$$T_{co} = T_{ci} + \Delta T_c = T_{ci} + \frac{\dot{Q}}{\rho_c c_c \dot{V}_c} = 46.1\ ^\circ\mathrm{C}$$

ここで ΔT_h と ΔT_c は高温流体と低温流体の出入口間の温度変化である．これから，

$$\frac{T_{ho}-T_{hi}}{T_{ci}-T_{hi}}=0.14,\quad \frac{T_{ci}-T_{co}}{T_{ho}-T_{hi}}=1.5$$

であるので，図 7.22(d)（ただし図中の高温流体と低温流体の記号を入れ替えて用いる）から，対数平均温度差の修正係数は $\psi = 0.98$ と求まる．

(f)　温度条件の評価：設計の妥当性の確認

以上の設計の結果から，最大放熱量 $\dot{Q} = 50\,\mathrm{kW}$ を放熱したときに高温流体入口温度が設定上限である 110 ℃ 以下になることを確認する．ラジエータの放熱量は次の式で評価される．

$$\dot{Q} = KA_h\,\Psi\Delta T_{lm} \tag{ex 8.46}$$

ここで対数平均温度差 ΔT_{lm} は次の向流熱交換器に対するものを用いる．

$$\Delta T_{lm}=\frac{(T_{hi}-T_{co})-(T_{ho}-T_{ci})}{\ln\dfrac{(T_{hi}-T_{co})}{(T_{ho}-T_{ci})}}=\frac{\Delta T_h-\Delta T_c}{\ln\dfrac{(T_{hi}-T_{co})}{(T_{hi}-\Delta T_h-T_{ci})}} \tag{ex 8.47}$$

高温流体と低温流体の出入口間の温度変化 ΔT_h，ΔT_c はそれぞれ放熱量と熱容量流量から $\Delta T_h = 11.0\,\mathrm{K}$， $\Delta T_c = 16.1\,\mathrm{K}$ と求まることに注意し，低温流体入口温度 $T_{ci} = 30$ ℃ として，$\dot{Q} = 50\,\mathrm{kW}$ の放熱量を得るための高温流体入口温度 T_{hi} を求めると，

$$T_{hi}=\frac{T_{co}-(\Delta T_h+T_{ci})\exp\left\{\dfrac{KA_h\Psi(\Delta T_h-\Delta T_c)}{\dot{Q}}\right\}}{1-\exp\left\{\dfrac{KA_h\Psi(\Delta T_h-\Delta T_c)}{\dot{Q}}\right\}}=109.2\,^\circ\mathrm{C} \tag{ex 8.48}$$

となって，上限の 110 ℃ を越えないこと，すなわち設計の妥当性が確認できる．

実際の熱交換器では、熱伝達率や圧力損失に関する独自の経験値や経験式を利用することも多く，また製造プロセス，材料，あるいはコストの観点からの制約も加わるため，その設計は上で述べたように単純なものとはならない．しかしここでは伝熱システム構築の基本概念を理解することを重視して，敢えて単純化した設計手順を示した．

第 8 章の文献

(1)　円山重直，機械の研究，53 巻(2000) p. 335
(2)　日本熱物性学会編，熱物性ハンドブック，改定第 2 版，(2000)，養賢堂．
(3)　日本機械学会編，伝熱工学ハンドブック，(1992)，森北出版．
(4)　国立天文台編，理科年表，丸善，(2003)
(5)　石塚　勝，電子機器の熱設計，基礎と実際，丸善(2003).

Index

索引

サ行

ハ行

マ行

ヤ行

ラ行

JSMEテキストシリーズ一覧

1　機械工学総論
2-1　機械工学のための数学
2-2　演習　機械工学のための数学
3-1　機械工学のための力学
3-2　演習　機械工学のための力学
4-1　熱力学
4-2　演習　熱力学
5-1　流体力学
5-2　演習　流体力学
6-1　振動学
6-2　演習　振動学
7-1　材料力学
7-2　演習　材料力学
8　機構学
9-1　伝熱工学
9-2　演習　伝熱工学
10　加工学Ⅰ（除去加工）
11　加工学Ⅱ（塑性加工）
12　機械材料学
13-1　制御工学
13-2　演習　制御工学
14　機械要素設計

〔各巻〕A4判

JSMEテキストシリーズ　伝熱工学
JSME Textbook Series　Heat Transfer

2005年3月15日　初版発行
2022年9月2日　初版第14刷発行
2023年7月18日　第2版第1刷発行

著作兼発行者　一般社団法人　日本機械学会（代表理事会長　伊藤　宏幸）

印刷者　柳瀬充孝
昭和情報プロセス株式会社
東京都港区三田 5-14-3

発行所　一般社団法人　日本機械学会
東京都新宿区新小川町4番1号
KDX飯田橋スクエア2階
郵便振替口座　00130-1-19018番
電話（03）4335-7610　FAX（03）4335-7618　https://www.jsme.or.jp

発売所　丸善出版株式会社
東京都千代田区神田神保町2-17
神田神保町ビル
電話（03）3512-3256　FAX（03）3512-3270

ISBN 978-4-88898-337-2　C 3353

本書の内容でお気づきの点は　textseries@jsme.or.jp　へお知らせください。出版後に判明した誤植等は http://shop.jsme.or.jp/html/page5.html　に掲載いたします。

代表的物質の物性値

（日本機械学会，伝熱工学資料，改訂第4版，1986，より抜粋）

物質の主要物性値

物性値	記号	単位	物性値	記号	単位
温度	T	K	プラントル数	Pr	—
圧力	p	Pa	表面張力	σ	mN/m
密度	ρ	kg/m^3	電気抵抗率	σ_e	$\Omega\cdot m$
比熱	c	J/(kg·K)	融点	T_m	K
定圧比熱	c_p	J/(kg·K)	沸点	T_b	K
粘度	η	Pa·s	融解熱	Δh_m	J/kg
動粘度	ν	m^2/s	沸点における蒸発熱	Δh_v	J/kg
熱伝導率	k	W/(m·K)	臨界温度	T_c	K
熱拡散率	α	m^2/s	臨界圧力	p_c	Pa

気体の物性値（備考に圧力表示がない場合 $p = 1.013\times10^5$ Pa）

物質	T	ρ	c_p	μ	ν	k	α	Pr	備考
			$\times10^3$	$\times10^{-5}$	$\times10^{-5}$	$\times10^{-2}$	$\times10^{-5}$		
空気	200 300 400	1.7679 1.1763 0.8818	1.009 1.007 1.015	1.34 1.862 2.327	0.758 1.583 2.639	1.810 2.614 3.305	1.015 2.207 3.693	0.747 0.717 0.715	
ヘリウム　He	300	0.16253	5.193	1.993	12.26	15.27	18.09	0.678	$T_b = 4.21$
アルゴン　Ar	300	1.6237	0.5215	2.271	1.399	1.767	2.09	0.670	$T_b = 87.5$
水素　H_2	300	0.08183	14.31	0.896	10.95	18.1	15.5	0.71	$T_b = 20.39$
窒素　N_2	300	1.1382	1.041	1.787	1.570	2.598	2.193	0.716	$T_b = 77.35$
酸素　O_2	300	1.3007	0.920	2.072	1.593	2.629	2.20	0.725	$T_b = 90.0$
二酸化炭素　CO_2	300	1.7965	0.8518	1.491	0.830	1.655	1.082	0.767	
水　H_2O	400	0.5550	2.000	1.329	2.40	2.684	2.418	0.990	$T_b = 373.5$
アンモニア　NH_3	300	0.6988	2.169	1.03	1.47	2.46	1.62	0.91	$T_b = 239.8$
メタン　CH_4	300	0.6527	2.24	1.117	1.711	3.350	2.29	0.747	$T_b = 111.63$
プロパン　C_3H_8	300	1.8196	1.684	0.821	0.451	1.84	0.6	0.75	$T_b = 231.1$

液体の物性値（備考に圧力表示がない場合 $p = 1.013\times10^5$ Pa）

物質	T	ρ	c_p	μ	ν	k	α	Pr	備考
		$\times10^3$	$\times10^3$	$\times10^{-4}$	$\times10^{-7}$		$\times10^{-7}$		
水　H_2O	300 360	0.99662 0.96721	4.179 4.202	8.544 3.267	8.573 3.378	0.6104 0.6710	1.466 1.651	5.850 2.064	$T_m = 273.15$, $T_b = 373.5$, $p_c = 2.212\times10^7$ $T_c = 647.30$, $\Delta h_v = 2.257\times10^6$
二酸化炭素　CO_2	280	0.88419	2.787	0.908	1.030	0.104	0.422	2.44	$p = 4.160\times10^6$, $\Delta h_v = 3.68\times10^5$, $T_c = 304.2$ 昇華温度: 194.7, $p_c = 7.38\times10^6$
アンモニア　NH_3	280	0.62932	4.661	1.69	2.69	0.524	1.79	1.50	$p = 5.51\times10^5$, $T_b = 239.8$, $\Delta h_v = 1.991\times10^5$
エチレングリコール $C_2H_4(OH)_2$	300	1.112	2.416	157.0	141.0	0.258	0.959	147	$T_b = 471$, $\Delta h_v = 7.996\times10^5$
グリセリン　$C_3H_5(OH)_3$	300	1.257	2.385	7820	6220	0.288	0.961	6480	
エタノール　C_2H_5OH	300	0.7835	2.451	10.45	13.34	0.166	0.864	15.43	$T_m = 175.47$, $T_b = 351.7$, $\Delta h_v = 8.548\times10^5$
メタノール　CH_3OH	300	0.7849	2.537	5.33	6.79	0.2022	1.015	6.69	$T_m = 159.05$, $T_b = 337.8$, $\Delta h_v = 1.190\times10^6$
メタン　CH_4	100	0.43888	3.38	1.443	3.288	0.214	1.44	2.28	$T_b = 111.63$, $\Delta h_v = 5.10\times10^5$
潤滑油	320	0.872	1.985	1470	1690	0.143	0.825	2040	
ケロシン	320	0.803	2.13	9.92	12.35	0.1121	0.655	18.9	
ガソリン	300	0.746	2.09	4.88	6.54	0.1150	0.738	8.86	
R 113　$CCl_2F\cdot CClF_2$	300	1.5571	0.959	6.35	4.08	0.0723	0.484	8.42	$T_b = 320.71$, $\Delta h_v = 1.4385\times10^5$
水銀　Hg	300	13.528	0.139	15.2	1.12	8.52	45.3	0.025	$T_m = 234.28$, $T_b = 630$